BKI Baupreise kompakt 2026 Altbau

Statistische Baupreise für Positionen mit Kurztexten

BKI Baupreise 2026 Altbau

Statistische Baupreise für Positionen mit Kurztexten

BKI Baukosteninformationszentrum (Hrsg.)
Stuttgart: BKI, 2025

Mitarbeit:
Hannes Spielbauer (Geschäftsführer)
Brigitte Lechler (Prokuristin)
Produktmanagement: Patrick Jeske, Virginia Lammet, Thomas Schmid
Jeannette Sturm

Fachautoren:
Patrick Jeske
Virginia Lammet
Jörn Luther
Wolfgang Mandl
Thomas Schmid
Hans-Jürgen Schneider
Andreas Wagner

Layout, Satz:
Marvin Bisceglie
Hans-Peter Freund
Thomas Fütterer

Fachliche Begleitung:
Beirat Baukosteninformationszentrum
Stephan Weber (Vorsitzender)
Markus Lehrmann (stellv. Vorsitzender)
Prof. Dr. Bert Bielefeld
Markus Fehrs
Andrea Geister-Herbolzheimer
Prof. Dr. Wolfdietrich Kalusche
David Meuer
Martin Müller
Markus Weise

Anschrift:
Seelbergstraße 4, 70372 Stuttgart
Kundenbetreuung: (0711) 954 854-0
Baukosten-Hotline: (0711) 954 854-41
Telefax: (0711) 954 854-54
info@bki.de, www.bki.de

Vorwort

Die Ermittlung, Planung und Überwachung der Baukosten in verschiedenen Planungsphasen eines Bauprojektes ist ein wesentlicher Bestandteil der Architektenleistung.

Das neue Fachbuch unterstützt Architekt*innen, Ingenieur*innen, Sachverständige und alle Fachleute, die mit Baupreisen von Baumaßnahmen im Altbau befasst sind.

Das Fachbuch eignet sich aufgrund seiner kompakten Abmessungen besonders für die schnelle und mobile Baupreisrecherche. Auch für die Bepreisung von Leistungsverzeichnissen, eine Grundleistung nach HOAI, ist es ein wertvolles Werkzeug.

Anwender*innen finden nach Leistungsbereichen geordnet statistisch ausgewertete Baupreise zu Positionen mit Minimal-, Von-, Mittel-, Bis- und Maximalpreisen sowie erläuternde Stichworttexte und die zugehörigen Mengeneinheiten und Kostengruppen nach der aktuellen DIN 276.

Die Baupreise für Altbau stammen aus den Bereichen Rohbau, Ausbau, Gebäudetechnik, Freianlagen sowie Instandsetzung / Abbruch. Insgesamt befinden sich im Fachbuch Baupreise zu 51 Leistungsbereichen. Alle Kennwerte basieren auf der Analyse realer, abgerechneter Bauwerke, die in den BKI-Baukostendatenbanken verfügbar sind.

Mit den BKI Regionalfaktoren 2026 für jeden Stadt-/Landkreis, sowie für die Inseln der Nord- und Ostsee, passen Anwender*innen die BKI-Bundesdurchschnittspreise an Ihre regionalen Gegebenheiten an.

Besonderer Dank gilt abschließend dem BKI-Beirat, der mit seinem Expert*innenwissen aus der Architektenpraxis, den Architekten- und Ingenieurkammern, Normausschüssen und Universitäten zum Gelingen der BKI-Fachinformationen beiträgt.

Wir wünschen allen Anwender*innen des neuen Fachbuchs viel Erfolg in allen Phasen der Kostenplanung. Anregungen und Kritik zur Verbesserung der BKI-Fachbücher sind uns jederzeit willkommen.

Hannes Spielbauer - Geschäftsführer
Brigitte Lechler - Prokuristin

Baukosteninformationszentrum
Deutscher Architektenkammern GmbH
Stuttgart, im November 2025

Inhalt Seite

Benutzerhinweise

Baupreise für die Positionen der Leistungsbereiche (LB)

Einführung

Dieses Fachbuch wendet sich an Architekt*innen, Ingenieur*innen, Sachverständige und sonstige Fachleute, die mit Kostenermittlungen von Hochbaumaßnahmen befasst sind. Es enthält statistische Baupreise für „Positionen", geordnet nach den Leistungsbereichen nach STLB. Neben den Mittelwerten sind auch Von-Bis-Werte und Minimal-Maximal-Werte angegeben. Bei den Von-Bis-Werten handelt es sich um mit der Standardabweichung berechnete Bandbreiten, wobei Werte über dem Mittelwert und Werte unter dem Mittelwert getrennt betrachtet werden. Der Mittelwert muss deshalb nicht zwingend in der Mitte der Bandbreite liegen.

Durch Übernahme der BKI Regionalfaktoren in die Datenbanken wurde es möglich, die Objekte und damit auch deren Positionspreise auch hinsichtlich des Bauortes zu bewerten. Für statistische Auswertungen rechnet BKI so, als ob das Objekt nicht am Bauort, sondern in einer mit dem Bundesdurchschnitt identischen Region gebaut worden wäre.

Die regional bedingten Kosteneinflussfaktoren sind somit aus den hier veröffentlichten Positionspreisen herausgerechnet. Das soll aber nicht darüber hinwegtäuschen, dass Positionspreise darüber hinaus weiteren vielfältigen Einflussfaktoren unterliegen.

Alle Baupreise wurden objektorientiert ermittelt und basieren auf der Analyse realer, abgerechneter Vergleichsobjekte, die derzeit in den BKI-Baukostendatenbanken verfügbar sind.

Benutzerhinweise

1. Definitionen

Positionen sind Teilleistungen die in einem Leistungsverzeichnis eine zu erbringende Leistung eindeutig beschreiben. Bestandteile der Positionen sind Positionsnummer, Kurztext, Langtext, Stichworttext, Abrechnungseinheit, Einheitspreis, Gesamtpreis und Kostengruppen nach der aktuellen DIN 276. Die Positionsnummer dient als Sortierkriterium innerhalb des Leistungsverzeichnisses, welches sich meist in hierarchischen Stufen mit Leistungsbereichen und Titeln strukturiert. Die Kurztexte dienen der verkürzten Darstellung und als schnelles Selektionskriterium. Der Langtext beschreibt dann die geforderte Leistung eindeutig. Einheitspreise sind Preise, welche in Verrechnung mit definierter Einheit den Gesamtpreis ergeben.

Bei dieser Veröffentlichung in kompakter Form wird der Kurztext mit einem konkretisierenden Stichworttext ergänzt. Die Sortierung der Positionen erfolgt ohne Titel über Leistungsbereiche und den Positionsnummern. Der Einheitspreis wird Netto und Brutto in fünf Preisstufen auf der Basis abgerechneter Bauleistungen nach statistischer Methode dargestellt.

2. Kostenstand und Mehrwertsteuer

Kostenstand aller Kennwerte ist das 3. Quartal 2025. Alle Baupreise dieses Fachbuchs werden in brutto und netto angegeben. Die Angabe aller Baupreise dieser Veröffentlichung erfolgt in Euro. Die vorliegenden Baupreise sind Orientierungswerte. Sie können nicht als Richtwerte im Sinne einer verpflichtenden Obergrenze angewendet werden.

3. Datengrundlage

Grundlage der Daten sind statistische Analysen abgerechneter Bauvorhaben. Die Daten wurden mit größtmöglicher Sorgfalt vom BKI bzw. seinen Dokumentationsstellen erhoben und zusammengestellt. Für die Richtigkeit, Aktualität und Vollständigkeit dieser Daten, Analysen und Tabellen übernehmen jedoch weder die Herausgeber*in noch BKI eine Haftung, ebenso nicht für Druckfehler und fehlerhafte Angaben. Die Benutzung dieses Fachbuchs und die Umsetzung der darin erhaltenen Informationen erfolgen auf eigenes Risiko.

Angesichts der vielfältigen Kosteneinflussfaktoren müssen Anwender*innen die genannten Orientierungswerte eigenverantwortlich prüfen und entsprechend dem jeweiligen Verwendungszweck anpassen.

4. Anwendungsbereiche

Die Baupreise sind Orientierungswerte, sie können bei Kostenberechnungen und Kostenanschlägen angewendet werden. Die formalen Mindestanforderungen hinsichtlich der Darstellung der Ergebnisse einer Kostenermittlung sind in DIN 276 Ausgabe 2018 unter Ziffer 4 „Grundsätze der Kostenplanung" festgelegt. Die Anwendung des Positions-Verfahrens bei Kostenermittlungen setzt voraus, dass genügend Planungsinformationen vorhanden sind, um Qualitäten und Mengen von Positionen ermitteln zu können.

5. Geltungsbereiche

Die genannten Baupreise spiegeln in etwa das durchschnittliche Baukostenniveau in Deutschland wider. Die Geltungsbereiche der Tabellenwerte sind fließend. Die „von-/ bis-Werte" markieren weder nach oben noch nach unten absolute Grenzwerte. Auch die Minimal- Maximal-Werte sind nur als Minimum und Maximum der in der Stichprobe enthaltenen Werte zu verstehen. Das schließt nicht aus, dass diese Werte in der Praxis unter- oder überschritten werden können.

6. von-bis Preise

Die „von-bis Preise" wurden mit der Standardabweichung ermittelt, ein statistisches Verfahren, das aus dem kompletten Spektrum der Preisbeispiele einen wahrscheinlichen Mittelbereich errechnet. Um dem Umstand Rechnung zu tragen, dass Abweichungen vom Mittelwert (BKI-Bundesdurchschnittswert) nach oben bei Baupreisen wahrscheinlicher sind als nach unten, wurde die Standardabweichung für Preise oberhalb des Mittelwertes getrennt von denen unterhalb des Mittelwertes ermittelt.

7. BKI-Bundesdurchschnittswerte / Regionalfaktor Stadt-/Landkreis

Grundlage der BKI Regionalfaktoren, die auch der Normierung der Baupreise der dokumentierten Objekte auf Bundesniveau zu Grunde liegen, sind Daten aus der amtlichen Bautätigkeitsstatistik der statistischen Landesämter.

Zusätzlich wurden von BKI Verfahren entwickelt, um die Daten prüfen und Plausibilitätsprüfungen unterziehen zu können.

Für Anwender*innen bedeutet die regionale Normierung der Daten auf einen BKI-Bundesdurchschnitt (Mittelwert), dass einzelne Baupreise oder das Ergebnis einer Kostenermittlung einfach mit dem Regionalfaktor des Standorts des geplanten Objekts multipliziert werden können. Die landkreisbezogenen Regionalfaktoren finden sich im Anhang des Buchs ab Seite 388.

8. Einflüsse auf Baupreise

In den Streubereichen (von-/bis-Werte) der Baupreise spiegeln sich die vielfältigen Einflüsse aus Nutzung, Markt, Gebäudegeometrie, Ausführungsstandard, Projektgröße etc. wider. Die Orientierungswerte können daher nicht schematisch übernommen werden, sondern müssen entsprechend den spezifischen Planungsbedingungen überprüft und ggf. angepasst werden. Mögliche Einflüsse, die eine Anpassung der Orientierungswerte erforderlich machen, können sein:

- besondere Nutzungsanforderungen,
- Standortbedingungen (Erschließung, Immission, Topographie, Bodenbeschaffenheit),
- Bauwerksgeometrie (Grundrissform, Geschosszahlen, Geschosshöhen, Dachform, Dachaufbauten),

- Bauwerksqualität (gestalterische, funktionale und konstruktive Besonderheiten),
- Quantität (Positionsmengen),
- Baumarkt (Zeit, regionaler Baumarkt, Vergabeart).

9. Urheberrechte

Alle Objektinformationen und die daraus abgeleiteten Auswertungen (Statistiken) sind urheberrechtlich geschützt. Die Urheberrechte liegen bei den jeweiligen Büros, Personen bzw. bei BKI.

Es ist ausschließlich eine Anwendung der Daten im Rahmen der praktischen Kostenplanung im Hochbau zugelassen. Für eine anderweitige Nutzung oder weiterführende Auswertungen behält sich BKI alle Rechte vor.

Erläuterungen

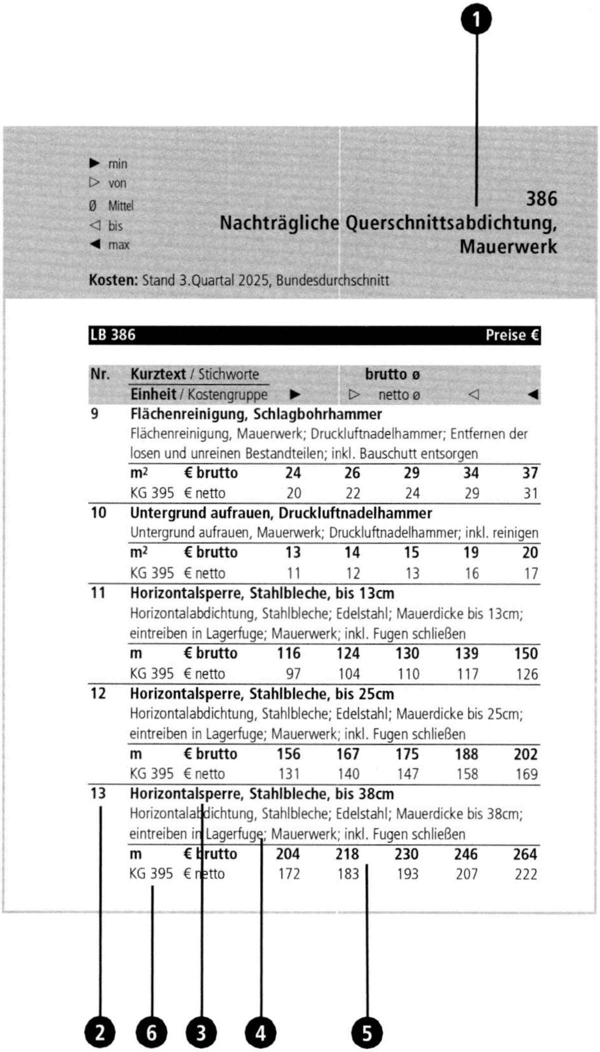

► min
▷ von
ø Mittel
◁ bis
◄ max

386
Nachträgliche Querschnittsabdichtung, Mauerwerk

Kosten: Stand 3.Quartal 2025, Bundesdurchschnitt

LB 386 | **Preise €**

Nr.	Kurztext / Stichworte Einheit / Kostengruppe		►	▷	brutto ø netto ø	◁	◄
9	**Flächenreinigung, Schlagbohrhammer** Flächenreinigung, Mauerwerk; Druckluftnadelhammer; Entfernen der losen und unreinen Bestandteilen; inkl. Bauschutt entsorgen						
	m²	**€ brutto**	**24**	**26**	**29**	**34**	**37**
	KG 395	€ netto	20	22	24	29	31
10	**Untergrund aufrauen, Druckluftnadelhammer** Untergrund aufrauen, Mauerwerk; Druckluftnadelhammer; inkl. reinigen						
	m²	**€ brutto**	**13**	**14**	**15**	**19**	**20**
	KG 395	€ netto	11	12	13	16	17
11	**Horizontalsperre, Stahlbleche, bis 13cm** Horizontalabdichtung, Stahlbleche; Edelstahl; Mauerdicke bis 13cm; eintreiben in Lagerfuge; Mauerwerk; inkl. Fugen schließen						
	m	**€ brutto**	**116**	**124**	**130**	**139**	**150**
	KG 395	€ netto	97	104	110	117	126
12	**Horizontalsperre, Stahlbleche, bis 25cm** Horizontalabdichtung, Stahlbleche; Edelstahl; Mauerdicke bis 25cm; eintreiben in Lagerfuge; Mauerwerk; inkl. Fugen schließen						
	m	**€ brutto**	**156**	**167**	**175**	**188**	**202**
	KG 395	€ netto	131	140	147	158	169
13	**Horizontalsperre, Stahlbleche, bis 38cm** Horizontalabdichtung, Stahlbleche; Edelstahl; Mauerdicke bis 38cm; eintreiben in Lagerfuge; Mauerwerk; inkl. Fugen schließen						
	m	**€ brutto**	**204**	**218**	**230**	**246**	**264**
	KG 395	€ netto	172	183	193	207	222

Erläuterung nebenstehender Tabelle

Alle Baupreise werden mit und ohne Mehrwertsteuer dargestellt.
Kostenstand: 3. Quartal 2025.
Kosten und Baupreise umgerechnet auf den Bundesdurchschnitt.

❶

Leistungsbereich mit Nummer entsprechend Standardleistungsbuch
Die BKI-Gliederung des vorliegenden Fachbuchs orientiert sich am Standardleistungsbuch für das Bauwesen. Die Nummern der Leistungsbereiche werden jedoch beim Altbau mit 3xx gekennzeichnet.

❷
Ordnungsziffer im jeweiligen Leistungsbereich

❸
Kurztext der Position

❹
Schlagworte aus dem Mustertext mit:
Gegenstand, Material, Dimension, Verarbeitung, Ort, Sonstige

❺
Abrechnungseinheit; Einheitspreise brutto und netto mit min/von/mittel/bis/max-Werten

❻
Kostengruppe nach DIN 276:2018-12

Gliederung in Leistungsbereiche nach STLB-Bau

Als Beispiel für eine ausführungsorientierte Ergänzung der Kostengliederung werden im Folgenden die Leistungsbereiche des Standardleistungsbuches für das Bauwesen in einer Übersicht dargestellt.

000 Baustelleneinrichtungen; Verkehrssicherungs- und Sicherheitseinrichtungen
001 Gerüstarbeiten
002 Erdarbeiten
003 Landschaftsbauarbeiten
004 Landschaftsbauarbeiten - Pflanzen
005 Brunnenbauarbeiten und Aufschlussbohrungen
006 Spezialtiefbauarbeiten
007 Untertagebauarbeiten
008 Wasserhaltungsarbeiten
009 Entwässerungskanalarbeiten
010 Drän- und Versickerarbeiten
011 Abscheider- und Kleinkläranlagen
012 Mauerarbeiten
013 Betonarbeiten
014 Natur-, Betonwerksteinarbeiten
016 Zimmer- und Holzbauarbeiten
017 Stahlbauarbeiten
018 Abdichtungsarbeiten
019 Kampfmittelräumarbeiten
020 Dachdeckungsarbeiten
021 Dachabdichtungsarbeiten
022 Klempnerarbeiten
023 Putz- und Stuckarbeiten, Wärmedämmsysteme
024 Fliesen- und Plattenarbeiten
025 Estricharbeiten
026 Fenster, Außentüren
027 Tischlerarbeiten
028 Parkett-, Holzpflasterarbeiten
029 Beschlagarbeiten
030 Rollladenarbeiten
031 Metallbauarbeiten
032 Verglasungsarbeiten
033 Baureinigungsarbeiten
034 Maler- und Lackierarbeiten - Beschichtungen
035 Korrosionsschutzarbeiten an Stahlbauten
036 Bodenbelagarbeiten
037 Tapezierarbeiten
038 Vorgehängte hinterlüftete Fassaden
039 Trockenbauarbeiten

040 Wärmeversorgungsanlagen - Betriebseinrichtungen
041 Wärmeversorgungsanlagen - Leitungen, Armaturen, Heizflächen
042 Gas- und Wasseranlagen - Leitungen, Armaturen
043 Druckrohrleitungen für Gas, Wasser und Abwasser
044 Abwasseranlagen - Leitungen, Abläufe, Armaturen
045 Gas-, Wasser- und Entwässerungsanlagen - Ausstattung, Elemente, Fertigbäder
046 Gas-, Wasser- und Entwässerungsanlagen - Betriebseinrichtungen
047 Dämm- und Brandschutzarbeiten an technischen Anlagen
049 Feuerlöschanlagen, Feuerlöschgeräte
050 Blitzschutz- / Erdungsanlagen, Überspannungsschutz
051 Kabelleitungstiefbauarbeiten
052 Mittelspannungsanlagen
053 Niederspannungsanlagen - Kabel / Leitungen, Verlegesysteme, Installationsgeräte
054 Niederspannungsanlagen - Verteilersysteme und Einbaugeräte
055 Ersatzstromversorgungsanlagen
057 Gebäudesystemtechnik
058 Leuchten und Lampen
059 Sicherheitsbeleuchtungsanlagen
060 Such-, Signal-, Zeitdienst-, Antennen-, elektroakustische Anlagen, Medientechnik
061 Kommunikations- und Übertragungsnetze
062 Kommunikationsanlagen
063 Gefahrenmeldeanlagen
064 Zutrittskontroll-, Zeiterfassungssysteme
069 Aufzüge
070 Gebäudeautomation
075 Raumlufttechnische Anlagen
078 Kälteanlagen für raumlufttechnische Anlagen
080 Straßen, Wege, Plätze
081 Betonerhaltungsarbeiten
082 Bekämpfender Holzschutz
084 Abbruch-, Rückbau- und Schadstoffsanierungsarbeiten
085 Rohrvortriebsarbeiten
087 Abfallentsorgung, Verwertung und Beseitigung
090 Baulogistik
091 Stundenlohnarbeiten
096 Bauarbeiten an Bahnübergängen
097 Bauarbeiten an Gleisen und Weichen
098 Witterungsschutzmaßnahmen

Die BKI-Gliederung des vorliegenden Fachbuchs orientiert sich am Standardleistungsbuch für das Bauwesen. Die Nummern der Leistungsbereiche werden jedoch beim Altbau mit 3xx gekennzeichnet.

Abkürzungsverzeichnis

Einheiten		Mengenangaben	
cm	Zentimeter	A	Fläche
cm^2	Quadratzentimeter	B	Breite
d	Tag	D	Durchmesser
DPr	Proctodichte	d	Dicke
h	Stunde	H	Höhe
kg	Kilogramm	k	k-Wert
kN	Kilonewton	lw	lichte Weite
kW	Kilowatt	R	Radius
l	Liter	T	Tiefe
m	Meter	U	u-Wert
m^2	Quadratmeter	V	Volumen
m^3	Kubikmeter		
mm	Millimeter		
min	Minute		
Mt	Monat		
St	Stück		
s	Sekunde	psch	Pauschal
t	Tonne	n.A.	nach Aufwand
Wo	Woche		(Preis ist Projektbezogen)
µm	Mikrometer		

Kombinierte Einheiten			
l/m^2	Liter pro Quadratmeter	m^3Wo	Kubikmeter pro Woche
mh	Meter pro Stunde	m^3Mt	Kubikmeter pro Monat
md	Meter pro Tag	Sth	Stück pro Stunde
mWo	Meter pro Woche	Std	Stück pro Tag
mMt	Meter pro Monate	StWo	Stück pro Woche
ma	Meter pro Jahr	StMt	Stück pro Monat
m^2d	Quadratmeter pro Tag	td	Tonne pro Tag
m^2Wo	Quadratmeter pro Woche	tMt	Tonne pro Monat
m^2Mt	Quadratmeter pro Monat	tWo	Tonne pro Monat
m^3d	Kubikmeter pro Tag	$W/(m^2K)$	Wärmedurchgangskoeffizient

Rechenzeichen			
<	kleiner	<=	kleiner gleich
>	größer	>=	größer gleich
		-	bis

Abkürzungen

AN	Auftragnehmer
AG	Auftraggeber
AP	Arbeitsplätze
APP	Appartement
ATV	allg. techn. Vertragsbedingungen
BB	BB-Schloss=Buntbartschloss
BSH	Brettschichtholz
DD	DD-Lack=Polyurethan-Lack
DN	Durchmesser, Nennmaß (DN80)
DF	Dünnformat
DG	Dachgeschoss
DK	Dreh-/Kipp(-flügel)
DHH	Doppelhaushälfte
EG	Erdgeschoss
EI2 30	Brandschutzklassifizierung nach EN 13501-2
ELW	Einliegerwohnung
ETW	Etagenwohnung
EPS	expandierter Polystyrolschaum
ESG	Einscheiben-Sicherheitsglas
F90-A	Feuerwiderstandsklasse 90min
GK1	Geotechnische Kategorie 1
GK	Gipskarton
GKB	Gipskarton-Bauplatten
GKF	Gipskarton-Feuerschutz
GKI	Gipskarton - imprägniert
GKL	Güteklasse
Gl	Glieder (Heizkörper)
HLz	Hochlochziegel
HDF	hochdichte Faserplatte
HT	Hochtemperatur-Abflussrohr
inkl.	inklusive
i.L.	im Lichten
i.M.	im Mittel
KG	Kellergeschoss
KG	Kunststoff Grundleitung
KFZ	Kraftfahrzeug
KS	Kalksandstein
KSL	Kalksandstein-Lochstein
MG	Mörtelgruppe
MW	Mauerwerk
MW	Mineralwolle
MW	Maulweite (Zargen)
NF	Normalformat
NF	Nutzfläche
NF	Nut und Feder
NH	Nadelholz
OG	Obergeschoss
OK	Oberkante
OSB	Oriented Strand Board, Spanplatte
PE	Polyethylen
PE-HD	Polyethylen, hohe Dichte
PES	Polyester
PP	Polypropylen
PS	Polystyrol
PU	Polyurethan
PVC	Polyvinylchlorid
PZ	Profilzylinder
RD	rauchdicht
RRM	Rohbaurichtmaß
RS	Rauchschutz (Türen)
RW	Regenwasser
RWA	Rauch-Wärme-Abzug
SML	Gusseisen-Abwasserrohr
Stb	Stahlbeton
STP	Stellplatz
Stg	Steigung
TG	Tiefgarage
T30	Tür mit Feuerwiderstand 30min
UK	Unterkante
UK	Unterkonstruktion
VK	Vorderkante
VSG	Verbund-Sicherheitsglas
V2A	Edelstahl
V4A	Edelstahl
WDVS	Wärmedämmverbundsystem
WE	Wohneinheit

Abkürzungen			
KSV	Kalksandstein-Vollstein	WK	Einbruch-Widerstandsklasse
KSVm	Kalksandstein-Vormauerwerk	WLG	Wärmeleitgruppe
KVH	Konstruktionsvollholz	WLS	Wärmeleitstufe
LM	Leichtmetall	WU	wasserundurchlässig (Beton)
LZR	Luftzwischenraum (Isolierglas)	ZTV	zusätzl. techn. Vorbemerkungen
MF	Mineralfaser		

Abkürzungen Pflanzqualitäten			
Bu	Busch	Sol	Solitär
C	mit Container	Sth	Stammhöhe
H	Hochstamm	Str	Strauch
He	Heckenpflanze	StU	Stammumfang
mB	mit Ballen	Tr	Triebe
mDb	mit Drahtballen	v	verpflanzt
mTb	mit Topfballen	vStr	verpflanzter Strauch
oB	ohne Ballen		

A

Rohbau

Titel des Leistungsbereichs	LB-Nr.
Baustelleneinrichtungen, Sicherheitseinrichtungen	300
Gerüstarbeiten	301
Erdarbeiten	302
Spezialtiefbauarbeiten	306
Wasserhaltungsarbeiten	308
Entwässerungskanalarbeiten	309
Drän- und Versickerarbeiten	310
Mauerarbeiten	312
Betonarbeiten	313
Natur-, Betonwerksteinarbeiten	314
Zimmer- und Holzbauarbeiten	316
Stahlbauarbeiten	317
Abdichtungsarbeiten	318
Dachdeckungsarbeiten	320
Dachabdichtungsarbeiten	321
Klempnerarbeiten	322

Baustelleneinrichtungen; Verkehrssicherungs- und Sicherheitseinrichtungen

LB 300						Preise €

Nr.	Kurztext / Stichworte Einheit / Kostengruppe		►	▷	brutto ø netto ø	◁	◄
1	**Bauzaun, Höhe 2,00m** Bauzaun; Höhe 2,00m; aufstellen, vorhalten, abbauen						
	m	**€ brutto**	**13**	**17**	**19**	**21**	**26**
	KG 391	€ netto	11	14	16	18	22
2	**Tür, Bauzaun** Bauzauntür; HxB 2,30x1,20m; einbauen, vorhalten, abbauen						
	St	**€ brutto**	**85**	**155**	**182**	**200**	**239**
	KG 391	€ netto	72	130	153	168	201
3	**Bauzaun umsetzen** Bauzaun; Höhe 2,00m; umsetzen; inkl. Türen, Tore						
	m	**€ brutto**	**6,6**	**9,4**	**10,4**	**12,1**	**15,6**
	KG 391	€ netto	5,6	7,9	8,8	10,2	13,1
4	**Baumschutz, Brettermantel, bis 30cm** Baumschutz; Brettermantel, Polsterung; StD bis 30cm; gegen mechanische Schäden						
	St	**€ brutto**	**69**	**88**	**99**	**130**	**181**
	KG 211	€ netto	58	74	83	110	152
5	**Baustraße** Baustraße, temporär; RC-Baustoff; Breite bis 2,50m; herstellen, abbauen						
	m²	**€ brutto**	**21**	**26**	**27**	**29**	**35**
	KG 391	€ netto	18	22	23	24	29
6	**Hilfsüberfahrt, Stahlplatte** Hilfsüberfahrt, Baustellenverkehr; Stahlplatte; Breite bis 2,50m; herstellen, vorhalten, abbauen						
	St	**€ brutto**	**206**	**261**	**275**	**322**	**344**
	KG 391	€ netto	173	219	231	270	289
7	**Bauwasseranschluss, 3 Zapfstellen** Bauwasseranschluss; herstellen, vorhalten, abbauen; inkl. Zwischenzähler						
	St	**€ brutto**	**345**	**610**	**720**	**921**	**1.342**
	KG 391	€ netto	290	513	605	774	1.128
8	**Bauwasseranschluss heranführen** Bauwasserleitung; DN32; provisorisch herstellen, vorhalten, abbauen; gesamte Bauzeit						
	m	**€ brutto**	**24**	**40**	**47**	**56**	**76**
	KG 391	€ netto	20	33	40	47	64
9	**Baustromanschluss** Baustromanschluss; Zuleitung bis 50m; herstellen, vorhalten, abbauen; inkl. Ausstattung						
	St	**€ brutto**	**845**	**1.055**	**1.160**	**1.360**	**1.660**
	KG 391	€ netto	710	887	975	1.143	1.395

Kosten: Stand 3.Quartal 2025, Bundesdurchschnitt

LB 300							**Preise €**
Nr.	**Kurztext** / Stichworte				**brutto ø**		
	Einheit / Kostengruppe		►	▷	netto ø	◁	◀
10	**Baustrom, Zuleitung** Baustromhauptanschluss; gummigeschützte Leitung; Zuleitung bis 50m; herstellen, vorhalten, abbauen						
	m	**€ brutto**	**12**	**17**	**19**	**21**	**26**
	KG 391	€ netto	10	14	16	18	22
11	**Baustromverteiler** Baustromverteiler; aufstellen, vorhalten, abbauen						
	St	**€ brutto**	**342**	**591**	**684**	**816**	**1.152**
	KG 391	€ netto	287	496	575	686	968
12	**WC-Kabine** WC-Kabine; 1 WC-Sitz; aufstellen, vorhalten, abbauen; wöchentliche Reinigung						
	St	**€ brutto**	**228**	**349**	**396**	**476**	**627**
	KG 391	€ netto	192	293	333	400	527
13	**Autokran** Autokran bereitstellen; bereitstellen, betreiben, abbauen; inkl. Betriebspersonal						
	h	**€ brutto**	**212**	**282**	**304**	**331**	**375**
	KG 391	€ netto	179	237	255	278	315
14	**Baustellenaufzug, bis 800kg Nutzlast** Baustellenaufzug, Personen, Material; bis 800kg, Förderhöhe bis 16,00m; aufstellen, vorhalten, abbauen						
	St	**€ brutto**	**2.480**	**3.051**	**3.198**	**3.441**	**3.900**
	KG 391	€ netto	2.084	2.564	2.687	2.891	3.277
15	**Bautreppe, zweiläufig** Bautreppe; Holz; Höhe bis 3,00m, Breite 0,90m; herstellen, vorhalten, abbauen						
	St	**€ brutto**	**623**	**902**	**1.053**	**1.244**	**1.600**
	KG 391	€ netto	523	758	885	1.046	1.345
16	**Seitenschutz, Treppe** Seitenschutz; aus Geländern, Zwischenholm; herstellen, vorhalten, abbauen						
	m	**€ brutto**	**20**	**28**	**32**	**35**	**41**
	KG 391	€ netto	17	23	27	29	34
17	**Absturzsicherung, Seitenschutz** Seitenschutz; herstellen, vorhalten, abbauen						
	m	**€ brutto**	**23**	**32**	**35**	**39**	**48**
	KG 391	€ netto	19	27	30	33	40

LB 300						Preise €
Nr.	**Kurztext** / Stichworte **Einheit** / Kostengruppe ►		▷	**brutto ø** netto ø	◁	◄
18	**Bautür, Stahlblech** Bautür, abschließbar; Stahl; 1,26x2,26m; montieren, entfernen; inkl. Schloss, Drückergarnitur					
	St	**€ brutto**	**159**	**231**	**255**	**298**	**423**
	KG 391	€ netto	134	194	214	251	355
19	**Schutzabdeckung, Boden, Holzplatten** Schutzabdeckung; Holzplatten, NF-System; rutschsicher abdecken, wieder entfernen					
	m²	**€ brutto**	**14**	**23**	**27**	**29**	**36**
	KG 397	€ netto	12	20	22	24	30
20	**Schutzwand, Folienbespannung** Staubschutzvorrichtung; Holzkonstruktion, Gitterfolie 0,5mm; Höhe bis 3,50m; herstellen, vorhalten, abbauen					
	m²	**€ brutto**	**27**	**35**	**38**	**42**	**48**
	KG 397	€ netto	22	29	32	35	41
21	**Schutzwand, Holz beplankt** Bauschutzwand, im Gebäude; Holzwerkstoffplatten; Dicke 15mm, Höhe bis 3,00m; beidseitig beplankt, vorhalten, abbauen					
	m²	**€ brutto**	**61**	**73**	**80**	**86**	**101**
	KG 397	€ netto	51	62	67	72	85
22	**Witterungsschutz, Fensteröffnung** Witterungsschutz; Holzkonstruktion, PE-Folie 0,5mm; herstellen, vorhalten, abbauen; Fassadenöffnungen					
	m²	**€ brutto**	**16**	**21**	**24**	**29**	**36**
	KG 397	€ netto	13	18	20	24	30
23	**Schutzabdeckung, Bauplane** Schutzabdeckung; Bauplane, Witterungsschutz; sturmsicher anbringen, entfernen; Bauteile, Gerüste, offene Dächer					
	m²	**€ brutto**	**7,8**	**10,2**	**11,7**	**12,8**	**15,0**
	KG 397	€ netto	6,5	8,6	9,9	10,8	12,6
24	**Bauschuttcontainer, gemischter Bauschutt** Bauschuttcontainer; gemischter Bauschutt; 7,00m³; aufstellen, vorhalten, abfahren					
	St	**€ brutto**	**555**	**727**	**803**	**891**	**1.240**
	KG 391	€ netto	466	611	675	749	1.042
25	**Bauschuttcontainer, Holzabfälle** Bauschuttcontainer; Holz; 7,00m³; aufstellen, vorhalten, abfahren					
	St	**€ brutto**	**333**	**429**	**482**	**515**	**572**
	KG 391	€ netto	280	361	405	433	481

Kosten: Stand 3.Quartal 2025, Bundesdurchschnitt

LB 300 **Preise €**

Nr.	Kurztext / Stichworte Einheit / Kostengruppe		►	▷	brutto ø netto ø	◁	◄
26	**Bauschuttcontainer, sortierter Bauschutt** Bauschuttcontainer; sortierter Schutt; 7,00m³; aufstellen, vorhalten, abfahren						
	St	**€ brutto**	**387**	**489**	**554**	**725**	**897**
	KG 391	€ netto	325	411	465	609	754
27	**Deponiegebühr, gemischter Bauschutt** Deponiegebühr; Material nicht schadstoffbelastet; laden, abfahren, entsorgen						
	m³	**€ brutto**	**86**	**97**	**105**	**113**	**133**
	KG 391	€ netto	72	82	88	95	112
28	**Schuttabwurfschacht, bis 8,00m** Schuttabwurfschacht; Durchmesser 60cm, Höhe 4,00-8,00m; aufstellen, vorhalten, abbauen						
	St	**€ brutto**	**228**	**413**	**443**	**481**	**792**
	KG 391	€ netto	191	347	372	404	665
29	**Schuttabwurfschacht, bis 12,00m** Schuttabwurfschacht; Durchmesser 60cm; aufstellen, vorhalten, abbauen						
	m	**€ brutto**	**22**	**29**	**33**	**43**	**54**
	KG 391	€ netto	18	25	28	36	45

LB 301						Preise €
Nr.	Kurztext / Stichworte Einheit / Kostengruppe ►		▷	brutto ø netto ø	◁	◄
1	**Fassadengerüst erstellen, LK3, W06** Arbeitsgerüst, LK3; W06, H1; erstellen					
	m²	**€ brutto**	**5,0**	**6,6**	**7,3**	**8,3**	**9,8**
	KG 392	€ netto	4,2	5,5	6,1	7,0	8,2
2	**Fassadengerüst erstellen, LK3, W09** Arbeitsgerüst, LK3; W09, H1; erstellen					
	m²	**€ brutto**	**5,7**	**7,6**	**8,4**	**9,6**	**11,3**
	KG 392	€ netto	4,8	6,4	7,1	8,1	9,5
3	**Fassadengerüst erstellen, LK4, W09** Arbeitsgerüst, LK4; W09, H1; erstellen					
	m²	**€ brutto**	**7,4**	**9,8**	**10,9**	**12,4**	**14,5**
	KG 392	€ netto	6,2	8,2	9,1	10,4	12,2
4	**Fassadengerüst erstellen, LK5, W09** Arbeitsgerüst, LK5; W09, H1; erstellen					
	m²	**€ brutto**	**7,6**	**10,1**	**11,2**	**12,8**	**15,1**
	KG 392	€ netto	6,4	8,5	9,4	10,8	12,7
5	**Fassadengerüst abbauen, LK3, W06** Arbeitsgerüst, LK3; W06, H1; abbauen					
	m²	**€ brutto**	**2,9**	**3,8**	**4,2**	**4,8**	**5,7**
	KG 392	€ netto	2,4	3,2	3,6	4,1	4,8
6	**Fassadengerüst abbauen, LK3, W09** Arbeitsgerüst, LK3; W09, H1; abbauen					
	m²	**€ brutto**	**3,3**	**4,4**	**4,9**	**5,5**	**6,5**
	KG 392	€ netto	2,8	3,7	4,1	4,7	5,5
7	**Fassadengerüst abbauen, LK4, W09** Arbeitsgerüst, LK4; W09, H1; abbauen					
	m²	**€ brutto**	**3,9**	**5,2**	**5,8**	**6,6**	**7,8**
	KG 392	€ netto	3,3	4,4	4,9	5,5	6,5
8	**Fassadengerüst abbauen, LK5, W09** Arbeitsgerüst, LK5; W09, H1; abbauen					
	m²	**€ brutto**	**4,5**	**6,0**	**6,6**	**7,5**	**8,9**
	KG 392	€ netto	3,8	5,0	5,6	6,3	7,5
9	**Fassadengerüst, Gebrauchsüberlassung, LK3, W06** Gebrauchsüberlassung, Fassadengerüst, LK3; W06, H1; je Woche					
	m²Wo	**€ brutto**	**0,3**	**0,4**	**0,4**	**0,4**	**0,5**
	KG 392	€ netto	0,2	0,3	0,3	0,4	0,4
10	**Fassadengerüst, Gebrauchsüberlassung, LK4, W09** Gebrauchsüberlassung, Fassadengerüst, LK4; W09, H1; je Woche					
	m²Wo	**€ brutto**	**0,5**	**0,6**	**0,7**	**0,8**	**0,9**
	KG 392	€ netto	0,4	0,5	0,6	0,7	0,8

Kosten: Stand 3.Quartal 2025, Bundesdurchschnitt

LB 301						**Preise €**
Nr.	**Kurztext** / Stichworte			**brutto ø**		
	Einheit / Kostengruppe	►	▷	netto ø	◁	◄
11	**Fassadengerüst, Gebrauchsüberlassung, LK5, W09**					
	Gebrauchsüberlassung, Fassadengerüst, LK5; W09, H1; je Woche					
	m²Wo € brutto	**0,5**	**0,6**	**0,7**	**0,8**	**1,0**
	KG 392 € netto	0,4	0,5	0,6	0,7	0,8
12	**Gerüst umsetzen, LK3, W06**					
	Arbeitsgerüst LK3 umsetzen; W06, H1					
	m² € brutto	**10**	**15**	**16**	**19**	**25**
	KG 392 € netto	8,6	12,7	13,5	16,3	21,0
13	**Standfläche herstellen Hilfsgründung**					
	Hilfsgründung, Gerüst; herstellen; Außenbereich					
	m € brutto	**10**	**16**	**18**	**19**	**25**
	KG 392 € netto	8,6	13,8	15,3	16,3	20,6
14	**Abstützung, freistehendes Gerüst aufbauen**					
	Herstellung Standsicherheit; ohne Verankerung					
	m² € brutto	**5,9**	**8,9**	**9,9**	**10,6**	**12,5**
	KG 392 € netto	5,0	7,5	8,4	8,9	10,5
15	**Standgerüst erstellen, innen LK3**					
	Standgerüst, LK3; H1; erstellen; innen					
	m² € brutto	**5,9**	**7,4**	**8,1**	**9,3**	**10,9**
	KG 392 € netto	5,0	6,2	6,8	7,8	9,1
16	**Standgerüst abbauen, innen LK3**					
	Standgerüst, LK3; H1; abbauen; innen					
	m² € brutto	**4,8**	**6,0**	**6,7**	**7,6**	**9,0**
	KG 392 € netto	4,0	5,1	5,6	6,4	7,5
17	**Standgerüst, Gebrauchsüberlassung**					
	Gebrauchsüberlassung, Standgerüst, LK3; H1; je Woche					
	m²Wo € brutto	**0,3**	**0,3**	**0,4**	**0,4**	**0,5**
	KG 392 € netto	0,2	0,3	0,3	0,4	0,4
18	**Raumgerüst erstellen, LK3**					
	Raumgerüst, LK3; H1; erstellen, Seitenschutz einseitig/zweiseitig/umlaufend					
	m³ € brutto	**6,2**	**7,7**	**8,6**	**9,8**	**11,5**
	KG 392 € netto	5,2	6,5	7,2	8,2	9,7
19	**Raumgerüst abbauen, LK3**					
	Raumgerüst, LK3; H1; abbauen, Seitenschutz einseitig/zweiseitig/umlaufend					
	m³ € brutto	**4,5**	**5,6**	**6,2**	**7,1**	**8,3**
	KG 392 € netto	3,8	4,7	5,2	6,0	7,0

301
Gerüstarbeiten

LB 301						Preise €
Nr.	**Kurztext** / Stichworte **Einheit** / Kostengruppe	►	▷	**brutto ø** netto ø	◁	◄
20	**Raumgerüst, Gebrauchsüberlassung** Gebrauchsüberlassung, Raumgerüst; je Woche					
	m^3Wo € brutto	**0,5**	**1,0**	**1,2**	**1,3**	**2,0**
	KG 392 € netto	0,5	0,9	1,0	1,1	1,6
21	**Absetzpodest erstellen, LK4** Absetzpodest als Arbeitsgerüst, LK4; H1; erstellen, Seitenschutz einseitig/zweiseitig/umlaufend					
	St € brutto	**216**	**270**	**300**	**342**	**402**
	KG 392 € netto	181	227	252	287	337
22	**Absetzpodest abbauen, LK4** Absetzpodest als Arbeitsgerüst, LK4; H1; abbauen, Seitenschutz einseitig/zweiseitig/umlaufend					
	St € brutto	**112**	**140**	**156**	**178**	**209**
	KG 392 € netto	94	118	131	149	176
23	**Fahrgerüst erstellen, LK3** Fahrgerüst, LK3; erstellen					
	St € brutto	**219**	**273**	**300**	**345**	**405**
	KG 392 € netto	184	229	252	290	340
24	**Fahrgerüst entfernen, LK3** Fahrgerüst, LK3; entfernen					
	St € brutto	**113**	**141**	**156**	**180**	**209**
	KG 392 € netto	95	118	131	151	176
25	**Fahrgerüst, Gebrauchsüberlassung** Gebrauchsüberlassung, Fahrgerüst LK3; je Woche					
	StWo € brutto	**32**	**40**	**44**	**50**	**59**
	KG 392 € netto	27	33	37	42	49
26	**Gerüstverbreiterung erstellen, bis 30cm** Gerüstverbreiterung; bis 0,30m; erstellen					
	m € brutto	**4,8**	**5,8**	**6,8**	**8,2**	**9,6**
	KG 392 € netto	4,0	4,9	5,8	6,9	8,1
27	**Gerüstverbreiterung erstellen, bis 70cm** Gerüstverbreiterung; über 0,30-0,70m; erstellen					
	m € brutto	**7,6**	**9,2**	**10,7**	**13,0**	**14,9**
	KG 392 € netto	6,4	7,8	9,0	10,9	12,5
28	**Gerüstverbreiterung abbauen, bis 30cm** Gerüstverbreiterung; bis 30cm; abbauen					
	m € brutto	**2,9**	**3,5**	**4,1**	**5,0**	**5,8**
	KG 392 € netto	2,4	3,0	3,5	4,2	4,9

Kosten: Stand 3.Quartal 2025, Bundesdurchschnitt

LB 301						Preise €
Nr.	**Kurztext** / Stichworte			brutto ø		
	Einheit / Kostengruppe	►	▷	netto ø	◁	◄
29	**Gerüstverbreiterung abbauen, bis 70cm**					
	Gerüstverbreiterung; über 0,30-0,70m; abbauen					
	m **€ brutto**	**4,6**	**5,6**	**6,6**	**8,0**	**9,3**
	KG 392 € netto	3,9	4,7	5,6	6,7	7,8
30	**Gebrauchsüberlassung Gerüstverbreiterung**					
	Gebrauchsüberlassung, Gerüstverbreiterung; je Woche					
	mWo **€ brutto**	**0,4**	**0,7**	**0,9**	**1,2**	**2,1**
	KG 392 € netto	0,3	0,6	0,7	1,0	1,8
31	**Dachfanggerüst als Erweiterung erstellen, Arbeitsgerüst**					
	Arbeitsgerüst Erweiterung zum Dachfanggerüst; erstellen, inkl. Seitenschutz					
	m **€ brutto**	**6,3**	**8,4**	**9,3**	**10,6**	**12,4**
	KG 392 € netto	5,3	7,0	7,8	8,9	10,5
32	**Dachfanggerüst als Erweiterung abbauen, Arbeitsgerüst**					
	Arbeitsgerüst Erweiterung zum Dachfanggerüst; abbauen, inkl. Seitenschutz					
	m **€ brutto**	**3,8**	**5,0**	**5,5**	**6,4**	**7,5**
	KG 392 € netto	3,2	4,2	4,7	5,3	6,3
33	**Dachfanggerüst, Gebrauchsüberlassung**					
	Gebrauchsüberlassung Fanggerüst; je Woche					
	mWo **€ brutto**	**0,4**	**0,7**	**0,8**	**1,1**	**1,6**
	KG 392 € netto	0,3	0,6	0,7	0,9	1,3
34	**Gerüsttreppe erstellen, Treppenturm**					
	Treppenturm, Gerüst; Breite über 0,50-0,75m; erstellen, Klasse A/B					
	St **€ brutto**	**1.910**	**2.387**	**2.652**	**3.024**	**3.554**
	KG 392 € netto	1.605	2.006	2.229	2.541	2.987
35	**Gerüsttreppe abbauen, Treppenturm**					
	Treppenturm, Gerüst; Breite über 0,50-0,75m; abbauen, Klasse A/B					
	St **€ brutto**	**701**	**876**	**973**	**1.109**	**1.304**
	KG 392 € netto	589	736	818	932	1.096
36	**Treppenturm, Gebrauchsüberlassung**					
	Gebrauchsüberlassung, Treppenturm, Gerüst; je Woche					
	StWo **€ brutto**	**155**	**194**	**216**	**246**	**289**
	KG 392 € netto	131	163	181	207	243
37	**Überbrückung erstellen, Gerüst**					
	Überbrückung, Gerüst, erstellen; Systemteile; Eingang/Durchfahrt; inkl. Belag, Seitenschutz					
	m **€ brutto**	**25**	**37**	**43**	**50**	**66**
	KG 392 € netto	21	31	36	42	55

LB 301						Preise €
Nr.	**Kurztext** / Stichworte			**brutto ø**		
	Einheit / Kostengruppe	►	▷	netto ø	◁	◄
38	**Überbrückung, Gebrauchsüberlassung**					
	Gebrauchsüberlassung, Überbrückung; je Woche					
	mWo	**€ brutto**	**0,5**	**1,3**	**1,5**	**1,8**	**3,7**
	KG 392	€ netto	0,4	1,1	1,3	1,5	3,1
39	**Seitenschutz, Arbeitsgerüst**					
	Seitenschutz, Arbeitsgerüst; Systemteile					
	m	**€ brutto**	**4,6**	**7,3**	**9,1**	**12,1**	**17,0**
	KG 392	€ netto	3,9	6,1	7,6	10,1	14,2
40	**Materialaufzug, bis 300kg**					
	Baustellenaufzug, Materialaufzug; bis 300kg; aufstellen, abbauen					
	St	**€ brutto**	**1.920**	**2.141**	**2.191**	**2.259**	**2.480**
	KG 391	€ netto	1.613	1.799	1.841	1.899	2.084
41	**Materialaufzug, bis 500kg**					
	Baustellenaufzug, Materialaufzug; bis 500kg; aufstellen, abbauen					
	St	**€ brutto**	**–**	**2.807**	**2.864**	**3.694**	**–**
	KG 391	€ netto	–	2.359	2.407	3.105	–
42	**Verankerungselemente/Sondergerüstanker**					
	Gerüstanker, WDVS; ein- und ausbauen					
	St	**€ brutto**	**45**	**50**	**55**	**58**	**63**
	KG 392	€ netto	38	42	46	49	53
43	**Gerüstplane, Wetterschutzplane**					
	Gerüstbekleidung; Wetterschutzplane, gitterverstärkt; 500N/750N; vollflächig montieren, entfernen					
	m²	**€ brutto**	**4,9**	**5,7**	**6,0**	**6,8**	**7,7**
	KG 392	€ netto	4,1	4,8	5,0	5,7	6,4
44	**Gerüstbekleidung, Staubschutznetz/Schutzgewebe**					
	Gerüstbekleidung; Staubschutznetz/Schutzgewebe; vollflächig					
	m²	**€ brutto**	**3,5**	**4,1**	**4,4**	**5,2**	**6,5**
	KG 392	€ netto	2,9	3,4	3,7	4,3	5,5
45	**Auffangnetz**					
	Schutznetz; Auffangnetz; Klasse A2; montieren, vorhalten, abbauen					
	m²	**€ brutto**	**6,4**	**10,7**	**13,8**	**14,5**	**18,9**
	KG 392	€ netto	5,4	9,0	11,6	12,2	15,9
46	**Auffangnetz, Gebrauchsüberlassung**					
	Gebrauchsüberlassung, Auffangnetz; Schutznetz; je Woche					
	m²Wo	**€ brutto**	**0,1**	**0,2**	**0,2**	**0,3**	**0,4**
	KG 392	€ netto	< 0,1	0,2	0,2	0,2	0,3

Kosten: Stand 3.Quartal 2025, Bundesdurchschnitt

LB 301						Preise €
Nr.	**Kurztext** / Stichworte **Einheit** / Kostengruppe	►	▷	**brutto ø** netto ø	◁	◄
47	**Stundensatz, Facharbeiter/-in** Stundenlohnarbeiten für Vorarbeiter/-in, Facharbeiter/-in und Gleichgestellte; Gerüstbau					
	h **€ brutto**	**79**	**92**	**93**	**98**	**111**
	€ netto	66	77	78	82	93
48	**Stundensatz, Helfer/-in** Stundenlohnarbeiten für Werker/-in, Helfer/-in und Gleichgestellte; Gerüstbau					
	h **€ brutto**	**57**	**72**	**75**	**83**	**96**
	€ netto	48	60	63	70	81

LB 302						Preise €
Nr.	**Kurztext** / Stichworte **Einheit** / Kostengruppe ►		▷	**brutto ø** netto ø	◁	◄
1	**Büsche, Kleingehölze roden** Büsche/Kleingehölze roden; Breite bis 1,00m, Höhe bis 1,50m; häckseln, einarbeiten					
	m²	**€ brutto**	**10**	**13**	**14**	**16**	**19**
	KG 214	€ netto	8,5	10,9	11,9	13,4	15,7
2	**Wurzelstock roden, bis 50cm** Wurzelstock roden; bis StD 50cm; Räumgut entsorgen					
	St	**€ brutto**	**70**	**103**	**117**	**130**	**169**
	KG 214	€ netto	59	87	98	109	142
3	**Oberboden abtragen, lagern, 30cm** Oberboden abtragen; Dicke 30cm; laden, fördern, lagern					
	m²	**€ brutto**	**7,6**	**7,9**	**8,0**	**8,2**	**8,5**
	KG 311	€ netto	6,4	6,6	6,7	6,9	7,1
4	**Oberboden abtragen, entsorgen, 30cm** Oberboden abtragen; unbelastet; Dicke 30cm; laden, abfahren, entsorgen					
	m³	**€ brutto**	**26**	**32**	**34**	**36**	**42**
	KG 214	€ netto	22	27	29	31	35
5	**Aushub Schlitzgraben/Suchgraben** Aushub, Suchgraben; bis 1,75m, 0,80x4,00m; seitlich lagern, wiederverfüllen; Handaushub					
	m³	**€ brutto**	**100**	**137**	**159**	**169**	**211**
	KG 311	€ netto	84	115	134	142	177
6	**Aufbruch, Schwarzdecken, entsorgen** Bituminöser Belag abbrechen; bis 15cm, Breite 70-100cm; Bauschutt inkl. Unterbau entsorgen					
	m²	**€ brutto**	**20**	**27**	**27**	**30**	**37**
	KG 212	€ netto	17	22	22	25	31
7	**Betonplatten ausbauen, lagern** Gehwegplatten ausbauen, Sandbett; Betonwerkstein; Format 50x50cm, Dicke 8cm; aufnehmen, reinigen, seitlich lagern, wiedereinbauen					
	m²	**€ brutto**	**13**	**16**	**17**	**17**	**20**
	KG 212	€ netto	11	13	14	15	17
8	**Baugrubenaushub, bis 3,50m, lagern, GK1** Aushub Baugrube, GK1; bis 3,50m; Boden lösen, fördern, lagern					
	m³	**€ brutto**	**16**	**21**	**24**	**28**	**37**
	KG 311	€ netto	13	18	20	24	31
9	**Baugrubenaushub, bis 3,50m, entsorgen, GK1** Aushub Baugrube, GK1; bis 3,50m; Boden lösen, laden, entsorgen					
	m³	**€ brutto**	**45**	**57**	**64**	**79**	**88**
	KG 311	€ netto	38	48	53	66	74

LB 302 **Preise €**

Nr.	Kurztext / Stichworte Einheit / Kostengruppe		►	▷	brutto ø netto ø	◁	◄
10	**Baugrubenaushub, Fels, bis 3,00m, lagern, GK1** Aushub Baugrube, GK1; Fels, felsiger Boden; bis 3,00m; Boden lösen, fördern, lagern						
	m³	**€ brutto**	**37**	**65**	**70**	**83**	**107**
	KG 311	€ netto	31	55	59	70	90
11	**Fundamentaushub, bis 1,75m, lagern, GK1** Fundamentaushub, GK1; bis 1,75m; Boden lösen, fördern, lagern						
	m³	**€ brutto**	**40**	**51**	**63**	**68**	**71**
	KG 322	€ netto	34	43	53	57	60
12	**Fundamentaushub, bis 1,75m, entsorgen, GK1** Fundamentaushub, GK1; bis 1,75m; Boden lösen, laden, entsorgen						
	m³	**€ brutto**	**52**	**63**	**70**	**78**	**94**
	KG 322	€ netto	44	53	59	66	79
13	**Einzelfundamentaushub, bis 1,75m, lagern, GK1** Einzelfundamentaushub, GK1; bis 1,75m; Boden lösen, fördern, lagern						
	m³	**€ brutto**	**45**	**53**	**62**	**71**	**80**
	KG 322	€ netto	37	45	52	60	67
14	**Streifenfundamentaushub, bis 1,25m, lagern, GK1** Streifenfundamentaushub, GK1; bis 1,25m; Boden lösen, fördern, lagern						
	m³	**€ brutto**	**42**	**51**	**61**	**62**	**67**
	KG 322	€ netto	35	43	51	52	56
15	**Streifenfundamentaushub, bis 1,25m, entsorgen, GK1** Streifenfundamentaushub, GK1; bis 1,25m; Boden lösen, laden, entsorgen						
	m³	**€ brutto**	**54**	**57**	**63**	**81**	**87**
	KG 322	€ netto	45	48	53	68	73
16	**Kabelgraben ausheben, bis 1,25m, lagern, GK1** Aushub Kabelgraben, GK1; bis 1,25m, Sohlenbreite bis 50cm; Boden lösen, seitlich lagern						
	m³	**€ brutto**	**33**	**35**	**41**	**44**	**53**
	KG 311	€ netto	27	29	34	37	45
17	**Kabelgraben ausheben, bis 1,25m, entsorgen, GK1** Aushub Kabelgraben, GK1; bis 1,25m, Sohlenbreite bis 50cm; Boden lösen, laden, entsorgen						
	m³	**€ brutto**	**36**	**44**	**49**	**54**	**61**
	KG 311	€ netto	31	37	41	45	51
18	**Fundament-/Grabenaushub, Handaushub, bis 1,25m** Handaushub Rohrgraben, Fundamente; bis 1,25m; seitlich lagern; Förderweg bis 50m						
	m³	**€ brutto**	**112**	**146**	**165**	**175**	**195**
	KG 322	€ netto	94	123	139	147	164

LB 302						Preise €
Nr.	Kurztext / Stichworte Einheit / Kostengruppe ►		▷	brutto ø netto ø	◁	◄
19	**Bodenaustausch, Liefermaterial** Bodenaustausch; Liefermaterial, Kiessand; Aushub entsorgen, Kiessand einbauen; inkl. Verdichten					
	m^3 **€ brutto**	**53**	**70**	**76**	**86**	**105**
	KG 321 € netto	44	59	64	72	89
20	**Tragschicht, Kies** Tragschicht, kapillarbrechend; Kies; einbauen, verdichten +/-2cm					
	m^3 **€ brutto**	**60**	**83**	**100**	**112**	**137**
	KG 325 € netto	51	70	84	94	115
21	**Sichern von Leitungen/Kabeln** Leitungssicherung; Elektrokabel/Entwässerungsleitung; Länge 5,00-10,00m, Höhe bis 1,25m					
	m **€ brutto**	**34**	**47**	**52**	**55**	**61**
	KG 551 € netto	29	40	44	46	51
22	**Planum, Baugrube** Planum der Baugrubensohle; +/-2cm					
	m^2 **€ brutto**	**1,1**	**2,1**	**2,6**	**3,4**	**4,6**
	KG 311 € netto	1,0	1,8	2,2	2,8	3,9
23	**Planum, Wege/Fahrstraßen, verdichten** Planum Verkehrsflächen; +/-2cm; herstellen, verdichten					
	m^2 **€ brutto**	**1,8**	**2,8**	**3,3**	**3,7**	**4,5**
	KG 530 € netto	1,5	2,3	2,8	3,1	3,8
24	**Lastplattendruckversuch, Baugrube** Lastplattendruckversuch; Baugrube; inkl. Gerätestellung					
	St **€ brutto**	**275**	**355**	**397**	**453**	**578**
	KG 319 € netto	231	298	334	380	486
25	**Trennlage, Bodenplatte, Folie** Trennlage; PE-Folie 0,4mm; zweilagig; Bodenplatte					
	m^2 **€ brutto**	**2,3**	**3,1**	**3,5**	**4,5**	**6,0**
	KG 329 € netto	1,9	2,6	2,9	3,8	5,1
26	**Leitungen/Fundamente verfüllen, Lagermaterial** Leitungen/Fundamente verfüllen; gelagerter Boden; aufnehmen, einbauen, verdichten, DPr mind. 97%; Förderweg bis 50m					
	m^3 **€ brutto**	**50**	**56**	**58**	**61**	**70**
	KG 311 € netto	42	47	49	51	59
27	**Leitungen/Fundamente verfüllen, Liefermaterial** Leitungen/Fundamente verfüllen; Lieferboden; einbauen, verdichten, DPr mind. 97%					
	m^3 **€ brutto**	**49**	**62**	**68**	**81**	**99**
	KG 311 € netto	41	53	57	68	83

Kosten: Stand 3.Quartal 2025, Bundesdurchschnitt

LB 302 **Preise €**

Nr.	Kurztext / Stichworte Einheit / Kostengruppe		►	▷	brutto ø netto ø	◁	◄
28	**Arbeitsräume verfüllen, verdichten** Arbeitsraum verfüllen; Lieferboden; einbauen, verdichten, DPr mind. 97%						
	m³	**€ brutto**	**46**	**53**	**53**	**55**	**57**
	KG 311	€ netto	39	45	45	46	48
29	**Aushub lagernd, entsorgen** Bodenmaterial; Lagermaterial; laden, abfahren, entsorgen						
	m³	**€ brutto**	**39**	**52**	**57**	**60**	**67**
	KG 311	€ netto	33	43	48	50	57
30	**Baugrube sichern, Folienabdeckung** Baugrubenwände sichern; Plane; abdecken, unterhalten, entsorgen						
	m²	**€ brutto**	**3,2**	**4,3**	**5,1**	**5,7**	**6,9**
	KG 312	€ netto	2,7	3,6	4,3	4,8	5,8
31	**Kabelschutzrohr** Kabelschutzrohr; PVC-Rohr, Muffe; DN100; im Erdreich; Kabelgraben						
	m	**€ brutto**	**6,1**	**8,9**	**10,2**	**12,3**	**16,4**
	KG 444	€ netto	5,1	7,5	8,6	10,3	13,8
32	**Zugdraht für Kabelschutzrohr** Zugdraht, Kabelschutzrohr; Kabelgraben						
	m	**€ brutto**	**2,0**	**2,2**	**2,3**	**2,3**	**2,6**
	KG 444	€ netto	1,7	1,8	1,9	2,0	2,2
33	**Warnband, Leitungsgräben** Warnband; Verbundfolie; Leitungsgraben						
	m	**€ brutto**	**0,7**	**1,5**	**1,7**	**2,1**	**2,7**
	KG 444	€ netto	0,6	1,2	1,4	1,8	2,3
34	**Stundensatz, Facharbeiter/-in** Stundenlohnarbeiten für Vorarbeiter/-in, Facharbeiter/-in und Gleichgestellte; Erdbau						
	h	**€ brutto**	**78**	**88**	**94**	**97**	**104**
		€ netto	65	74	79	82	88
35	**Stundensatz, Helfer/-in** Stundenlohnarbeiten für Werker/-in, Helfer/-in und Gleichgestellte; Erdbau						
	h	**€ brutto**	**70**	**75**	**78**	**79**	**86**
		€ netto	59	63	66	66	73

LB 306							Preise €
Nr.	Kurztext / Stichworte Einheit / Kostengruppe ►		▷	brutto ø netto ø		◁	◄
1	**Graben-Normverbau, senkrecht, bis 3,0m** Graben-Normverbau, senkrecht; Kies-Schluff-Gemisch; Höhe bis 3,0m, Sohlbreite bis 1,5m; vorhalten, abbauen						
	m²	€ brutto	35	49	52	59	73
	KG 312	€ netto	29	41	44	50	61
2	**Verbau, Rohrgräben** Verbau für Rohrgraben; Tiefe bis 3,0m, Sohlbreite bis 1,5m, Verbauhöhe bis 1,75; als Teilverbau						
	m²	€ brutto	12	17	19	24	31
	KG 411	€ netto	10	14	16	20	26
3	**Verbau Leitungsgräben, Tiefe bis 4,0, Breite bis 1,0m** Verbau Leitungsgräben; Tiefe bis 4,00m, Breite bis 1,00m; gerade Wände						
	m²	€ brutto	22	37	38	55	77
	KG 411	€ netto	18	31	32	46	65
4	**Bohrloch herstellen** Bohrloch herstellen; Bodenmaterial lt. Aufstellung/Bericht/Einzelbeschreibung; Bohrgut seitlich lagern						
	m	€ brutto	117	141	152	191	234
	KG 312	€ netto	98	118	128	161	197
5	**Verbauträger, Stahlprofile** Verbauträger; Stahl S235JR; verlorener Träger						
	t	€ brutto	–	1.740	2.258	3.023	–
	KG 312	€ netto	–	1.462	1.898	2.541	–
6	**Bohrloch verfüllen** Bohrlochverfüllung; hydraulisch gebundener Siebschutt						
	m	€ brutto	–	22	22	26	–
	KG 312	€ netto	–	18	19	22	–
7	**Verbauausfachung, Holzbohlen** Verbauausfachung, Holzbohlen; Nadelholz; Ausfachung verkeilen, verlatten, inkl. Hilfsmittel, kompletter Rückbau; Graben/Baugrube						
	m²	€ brutto	129	152	167	167	210
	KG 312	€ netto	108	128	140	141	177
8	**Verbauausfachung Spritzbeton** Verbauausfachung; Spritzbeton bewehrt; einbauen, vorhalten; zwischen Verbauträger						
	m²	€ brutto	31	41	44	52	62
	KG 312	€ netto	26	34	37	43	52

LB 306 **Preise €**

Nr.	Kurztext / Stichworte Einheit / Kostengruppe		►	▷	brutto ø netto ø	◁	◄
9	**Verpressanker, Trägerbohlwand** Verpressanker; inkl. Verrohrung und Verpressmörtel; einbauen, verpressen, vorspannen, verfüllen; Trägerbohlwand						
	m	**€ brutto**	**–**	**151**	**201**	**257**	**–**
	KG 312	€ netto	–	127	169	216	–
10	**Verbauträger-/Bohrköpfe kappen** Verbauträger-/Bohrköpfe kappen; Stahl/Gusseisen/Beton; Abtragsdicke bis 0,5m; Stoffe laden, in Behälter sammeln						
	St	**€ brutto**	**134**	**176**	**181**	**205**	**246**
	KG 312	€ netto	113	148	152	173	206
11	**Verbau, Spundwand, Stahlprofile** Baugrubenverbau; Stahlspundwandprofile; Tiefe 3,0 bis 6,0m; durch hindernisfreie Bodenschichten						
	m²	**€ brutto**	**195**	**297**	**348**	**363**	**432**
	KG 312	€ netto	164	249	292	305	363
12	**Verbau, Trägerbohlwand, rückverankert** Baugrubenverbau, Trägerbohlwand; Stahlträger, Ausfachung Nadelholzbohlen; herstellen, vorhalten zurückbauen						
	m²	**€ brutto**	**389**	**462**	**492**	**538**	**606**
	KG 312	€ netto	327	388	413	452	509
13	**Spundwand, Rückverankerung** Rückverankerung Spundwandverbau; gem. Verbaustatik herstellen; inkl. Bohrung in Boden und verpressen						
	m	**€ brutto**	**194**	**327**	**327**	**428**	**561**
	KG 312	€ netto	163	275	275	360	471
14	**Stundensatz, Facharbeiter/-in** Stundenlohnarbeiten für Vorarbeiter/-in, Facharbeiter/-in und Gleichgestellte; Spezialtiefbauarbeiten						
	h	**€ brutto**	**73**	**84**	**87**	**93**	**102**
		€ netto	61	71	74	78	86

LB 308						Preise €
Nr.	**Kurztext** / Stichworte **Einheit** / Kostengruppe ►		▷	**brutto ø** netto ø	◁	◄
1	**Pumpensumpf, Betonfertigteil** Pumpensumpf herstellen; Betonfertigteilringe DN1.000; Tiefe bis 3,00m, Breite bis 1,00m²; Aushub seitlich lagern, wiederverfüllen					
	St	**€ brutto**	**1.153**	**1.548**	**1.754**	**1.942**	**2.239**
	KG 313	€ netto	969	1.301	1.474	1.632	1.882
2	**Tauchpumpe, Fördermenge bis 10m³/h** Tauchpumpe; Fördermenge 10m³/h, Höhe bis 5,00m; betreiben, vorhalten, abbauen; Baugrube					
	St	**€ brutto**	**527**	**678**	**743**	**821**	**1.040**
	KG 313	€ netto	443	569	624	690	874
3	**Betrieb, Pumpe bis 10m³/h** Tauchpumpe, Betrieb; Fördermenge 10m³/h, Höhe bis 5,00m; Baugrube					
	h	**€ brutto**	**12**	**14**	**15**	**16**	**18**
	KG 313	€ netto	10	12	13	13	15
4	**Tauchpumpe, Fördermenge bis 20m³/h** Saugpumpe; Fördermenge bis 20m³/h, Höhe bis 5,00m; betreiben, vorhalten, abbauen; Baugrube					
	St	**€ brutto**	**684**	**964**	**1.016**	**1.092**	**1.306**
	KG 313	€ netto	575	810	854	917	1.098
5	**Betrieb, Pumpe Fördermenge bis 20m³/h** Saugpumpe, Betrieb; Fördermenge bis 20m³/h, Höhe bis 5,00m; Baugrube					
	h	**€ brutto**	**11**	**13**	**14**	**16**	**18**
	KG 313	€ netto	9,5	11,2	12,1	13,6	15,3
6	**Grundwasserabsenkung, Brunnen** Brunnenschacht, Grundwassersenkung; Brunneneinbauten, Rohre, Kies; Länge 3,0m, Durchmesser 6,0m; herstellen, vorhalten, abbauen					
	St	**€ brutto**	**2.042**	**2.860**	**3.311**	**4.126**	**5.646**
	KG 313	€ netto	1.716	2.404	2.782	3.467	4.744
7	**Druckrohrleitung, DN100** Druckrohrleitung; DN100; herstellen, vorhalten, abbauen; inkl. Formstücke, Anschlüsse, Armaturen					
	m	**€ brutto**	**40**	**73**	**93**	**93**	**125**
	KG 311	€ netto	34	61	78	78	105
8	**Saugleitungen, DN100** Saugleitung; DN100; herstellen, vorhalten, abbauen; inkl. Formstücke, Anschlüsse, Armaturen					
	m	**€ brutto**	**23**	**27**	**28**	**31**	**36**
	KG 313	€ netto	19	23	23	26	30

LB 308 **Preise €**

Nr.	Kurztext / Stichworte Einheit / Kostengruppe		►	▷	brutto ø netto ø	◁	◄
9	**Stromerzeuger, 10-30kW** Stromerzeuger; 10-30kW; aufstellen, anschließen, abbauen; inkl. Betriebsstoff						
	St	**€ brutto**	**2.464**	**3.209**	**3.827**	**4.473**	**5.582**
	KG 313	€ netto	2.071	2.697	3.216	3.759	4.691
10	**Absetzbecken, Wasserhaltung** Absetzbecken, Grund- und Tagwasser; Volumen 5m³; aufbauen, vorhalten, abbauen; inkl. Messeinrichtung						
	St	**€ brutto**	**2.043**	**2.518**	**3.331**	**3.806**	**4.439**
	KG 313	€ netto	1.717	2.116	2.799	3.199	3.730
11	**Messeinrichtung, Wassermenge** Messeinrichtung; Wassermenge; einbauen, vorhalten, ausbauen; inkl. Protokollierung						
	St	**€ brutto**	**396**	**627**	**775**	**896**	**1.080**
	KG 313	€ netto	333	527	651	753	908
12	**Wasserhaltung, Betrieb 10-20l/s** Wasserhaltung mit Pumpe; Durchfluss 10-20l/s; inkl. Betriebskosten						
	h	**€ brutto**	**24**	**29**	**31**	**34**	**39**
	KG 313	€ netto	20	25	26	29	33
13	**Stundensatz, Facharbeiter/-in** Stundenlohnarbeiten für Vorarbeiter/-in, Facharbeiter/-in und Gleichgestellte						
	h	**€ brutto**	**86**	**88**	**94**	**101**	**109**
		€ netto	73	74	79	85	92

LB 309							Preise €
Nr.	Kurztext / Stichworte Einheit / Kostengruppe		►	▷	brutto ø netto ø	◁	◄
1	**Asphalt schneiden** Asphalt schneiden; Tiefe 15cm; streifenförmig						
	m KG 221	€ brutto € netto	17 14	19 16	20 17	21 18	24 20
2	**Asphaltbelag abbrechen** Aufbruch Asphaltbelag; Tiefe bis 15cm; aufbrechen, laden, abfahren, entsorgen; inkl. Unterbau						
	m² KG 221	€ brutto € netto	26 22	33 28	35 30	40 34	50 42
3	**Abwasserleitung abbrechen, bis DN100** Abbruch Abwasserkanal; Kunststoff/Keramik; bis DN100; Stoffe aufnehmen, entsorgen						
	m KG 594	€ brutto € netto	5,6 4,7	7,4 6,2	8,0 6,7	8,0 6,7	11,5 9,7
4	**Abwasserleitung abbrechen, bis DN150** Abbruch Abwasserleitung; Kunststoff/Keramik; DN125-DN150; Stoffe aufnehmen, entsorgen						
	m KG 594	€ brutto € netto	12 10	17 14	19 16	20 17	23 20
5	**Gussrohrleitung abbrechen, bis DN100** Abbruch, Gussrohrleitung; Guss; DN100; laden, abfahren, entsorgen; inkl. Befestigung, Formstücke						
	m KG 594	€ brutto € netto	15 12	25 21	28 24	34 29	49 41
6	**Verbau, Rohrgraben** Verbau Rohrgraben; Tiefe bis 3,50m; herstellen, vorhalten, entfernen						
	m² KG 551	€ brutto € netto	9,3 7,8	17,5 14,7	19,4 16,3	21,3 17,9	27,9 23,4
7	**Handaushub, Rohrgraben** Handaushub, Rohrgraben; Tiefe bis 1,25m; Aushub, seitlich lagern						
	m³ KG 551	€ brutto € netto	72 60	84 71	90 75	98 83	116 98
8	**Aushub, Suchgraben** Aushub Suchgraben; Abmessung 4,00x0,80m, Tiefe 1,75m; lagern, wiederverfüllen, verdichten						
	m KG 551	€ brutto € netto	57 48	68 57	73 62	83 70	99 83

Kosten: Stand 3.Quartal 2025, Bundesdurchschnitt

LB 309 **Preise €**

Nr.	Kurztext / Stichworte Einheit / Kostengruppe		►	▷	brutto ø netto ø	◁	◄
9	**Boden entsorgen** Bodenmaterial; gelagerter Boden, nicht belastet; laden, abfahren, entsorgen; inkl. Deponiegebühr						
	m³	**€ brutto**	**41**	**58**	**70**	**80**	**105**
	KG 551	€ netto	34	49	59	67	88
10	**Rohrgrabenaushub, GK1, bis 1,00m, lagern** Aushub Rohrgraben, Schacht; Tiefe bis 1,0m; lösen, laden, fördern, lagern; Förderweg bis 50m						
	m³	**€ brutto**	**53**	**59**	**61**	**66**	**77**
	KG 311	€ netto	44	49	51	56	64
11	**Rohrbettung Sand 0/8mm, , Liefermaterial** Rohrbettung; Sand 0/8; Höhe bis 0,30m; liefern, verfüllen, verdichten						
	m³	**€ brutto**	**55**	**70**	**77**	**83**	**103**
	KG 551	€ netto	46	59	65	69	86
12	**Rohrumhüllung, Kies 0/32mm, Liefermaterial** Rohrumfüllung; Kies 0/32; Höhe bis 1,00m; liefern, einbauen, verdichten						
	m³	**€ brutto**	**54**	**79**	**90**	**102**	**137**
	KG 551	€ netto	45	67	75	85	115
13	**Grabenverfüllung, Liefermaterial** Rohrgraben verfüllen; Lieferboden; einbauen						
	m³	**€ brutto**	**63**	**73**	**78**	**81**	**89**
	KG 551	€ netto	53	61	66	68	75
14	**Anschluss, Abwasser, Kanalnetz** Anschluss Abwasserkanal an Kanal; DN150; Aushub lagern, wiederverfüllen						
	St	**€ brutto**	**387**	**526**	**565**	**669**	**878**
	KG 551	€ netto	325	442	474	562	738
15	**Abwasserkanal, Steinzeugrohre, DN100** Abwasserkanal; Steinzeug, FN34; DN100, Tiefe bis 4,00m; in Graben mit Verbau						
	m	**€ brutto**	**48**	**58**	**62**	**66**	**77**
	KG 551	€ netto	40	49	52	55	65
16	**Abwasserkanal, Steinzeugrohre, DN150** Abwasserkanal; Steinzeug, FN34; DN150, Tiefe bis 4,00m; in Graben mit Verbau						
	m	**€ brutto**	**58**	**69**	**75**	**80**	**89**
	KG 551	€ netto	49	58	63	67	75

LB 309						Preise €
Nr.	**Kurztext** / Stichworte **Einheit** / Kostengruppe ►		▷	**brutto ø** netto ø	◁	◄
17	**Abwasserkanal, Steinzeugrohre, DN200** Abwasserkanal; Steinzeug, FN34; DN200, Tiefe bis 4,00m; in Graben mit Verbau					
	m	**€ brutto**	**90**	**99**	**104**	**105**	**109**
	KG 551	€ netto	76	83	87	88	91
18	**Formstück, Steinzeugrohr, DN100, Bogen** Formstück, Bogen; Steinzeug mit Steckmuffe; DN100, 45°					
	St	**€ brutto**	**40**	**47**	**48**	**51**	**55**
	KG 551	€ netto	34	39	40	43	46
19	**Formstück, Steinzeugrohr, DN150, Bogen** Formstück, Bogen; Steinzeug mit Steckmuffe; DN150, 45°					
	St	**€ brutto**	**48**	**59**	**66**	**74**	**90**
	KG 551	€ netto	41	50	55	62	75
20	**Formstück, Steinzeugrohr, DN200, Bogen** Formstück, Bogen; Steinzeug mit Steckmuffe; DN200, 45°					
	St	**€ brutto**	**90**	**107**	**115**	**118**	**139**
	KG 551	€ netto	75	90	97	99	117
21	**Formstück, Steinzeugrohr, DN100, Abzweig** Formstück, Abzweig; Steinzeug mit Steckmuffe; DN100					
	St	**€ brutto**	**58**	**70**	**78**	**81**	**90**
	KG 551	€ netto	49	59	66	68	76
22	**Formstück, Steinzeugrohr, DN150, Abzweig** Formstück, Abzweig; Steinzeug mit Steckmuffe; DN150					
	St	**€ brutto**	**62**	**80**	**88**	**96**	**112**
	KG 551	€ netto	52	68	74	81	94
23	**Formstück, Steinzeugrohr, DN200, Abzweig** Formstück, Abzweig; Steinzeug mit Steckmuffe; DN200					
	St	**€ brutto**	**86**	**102**	**113**	**119**	**129**
	KG 551	€ netto	72	86	95	100	109
24	**Übergangsstück, Steinzeug, DN125/150** Formstück, Übergangsstück; Steinzeug mit Steckmuffe; DN125/DN150					
	St	**€ brutto**	**60**	**67**	**70**	**76**	**85**
	KG 551	€ netto	50	57	59	64	72
25	**Übergangsstück, Steinzeug, DN150/200** Formstück, Übergangsstück; Steinzeug mit Steckmuffe; DN150/DN200					
	St	**€ brutto**	**73**	**93**	**106**	**111**	**126**
	KG 551	€ netto	61	78	89	93	106

Kosten: Stand 3.Quartal 2025, Bundesdurchschnitt

LB 309							Preise €
Nr.	**Kurztext** / Stichworte				**brutto ø**		
	Einheit / Kostengruppe		►	▷	netto ø	◁	◄
26	**Abwasserkanal, Steinzeug, DN100, inkl. Bettung**						
	Abwasserkanal; Steinzeug; DN100, Tiefe 1,00-1,25m, Bettung 15cm; liefern, verlegen						
	m	**€ brutto**	**68**	**79**	**82**	**85**	**97**
	KG 551	€ netto	57	66	69	72	81
27	**Abwasserkanal, Steinzeug, DN150/200, inkl. Bettung**						
	Abwasserkanal; Steinzeug; DN150/DN200, Tiefe 1,00-1,25m, Bettung 15cm; liefern, verlegen						
	m	**€ brutto**	**95**	**104**	**109**	**109**	**130**
	KG 551	€ netto	80	87	91	91	109
28	**Abwasserkanal, PVC-U, DN/OD100/125, inkl. Bettung**						
	Abwasserkanal; PVC-U; DN/OD100/125 Tiefe 1,00-1,25m, Bettung 15cm; liefern, verlegen						
	m	**€ brutto**	**35**	**43**	**47**	**52**	**64**
	KG 551	€ netto	29	36	40	44	54
29	**Abwasserkanal, PVC-U, DN/OD150/200, inkl. Bettung**						
	Abwasserkanal; PVC-U; DN/OD150/200 Tiefe 1,00-1,25m, Bettung 15cm; liefern, verlegen						
	m	**€ brutto**	**51**	**63**	**69**	**89**	**124**
	KG 551	€ netto	43	53	58	75	104
30	**Abwasserkanal, PVC-U, DN/OD100**						
	Abwasserkanal; PVC-U; DN/OD100, Tiefe bis 2,00m; liefern, verlegen						
	m	**€ brutto**	**23**	**32**	**36**	**44**	**65**
	KG 551	€ netto	19	27	30	37	55
31	**Abwasserkanal, PVC-U, DN/OD125**						
	Abwasserkanal; PVC-U; DN/OD125, Tiefe bis 2,00m; liefern, verlegen						
	m	**€ brutto**	**29**	**35**	**38**	**45**	**59**
	KG 551	€ netto	24	29	32	38	49
32	**Abwasserkanal, PVC-U, DN/OD150**						
	Abwasserkanal; PVC-U; DN/OD150, Tiefe bis 2,00m; liefern, verlegen						
	m	**€ brutto**	**33**	**41**	**44**	**56**	**75**
	KG 551	€ netto	27	34	37	47	63
33	**Abwasserkanal, PVC-U, DN/OD200**						
	Abwasserkanal; PVC-U; DN/OD200, Tiefe bis 2,00m; liefern, verlegen						
	m	**€ brutto**	**34**	**52**	**60**	**76**	**107**
	KG 551	€ netto	28	44	51	64	90
34	**Formstück, PVC-U, DN/OD100**						
	Form- und Verbindungsstück; PVC-U; DN/OD100						
	St	**€ brutto**	**12**	**20**	**23**	**28**	**40**
	KG 551	€ netto	10	17	19	24	33

LB 309						Preise €
Nr.	**Kurztext** / Stichworte **Einheit** / Kostengruppe ►		▷	**brutto ø** netto ø	◁	◄
35	**Formstück, PVC-U, DN/OD150** Form- und Verbindungsstück; PVC-U; DN/OD150; inkl. Muffe					
	St / KG 551	**€ brutto** / € netto	**15** / 12	**26** / 22	**30** / 25	**38** / 32	**57** / 48
36	**Formstück, PVC-U, DN/OD100, Bogen** Formstück, Bogen; PVC-U; DN/OD100, 45°					
	St / KG 551	**€ brutto** / € netto	**13** / 11	**17** / 14	**19** / 16	**22** / 18	**29** / 25
37	**Formstück, PVC-U, DN/OD125, Bogen** Formstück, Bogen; PVC-U; DN/OD125, 45°					
	St / KG 551	**€ brutto** / € netto	**16** / 13	**21** / 17	**23** / 19	**28** / 23	**39** / 32
38	**Formstück, PVC-U, DN/OD150, Bogen** Formstück, Bogen; PVC-U; DN/OD150, 45°					
	St / KG 551	**€ brutto** / € netto	**18** / 15	**23** / 19	**25** / 21	**33** / 28	**49** / 41
39	**Formstück, PVC-U, DN/OD200, Bogen** Formstück, Bogen; PVC-U; DN/OD200, 45°					
	St / KG 551	**€ brutto** / € netto	**24** / 21	**36** / 30	**39** / 33	**44** / 37	**58** / 49
40	**Übergang, PVC-U auf Steinzeug/Beton** Formstück, Übergangsstück; PVC-U auf Steinzeug/Beton; DN100-DN100/DN150-DN150					
	St / KG 551	**€ brutto** / € netto	**38** / 32	**54** / 45	**60** / 51	**70** / 59	**85** / 71
41	**Übergang, PE/PVC/Steinzeug auf Guss** Formstück, Übergangsstück; PE-/PVC-/Steinzeugrohr auf Gusseisen; DN100-DN100					
	St / KG 551	**€ brutto** / € netto	**45** / 38	**56** / 47	**61** / 52	**71** / 59	**82** / 69
42	**Abwasserleitung, SML-Rohre, DN100** Abwasserkanal; SML-Rohr mit Zementmörtelumhüllung; DN100, Länge 6,00m, Tiefe bis 1,75m; liefern, verlegen					
	m / KG 551	**€ brutto** / € netto	**52** / 44	**72** / 61	**80** / 67	**98** / 83	**136** / 114
43	**Abwasserleitung, SML-Rohre, DN125** Abwasserkanal; SML-Rohr mit Zementmörtelumhüllung; DN125, Länge 6,00m, Tiefe bis 1,75m; liefern, verlegen					
	m / KG 551	**€ brutto** / € netto	**54** / 46	**86** / 72	**94** / 79	**113** / 95	**141** / 119

Kosten: Stand 3.Quartal 2025, Bundesdurchschnitt

LB 309 **Preise €**

Nr.	Kurztext / Stichworte Einheit / Kostengruppe		►	▷	brutto ø netto ø	◁	◄
44	**Abwasserleitung, SML-Rohre, DN150** Abwasserkanal; SML-Rohr mit Zementmörtelumhüllung; DN150, Länge 6,00m, Tiefe bis 1,75m; liefern, verlegen						
	m	**€ brutto**	**64**	**104**	**107**	**121**	**148**
	KG 551	€ netto	54	88	90	101	124
45	**Formstück, SML, Bogen** Formstück, Bogen; SML; 45°						
	St	**€ brutto**	**31**	**40**	**44**	**51**	**64**
	KG 551	€ netto	26	33	37	43	54
46	**Formstück, SML, Abzweig** Formstück, Abzweig; SML						
	St	**€ brutto**	**35**	**45**	**49**	**54**	**62**
	KG 551	€ netto	29	38	42	46	52
47	**Abwasserleitung, PP-Rohr, DN/OD100/125** Abwasserkanal; PP-Rohr; DN/OD100/125, Tiefe bis 2,00m; liefern, verlegen						
	m	**€ brutto**	**31**	**38**	**41**	**50**	**61**
	KG 551	€ netto	26	32	35	42	51
48	**Abwasserleitung, HD-PE-Rohre, DN/OD125/150** Abwasserkanal; HD-PE-Rohr; DN/OD125/150, Tiefe bis 2,00m; liefern, verlegen						
	m	**€ brutto**	**34**	**40**	**44**	**45**	**50**
	KG 551	€ netto	28	34	37	38	42
49	**Abwasserleitung, HD-PE-Rohre, DN/OD150/200** Abwasserkanal; HD-PE-Rohr; DN/OD150/200, Tiefe bis 2,00m; liefern, verlegen						
	m	**€ brutto**	**35**	**49**	**52**	**61**	**74**
	KG 551	€ netto	29	41	44	51	62
50	**Dichtheitsprüfung, Grundleitung** Dichtheitsprüfung Grundleitung; Prüfmedium Wasser/Luft; bis DN200/über DN200; inkl. Geräte, Prüfprotokoll						
	m	**€ brutto**	**9,2**	**13,6**	**14,9**	**16,7**	**22,9**
	KG 551	€ netto	7,7	11,4	12,6	14,0	19,3
51	**Straßenablauf, Polymerbeton** Straßenablauf; Polymerbeton; DN100, 50x15cm; inkl. Abdeckrost, Schlammeimer						
	St	**€ brutto**	**457**	**563**	**590**	**646**	**759**
	KG 551	€ netto	384	473	496	543	638

LB 309						Preise €
Nr.	**Kurztext** / Stichworte **Einheit** / Kostengruppe ►		**brutto ø** ▷ netto ø		◁	◄
52	**Rohrdurchführung, Faserzementrohr** Rohrdurchführung; Faserzementrohr; Länge über 200-300mm, Wanddicke 25/30cm; als Futterrohr					
	St	**€ brutto**	**439**	**669**	**742**	**882**	**1.169**
	KG 411	€ netto	369	562	624	741	983
53	**Dichtsatz, Rohrdurchführung** Dichtsatz, Rohrdurchführung; Dichtring, Elastomeren (EPDM)					
	St	**€ brutto**	**334**	**551**	**684**	**762**	**1.006**
	KG 411	€ netto	281	463	575	640	845
54	**Bodenablauf, Gusseisen** Bodenablauf, Kl. K3; Gusseisen; DN100, 171x171mm, Höhe 300mm; Anschluss an Grundleitung					
	St	**€ brutto**	**420**	**549**	**606**	**732**	**996**
	KG 311	€ netto	353	461	509	615	837
55	**Reinigungsrohr, Putzstück, bis DN150** Formstück, Reinigungsöffnung; Gusseisen; DN100; verlegen, eindichten; Kontrollschacht					
	St	**€ brutto**	**164**	**195**	**212**	**239**	**284**
	KG 551	€ netto	138	164	178	201	239
56	**Absperreinrichtung, Kanal, Gusseisen** Absperreinrichtung für Abwasserkanal; Gusseisen; DN100					
	St	**€ brutto**	**497**	**652**	**683**	**840**	**1.141**
	KG 551	€ netto	418	548	574	706	959
57	**Rückstaudoppelverschluss, DN125, PVC-U** Rückstaudoppelverschluss; PVC-U; DN125; fäkalienfreies Abwasser					
	St	**€ brutto**	**367**	**513**	**644**	**713**	**827**
	KG 551	€ netto	309	431	541	599	695
58	**Rückstaudoppelverschluss, DN150, PVC** Rückstaudoppelverschluss; PVC-U; DN150; fäkalienfreies Abwasser					
	St	**€ brutto**	**513**	**627**	**659**	**743**	**857**
	KG 551	€ netto	431	527	554	624	720
59	**Schachtsohle, Kontrollschacht, Beton** Schachtsohle für Kontrollschacht; WU-Beton; DN1.000; inkl. Sohlgerinne					
	St	**€ brutto**	**562**	**751**	**851**	**896**	**1.002**
	KG 551	€ netto	472	631	715	753	842
60	**Schachtring, DN1.000, Kontrollschacht, 25cm** Schachtring für Kontrollschacht; Betonfertigteil; DN1.000, Höhe 25cm; inkl. Steigeisen					
	St	**€ brutto**	**168**	**200**	**210**	**234**	**288**
	KG 551	€ netto	141	168	176	197	242

Kosten: Stand 3.Quartal 2025, Bundesdurchschnitt

LB 309							**Preise €**
Nr.	**Kurztext** / Stichworte				**brutto ø**		
	Einheit / Kostengruppe		►	▷	netto ø	◁	◄
61	**Schachtringe, DN1.000, Kontrollschacht, 50cm** Schachtring für Kontrollschacht; Beton; DN1.000, Höhe 50cm; inkl. Steigeisen						
	St	**€ brutto**	**128**	**238**	**274**	**301**	**380**
	KG 551	€ netto	108	200	230	253	319
62	**Konus, Kontrollschacht** Schachtkonus; Betonfertigteil; DN1.000/625, Dicke 120mm; inkl. Steigeisen						
	St	**€ brutto**	**167**	**249**	**282**	**328**	**424**
	KG 551	€ netto	140	210	237	276	356
63	**Anschluss, Schacht, Steinzeug-/PVC-Kanal** Anschluss, Abwasserkanal an Sammelschacht; Steinzeugrohr/PVC-Rohr; herstellen						
	St	**€ brutto**	**222**	**298**	**326**	**452**	**658**
	KG 551	€ netto	186	250	274	380	553
64	**Schachtdeckel** Schachtabdeckung; Gusseisen mit Beton, Lüftungsöffnungen; DN500; in M 2,5 versetzen						
	St	**€ brutto**	**292**	**385**	**425**	**543**	**761**
	KG 551	€ netto	245	324	357	456	639
65	**Schachtdeckel, Klasse C250** Schachtabdeckung, C250; Gusseisen mit Beton, Lüftungsöffnungen; DN600; in M 10 versetzen						
	St	**€ brutto**	**287**	**342**	**369**	**411**	**477**
	KG 551	€ netto	241	287	310	346	401
66	**Schachtdeckel, Klasse D400** Schachtabdeckung, D400; Gusseisen mit Beton, Lüftungsöffnungen; DN600; in M 10 versetzen						
	St	**€ brutto**	**326**	**464**	**521**	**587**	**701**
	KG 551	€ netto	274	390	438	493	589
67	**Schachtabdeckung anpassen** Schachtabdeckung Höhenanpassung; Höhe bis 500mm						
	St	**€ brutto**	**165**	**214**	**233**	**240**	**273**
	KG 551	€ netto	139	180	195	201	229
68	**Kontrollschacht komplett, 3,00m** Kontrollschacht, komplett; Betonfertigteil, C20/25, Steigeisen; DN1.000, Tiefe bis 3,00m, Bodendicke 20cm; Sohle mit Gerinne						
	St	**€ brutto**	**1.413**	**1.867**	**2.101**	**2.389**	**3.109**
	KG 551	€ netto	1.188	1.569	1.765	2.008	2.613

LB 309							Preise €

Nr.	Kurztext / Stichworte Einheit / Kostengruppe		▶	▷	brutto ø netto ø	◁	◀
69	**Entwässerungsrinne, Beton, DN100** Entwässerungsrinne; Beton, Stegrost; DN100, SW 8-18mm; in C12/15 setzen						
	m	€ brutto	234	290	314	371	497
	KG 551	€ netto	196	244	264	312	418
70	**Entwässerungsrinne, Klasse A15/B125, Beton, DN100** Entwässerungsrinne, Kastenrinne, A15/B125; Stahl-/Kunstharzbeton, Stahlabdeckung; DN100, SW 8-18mm; in C12/15						
	m	€ brutto	171	210	226	261	326
	KG 551	€ netto	144	177	190	220	274
71	**Entwässerungsrinne, Beton, Klasse C250, DN100** Entwässerungsrinne, Kastenrinne, C250; Stahl-/Kunstharzbeton, Stahlabdeckung; DN100, SW über 8-18mm; in C12/15						
	m	€ brutto	191	258	287	314	376
	KG 551	€ netto	160	217	241	264	316
72	**Entwässerungsrinne, Beton, Klasse D400, Beton** Entwässerungsrinne, Kastenrinne, D400; Stahl-/Kunstharzbeton, Stahlabdeckung; SW 8-18mm; in C12/15						
	m	€ brutto	223	329	361	450	733
	KG 551	€ netto	187	276	303	378	616
73	**Entwässerungsrinne, Abdeckung Guss, D400** Entwässerungsrinne, Abdeckung, Klasse D400; Stahlguss						
	m	€ brutto	125	155	164	171	190
	KG 551	€ netto	105	130	138	144	160
74	**Kanalreinigung, Hochdruckspülgerät** Abwasserkanal reinigen; Hochdruckspülgerät; inkl. Geräte aufstellen, entfernen						
	m	€ brutto	5,5	9,4	10,4	12,3	16,7
	KG 551	€ netto	4,7	7,9	8,7	10,4	14,0
75	**Kanalprüfung, Kamera** Abwasserkanal prüfen; Grundleitung; DN200; mit Kamera; inkl. Geräte aufstellen, entfernen						
	m	€ brutto	6,0	8,4	9,5	10,8	13,4
	KG 551	€ netto	5,1	7,1	8,0	9,0	11,2
76	**Stundensatz, Facharbeiter/-in** Stundenlohnarbeiten für Vorarbeiter/-in, Facharbeiter/-in und Gleichgestellte; Kanalarbeiten						
	h	€ brutto	80	86	88	94	102
		€ netto	67	72	74	79	85

Kosten: Stand 3.Quartal 2025, Bundesdurchschnitt

LB 309 **Preise €**

Nr.	Kurztext / Stichworte				brutto ø		
	Einheit / Kostengruppe		►	▷	netto ø	◁	◄
77	**Stundensatz, Helfer/-in** Stundenlohnarbeiten für Werker/-in, Helfer/-in und Gleichgestellte; Kanalarbeiten						
	h	**€ brutto**	**62**	**72**	**76**	**79**	**86**
		€ netto	52	60	64	66	72

LB 310						Preise €
Nr.	**Kurztext** / Stichworte **Einheit** / Kostengruppe ►		▷	**brutto ø** netto ø	◁	◄
1	**Handaushub Drängraben** Handaushub, Drängraben; Tiefe bis 0,40m, Breite bis 0,50m; lagern, verfüllen					
	m³ **€ brutto**	**96**	**109**	**118**	**124**	**137**
	KG 326 € netto	80	91	100	105	115
2	**Dränleitung, PVC-U, DN100** Dränleitung; PVC-U, Doppelsteckmuffe; DN100					
	m **€ brutto**	**12**	**17**	**24**	**27**	**30**
	KG 326 € netto	9,8	14,1	20,5	22,4	25,2
3	**Dränleitung, PVC-U, DN125** Dränleitung; PVC-U, Doppelsteckmuffe; DN125					
	m **€ brutto**	**16**	**22**	**28**	**34**	**41**
	KG 326 € netto	13	19	24	29	34
4	**Dränleitung, PVC-U, DN160** Dränleitung; PVC-U, Doppelsteckmuffe; DN160					
	m **€ brutto**	**20**	**26**	**34**	**42**	**45**
	KG 326 € netto	16	22	28	35	37
5	**Formstück, Dränleitung, Bogen** Formstück Dränleitung, Bogen; PVC-U, Steckmuffe; bis DN160					
	St **€ brutto**	**27**	**33**	**36**	**39**	**47**
	KG 326 € netto	22	27	31	33	39
6	**Formstück, Dränleitung, Abzweig** Formstück Dränleitung, Abzweig; PVC-U, Steckmuffe; bis DN125					
	St **€ brutto**	**26**	**34**	**37**	**41**	**48**
	KG 326 € netto	22	28	31	34	40
7	**Formstück, Dränleitung, Verschlussstück** Formstück Dränleitung, Verschlussstück; PVC-U, Steckmuffe; bis DN160					
	St **€ brutto**	**9,1**	**14,9**	**16,6**	**22,9**	**30,8**
	KG 326 € netto	7,6	12,5	13,9	19,2	25,9
8	**Anschluss, Dränleitung/Schacht** Anschluss Dränleitung an Sickerschacht; PVC-U-Rohr, Betonschacht; Schacht DN1500					
	St **€ brutto**	**277**	**387**	**429**	**521**	**701**
	KG 326 € netto	233	325	360	438	589
9	**Spülschacht PP, DN315** Spül- und Kontrollschacht; PP-Rohr, PP-Abdeckung; DN315, Nutzhöhe 0,80m; inkl. Blindstopfen, Sandfang					
	St **€ brutto**	**305**	**385**	**412**	**507**	**707**
	KG 326 € netto	257	324	346	426	594

Kosten: Stand 3.Quartal 2025, Bundesdurchschnitt

LB 310						Preise €
Nr.	**Kurztext** / Stichworte **Einheit** / Kostengruppe	►	▷	**brutto ø** netto ø	◁	◄
10	**Schachtaufsetzrohr, PP, DN315** Schachtaufsetzrohr, Kontrollschacht; PP-Rohr; DN315					
	St € brutto	**113**	**159**	**190**	**226**	**280**
	KG 326 € netto	95	134	160	190	236
11	**Sickerpackung, Kiessand, Leitungen** Sickerpackung; Kiessand; DN100/DN150; einbauen, verdichten					
	m³ € brutto	**69**	**80**	**86**	**98**	**124**
	KG 326 € netto	58	68	72	83	104
12	**Sickerpackung, Kies, Leitungen** Sickerpackung; Kies 8/16; DN100/DN150; einbauen, verdichten					
	m³ € brutto	**60**	**79**	**84**	**94**	**115**
	KG 326 € netto	50	66	71	79	96
13	**Filterschicht, Geotextil, Leitungen** Filterschicht, Dränleitung; Geotextil; Leitungen					
	m € brutto	**8,0**	**10,3**	**10,7**	**12,9**	**14,8**
	KG 326 € netto	6,7	8,7	9,0	10,8	12,4
14	**Filter-/Dränageschicht, Noppenbahn, Vlies, Wand** Schutz- und Dränageschicht; Noppenbahn mit Vlies und Gleitfolie; einbauen, Bauwerksabdichtung; Außenwand					
	m² € brutto	**19**	**29**	**31**	**33**	**41**
	KG 335 € netto	16	24	26	28	34
15	**Sickerschicht, Polystyrol-Platte, vlieskaschiert, Wand** Sickerschicht; Polystyrol-Platte, vlieskaschiert; Dicke 50-80mm; Außenwand					
	m² € brutto	**22**	**26**	**27**	**29**	**34**
	KG 335 € netto	18	22	22	25	28

LB 312						Preise €

Nr.	Kurztext / Stichworte Einheit / Kostengruppe	▶	▷	brutto ø netto ø	◁	◀
1	**Fundamentmauerwerk abbrechen, entsorgen** Fundamentmauerwerk abbrechen; Mauerziegel; abbrechen; Bauschutt entsorgen					
	m³ € brutto	**253**	**285**	**347**	**423**	**448**
	KG 394 € netto	213	239	292	356	376
2	**Streifenfundamente abbrechen, entsorgen** Streifenfundament abbrechen; Mauerwerk vermörtelt; abbrechen; Bauschutt entsorgen					
	m € brutto	**75**	**86**	**104**	**127**	**136**
	KG 394 € netto	63	73	87	107	115
3	**Kellerboden abbrechen, Ziegel** Kellerboden abbrechen; Ziegelsteine; abbrechen; Bauschutt entsorgen					
	m² € brutto	**35**	**43**	**51**	**63**	**76**
	KG 394 € netto	30	36	43	53	64
4	**Verblendmauerwerk, abbrechen** Verblendmauerwerk abbrechen; Mauerwerkssteine; abbrechen; Bauschutt entsorgen					
	m² € brutto	**72**	**88**	**94**	**114**	**120**
	KG 394 € netto	60	74	79	96	101
5	**Außenmauerwerk abbrechen, Ziegel 36,5cm** Außenwand abbrechen; Ziegelmauerwerk; Dicke 36,5cm; beidseitig verputzt; Bauschutt entsorgen					
	m³ € brutto	**178**	**325**	**346**	**398**	**407**
	KG 394 € netto	150	273	291	334	342
6	**Ziegelpflaster abbrechen, Außenbereich** Ziegelpflaster abbrechen; außen; Bauschutt entsorgen					
	m² € brutto	**31**	**39**	**43**	**52**	**55**
	KG 394 € netto	26	33	36	44	46
7	**Innenwand abbrechen, Gipswandbauplatte, 10cm** Innenwand abbrechen; Gipswandbauplatte; Dicke 10cm; Bauschutt entsorgen					
	m² € brutto	**54**	**63**	**72**	**88**	**94**
	KG 394 € netto	45	53	61	74	79
8	**Innenmauerwerk abbrechen, Porenbeton, 17,5cm** Innenwand abbrechen; Porenbeton; Dicke bis 17,5cm; Bauschutt entsorgen					
	m² € brutto	**36**	**64**	**76**	**92**	**102**
	KG 394 € netto	31	54	64	78	86

Kosten: Stand 3.Quartal 2025, Bundesdurchschnitt

LB 312 | **Preise €**

Nr.	Kurztext / Stichworte Einheit / Kostengruppe		►	▷	brutto ø netto ø	◁	◄
9	**Innenmauerwerk abbrechen, 11,5cm** Innenwand abbrechen; Mauerwerk, beidseitig verputzt; Dicke 11,5cm; Bauschutt entsorgen						
	m²	**€ brutto**	**37**	**47**	**57**	**69**	**85**
	KG 394	€ netto	31	39	48	58	72
10	**Innenmauerwerk abbrechen, 24cm** Innenwand abbrechen; Mauerwerk, beidseitig verputzt; Dicke bis 24cm; inkl. Sicherungsmaßnahmen; Bauschutt entsorgen						
	m²	**€ brutto**	**43**	**75**	**85**	**105**	**107**
	KG 394	€ netto	36	63	72	89	90
11	**Fachwerksausfachung abbrechen, Mauerwerk** Fachwerksausfachung abbrechen; Mauerwerk; Balken reinigen; Bauschutt entsorgen						
	m²	**€ brutto**	**45**	**62**	**66**	**84**	**109**
	KG 394	€ netto	38	52	55	71	92
12	**Deckengewölbe abbrechen, Steine entsorgen** Deckengewölbe abbrechen; Steine; Dicke bis 25cm; inkl. Sicherungsmaßnahmen; Steine reinigen, lagern, Bauschutt entsorgen						
	m²	**€ brutto**	**80**	**93**	**98**	**125**	**130**
	KG 394	€ netto	68	78	82	105	110
13	**Sandfüllung ausbauen, Gewölbedecke** Sandfüllung ausbauen; Dicke i. M. 8cm; Bauschutt entsorgen						
	m²	**€ brutto**	**22**	**28**	**33**	**42**	**42**
	KG 394	€ netto	19	24	28	35	35
14	**Decke abbrechen, Kappendecke** Kappendecke abbrechen; Dicke bis 25cm; inkl. Sicherungsmaßnahmen; Bauschutt entsorgen						
	m²	**€ brutto**	**109**	**138**	**145**	**181**	**193**
	KG 394	€ netto	91	116	122	152	162
15	**Decke abbrechen, Ziegelhohlkörper** Decke abbrechen; Ziegelhohlkörper, Aufbeton; Dicke 21cm; inkl. Sicherungsmaßnahmen; Bauschutt entsorgen						
	m²	**€ brutto**	**74**	**95**	**101**	**124**	**135**
	KG 394	€ netto	62	80	85	104	113
16	**Decke abbrechen, Stb-Hohldielen** Decke abbrechen; Stb-Hohldielen, Aufbeton; Dicke 15cm; inkl. Sicherungsmaßnahmen; Bauschutt entsorgen						
	m²	**€ brutto**	**78**	**97**	**107**	**131**	**138**
	KG 394	€ netto	66	81	90	110	116

LB 312							Preise €
Nr.	Kurztext / Stichworte Einheit / Kostengruppe		►	▷	brutto ø netto ø	◁	◄
17	**Ziegelboden reinigen, Besen** Bodenfläche reinigen; Ziegelsteine; mit Stahlbesen abkehren; Bauschutt entsorgen						
	m²	€ brutto	18	24	25	32	34
	KG 395	€ netto	15	20	21	27	28
18	**Ziegelfassade reinigen, Wasser** Ziegelfassade reinigen; Wasser ohne Zusätze; Öffnungen vor Reinigung schließen						
	m²	€ brutto	4,5	9,2	11,0	13,5	17,0
	KG 395	€ netto	3,8	7,7	9,3	11,3	14,3
19	**Klinkerfassade reinigen, absäuern** Klinkerfassade reinigen; absäuern, nachwaschen						
	m²	€ brutto	16	20	23	28	30
	KG 395	€ netto	14	17	19	23	25
20	**Klinkermauerwerk reinigen, Dampfstrahlen** Klinkermauerwerk reinigen; dampfstrahlen; Reinigungs- und Restmaterial entsorgen						
	m²	€ brutto	16	31	35	43	47
	KG 395	€ netto	13	26	29	36	40
21	**Verblendmauerwerk reinigen, Rotationsverfahren** Verblendmauerwerk reinigen; Wirbelrotationsverfahren; Reinigungs- und Restmaterial entsorgen						
	m²	€ brutto	10	15	18	21	23
	KG 395	€ netto	8,6	12,8	14,7	17,7	19,3
22	**Verblendmauerwerk imprägnieren** Verblendmauerwerk imprägnieren; Sprühverfahren						
	m²	€ brutto	8,6	13,3	15,8	19,3	23,5
	KG 395	€ netto	7,3	11,2	13,3	16,2	19,7
23	**Verblendmauerwerk hydrophobieren** Verblendmauerwerk hydrophobieren; mit Verfugung						
	m²	€ brutto	12	18	21	26	40
	KG 395	€ netto	9,9	15,4	17,7	21,9	33,2
24	**Mauerwerk hydrophobieren, außen** Mauerwerk hydrophobieren; mit Verfugung; außen						
	m²	€ brutto	17	25	29	36	37
	KG 395	€ netto	15	21	24	30	31
25	**Mauerwerk vorbehandeln, Steinverfestiger** Mauerwerk vorbehandeln; Steinverfestiger, ohne hydrophobierende Zusätze						
	m²	€ brutto	16	25	28	35	36
	KG 395	€ netto	13	21	24	29	30

Kosten: Stand 3.Quartal 2025, Bundesdurchschnitt

LB 312 **Preise €**

Nr.	Kurztext / Stichworte Einheit / Kostengruppe		►	▷	brutto ø netto ø	◁	◄
26	**Algenbeseitigung, Mauerwerk** Schimmel- und Algenbeseitigung Mauerwerk; chemisch behandeln, abbürsten; inkl. Nachreinigen						
	m²	**€ brutto**	**19**	**21**	**24**	**30**	**32**
	KG 395	€ netto	16	17	20	25	27
27	**Graffiti-Schutz, Mauerwerk** Anti-Graffiti-Schutz; Mauerwerk; aufbringen						
	m²	**€ brutto**	**29**	**47**	**56**	**72**	**84**
	KG 395	€ netto	25	39	47	60	71
28	**Kellerfußboden, Rollschicht überarbeiten** Kellerfußboden ausbauen; Ziegelstein als Rollschicht; reinigen, lagern, wieder einbauen; inkl. Unebenheiten ausgleichen, verfugen						
	m²	**€ brutto**	**49**	**57**	**67**	**83**	**89**
	KG 395	€ netto	41	48	57	70	75
29	**Kellerfußboden, Klinkerbelag überarbeiten** Kellerfußboden ausbauen; Klinker; reinigen, lagern, wieder einbauen; inkl. Unebenheiten ausgleichen, verfugen						
	m²	**€ brutto**	**36**	**44**	**50**	**62**	**65**
	KG 395	€ netto	30	37	42	52	54
30	**Mauerwerksfugen erneuern, außen** Mauerwerksfugen erneuern, Teilbereiche; auskratzen, mit Fugenmörtel verfugen; außen; Bauschutt entsorgen						
	m²	**€ brutto**	**32**	**42**	**53**	**67**	**91**
	KG 395	€ netto	27	35	44	56	77
31	**Außenmauerwerk ausbessern, bis 25cm** Mauerwerk ausbessern; Ziegel; Dicke bis 25cm; Steine austauschen, inkl. Vorspritzen mit Zementmörtel; außen						
	m²	**€ brutto**	**110**	**139**	**160**	**197**	**208**
	KG 395	€ netto	93	117	134	165	175
32	**Außenmauerwerk ausbessern, bis 50cm** Mauerwerk ausbessern; Ziegel; Dicke bis 50cm; Steine austauschen, inkl. Vorspritzen mit Zementmörtel; außen						
	m²	**€ brutto**	**193**	**248**	**275**	**333**	**347**
	KG 395	€ netto	162	208	231	280	292
33	**Außenmauerwerk, Fehlstellen reparieren** Ziegelmauerwerk reparieren; Trasskalkmörtel; Ausbruchtiefe bis 30cm, MZ 12-2,0; vermauern, verfugen						
	m²	**€ brutto**	**208**	**252**	**297**	**368**	**391**
	KG 395	€ netto	174	212	249	309	329

LB 312 **Preise €**

Nr.	Kurztext / Stichworte Einheit / Kostengruppe		►	▷	brutto ø netto ø	◁	◄
34	**Schlitz herstellen, Mauerwerk, 5x3cm** Schlitz herstellen; Mauerwerk, verputzt; bis MZ 12N/mm², Breite bis 5cm, Tiefe bis 3cm; Bauschutt entsorgen						
	m	**€ brutto**	**7,2**	**14,1**	**16,6**	**20,7**	**23,1**
	KG 394	€ netto	6,1	11,8	13,9	17,4	19,4
35	**Schlitz herstellen, Mauerwerk, 10x5cm** Schlitz herstellen; Mauerwerk, verputzt; bis MZ 12N/mm², Breite bis 10cm, Tiefe bis 5cm; Bauschutt entsorgen						
	m	**€ brutto**	**9,5**	**17,9**	**20,6**	**24,7**	**27,4**
	KG 394	€ netto	8,0	15,1	17,3	20,8	23,1
36	**Schlitz herstellen, Mauerwerk, 30x10cm** Schlitz herstellen; Mauerwerk, verputzt; bis MZ 12N/mm², Breite bis 30cm, Tiefe bis 10cm; Bauschutt entsorgen						
	m	**€ brutto**	**19**	**39**	**49**	**55**	**64**
	KG 394	€ netto	16	33	41	46	54
37	**Schlitz herstellen, Mauerwerk, 30x15cm** Schlitz herstellen; Mauerwerk, verputzt; bis MZ 12N/mm², Breite bis 30cm, Tiefe bis 10cm; Bauschutt entsorgen						
	m	**€ brutto**	**23**	**61**	**70**	**83**	**87**
	KG 394	€ netto	19	51	59	70	73
38	**Schlitz schließen, Mauerwerk, 5x3cm** Schlitz, schließen; Mauerwerk verputzt; Breite bis 5cm, Tiefe bis 3cm; Bauschutt entsorgen						
	m	**€ brutto**	**8,8**	**11,8**	**13,7**	**16,4**	**21,3**
	KG 395	€ netto	7,4	9,9	11,5	13,8	17,9
39	**Schlitz schließen, Mauerwerk, 10x5cm** Schlitz, schließen; Mauerwerk verputzt; Breite bis 10cm, Tiefe bis 5cm; Bauschutt entsorgen						
	m	**€ brutto**	**11**	**16**	**20**	**24**	**32**
	KG 395	€ netto	9,6	13,8	16,3	20,0	26,5
40	**Schlitz schließen, Mauerwerk, 30x10cm** Schlitz, schließen; Mauerwerk verputzt; Breite bis 30cm, Tiefe bis 10cm; Bauschutt entsorgen						
	m	**€ brutto**	**16**	**25**	**30**	**37**	**57**
	KG 395	€ netto	13	21	25	31	48
41	**Schlitz schließen, gedämmt, Mauerwerk, 10x5cm** Schlitz, schließen; Mauerwerk, mit Dämmung; Breite bis 10cm, Tiefe bis 5cm; Bauschutt entsorgen						
	m	**€ brutto**	**18**	**26**	**32**	**37**	**40**
	KG 395	€ netto	15	22	27	31	34

Kosten: Stand 3.Quartal 2025, Bundesdurchschnitt

LB 312							Preise €
Nr.	**Kurztext** / Stichworte **Einheit** / Kostengruppe		▶	▷	**brutto ø** netto ø	◁	◀
42	**Schlitz schließen, gedämmt, Mauerwerk, 30x15cm** Schlitz, schließen; Mauerwerk, mit Dämmung; Breite bis 30cm, Tiefe bis 15cm; Bauschutt entsorgen						
	m	**€ brutto**	**38**	**50**	**57**	**69**	**80**
	KG 395	€ netto	32	42	48	58	67
43	**Putzträger, Schlitz, Metall verzinkt** Putzträger; Rippenstreckmetall, verzinkt; über Schlitz						
	m²	**€ brutto**	**40**	**55**	**64**	**77**	**87**
	KG 395	€ netto	33	46	53	65	73
44	**Sturzauflager stemmen, bis 15cm** Sturzauflager stemmen; Auflagerfläche abgleichen; Länge bis 24cm, Höhe bis 22cm, Dicke bis 15cm; inkl. Abstütz- und Sicherungsmaßnahmen; Bauschutt entsorgen						
	St	**€ brutto**	**52**	**67**	**74**	**92**	**98**
	KG 395	€ netto	44	56	62	77	82
45	**Sturzauflager stemmen, bis 30cm** Sturzauflager stemmen; Auflagerfläche abgleichen; Länge bis 24cm, Höhe bis 22cm, Dicke bis 30cm; inkl. Abstütz- und Sicherungsmaßnahmen; Bauschutt entsorgen						
	St	**€ brutto**	**84**	**100**	**114**	**145**	**145**
	KG 395	€ netto	71	84	96	122	122
46	**Fensteröffnung ausbrechen, bis 40cm** Fensteröffnung ausbrechen; Ziegelmauerwerk; bis 1,00m², Dicke bis 40cm; inkl. Abstütz- und Sicherungsmaßnahmen; Bauschutt entsorgen						
	m²	**€ brutto**	**147**	**168**	**197**	**241**	**252**
	KG 394	€ netto	124	141	166	202	212
47	**Fensteröffnung ausbrechen, bis 60cm** Fensteröffnung ausbrechen; Ziegelmauerwerk; bis 1,50m², Dicke bis 60cm; inkl. Abstütz- und Sicherungsmaßnahmen; Bauschutt entsorgen						
	m²	**€ brutto**	**171**	**227**	**258**	**319**	**340**
	KG 394	€ netto	144	190	216	268	286
48	**Türöffnung ausbrechen, Mauerwerk bis 15cm** Türöffnung ausbrechen; Ziegelmauerwerk, beidseitig verputzt; bis 2,50m², Dicke bis 15cm; inkl. Abstütz- und Sicherungsmaßnahmen; Bauschutt entsorgen						
	m²	**€ brutto**	**74**	**104**	**116**	**143**	**197**
	KG 394	€ netto	62	87	97	121	165

LB 312 **Preise €**

Nr.	Kurztext / Stichworte Einheit / Kostengruppe	►	▷	brutto ø netto ø	◁	◄
49	**Türöffnung ausbrechen, Mauerwerk bis 30cm** Türöffnung ausbrechen; Ziegelmauerwerk, verputzt; bis 2,50m², Dicke bis 30cm; inkl. Abstütz- und Sicherungsmaßnahmen; Bauschutt entsorgen					
	m² € brutto	**93**	**157**	**189**	**232**	**269**
	KG 394 € netto	78	132	159	195	226
50	**Türöffnung ausbrechen, Mauerwerk bis 60cm** Türöffnung ausbrechen; Ziegelmauerwerk, beidseitig verputzt; bis 2,50m², Dicke bis 60cm; inkl. Abstütz- und Sicherungsmaßnahmen; Bauschutt entsorgen					
	m² € brutto	**195**	**238**	**284**	**346**	**365**
	KG 394 € netto	164	200	239	291	307
51	**Fensteröffnung schließen, AW bis 30cm** Fensteröffnung schließen; Mauerziegeln; bis 1,00m², Dicke bis 30cm; inkl. verzahnen mit Mauerwerk					
	m² € brutto	**159**	**190**	**221**	**272**	**282**
	KG 395 € netto	134	160	186	228	237
52	**Fensteröffnung schließen, AW bis 60cm** Fensteröffnung schließen; Mauerziegeln; bis 1,00m², Dicke bis 60cm; inkl. verzahnen mit Mauerwerk					
	m² € brutto	**217**	**269**	**305**	**366**	**414**
	KG 395 € netto	182	226	256	308	348
53	**Türöffnung schließen, IW bis 15cm** Türöffnung schließen; Hochlochziegel; bis 1,00x2,10m, Dicke bis 15cm; inkl. verzahnen mit Mauerwerk; innen					
	m² € brutto	**96**	**126**	**143**	**144**	**180**
	KG 395 € netto	81	106	120	121	152
54	**Türöffnung schließen, IW bis 30cm** Türöffnung schließen; Hochlochziegel; bis 1,00x2,10m, Dicke bis 30cm; inkl. verzahnen mit Mauerwerk; innen					
	m² € brutto	**154**	**179**	**210**	**257**	**273**
	KG 395 € netto	129	150	177	216	230
55	**Wanddurchbruch, bis 100cm², 20cm** Wanddurchbruch nachträglich herstellen; Mz bis 12N/mm²; bis 100cm², Dicke bis 20cm; Bauschutt entsorgen					
	St € brutto	**21**	**33**	**39**	**48**	**60**
	KG 394 € netto	18	27	33	40	51

Kosten: Stand 3.Quartal 2025, Bundesdurchschnitt

LB 312 | **Preise €**

Nr.	Kurztext / Stichworte Einheit / Kostengruppe		►	▷	brutto ø netto ø	◁	◄
56	**Wanddurchbruch, bis 500cm², 20cm** Wanddurchbruch nachträglich herstellen; Mz bis 12N/mm²; 100-500cm², Dicke bis 20cm; Bauschutt entsorgen						
	St	**€ brutto**	**33**	**47**	**57**	**69**	**71**
	KG 394	€ netto	28	39	48	58	60
57	**Wanddurchbruch, bis 1.000cm², 20cm** Wanddurchbruch nachträglich herstellen; Mz bis 12N/mm²; 500-1.000cm², Dicke bis 20cm; Bauschutt entsorgen						
	St	**€ brutto**	**39**	**63**	**76**	**92**	**101**
	KG 394	€ netto	33	53	64	77	85
58	**Wanddurchbruch, bis 2.500cm², 20cm** Wanddurchbruch nachträglich herstellen; Mz bis 12N/mm²; 1.000-2.500cm², Dicke bis 20cm; Bauschutt entsorgen						
	St	**€ brutto**	**43**	**82**	**101**	**123**	**137**
	KG 394	€ netto	36	69	84	103	115
59	**Wanddurchbruch, bis 100cm², 40cm** Wanddurchbruch nachträglich herstellen; Mz bis 12N/mm²; bis 100cm², Dicke bis 40cm; Bauschutt entsorgen						
	St	**€ brutto**	**36**	**49**	**56**	**107**	**121**
	KG 394	€ netto	31	41	47	90	101
60	**Wanddurchbruch, bis 500cm², 40cm** Wanddurchbruch nachträglich herstellen; Mz bis 12N/mm²; 100-500cm², Dicke bis 40cm; Bauschutt entsorgen						
	St	**€ brutto**	**46**	**66**	**78**	**95**	**143**
	KG 394	€ netto	39	55	66	80	120
61	**Wanddurchbruch, bis 1.000cm², 40cm** Wanddurchbruch nachträglich herstellen; Mz bis 12N/mm²; 500-1.000cm², Dicke bis 40cm; Bauschutt entsorgen						
	St	**€ brutto**	**50**	**88**	**105**	**128**	**169**
	KG 394	€ netto	42	74	88	107	142
62	**Wanddurchbruch, bis 2.500cm², 40cm** Wanddurchbruch nachträglich herstellen; Mz bis 12N/mm²; 1.000-2.500cm², Dicke bis 40cm; Bauschutt entsorgen						
	St	**€ brutto**	**89**	**124**	**151**	**178**	**203**
	KG 394	€ netto	75	104	127	150	171
63	**Wanddurchbruch schließen, bis 100cm², 20cm** Wanddurchbruch schließen; Mörtel, Steinmaterial; bis 100cm², Dicke bis 20cm						
	St	**€ brutto**	**23**	**35**	**43**	**53**	**59**
	KG 395	€ netto	19	30	36	45	49

LB 312 | **Preise €**

Nr.	**Kurztext** / Stichworte **Einheit** / Kostengruppe	►	▷	**brutto ø** netto ø	◁	◄
64	**Wanddurchbruch schließen, bis 500cm², 20cm** Wanddurchbruch schließen; Mörtel, Steinmaterial; 100-500cm², Dicke bis 20cm					
	St **€ brutto**	**38**	**48**	**56**	**68**	**82**
	KG 395 € netto	32	40	47	57	69
65	**Wanddurchbruch schließen, bis 1.000cm², 20cm** Wanddurchbruch schließen; Mörtel, Steinmaterial; 500-1.000cm², Dicke bis 20cm					
	St **€ brutto**	**50**	**79**	**81**	**100**	**141**
	KG 395 € netto	42	66	68	84	118
66	**Wanddurchbruch schließen, bis 2.500cm², 20cm** Wanddurchbruch schließen; Mörtel, Steinmaterial; 1.000-2.500cm², Dicke bis 20cm					
	St **€ brutto**	**69**	**98**	**111**	**134**	**153**
	KG 395 € netto	58	83	93	112	129
67	**Wanddurchbruch schließen, bis 100cm², 40cm** Wanddurchbruch schließen; Mörtel, Steinmaterial; 100cm², Dicke bis 40cm					
	St **€ brutto**	**37**	**59**	**70**	**85**	**101**
	KG 395 € netto	31	50	59	71	85
68	**Wanddurchbruch schließen, bis 500cm², 40cm** Wanddurchbruch schließen; Mörtel, Steinmaterial; 100-500cm², Dicke bis 40cm					
	St **€ brutto**	**52**	**83**	**97**	**119**	**125**
	KG 395 € netto	43	70	82	100	105
69	**Wanddurchbruch schließen, bis 1.000cm², 40cm** Wanddurchbruch schließen; Mörtel, Steinmaterial; 500-1.000cm², Dicke bis 40cm					
	St **€ brutto**	**69**	**95**	**112**	**136**	**167**
	KG 395 € netto	58	80	94	115	141
70	**Wanddurchbruch schließen, bis 2.500cm², 40cm** Wanddurchbruch schließen; Mörtel, Steinmaterial; 1.000-2.500cm², Dicke bis 40cm					
	St **€ brutto**	**82**	**120**	**143**	**174**	**185**
	KG 395 € netto	69	101	120	147	156
71	**Deckendurchbruch, bis 100cm², 20cm** Deckendurchbruch nachträglich herstellen; Ziegelhohlkörper; bis 100cm², Dicke bis 20cm; inkl. Deckenabstützung; nichttragender Bereich; Bauschutt entsorgen					
	St **€ brutto**	**42**	**66**	**68**	**82**	**95**
	KG 394 € netto	36	55	57	69	80

LB 312 **Preise €**

Nr.	**Kurztext** / Stichworte				**brutto ø**		
	Einheit / Kostengruppe		▶	▷	netto ø	◁	◀
72	**Deckendurchbruch, bis 500cm², 20cm**						
	Deckendurchbruch nachträglich herstellen; Ziegelhohlkörper; 100-500cm², Dicke bis 20cm; inkl. Deckenabstützung; nichttragender Bereich; Bauschutt entsorgen						
	St	**€ brutto**	**46**	**73**	**82**	**103**	**114**
	KG 394	€ netto	39	61	69	86	95
73	**Deckendurchbruch, bis 1.000cm², 20cm**						
	Deckendurchbruch nachträglich herstellen; Ziegelhohlkörper; 500-1.000cm², Dicke bis 20cm; inkl. Deckenabstützung; nichttragender Bereich; Bauschutt entsorgen						
	St	**€ brutto**	**53**	**80**	**91**	**107**	**115**
	KG 394	€ netto	44	67	76	90	96
74	**Deckendurchbruch, bis 500cm², 30cm**						
	Deckendurchbruch nachträglich herstellen; Ziegelhohlkörper; 100-500cm², Dicke bis 30cm; inkl. Deckenabstützung; nichttragender Bereich; Bauschutt entsorgen						
	St	**€ brutto**	**55**	**77**	**92**	**113**	**116**
	KG 394	€ netto	46	64	78	95	98
75	**Deckendurchbruch schließen, bis 100cm², 20cm**						
	Deckendurchbruch schließen; Ziegeldecke; bis 100cm², Dicke bis 20cm; mit Mörtel und Schalung						
	St	**€ brutto**	**30**	**39**	**46**	**56**	**60**
	KG 395	€ netto	25	33	39	47	51
76	**Deckendurchbruch schließen, bis 500cm², 20cm**						
	Deckendurchbruch schließen; Ziegeldecke; 100-500cm², Dicke bis 20cm; mit Mörtel und Schalung						
	St	**€ brutto**	**57**	**72**	**82**	**97**	**99**
	KG 395	€ netto	48	61	69	81	83
77	**Deckendurchbruch schließen, bis 1.000cm², 20cm**						
	Deckendurchbruch schließen; Ziegeldecke; 500-1.000cm², Dicke bis 20cm; mit Mörtel und Schalung						
	St	**€ brutto**	**88**	**104**	**122**	**149**	**151**
	KG 395	€ netto	74	87	102	125	127
78	**Deckendurchbruch schließen, bis 500cm², 30cm**						
	Deckendurchbruch schließen; Ziegeldecke; 100-500cm², Dicke bis 30cm; mit Mörtel und Schalung						
	St	**€ brutto**	**72**	**101**	**118**	**142**	**149**
	KG 395	€ netto	60	85	99	120	125

LB 312 **Preise €**

Nr.	Kurztext / Stichworte Einheit / Kostengruppe		►	▷	brutto ø netto ø	◁	◄
79	**Baustelleneinrichtung, Bohren/Sägen** Baustelleneinrichtung; Bohrer, Sägen; einrichten, vorhalten, abbauen						
	psch	**€ brutto**	**–**	**210**	**244**	**295**	**–**
	KG 391	€ netto	–	176	205	248	–
80	**Bohreinrichtung umsetzen** Bohreinrichtung umsetzen; geschossweise						
	psch	**€ brutto**	**–**	**89**	**102**	**125**	**–**
	KG 391	€ netto	–	74	86	105	–
81	**Mauerwerk schneiden, Wand, Mz bis 36cm** Mauerwerksschnitt herstellen; Ziegelwand; Tiefe bis 36cm; einseitig; Bauschutt entsorgen						
	m	**€ brutto**	**45**	**62**	**70**	**86**	**91**
	KG 394	€ netto	38	52	59	72	77
82	**Mauerwerk schneiden, Wand, KS bis 17,5cm** Mauerwerksschnitt herstellen; Kalksandstein; Tiefe bis 17,5cm; zweiseitig; Bauschutt entsorgen						
	m	**€ brutto**	**35**	**50**	**61**	**73**	**75**
	KG 394	€ netto	30	42	51	62	63
83	**Mauerwerk schneiden, Wand, KS bis 24cm** Mauerwerksschnitt herstellen; Kalksandstein; Tiefe bis 24cm; zweiseitig; Bauschutt entsorgen						
	m	**€ brutto**	**79**	**96**	**109**	**133**	**144**
	KG 394	€ netto	66	81	92	112	121
84	**Kernbohrung, Mauerwerk, 10-50mm** Kernbohrung; Ziegelwand; Durchmesser 10-50mm; Diamantbohrkronen; Bauschutt entsorgen						
	m	**€ brutto**	**139**	**190**	**226**	**274**	**289**
	KG 394	€ netto	117	160	190	230	243
85	**Kernbohrung, Mauerwerk, 55-80mm** Kernbohrung; Ziegelwand; Durchmesser 55-80mm; Diamantbohrkronen; Bauschutt entsorgen						
	m	**€ brutto**	**170**	**220**	**271**	**328**	**343**
	KG 394	€ netto	143	185	228	276	289
86	**Kernbohrung, Mauerwerk, 85-110mm** Kernbohrung; Ziegelwand; Durchmesser 85-110mm; Diamantbohrkronen; Bauschutt entsorgen						
	m	**€ brutto**	**176**	**237**	**285**	**351**	**370**
	KG 394	€ netto	148	199	240	295	311

Kosten: Stand 3.Quartal 2025, Bundesdurchschnitt

LB 312 **Preise €**

Nr.	Kurztext / Stichworte Einheit / Kostengruppe		►	▷	brutto ø netto ø	◁	◄
87	**Kernbohrung, Mauerwerk, 115-130mm** Kernbohrung; Ziegelwand; Durchmesser 115-130mm; Diamantbohrkronen; Bauschutt entsorgen						
	m	**€ brutto**	**210**	**278**	**343**	**408**	**419**
	KG 394	€ netto	176	234	288	343	352
88	**Kernbohrung, Mauerwerk, 130-150mm** Kernbohrung; Ziegelwand; Durchmesser 130-150mm; Diamantbohrkronen; Bauschutt entsorgen						
	m	**€ brutto**	**225**	**304**	**362**	**434**	**439**
	KG 394	€ netto	189	255	304	365	369
89	**Kernbohrung, Mauerwerk, 150-200mm** Kernbohrung; Ziegelwand; Durchmesser 150-200mm; Diamantbohrkronen; Bauschutt entsorgen						
	m	**€ brutto**	**306**	**366**	**431**	**522**	**560**
	KG 394	€ netto	257	308	362	438	471
90	**Innenwand, HLz 11,5cm, nichttragend** Mauerwerk, nichttragend; Hochlochziegel; Dicke 11,50cm; innen; für Putzauftrag						
	m²	**€ brutto**	**77**	**89**	**95**	**102**	**117**
	KG 342	€ netto	64	74	80	86	98
91	**Innenwand, KS 11,5cm, nichttragend** Mauerwerk, nichttragend; Kalksandstein; Dicke 11,50cm; innen; für Putzauftrag						
	m²	**€ brutto**	**90**	**101**	**105**	**111**	**123**
	KG 342	€ netto	76	85	88	94	104
92	**Innenwand, KS 17,5cm, tragend** Mauerwerk, tragend; Kalksandstein; Dicke 17,50cm; innen; für Putzauftrag						
	m²	**€ brutto**	**102**	**122**	**130**	**136**	**167**
	KG 341	€ netto	86	103	109	114	141
93	**Innenwand, KS 24cm, tragend** Mauerwerk, tragend; Kalksandstein; Dicke 24cm; innen; für Putzauftrag						
	m²	**€ brutto**	**114**	**143**	**156**	**175**	**223**
	KG 341	€ netto	96	120	131	147	187
94	**Innenwand, PP 11,5cm, nichttragend** Mauerwerk; Porenbetonstein; 11,5cm; nichttragend, Dünnbettmörtel; innen; für Dünnputzauftrag						
	m²	**€ brutto**	**74**	**95**	**103**	**111**	**135**
	KG 342	€ netto	62	80	86	94	113

LB 312 **Preise €**

Nr.	**Kurztext** / Stichworte **Einheit** / Kostengruppe		▶	▷	**brutto ø** netto ø	◁	◀
95	**Innenwand, PP 24cm, tragend** Mauerwerk; Porenbeton-Planelement; Dicke 24cm; tragend, Dünnbettmörtel; innen; für Dünnputzauftrag						
	m²	**€ brutto**	**102**	**122**	**134**	**142**	**155**
	KG 341	€ netto	86	103	113	119	131
96	**Ausmauerung, Fachwerk 11,5cm** Ausmauerung Holzfachwerk; HLZ; 2DF 240x115x113mm; M 10; inkl. Maueranker, Gebälkanschluss						
	m²	**€ brutto**	**113**	**152**	**169**	**201**	**258**
	KG 342	€ netto	95	128	142	169	217
97	**Außenwand, HLz 36,5cm, tragend** Mauerwerk; Leichthochlochziegel 8/0,8; Dicke 36,50cm; NF-System, tragend; außen; Dünnbettmörtel						
	m²	**€ brutto**	**168**	**189**	**202**	**210**	**232**
	KG 331	€ netto	141	159	170	176	195
98	**Außenwand, KS L-R 17,5cm, tragend** Außenwand, tragend; KS L-R, SFK 12, RDK 1,6; 12DF 373x175x248mm; NF-System, Dünnbettmörtel						
	m²	**€ brutto**	**105**	**116**	**121**	**134**	**158**
	KG 331	€ netto	88	98	102	113	133
99	**Außenwand, KS L-R 24cm, tragend** Außenwand, tragend; KS L-R, SFK 12, RDK 1,8; 4DF 240x240x248mm; NF-System, Dünnbettmörtel						
	m²	**€ brutto**	**118**	**136**	**143**	**154**	**181**
	KG 331	€ netto	99	115	120	130	152
100	**Öffnung überdecken, Ziegelsturz** Fertigteilsturz; Ziegel; Dicke 115mm, Höhe 113mm; Öffnung überdecken; Ziegelmauerwerk						
	m	**€ brutto**	**57**	**64**	**69**	**74**	**82**
	KG 342	€ netto	48	54	58	62	69
101	**Öffnung überdecken; KS-Sturz, 17,5cm** Fertigteilsturz; Kalksandstein; Dicke 17,5cm; Öffnung überdecken						
	m	**€ brutto**	**49**	**63**	**70**	**83**	**111**
	KG 341	€ netto	41	53	59	70	93
102	**Öffnung überdecken, Betonsturz, 24cm** Fertigteilsturz; Stahlbeton; Dicke 240mm, Höhe 238mm; Öffnung überdecken						
	m	**€ brutto**	**61**	**71**	**111**	**118**	**165**
	KG 341	€ netto	52	60	93	99	139

Kosten: Stand 3.Quartal 2025, Bundesdurchschnitt

LB 312							**Preise €**
Nr.	**Kurztext** / Stichworte				**brutto ø**		
	Einheit / Kostengruppe		►	▷	netto ø	◁	◄
103	**Stundensatz, Facharbeiter/-in**						
	Stundenlohnarbeiten für Vorarbeiter/-in, Facharbeiter/-in und Gleichgestellte; Mauerarbeiten						
	h	**€ brutto**	**81**	**89**	**94**	**99**	**109**
		€ netto	68	75	79	83	92
104	**Stundensatz, Helfer/-in**						
	Stundenlohnarbeiten für Werker/-in, Helfer/-in und Gleichgestellte; Mauerarbeiten						
	h	**€ brutto**	**72**	**80**	**84**	**86**	**90**
		€ netto	60	67	71	72	76

LB 313						Preise €
Nr.	Kurztext / Stichworte Einheit / Kostengruppe	▶	▷	brutto ø netto ø	◁	◀
1	**Fundament abbrechen, Stahlbeton** Fundament abbrechen; Stahlbeton; teilweise Handarbeit; in Gebäuden; Bauschutt entsorgen					
	m³ € brutto	**154**	**237**	**308**	**354**	**391**
	KG 394 € netto	129	199	259	297	328
2	**Bodenplatte abbrechen, Beton** Bodenplatte abbrechen; Beton, unbewehrt; Bauschutt entsorgen					
	m³ € brutto	**150**	**209**	**279**	**335**	**386**
	KG 394 € netto	126	176	234	281	324
3	**Bodenplatte abbrechen, Stahlbeton** Bodenplatte abbrechen; Stahlbeton; Bauschutt entsorgen					
	m³ € brutto	**220**	**283**	**321**	**329**	**380**
	KG 394 € netto	185	238	270	277	319
4	**Außentreppenstufen abbrechen, Beton** Außentreppenstufen abbrechen; Beton, inkl. Unterbau; Breite bis 2,00m; Bauschutt entsorgen					
	St € brutto	**256**	**317**	**337**	**391**	**428**
	KG 594 € netto	215	266	283	328	360
5	**Kelleraußenwände abbrechen, Beton** Kelleraußenwand abbrechen; Beton, unbewehrt; verschiedene Dicken; inkl. Abstütz- und Sicherungsmaßnahmen; Bauschutt entsorgen					
	m³ € brutto	**305**	**367**	**412**	**470**	**507**
	KG 394 € netto	256	308	347	395	426
6	**Kelleraußenwände abbrechen, Stahlbeton** Kelleraußenwand abbrechen; Stahlbeton; inkl. Abstütz- und Sicherungsmaßnahmen; Bauschutt entsorgen					
	m³ € brutto	**352**	**435**	**458**	**554**	**581**
	KG 394 € netto	296	365	385	465	488
7	**Außenwände abbrechen, Stahlbeton** Außenwand abbrechen; Stahlbeton; verschiedene Dicken; inkl. Abstütz- und Sicherungsmaßnahmen; Bauschutt entsorgen					
	m³ € brutto	**356**	**427**	**474**	**536**	**588**
	KG 394 € netto	299	359	398	450	494
8	**Innenwände abbrechen, Stahlbeton bis 15cm** Innenwand abbrechen; Stahlbeton; Dicke bis 15cm; nichttragend; Bauschutt entsorgen					
	m³ € brutto	**284**	**365**	**389**	**455**	**486**
	KG 394 € netto	239	307	327	382	408

Kosten: Stand 3.Quartal 2025, Bundesdurchschnitt

LB 313						Preise €
Nr.	**Kurztext** / Stichworte **Einheit** / Kostengruppe		►	▷	**brutto ø** netto ø	◁	◄

Nr.	Kurztext / Stichworte / Einheit / Kostengruppe		►	▷	ø	◁	◄
9	**Innenwände abbrechen, Stahlbeton bis 25cm** Innenwand abbrechen; Stahlbeton; Dicke bis 25cm; tragend; Bauschutt entsorgen						
	m³	**€ brutto**	**353**	**424**	**471**	**537**	**584**
	KG 394	€ netto	297	356	396	451	491
10	**Stahlbetonstützen abbrechen** Stahlbetonstützen abbrechen; verschiedene Querschnitte; inkl. Abstütz- und Sicherungsmaßnahmen; Bauschutt entsorgen						
	m³	**€ brutto**	**441**	**531**	**604**	**688**	**748**
	KG 394	€ netto	370	446	507	578	629
11	**Geschossdecke abbrechen, Stahlbeton bis 25cm** Geschossdecke abbrechen; Stahlbeton; Dicke bis 25cm; inkl. Abstütz- und Sicherungsmaßnahmen; Bauschutt entsorgen						
	m³	**€ brutto**	**336**	**416**	**457**	**544**	**603**
	KG 394	€ netto	282	349	384	457	507
12	**Stahlbetontreppe abbrechen** Stahlbetontreppe abbrechen, eingeschossig; Stufen 14St, Stg 27/18cm, Breite bis 1,50m; inkl. Abstütz- und Sicherungsmaßnahmen; Bauschutt entsorgen						
	St	**€ brutto**	**889**	**1.120**	**1.218**	**1.412**	**1.522**
	KG 394	€ netto	747	941	1.023	1.187	1.279
13	**Wandschlitze, Beton, 10x5cm** Wandschlitz herstellen; Beton, unbewehrt; Größe bis 10x5cm; schließen; Bauschutt entsorgen						
	m	**€ brutto**	**67**	**84**	**89**	**109**	**113**
	KG 395	€ netto	56	71	75	92	95
14	**Wanddurchbrüche, Stb, 20x20cm, 24cm** Wanddurchbruch herstellen; Stahlbeton; Größe 20x20cm, Dicke bis 24cm; schließen; Bauschutt entsorgen						
	St	**€ brutto**	**121**	**146**	**164**	**187**	**203**
	KG 395	€ netto	102	123	138	157	171
15	**Deckendurchbruch, Stb, herstellen 30x10, 20cm** Deckendurchbruch herstellen; Stahlbeton; Größe 30x10cm, Dicke bis 20cm; inkl. Abstütz- und Sicherungsmaßnahmen; Bauschutt entsorgen						
	St	**€ brutto**	**69**	**85**	**95**	**109**	**119**
	KG 395	€ netto	58	72	80	91	100

LB 313						Preise €
Nr.	Kurztext / Stichworte Einheit / Kostengruppe ►		▷	brutto ø netto ø	◁	◄
16	**Deckendurchbruch, Stb, herstellen 20x20, 20cm** Deckendurchbruch herstellen; Stahlbeton; Größe bis 20x20cm, Dicke bis 20cm; inkl. Abstütz- und Sicherungsmaßnahmen; Bauschutt entsorgen					
	St **€ brutto**	**73**	**89**	**101**	**116**	**126**
	KG 395 € netto	61	75	85	98	106
17	**Deckendurchbruch, Stb, herstellen 50x20, 20cm** Deckendurchbruch herstellen; Stahlbeton; Größe 50x20cm, Dicke bis 20cm; inkl. Abstütz- und Sicherungsmaßnahmen; Bauschutt entsorgen					
	St **€ brutto**	**114**	**139**	**154**	**177**	**194**
	KG 395 € netto	96	117	129	149	163
18	**Deckendurchbruch, Stb, schließen 30x10, 20cm** Deckendurchbruch schließen; Stahlbeton; Größe 30x10cm, Dicke bis 20cm; mit Beton schließen; inkl. Schalung					
	St **€ brutto**	**35**	**42**	**46**	**55**	**65**
	KG 395 € netto	29	35	39	46	54
19	**Deckendurchbruch, Stb, schließen 20x20, 20cm** Deckendurchbruch schließen; Stahlbeton; Größe 20x20cm, Dicke bis 20cm; mit Beton schließen; inkl. Schalung					
	St **€ brutto**	**37**	**44**	**49**	**57**	**64**
	KG 395 € netto	31	37	42	48	54
20	**Deckendurchbruch, Stb, schließen 50x20, 20cm** Deckendurchbruch schließen; Stahlbeton; Größe 50x20cm, Dicke bis 20cm; mit Beton schließen; inkl. Schalung					
	St **€ brutto**	**60**	**72**	**81**	**94**	**107**
	KG 395 € netto	50	61	68	79	90
21	**Deckendurchbruch, Stb, schließen 50x50, 24cm** Deckendurchbruch schließen; Stahlbeton; Größe 50x50cm, Dicke bis 24cm; mit Beton schließen; inkl. Schalung					
	St **€ brutto**	**98**	**116**	**132**	**151**	**168**
	KG 395 € netto	82	98	111	127	141
22	**Kernbohrung, Stb, Durchmesser 10-50mm** Kernbohrung; Stahlbetonbauteile; Durchmesser 10-50mm; Bauschutt entsorgen					
	m **€ brutto**	**186**	**223**	**247**	**289**	**304**
	KG 399 € netto	156	187	208	243	256

LB 313						**Preise €**
Nr.	**Kurztext** / Stichworte **Einheit** / Kostengruppe		▶	▷	**brutto ø** netto ø	◁	◀

Nr.	Kurztext / Stichworte		▶	▷	ø	◁	◀
23	**Kernbohrung, Stb, Durchmesser 55-80mm** Kernbohrung; Stahlbetonbauteile; Durchmesser 55-80mm; Bauschutt entsorgen						
	m	**€ brutto**	**222**	**267**	**300**	**342**	**370**
	KG 399	€ netto	187	225	252	288	311
24	**Kernbohrung, Stb, Durchmesser 115-130mm** Kernbohrung; Stahlbetonbauteile; Durchmesser 115-130mm; Bauschutt entsorgen						
	m	**€ brutto**	**250**	**305**	**343**	**394**	**418**
	KG 399	€ netto	210	256	288	331	351
25	**Kernbohrung, Stb, Durchmesser 140-160mm** Kernbohrung; Stahlbetonbauteile; Durchmesser 140-160mm; Bauschutt entsorgen						
	m	**€ brutto**	**287**	**333**	**383**	**448**	**482**
	KG 399	€ netto	241	280	322	376	405
26	**Kernbohrung, Stb, Durchmesser 170-180mm** Kernbohrung; Stahlbetonbauteile; Durchmesser 170-180mm; Bauschutt entsorgen						
	m	**€ brutto**	**312**	**377**	**433**	**490**	**533**
	KG 399	€ netto	262	317	364	411	448
27	**Kernbohrung, Stb, Durchmesser 200-220mm** Kernbohrung; Stahlbetonbauteile; Durchmesser 200-220mm; Bauschutt entsorgen						
	m	**€ brutto**	**360**	**433**	**492**	**566**	**606**
	KG 399	€ netto	302	364	414	476	509
28	**Kernbohrung, Stb, Durchmesser 230-250mm** Kernbohrung; Stahlbetonbauteile; Durchmesser 230-250mm; Bauschutt entsorgen						
	m	**€ brutto**	**415**	**509**	**553**	**642**	**686**
	KG 399	€ netto	349	428	465	539	576
29	**Kernbohrung, Stb, Durchmesser 280-300mm** Kernbohrung; Stahlbetonbauteile; Durchmesser 280-300mm; Bauschutt entsorgen						
	m	**€ brutto**	**451**	**544**	**618**	**705**	**760**
	KG 399	€ netto	379	457	519	592	639
30	**Kernbohrung, schräg, Mehrpreis** Kernbohrung Mehrpreis; schräg/senkrecht						
	St	**€ brutto**	**32**	**39**	**43**	**50**	**54**
	KG 399	€ netto	27	32	36	42	46

LB 313						Preise €
Nr.	Kurztext / Stichworte Einheit / Kostengruppe ▶		▷	brutto ø netto ø	◁	◀
31	**Kernbohrung, Stahlschnitte** Kernbohrung, Stahlschnitt; Mehrpreis					
	cm² € brutto		6,3	7,5	8,6	9,8	11,6
	KG 399 € netto		5,3	6,3	7,2	8,2	9,7
32	**Betonschneidearbeiten, bis 43cm** Betonschneidearbeiten; Stahlbeton; Tiefe bis 43cm; einseitig					
	m € brutto	195	234	263	305	331
	KG 399 € netto	163	197	221	256	278
33	**Betonschneidearbeiten, bis 90cm** Betonschneidearbeiten; Stahlbeton; Tiefe bis 90cm; einseitig					
	m € brutto	385	488	543	640	684
	KG 399 € netto	324	410	456	538	574
34	**Unterzug C20/25, Stb, 20x40cm** Unterzug einbauen; Stahlbeton, C20/25; bis 20x40cm; auf Auflager; Innenbereich					
	m € brutto	45	56	62	72	82
	KG 395 € netto	38	47	52	61	69
35	**Überzug C20/25, Stb, 24x40cm** Unterzug einbauen; Stahlbeton, C20/25; bis 24x40cm; auf Auflager; Innenbereich					
	m € brutto	54	64	71	81	95
	KG 395 € netto	46	53	60	68	80
36	**Kniestock C20/25, Stb, 24x35cm** Kniestock herstellen; Stahlbeton, C20/25; bis 24x35cm; als Auflager für Dachstuhl; Innenbereich; inkl. Verankerung					
	m € brutto	62	73	79	95	107
	KG 395 € netto	52	61	67	79	90
37	**Ringanker C20/25, Stb, 24x24cm** Ringanker einbauen; Stahlbeton, C20/25; bis 24x24cm					
	m € brutto	62	73	81	94	109
	KG 395 € netto	52	61	68	79	92
38	**Deckendämmung, Mehrschichtplatte, MW 50** Deckendämmung; Holzwolle-Leichtbauplatten, dreischichtig, 0,85m²K/W; Dicke 50mm; auf Unterseite; Stahlbetondecke					
	m² € brutto	75	89	98	113	122
	KG 354 € netto	63	75	82	95	102
39	**Deckendämmung, Mehrschichtplatte, MW 100** Deckendämmung; Holzwolle-Leichtbauplatten, dreischichtig, 0,85m²K/W; Dicke 100mm; auf Unterseite; Stahlbetondecke					
	m² € brutto	93	108	125	141	157
	KG 354 € netto	78	91	105	118	132

Kosten: Stand 3.Quartal 2025, Bundesdurchschnitt

LB 313						**Preise €**
Nr.	**Kurztext** / Stichworte			**brutto ø**		
	Einheit / Kostengruppe	►	▷	netto ø	◁	◄
40	**Deckendämmung, PS 60, geklebt**					
	Deckendämmung; Polystyrol-Hartschaumplatten, extrudiert; 60mm; auf Unterseite; Stahlbetondecke					
	m² € brutto	**40**	**46**	**51**	**59**	**67**
	KG 354 € netto	34	39	43	50	56
41	**Deckendämmung, PS 100, geklebt**					
	Deckendämmung; Polystyrol-Hartschaumplatten, extrudiert; 100mm; auf Unterseite; Stahlbetondecke					
	m² € brutto	**47**	**54**	**61**	**70**	**80**
	KG 354 € netto	40	45	52	59	68
42	**Deckendämmung, PS 140, geklebt**					
	Deckendämmung; Polystyrol-Hartschaumplatten, extrudiert; 140mm; auf Unterseite; Stahlbetondecke					
	m² € brutto	**44**	**50**	**57**	**64**	**74**
	KG 354 € netto	37	42	48	54	62
43	**Deckendämmung, PS 180, geklebt**					
	Deckendämmung; Polystyrol-Hartschaumplatten, extrudiert; 180mm; auf Unterseite; Stahlbetondecke					
	m² € brutto	**55**	**62**	**72**	**80**	**93**
	KG 354 € netto	46	52	60	67	78
44	**Deckendämmung, PS 200, geklebt**					
	Deckendämmung; Polystyrol-Hartschaumplatten, extrudiert; 200mm; auf Unterseite; Stahlbetondecke					
	m² € brutto	**62**	**70**	**80**	**90**	**104**
	KG 354 € netto	52	59	67	75	88
45	**Deckendämmung, GF+PIR 50**					
	Deckendämmung; Mehrschichtplatten Polyurethan, WLS 024, GF-Platten; 50mm; Unterseite kleben, punktuell befestigen; Stahlbetondecke					
	m² € brutto	**95**	**108**	**120**	**138**	**151**
	KG 354 € netto	80	91	101	116	127
46	**Deckendämmung, GF+PIR 70**					
	Deckendämmung; Mehrschichtplatten Polyurethan, WLS 024, GF-Platten; 70mm; auf Unterseite; Stahlbetondecke					
	m² € brutto	**105**	**122**	**134**	**154**	**167**
	KG 354 € netto	89	102	112	129	140
47	**Deckendämmung, GF+PIR 90**					
	Deckendämmung; Mehrschichtplatten Polyurethan, WLS 024, GF-Platten; 90mm; auf Unterseite; Stahlbetondecke					
	m² € brutto	**130**	**144**	**166**	**186**	**204**
	KG 354 € netto	109	121	140	156	172

LB 313 | **Preise €**

Nr.	Kurztext / Stichworte Einheit / Kostengruppe		▶	▷	brutto ø netto ø	◁	◀
48	**Deckendämmung, PIR 60, Vlies** Deckendämmung; Polyurethanplatten, Vliesoberfläche, WLG 025, GF-Platten; 60mm; auf Unterseite; Stahlbetondecke						
	m²	**€ brutto**	**66**	**74**	**84**	**96**	**100**
	KG 354	€ netto	56	63	70	81	84
49	**Deckendämmung, PIR 100, Vlies** Deckendämmung nachträglich; Polyurethanplatten, Vliesoberfläche, WLG 025, GF-Platten; 100mm; auf Unterseite; Stahlbetondecke						
	m²	**€ brutto**	**71**	**80**	**91**	**104**	**110**
	KG 354	€ netto	60	67	76	88	92
50	**Wanddämmung, Mineralplatten 10mm** Wanddämmung; Mineralplatten, WLG 045; 10mm, Dichte 115kg/m³; Betonwand, innen						
	m²	**€ brutto**	**45**	**50**	**56**	**63**	**74**
	KG 336	€ netto	37	42	47	53	62
51	**Wanddämmung, Mineralplatten 30mm** Wanddämmung; Mineralplatten, WLG 045; 30mm, Dichte 115kg/m³; Betonwand, innen						
	m²	**€ brutto**	**61**	**71**	**79**	**91**	**104**
	KG 336	€ netto	51	59	67	76	88
52	**Wanddämmung, Mineralplatten 80mm** Wanddämmung; Mineralplatten, WLG 045; 80mm, Dichte 115kg/m³; Betonwand, innen						
	m²	**€ brutto**	**75**	**84**	**94**	**109**	**125**
	KG 336	€ netto	63	71	79	91	105
53	**Wanddämmung, Mineralplatten 100mm** Wanddämmung; Mineralplatten, WLG 045; 100mm, Dichte 115kg/m³; Betonwand, innen						
	m²	**€ brutto**	**77**	**86**	**97**	**112**	**127**
	KG 336	€ netto	64	73	82	94	107
54	**Laibungen, Mineralplatten** Laibungen dämmen; Mineralfaserplatten; Dicke 20mm, Tiefe bis 250mm; Fenster, Türen						
	m	**€ brutto**	**34**	**41**	**46**	**53**	**62**
	KG 336	€ netto	29	34	39	44	52
55	**Wanddämmung, Gipsplatte-Bekleidung, 80mm** Wanddämmung; GK-Bekleidung, Mineralwolle, WLS 032, Dampfsperre; GK 12,5mm, MW Dicke 80mm; Metallprofile						
	m²	**€ brutto**	**67**	**75**	**85**	**96**	**112**
	KG 336	€ netto	56	63	71	81	94

Kosten: Stand 3.Quartal 2025, Bundesdurchschnitt

LB 313						Preise €
Nr.	**Kurztext** / Stichworte **Einheit** / Kostengruppe		►	▷	**brutto ø** netto ø	◁	◄

Nr.	Kurztext / Einheit		►	▷	ø	◁	◄
56	**Wanddämmung, Gipsplatte-Bekleidung, 100mm** Wanddämmung; GK-Bekleidung, Mineralwolle, WLS 032, Dampfsperre; GK 12,5mm, MW Dicke 100mm; Metallprofile						
	m²	**€ brutto**	**71**	**80**	**88**	**102**	**117**
	KG 336	€ netto	59	68	74	85	98
57	**Wanddämmung, WD-Putzsystem, 50mm** Wärmedämmputzsystem; Unterputz, Kratzputz, WLG 070; Gesamtdicke 50mm; Spritzputz voll deckend, abgezogen; Innenflächen Außenwand, Beton						
	m²	**€ brutto**	**83**	**93**	**105**	**119**	**136**
	KG 336	€ netto	69	78	88	100	114
58	**Wanddämmung, WD-Putzsystem, 75mm** Wärmedämmputzsystem; Spritzputz, Dämmputz, WLG 070, Kratzputz; Gesamtdicke 75mm; Spritzputz voll deckend, abgezogen; Innenflächen Außenwand, Beton						
	m²	**€ brutto**	**93**	**107**	**118**	**136**	**153**
	KG 336	€ netto	78	90	99	114	129
59	**Laibungen, WD-Putz 50mm** Wärmedämmputzsystem; Unterputz, Kratzputz; Gesamtdicke 50mm, Tiefe bis 250mm; Laibungen, innen						
	m	**€ brutto**	**36**	**41**	**44**	**53**	**58**
	KG 336	€ netto	30	34	37	45	48
60	**Laibungen, WD-Putz 75mm** Wärmedämmputzsystem; Unterputz, Kratzputz; Gesamtdicke 75mm, Tiefe bis 250mm; Laibungen, innen						
	m	**€ brutto**	**47**	**52**	**57**	**68**	**76**
	KG 336	€ netto	39	44	48	57	64
61	**Dachbodendämmung, MW 035, 100mm** Dachbodendämmung nachträglich; Mineralwolle-Dämmplatten, WLG 035, A1; 100mm; Massivdecke						
	m²	**€ brutto**	**24**	**27**	**32**	**35**	**43**
	KG 363	€ netto	20	23	27	30	36
62	**Dachbodendämmung, MW 035, 200mm** Dachbodendämmung nachträglich; Mineralwolle-Dämmplatten, WLG 035, A1; 200mm; zweilagig, versetzt verlegt; Massivdecke						
	m²	**€ brutto**	**47**	**53**	**59**	**69**	**77**
	KG 363	€ netto	39	44	49	58	65

Nr.	Kurztext / Stichworte Einheit / Kostengruppe	►	▷	brutto ø netto ø	◁	◄
63	**Dachbodendämmung, MW 035, 100mm, kaschiert** Dachbodendämmung nachträglich; Mineralwolle, kaschierte Oberfläche aus fadenverstärktem Glasvlies, WLG 035, A1; 100mm; Unterlage begehbarer Platten; Massivdecke					
	m² € brutto	**56**	**65**	**71**	**83**	**93**
	KG 363 € netto	47	55	60	70	78
64	**Dachbodendämmung, MW 035, 200mm, kaschiert** Dachbodendämmung nachträglich; Mineralwolle, kaschierte Oberfläche aus fadenverstärktem Glasvlies, WLG 035, A1; Dicke 200mm; als Unterlage begehbarer Platten; Massivdecke					
	m² € brutto	**100**	**113**	**122**	**146**	**157**
	KG 363 € netto	84	95	102	123	132
65	**Dachbodendämmung, WF 045, 80mm** Dachbodendämmung nachträglich; Holzweichfaserelement, WLG 045, B2; 80mm; Massivdecke					
	m² € brutto	**50**	**57**	**64**	**74**	**83**
	KG 363 € netto	42	47	53	62	70
66	**Dachbodendämmung, EPS 040, 180mm** Dachbodendämmung nachträglich; Polystyrol-Hartschaum, expandiert, WLG 040; 180mm; Massivdecke					
	m² € brutto	**38**	**43**	**48**	**55**	**63**
	KG 363 € netto	32	36	40	46	53
67	**Dachbodendämmung, PUR 024, 80mm, kaschiert** Dachbodendämmung nachträglich; Polyurethan-Hartschaum, aluminiumkaschiert, WLS 024; 80mm; einlagig, NF-System; Massivdecke					
	m² € brutto	**71**	**81**	**92**	**104**	**120**
	KG 363 € netto	60	68	77	87	101
68	**Dachbodendämmung, MW 040, 180mm, Spanplatte** Dachbodendämmung nachträglich; begehbare Verbundelemente, Mineralwolle mit Spanplattenoberfläche, WLG 040; Elementdicke 199mm; einlagig, Stöße verleimt; Massivdecke					
	m² € brutto	**102**	**117**	**131**	**149**	**170**
	KG 363 € netto	86	98	110	126	143
69	**Dachbodendämmung, EPS 040, 80mm, Spanplatte** Dachbodendämmung nachträglich; Verbundelemente Polystyrol-Hartschaum, expandiert, mit Spanplatte, WLG 040; Elementdicke 99mm; NF-System; Massivdecke					
	m² € brutto	**67**	**75**	**85**	**96**	**111**
	KG 363 € netto	56	63	72	81	93

Kosten: Stand 3.Quartal 2025, Bundesdurchschnitt

LB 313 **Preise €**

Nr.	Kurztext / Stichworte Einheit / Kostengruppe		►	▷	brutto ø netto ø	◁	◄
70	**Dachbodendämmung, EPS 035, 100mm, Spanplatte** Dachbodendämmung nachträglich; Verbundelemente Polystyrol-Hartschaum, expandiert, mit Spanplatte, WLG 035; Elementdicke 119mm; einlagig, NF-System; Massivdecke						
	m²	**€ brutto**	**74**	**84**	**95**	**107**	**124**
	KG 363	€ netto	62	71	80	90	104
71	**Dachbodendämmung, EPS 032, 200mm, Spanplatte** Dachbodendämmung nachträglich; Verbundelemente Polystyrol-Hartschaum, expandiert, mit Spanplatte, WLS 032; Elementdicke 119mm; NF-System; Massivdecke						
	m²	**€ brutto**	**90**	**102**	**116**	**131**	**143**
	KG 363	€ netto	76	86	97	110	121
72	**Dachbodendämmung, EPS 032, 240mm, Spanplatte** Dachbodendämmung nachträglich; Verbundelemente Polystyrol-Hartschaum, expandiert, mit Spanplatte, WLS 032; Elementdicke 259mm; NF-System; Massivdecke						
	m²	**€ brutto**	**101**	**114**	**128**	**148**	**160**
	KG 363	€ netto	85	96	108	124	135
73	**Dachbodendämmung, EPS 032, 260mm, Spanplatte** Dachbodendämmung nachträglich; Verbundelemente Polystyrol-Hartschaum, expandiert, mit Spanplatte, WLS 032; Elementdicke 279mm; NF-System; Massivdecke						
	m²	**€ brutto**	**107**	**122**	**137**	**159**	**172**
	KG 363	€ netto	90	102	115	133	145
74	**Dachbodendämmung, PUR 024, 80mm, Spanplatte** Dachbodendämmung nachträglich; Verbundelemente Polyurethan-Hartschaum mit Spanplatte und integrierter Dampfsperre, WLS 024, B1; Elementdicke 136mm; NF-System; Massivdecke						
	m²	**€ brutto**	**102**	**118**	**129**	**151**	**162**
	KG 363	€ netto	86	99	109	127	136
75	**Dachbodendämmung, EPS 032,160mm, OSB-Platte** Dachbodendämmung nachträglich; Verbundelemente Polyurethan-Hartschaum mit Spanplatte und integrierter Dampfsperre, WLS 024, B1; Dämmung 160mm; NF-System; Massivdecke						
	m²	**€ brutto**	**86**	**95**	**104**	**122**	**135**
	KG 363	€ netto	72	80	88	103	113
76	**Dachbodendämmung, WF 045, 100mm, OSB-Platte** Dachbodendämmung nachträglich; Verbundelemente Holzweichfaser mit OSB-Platte, WLG 040, B2; Elementdicke 115mm; Massivdecke						
	m²	**€ brutto**	**75**	**84**	**97**	**109**	**124**
	KG 363	€ netto	63	71	82	91	104

LB 313 — **Preise €**

Nr.	Kurztext / Stichworte Einheit / Kostengruppe		▶	▷	brutto ø netto ø	◁	◀
77	**Balkonflächen untersuchen** Balkonflächen untersuchen; abklopfen, Schadstellen markieren						
	m²	**€ brutto**	**5,0**	**6,1**	**7,0**	**7,8**	**9,1**
	KG 395	€ netto	4,2	5,1	5,9	6,6	7,6
78	**Fugendichtmasse entfernen** Fugendichtmasse entfernen; inkl. Hinterfüllmaterial; Breite bis 35mm; reinigen; Bauteilfuge; Bauschutt entsorgen						
	m	**€ brutto**	**16**	**19**	**22**	**24**	**28**
	KG 395	€ netto	13	16	18	20	24
79	**Fugenbänder, komprimiert, entfernen** Fugendichtmasse entfernen; inkl. Hinterfüllmaterial; Breite bis 20mm; reinigen; Bauteilfuge; Bauschutt entsorgen						
	m	**€ brutto**	**6,4**	**7,7**	**8,9**	**10,0**	**11,6**
	KG 395	€ netto	5,4	6,5	7,5	8,4	9,7
80	**Betonflächen reinigen** Betonfläche reinigen; grober Schmutz; Bauschutt entsorgen						
	m²	**€ brutto**	**1,4**	**1,7**	**1,9**	**2,2**	**2,6**
	KG 395	€ netto	1,2	1,4	1,6	1,8	2,2
81	**Fugenflanken säubern** Fugenflanken säubern; mit Trennschleifer; Bauschutt entsorgen						
	m	**€ brutto**	**4,9**	**5,9**	**6,7**	**7,7**	**9,1**
	KG 395	€ netto	4,1	5,0	5,6	6,4	7,6
82	**Fugen aufschneiden** Fugenquerschnitt aufschneiden; Breite 10mm; abdichten mit Dichtmasse						
	m	**€ brutto**	**16**	**20**	**22**	**25**	**30**
	KG 395	€ netto	14	16	19	21	25
83	**Fugen, Kanten als Fase** Fugenausbildung; Schenkellänge mind. 10mm; mit beidseitiger Fase						
	m	**€ brutto**	**6,3**	**7,6**	**8,6**	**9,9**	**11,5**
	KG 395	€ netto	5,3	6,4	7,2	8,3	9,7
84	**Fugenflanken spachteln** Fugenflanken spachteln; Zementmörtel, kunststoffmodifiziert; Tiefe bis 12cm; beidseitig						
	m	**€ brutto**	**18**	**22**	**24**	**28**	**32**
	KG 395	€ netto	15	18	20	23	27
85	**Fugenrand spachteln** Fugenrand spachteln; Zementmörtel, kunststoffmodifiziert; Breite bis 10cm; beidseitig, glätten						
	m	**€ brutto**	**7,4**	**8,9**	**10,2**	**11,5**	**13,8**
	KG 395	€ netto	6,2	7,5	8,6	9,6	11,6

Kosten: Stand 3.Quartal 2025, Bundesdurchschnitt

LB 313						Preise €
Nr.	**Kurztext** / Stichworte			**brutto ø**		
	Einheit / Kostengruppe	►	▷	netto ø	◁	◄
86	**Fugenflanken, Korrosionsschutz**					
	Fugenflanken beschichten; Tiefe 20-30mm; zum Korrosionsschutz					
	m **€ brutto**	**2,3**	**2,6**	**2,9**	**3,3**	**4,0**
	KG 395 € netto	1,9	2,1	2,5	2,8	3,3
87	**Fugen, reprofilieren, Abdichtung, verkleinern**					
	Fugen, reprofilieren; Reparaturmörtel; inkl. Schalung					
	m **€ brutto**	**9,7**	**11,7**	**13,5**	**15,1**	**18,2**
	KG 395 € netto	8,1	9,8	11,3	12,7	15,3
88	**Fugen, verkleinern**					
	Fugen, reprofilieren, Teilflächen; Reparaturmörtel; inkl. Schalung					
	m **€ brutto**	**38**	**46**	**52**	**59**	**70**
	KG 395 € netto	32	39	43	50	59
89	**Fugenflanken vorbereiten**					
	Fugenflanken reinigen; inkl. Untergrund auf Festigkeit prüfen					
	m **€ brutto**	**4,4**	**5,5**	**6,2**	**7,5**	**8,6**
	KG 395 € netto	3,7	4,6	5,2	6,3	7,2
90	**Fugenflanken vorstreichen**					
	Fugenflanken voranstreichen; für Fugenabdichtung					
	m **€ brutto**	**4,7**	**5,7**	**6,5**	**7,3**	**8,8**
	KG 395 € netto	4,0	4,8	5,5	6,1	7,4
91	**Fugen hinterfüllen**					
	Fugen hinterfüllen; Schaumstoff; Breite bis 35mm					
	m **€ brutto**	**4,5**	**5,5**	**6,3**	**7,0**	**8,5**
	KG 395 € netto	3,8	4,6	5,3	5,9	7,1
92	**Fugen, Folie einlegen**					
	Fugenhaftung verhindern; Polyethylenfolie; einlegen					
	m **€ brutto**	**1,9**	**2,3**	**2,6**	**2,9**	**3,5**
	KG 395 € netto	1,6	1,9	2,2	2,5	2,9
93	**Fugenabdichtung, elastisch PUR, 20x10, 1K**					
	Fugenabdichtung elastisch; PUR, einkomponentig; 20x10mm					
	m **€ brutto**	**15**	**18**	**20**	**22**	**26**
	KG 395 € netto	12	15	17	19	22
94	**Fugenabdichtung, elastisch PUR, 20x10, 2K**					
	Fugenabdichtung elastisch; PUR, zweikomponentig; 20x10mm					
	m **€ brutto**	**16**	**21**	**23**	**27**	**31**
	KG 395 € netto	14	17	19	22	26
95	**Fugenabdichtung, elastisch PUR, 35x15, 2K**					
	Fugenabdichtung elastisch; PUR, zweikomponentig; 35x15mm					
	m **€ brutto**	**22**	**27**	**30**	**35**	**41**
	KG 395 € netto	19	23	26	29	34

LB 313						Preise €
Nr.	Kurztext / Stichworte Einheit / Kostengruppe	►	▷	brutto ø netto ø	◁	◄
96	**Fugenabdichtung, Komprimierband, 20mm** Fugenabdichtung; Komprimierband; Breite bis 20mm					
	m **€ brutto**	**33**	**40**	**44**	**52**	**60**
	KG 395 € netto	28	34	37	43	51
97	**Fugenabdichtung abdecken, Alu, 30x50mm** Fugenabdeckung; Aluminiumhohlprofil, eloxiert; Fugenbreite 30mm, Abdeckung 50mm; inkl. Unterkonstruktion mit Haltern					
	m **€ brutto**	**44**	**54**	**61**	**69**	**80**
	KG 395 € netto	37	45	51	58	67
98	**Fugenabdichtung abdecken, Alu, 40x70mm** Fugenabdeckung; Aluminiumhohlprofil, eloxiert; Fugenbreite 40mm, Abdeckung 70mm; inkl. Unterkonstruktion mit Haltern					
	m **€ brutto**	**47**	**56**	**65**	**72**	**84**
	KG 395 € netto	39	47	54	61	71
99	**Unterfangung, Fundament** Unterfangung, Ortbeton; Stahlbeton C16/20, XC2/XF1; Höhe bis 1,50m, Breite 1,25m, Dicke bis 0,50m; inkl. Schalung					
	m³ **€ brutto**	**415**	**651**	**746**	**855**	**1.046**
	KG 393 € netto	349	547	627	718	879
100	**Schalung, Fundament, verloren** Schalung, Einzel- und Streifenfundamente; raue Schalung, als verlorene Schalung; Gründungsbereich					
	m² **€ brutto**	**61**	**77**	**85**	**95**	**119**
	KG 322 € netto	51	65	71	79	100
101	**Schalung, Fundament, rau** Schalung, Einzel- und Streifenfundament; raue Schalung; Gründungsbereich					
	m² **€ brutto**	**48**	**68**	**76**	**85**	**108**
	KG 322 € netto	40	57	64	72	91
102	**Fundament, Ortbeton, bewehrt** Fundament, Ortbeton; Stahlbeton C25/30, XC2/XF1; Tiefe bis 1,00m					
	m³ **€ brutto**	**252**	**304**	**329**	**371**	**486**
	KG 322 € netto	211	255	276	312	408
103	**Fundament, Ortbeton, unbewehrt** Fundament, Ortbeton; unbewehrter Beton C8/10, X0; als Auffüllbeton					
	m³ **€ brutto**	**221**	**265**	**280**	**307**	**381**
	KG 322 € netto	185	222	235	258	320
104	**Trennlage, PE-Folie** Trennlage; PE-Folie; Dicke 0,2mm; Stoßüberlappung 15cm					
	m² **€ brutto**	**2,3**	**3,7**	**4,5**	**5,8**	**8,7**
	KG 325 € netto	1,9	3,1	3,8	4,9	7,3

Kosten: Stand 3.Quartal 2025, Bundesdurchschnitt

LB 313 **Preise €**

Nr.	Kurztext / Stichworte Einheit / Kostengruppe		►	▷	brutto ø netto ø	◁	◄
105	**Bodenplatte, Stahlbeton C25/30, bis 35cm** Bodenplatte, Ortbeton; Stahlbeton C25/30, XD1/XF1; Dicke 14-35cm						
	m³	**€ brutto**	**223**	**286**	**315**	**350**	**426**
	KG 322	€ netto	188	241	265	294	358
106	**Wand, Stahlbeton C25/30, bis 30cm, Schalung** Wand, Ortbeton; Stahlbeton C25/30, XC3/XF1; Dicke 30cm, Höhe bis 3,00m; nicht sichtbar; inkl. raue Schalung						
	m²	**€ brutto**	**238**	**251**	**258**	**267**	**281**
	KG 331	€ netto	200	211	217	224	236
107	**Decke, Beton C25/30, bis 24cm, Schalung** Decke, Ortbeton; Stahlbeton C25/30, XC1; Dicke 18-24cm; inkl. Schalung						
	m²	**€ brutto**	**124**	**148**	**163**	**181**	**221**
	KG 351	€ netto	104	124	137	152	186
108	**Decke, Ortbeton, C25/30, bis 35cm, SB2** Decke, Ortbeton; Stahlbeton C25/30, XC1, WO; Dicke bis 35cm; Sichtbetonklasse SB2						
	m³	**€ brutto**	**216**	**258**	**276**	**292**	**337**
	KG 351	€ netto	182	217	232	245	283
109	**Betonstahlmatten, B500A/B500B** Betonstahlmatten; B500A/B500B; inkl. Schneiden und Abstandssicherung						
	t	**€ brutto**	**2.200**	**3.071**	**3.506**	**3.831**	**4.734**
	KG 351	€ netto	1.849	2.580	2.946	3.219	3.979
110	**Betonstabstahl, B500B** Betonstabstahl; B500B; inkl. Nebenarbeiten						
	t	**€ brutto**	**2.602**	**3.239**	**3.794**	**4.422**	**5.776**
	KG 351	€ netto	2.187	2.722	3.189	3.716	4.854
111	**Kleineisenteile, Baustahl S235JR** Kleineisenteile; Baustahl, S235JR; bis 30kg						
	kg	**€ brutto**	**5,8**	**11,2**	**14,0**	**16,6**	**23,4**
	KG 351	€ netto	4,9	9,4	11,7	13,9	19,6
112	**Stundensatz, Facharbeiter/-in** Stundenlohnarbeiten für Vorarbeiter/-in, Facharbeiter/-in und Gleichgestellte; Betonbau						
	h	**€ brutto**	**84**	**90**	**94**	**95**	**98**
		€ netto	71	76	79	80	82

LB 314						Preise €
Nr.	**Kurztext** / Stichworte **Einheit** / Kostengruppe	▶	▷	**brutto ø** netto ø	◁	◀
1	**Natursteinbelag abbrechen, Mörtelbett** Plattenbelag, abbrechen; Naturwerkstein; Dicke 6cm; Im Mörtelbett; Bauschutt entsorgen					
	m² **€ brutto**	**21**	**34**	**37**	**46**	**65**
	KG 394 € netto	17	29	31	39	54
2	**Natursteinbelag abbrechen, Unterbeton** Plattenbelag, abbrechen; Naturwerkstein; Dicke 15cm; Im Mörtelbett; Bauschutt entsorgen					
	m² **€ brutto**	**44**	**64**	**72**	**90**	**97**
	KG 394 € netto	37	54	61	76	81
3	**Natursteinbelag aufnehmen, lagern** Plattenbelag aufnehmen; Naturwerkstein; reinigen, zur Wiederverwendung; lagern					
	m² **€ brutto**	**51**	**61**	**69**	**87**	**92**
	KG 395 € netto	43	51	58	73	78
4	**Naturstein-Treppenbelag abbrechen** Plattenbelag, abbrechen; Naturwerkstein; Dicke 6cm, Breite bis 1,30m; Im Mörtelbett; Treppe; Bauschutt entsorgen					
	m **€ brutto**	**43**	**52**	**59**	**73**	**77**
	KG 394 € netto	36	44	49	62	65
5	**Trittstufe abbrechen, Naturstein** Trittstufe abbrechen; Naturwerkstein; Tiefe bis 30cm, Breite bis 1,30m; Auflagerfläche reinigen; Bauschutt entsorgen					
	St **€ brutto**	**100**	**123**	**136**	**166**	**175**
	KG 394 € netto	84	103	115	140	147
6	**Sockelleiste ausbauen/lagern, Naturwerkstein** Sockelleisten ausbauen; Naturwerkstein; Mörtelreste entfernen, reinigen, zur Wiederverwendung lagern					
	m **€ brutto**	**15**	**18**	**20**	**24**	**26**
	KG 394 € netto	12	15	17	21	22
7	**Sockelleiste abbrechen, Naturwerkstein** Sockelleisten entfernen; Naturwerkstein; Bauschutt entsorgen					
	m **€ brutto**	**11**	**13**	**15**	**19**	**20**
	KG 394 € netto	8,8	11,1	12,3	16,0	16,5
8	**Natursteinbekleidung abbrechen** Fassadenbekleidung abbrechen; Natursteinplatten; Dicke bis 50mm; Fassade; Bauschutt entsorgen					
	m² **€ brutto**	**56**	**71**	**80**	**99**	**103**
	KG 394 € netto	47	59	67	83	87

Kosten: Stand 3.Quartal 2025, Bundesdurchschnitt

LB 314 **Preise €**

Nr.	Kurztext / Stichworte Einheit / Kostengruppe		►	▷	brutto ø netto ø	◁	◄
9	**Fensterbank abbrechen, Naturstein außen** Fensterbank abbrechen, außen; Naturwerkstein; Dicke 3cm, Breite bis 30cm; Auflagerfläche neu vorbereiten; Bauschutt entsorgen						
	m	**€ brutto**	**33**	**41**	**44**	**55**	**57**
	KG 394	€ netto	27	34	37	46	48
10	**Fensterbank abbrechen, Naturstein, innen** Fensterbank abbrechen, innen; Naturwerkstein; Auflagerfläche neu vorbereiten; Bauschutt entsorgen						
	St	**€ brutto**	**22**	**37**	**43**	**51**	**65**
	KG 394	€ netto	18	31	36	43	55
11	**Natursteinblockstufen, ausbauen/lagern** Blockstufe ausbauen; Naturwerkstein; Mörtelreste entfernen, reinigen, zur Wiederverwendung lagern						
	St	**€ brutto**	**78**	**93**	**109**	**134**	**141**
	KG 394	€ netto	65	78	92	113	119
12	**Betonwerksteinplatten abbrechen** Plattenbelag ausbauen; Betonwerkstein; bis 50x50x5cm; in Sand/-Splittbett; Bauschutt entsorgen						
	m²	**€ brutto**	**23**	**28**	**33**	**41**	**42**
	KG 394	€ netto	19	24	28	34	36
13	**Betonwerksteinbelag abbrechen** Bodenplatten mit Mörtelbett abbrechen; Betonwerkstein; Dicke bis 12cm; inkl. Estrich, Untergrund reinigen; Bauschutt entsorgen						
	m²	**€ brutto**	**37**	**58**	**63**	**77**	**80**
	KG 394	€ netto	31	49	53	65	67
14	**Betonwerksteinplatten aufnehmen, lagern** Plattenbelag aufnehmen; Betonwerkstein; 40x40x5cm; in Sandbett, zur Wiederverwendung reinigen; lagern						
	m²	**€ brutto**	**22**	**34**	**40**	**48**	**50**
	KG 394	€ netto	18	29	34	41	42
15	**Sockelbekleidung abbrechen, Betonwerkstein** Sockelbekleidung im Mörtelbett abbrechen; Betonwerkstein; Dicke bis 6cm; Untergrund reinigen; Bauschutt entsorgen						
	m²	**€ brutto**	**129**	**155**	**174**	**219**	**223**
	KG 394	€ netto	108	130	146	184	187
16	**Treppenbelag abbrechen, Betonwerkstein** Treppenbelag im Mörtelbett abbrechen; Betonwerkstein; Dicke bis 8cm, Stg 17,5x28cm; Untergrund reinigen; Bauschutt entsorgen						
	m	**€ brutto**	**75**	**91**	**103**	**128**	**135**
	KG 394	€ netto	63	76	87	107	113

LB 314 **Preise €**

Nr.	Kurztext / Stichworte Einheit / Kostengruppe		►	▷	brutto ø netto ø	◁	◄
17	**Außenbelag, Naturstein, kleinteiliges Pflaster** Pflasterdecke, Naturstein; GKL 1, trittsicher; 50x50x50mm, Fugenbreite 10mm; in Mörtel, in Reihen verlegen, Fugen verfüllen; Gehweg						
	m²	**€ brutto**	**208**	**269**	**292**	**336**	**409**
	KG 531	€ netto	175	226	246	282	343
18	**Terrassenbelag aufnehmen, Betonwerksein** Terrassenbelag aufnehmen; Betonwerkstein; 40x40cm/40x80cm, Dicke 5cm; in Splittbett, reinigen; lagern						
	m²	**€ brutto**	**27**	**40**	**46**	**56**	**58**
	KG 394	€ netto	23	34	39	47	49
19	**Podestbelag abbrechen, Betonwerkstein** Podestplatte im Mörtelbett abbrechen; Betonwerkstein; Dicke 5cm; Untergrund reinigen; Bauschutt entsorgen						
	m²	**€ brutto**	**42**	**51**	**58**	**72**	**76**
	KG 394	€ netto	35	43	48	60	64
20	**Fensterbank abbrechen, Betonwerkstein, innen** Fensterbank abbrechen, innen; Betonwerkstein; Bauschutt entsorgen						
	m	**€ brutto**	**27**	**31**	**37**	**43**	**44**
	KG 394	€ netto	22	26	31	36	37
21	**Naturwerksteinbelag reinigen** Plattenbelag reinigen; Naturwerkstein; Wachs- und Schmutzschichten entfernen						
	m²	**€ brutto**	**17**	**20**	**23**	**29**	**30**
	KG 395	€ netto	14	17	19	24	25
22	**Naturwerksteinflächen ausbessern** Naturwerksteinfläche ausbessern; Sandstein; mit Restaurationsgrund unterlegen						
	m²	**€ brutto**	**46**	**57**	**61**	**77**	**81**
	KG 395	€ netto	39	48	51	64	68
23	**Naturwerksteinoberflächen schleifen** Naturwerksteinfläche nacharbeiten; ausgebesserte Stelle schleifen und angleichen						
	m²	**€ brutto**	**84**	**96**	**115**	**141**	**152**
	KG 395	€ netto	70	81	96	119	127
24	**Naturwerksteinflächen festigen** Naturwerksteinflächen festigen; Kieselsäureester						
	m²	**€ brutto**	**21**	**25**	**29**	**36**	**39**
	KG 395	€ netto	18	21	25	31	32

LB 314							Preise €
Nr.	**Kurztext** / Stichworte				**brutto ø**		
	Einheit / Kostengruppe		▶	▷	netto ø	◁	◀
25	**Sandsteinoberfläche scharrieren**						
	Naturwerksteinoberfläche; Sandstein; scharrieren, an Bestandsfläche anpassen						
	m²	**€ brutto**	**150**	**183**	**206**	**256**	**274**
	KG 395	€ netto	126	154	173	215	230
26	**Betonwerkstein schleifen**						
	Betonwerkstein glätten; schleifen						
	m²	**€ brutto**	**41**	**50**	**57**	**71**	**76**
	KG 395	€ netto	35	42	48	60	64
27	**Außenbelag, Betonwerksteinplatten**						
	Plattenbelag, Betonwerkstein; trittsicher; 300x300mm; in Splitt/Stelzlager, Fuge offen/Splitt gefüllt; Außenbereich						
	m²	**€ brutto**	**115**	**142**	**157**	**172**	**199**
	KG 530	€ netto	97	120	132	144	168
28	**Außenbelag, Naturwerksteinpflaster**						
	Pflasterdecke, Naturwerkstein; trittsicher rau; 160x160-220mm, Dicke 160mm, Fugenbreite 15mm; in Splittbett in Reihen verlegen; Parkplätze/Kraftfahrzeug-Nutzung						
	m²	**€ brutto**	**161**	**201**	**232**	**246**	**273**
	KG 530	€ netto	135	169	195	207	229
29	**Außenbelag, Pflasterstreifen**						
	Pflasterstreifen, Naturwerkstein; trittsicher rau; 160x160-220mm, Dicke 160mm, Fugenbreite 20mm; als Randstreifen in Beton						
	m	**€ brutto**	**64**	**75**	**77**	**80**	**88**
	KG 530	€ netto	54	63	65	67	74
30	**Mauerabdeckung, Naturwerksteinplatten**						
	Mauerabdeckung, Naturwerksteinplatte; sägerau/geschliffen/poliert; Plattendicke 30mm; mit Tropfkante; außen; inkl. Verfugung, Toleranzausgleich						
	m	**€ brutto**	**178**	**205**	**218**	**231**	**269**
	KG 543	€ netto	149	173	183	194	226
31	**Fensterbank, Betonwerkstein, innen**						
	Fensterbank, Betonwerkstein, innen; geschliffen/poliert; Breite 250mm, Dicke 50mm; Im Mörtelbett; innen; inkl. Toleranzausgleich						
	m	**€ brutto**	**71**	**95**	**100**	**117**	**147**
	KG 334	€ netto	60	80	84	98	124
32	**Treppe, Blockstufe, Naturwerkstein**						
	Blockstufe, Naturwerkstein; scharfkantig/gefast; 1.200x350mm, Höhe 160mm; Im Mörtelbett; Außenbereich, Stahlbetonuntergrund						
	m	**€ brutto**	**224**	**287**	**319**	**370**	**487**
	KG 544	€ netto	188	241	268	311	409

LB 314							Preise €
Nr.	Kurztext / Stichworte Einheit / Kostengruppe ►		▷	brutto ø netto ø		◁	◄
33	**Treppe, Blockstufe, Betonwerkstein** Blockstufe, Betonwerkstein; Oberfläche gescheibt, rutschsicher R11; 1.200x350mm, Höhe 160mm; Im Mörtelbett; Außenbereich, Stahlbetonuntergrund						
	m	**€ brutto**	**218**	**262**	**288**	**309**	**352**
	KG 544	€ netto	183	220	242	260	296
34	**Treppe, Winkelstufe, Naturwerkstein, 1,00m** Winkelstufe; Naturwerkstein/Betonwerkstein R11; 1.000x290x175mm, Dicke 40mm; Im Mörtelbett; Außen-/Innenbereich						
	St	**€ brutto**	**263**	**289**	**303**	**315**	**348**
	KG 544	€ netto	221	243	255	265	293
35	**Treppenbelag, Naturwerkstein, Tritt-/Setzstufe** Tritt-/Setzstufe; Naturwerkstein, R11, scharfkantig/gefast; 1.000x290x175mm; Im Mörtelbett						
	m	**€ brutto**	**181**	**214**	**237**	**243**	**300**
	KG 353	€ netto	152	180	199	204	252
36	**Aufmerksamkeitsstreifen, Stufenkante** Aufmerksamkeitsstreifen; Kunststoffrippen, Polyurethan; auf Natursteinbelag geklebt; Treppen; Kontrast zum Belag						
	m	**€ brutto**	**–**	**91**	**101**	**127**	**–**
	KG 353	€ netto	–	76	85	107	–
37	**Sockel, Naturwerksteinplatten** Sockelleiste, Naturwerkstein; geschliffen; Dicke bis15mm, Querschnitt 80x15mm; in Dünnbettmörtel; Innenbereich						
	m	**€ brutto**	**40**	**45**	**48**	**54**	**63**
	KG 353	€ netto	33	38	41	45	53
38	**Innenbelag, Naturwerkstein** Bodenbelag, Naturwerksteinplatten; Naturstein; 400x150mm, Dicke 15-20mm; im Mörtelbett, inkl. verfugen; Innenbereich						
	m²	**€ brutto**	**248**	**308**	**337**	**370**	**432**
	KG 353	€ netto	208	259	283	311	363
39	**Innenbelag, Betonwerkstein** Bodenbelag, Betonwerksteinplatten; naturgrau; im Mörtelbett, inkl. verfugen; Innenbereich						
	m²	**€ brutto**	**133**	**154**	**163**	**206**	**265**
	KG 353	€ netto	112	129	137	173	223
40	**Oberfläche, laserstrukturiert, Mehrpreis** Oberflächenstruktur; Naturstein; R10; gelasert ,R10						
	m²	**€ brutto**	**–**	**60**	**74**	**93**	**–**
	KG 353	€ netto	–	50	62	78	–

Kosten: Stand 3.Quartal 2025, Bundesdurchschnitt

LB 314						**Preise €**
Nr.	**Kurztext** / Stichworte **Einheit** / Kostengruppe		►	▷	**brutto ø** netto ø	◁	◄

Nr.	Kurztext / Stichworte / Einheit / Kostengruppe		►	▷	ø	◁	◄
41	**Ausklinkung, Plattenbelag** Ausklinkung Plattenbelag; Naturstein/Betonwerkstein; Boden-/Wand-belag						
	St	**€ brutto**	**24**	**29**	**31**	**32**	**36**
	KG 353	€ netto	20	24	26	27	30
42	**Schrägschnitte, Plattenbelag** Schrägschnitt, Natursteinplatten; Natursteinplatten; Boden-/Wandbelag						
	m	**€ brutto**	**33**	**37**	**37**	**40**	**44**
	KG 353	€ netto	27	31	31	33	37
43	**Fries, Plattenbelag** Friesplatte, Naturstein; rutschhemmend , scharfkantig/gefast; Breite 280mm, Länge 500mm, Dicke 20mm; Dünnbettmörtel; innen; inkl. Verfugung						
	m	**€ brutto**	**53**	**101**	**102**	**107**	**140**
	KG 353	€ netto	45	85	86	90	118
44	**Trenn-/Anschlagschiene, Messing** Trennschiene; Messing; 40x40x4mm; unter Bodenbelag, innen; inkl. Toleranzausgleich						
	m	**€ brutto**	**33**	**43**	**49**	**53**	**71**
	KG 353	€ netto	28	37	41	44	59
45	**Fugenabdichtung, elastisch, Silikon** Fugenabdichtung, elastisch; Silikon; Fugenhohlraum verfüllen, glätten; inkl. Flankenvorbehandlung						
	m	**€ brutto**	**9,7**	**12,5**	**13,5**	**15,7**	**21,4**
	KG 353	€ netto	8,2	10,5	11,4	13,2	18,0
46	**Trittschalldämmung, Randstreifen, MW** Trittschalldämmung; Mineralwolle; 25mm						
	m²	**€ brutto**	**20**	**24**	**25**	**26**	**30**
	KG 353	€ netto	17	20	21	22	25
47	**Erstreinigung, Bodenbelag** Erstreinigung und Erstpflege, Bodenbelag; Naturstein, R9/R11						
	m²	**€ brutto**	**6,1**	**10,8**	**14,0**	**15,0**	**17,6**
	KG 353	€ netto	5,1	9,1	11,7	12,6	14,8
48	**Stundensatz, Facharbeiter/-in** Stundenlohnarbeiten für Vorarbeiter/-in, Facharbeiter/-in und Gleich-gestellte; Naturwerkstein-, Betonwerksteinarbeiten						
	h	**€ brutto**	**80**	**92**	**99**	**103**	**111**
		€ netto	68	78	83	87	93

LB 314 **Preise €**

Nr.	Kurztext / Stichworte Einheit / Kostengruppe	►	▷	brutto ø netto ø	◁	◄
49	**Stundensatz, Helfer/-in** Stundenlohnarbeiten für Werker/-in, Helfer/-in und Gleichgestellte; Naturwerkstein-, Betonwerksteinarbeiten					
	h **€ brutto**	**73**	**80**	**82**	**88**	**100**
	€ netto	61	67	69	74	84

316

Zimmer- und Holzbauarbeiten

LB 316							Preise €
Nr.	**Kurztext** / Stichworte **Einheit** / Kostengruppe		►	▷	**brutto ø** netto ø	◁	◄
1	**Schutzabdeckung, armierte Baufolie** Schutzabdeckung; Folie, armiert; an Gerüst						
	m²	**€ brutto**	**7,8**	**10,3**	**10,9**	**11,4**	**15,0**
	KG 397	€ netto	6,5	8,7	9,2	9,6	12,6
2	**Wandbekleidung entfernen, Holz** Wandbekleidung entfernen; Holz; inkl. Befestigung; Bauschutt entsorgen						
	m²	**€ brutto**	**19**	**23**	**26**	**30**	**36**
	KG 394	€ netto	16	20	22	26	30
3	**Deckenbekleidung entfernen, Holz** Deckenbekleidung entfernen; Holz; inkl. Unterkonstruktion; Bauschutt entsorgen						
	m²	**€ brutto**	**20**	**26**	**28**	**38**	**53**
	KG 394	€ netto	17	22	24	32	44
4	**Außenwandbekleidung entfernen, Holz** Wandbekleidung entfernen; Holz; inkl. Unterkonstruktion; außen; Bauschutt entsorgen						
	m²	**€ brutto**	**28**	**32**	**37**	**47**	**50**
	KG 394	€ netto	23	27	31	39	42
5	**Wanddämmung entfernen, MW** Wanddämmung entfernen; Mineralwolle, nicht gefährlich; außen						
	m²	**€ brutto**	**9,9**	**14,1**	**17,0**	**21,2**	**27,6**
	KG 394	€ netto	8,3	11,8	14,3	17,8	23,2
6	**Zwischensparrendämmung entfernen, MW** Zwischensparrendämmung entfernen; Mineralwolle, nicht gefährlich; Dicke bis 100mm						
	m²	**€ brutto**	**7,8**	**11,9**	**14,5**	**14,9**	**19,3**
	KG 394	€ netto	6,6	10,0	12,2	12,5	16,2
7	**Lattentrennwand demontieren** Lattentrennwand demontieren; Holz; Keller/Speicher; Bauschutt entsorgen						
	m²	**€ brutto**	**12**	**22**	**27**	**32**	**47**
	KG 394	€ netto	10	19	23	27	39
8	**Dachflächenfenster entfernen** Dachflächenfenster entfernen; Größe bis 2,00m²; Bauschutt entsorgen						
	St	**€ brutto**	**50**	**105**	**121**	**153**	**226**
	KG 394	€ netto	42	88	101	128	190
9	**Holzständerwand abbauen** Holzständerwand abbauen; ohne Beplankung; Bauschutt entsorgen						
	m²	**€ brutto**	**32**	**37**	**42**	**52**	**56**
	KG 394	€ netto	27	31	35	44	47

Kosten: Stand 3.Quartal 2025, Bundesdurchschnitt

LB 316						**Preise €**
Nr.	**Kurztext** / Stichworte			**brutto ø**		
	Einheit / Kostengruppe		►	▷ netto ø	◁	◄
10	**Holztreppe abbauen** Holztreppe abbauen; Holz; Höhe bis 3,00m, Breite bis 1,20m; inkl. Geländer und Handlauf; Bauschutt entsorgen					
	St	**€ brutto**	**295**	**496**	**595**	**768**	**1.056**
	KG 394	€ netto	248	417	500	646	888
11	**Bodeneinschubtreppe ausbauen** Bodeneinschubtreppe ausbauen; inkl. Deckenklappe und Zarge; Bauschutt entsorgen					
	St	**€ brutto**	**78**	**90**	**102**	**127**	**140**
	KG 394	€ netto	65	75	86	107	117
12	**Holztrittstufe entfernen** Holztrittstufe entfernen; Bauschutt entsorgen					
	m²	**€ brutto**	**33**	**40**	**45**	**57**	**61**
	KG 394	€ netto	28	34	38	48	51
13	**Holzleiter abbauen** Holzleiter abbauen; Dachraum; Bauschutt entsorgen					
	St	**€ brutto**	**19**	**23**	**26**	**31**	**33**
	KG 394	€ netto	16	19	22	26	28
14	**Holzhandlauf entfernen** Holzhandlauf entfernen; inkl. Halterung und Befestigung; Bauschutt entsorgen					
	m	**€ brutto**	**16**	**20**	**24**	**28**	**31**
	KG 394	€ netto	13	17	20	24	26
15	**Holzfußboden entfernen, Bodenbretter** Fußbodenbretter entfernen; Holz; inkl. Sockelleiste; Bauschutt entsorgen					
	m²	**€ brutto**	**13**	**16**	**18**	**23**	**40**
	KG 394	€ netto	11	13	15	19	34
16	**Holzfußboden entfernen, Bretter/Lagerhölzer** Fußbodenbretter auf Lagerhölzern entfernen; Holz; inkl. Sockelleiste; Bauschutt entsorgen					
	m²	**€ brutto**	**15**	**21**	**24**	**30**	**47**
	KG 394	€ netto	12	17	20	25	40
17	**Fußbodenbretter aufnehmen/lagern** Fußbodenbretter aufnehmen, lagern; inkl. entnageln und reinigen					
	m²	**€ brutto**	**16**	**23**	**27**	**33**	**46**
	KG 394	€ netto	14	19	23	28	39
18	**Spanplattenboden ausbauen** Spanplattenboden ausbauen; Dicke bis 25mm; inkl. Untergrund reinigen; Bauschutt entsorgen					
	m²	**€ brutto**	**23**	**31**	**36**	**39**	**47**
	KG 394	€ netto	19	26	30	33	40

LB 316 **Preise €**

Nr.	Kurztext / Stichworte Einheit / Kostengruppe		▶	▷	brutto ø netto ø	◁	◀
19	**Schüttung entfernen, Lagerhölzer** Schüttung entfernen; Höhe bis 7cm; zwischen Lagerhölzern; Bauschutt entsorgen						
	m²	**€ brutto**	**13**	**17**	**20**	**24**	**25**
	KG 394	€ netto	11	14	17	20	21
20	**Schüttung entfernen, Holzbalkendecke** Schüttung entfernen; Höhe bis 15cm; aus Holzbalkendecke; Bauschutt entsorgen						
	m²	**€ brutto**	**15**	**28**	**34**	**41**	**48**
	KG 394	€ netto	12	23	28	34	40
21	**Fehlboden entfernen, Holz** Fehlboden entfernen; Holz; Bauschutt entsorgen						
	m²	**€ brutto**	**22**	**27**	**31**	**38**	**44**
	KG 394	€ netto	19	23	26	32	37
22	**Deckenbalken ausbauen, Holz** Deckenbalken ausbauen; Holz; inkl. Abstützmaßnahmen; Bauschutt entsorgen						
	m	**€ brutto**	**13**	**21**	**24**	**30**	**43**
	KG 394	€ netto	11	17	20	25	36
23	**Unterzug ausbauen, Holz** Unterzug ausbauen; Holz; inkl. Abstützmaßnahmen Bauschutt entsorgen						
	m	**€ brutto**	**19**	**22**	**26**	**32**	**40**
	KG 394	€ netto	16	19	22	27	33
24	**Holzbalkendecke ausbauen** Holzbalkendecke ausbauen; Holz; komplett; inkl. Sicherungsmaßnahmen; Bauschutt entsorgen						
	m²	**€ brutto**	**101**	**114**	**136**	**163**	**186**
	KG 394	€ netto	84	96	114	137	156
25	**Dachstuhlhölzer ausbauen** Dachstuhlhölzer ausbauen; Holz; inkl. Sicherungsmaßnahmen; Bauschutt entsorgen						
	m	**€ brutto**	**14**	**26**	**31**	**38**	**50**
	KG 394	€ netto	12	22	25	32	42
26	**Dachlattung entfernen** Dachlattung entfernen; Weite 320-340mm; Bauschutt entsorgen						
	m²	**€ brutto**	**6,0**	**8,9**	**10,9**	**13,4**	**17,4**
	KG 394	€ netto	5,1	7,5	9,2	11,3	14,6
27	**Dachschalung entfernen** Dachschalung und Dachpappe entfernen; Bauschutt entsorgen						
	m²	**€ brutto**	**13**	**19**	**22**	**23**	**29**
	KG 394	€ netto	11	16	18	19	24

Kosten: Stand 3.Quartal 2025, Bundesdurchschnitt

LB 316 **Preise €**

Nr.	Kurztext / Stichworte Einheit / Kostengruppe		►	▷	brutto ø netto ø	◁	◄
28	**Giebelgesims entfernen** Giebelgesims entfernen; inkl. Ortgangbrett und Blechabdeckung; Bauschutt entsorgen						
	m	**€ brutto**	**12**	**14**	**16**	**20**	**21**
	KG 394	€ netto	10,0	11,9	13,3	16,4	17,5
29	**Sparren aufdoppeln** Sparren aufdoppeln; mit Latte/Bohle; Querschnitt bis 5x14cm						
	m	**€ brutto**	**11**	**18**	**21**	**27**	**35**
	KG 395	€ netto	9,2	15,3	17,6	22,4	29,5
30	**Zwischensparrendämmung, MW 035, 100mm** Zwischensparrendämmung DZ; Mineralwolle, WLG 035, A1; 100mm; einlagig						
	m²	**€ brutto**	**28**	**33**	**38**	**46**	**49**
	KG 363	€ netto	24	27	32	38	41
31	**Zwischensparrendämmung, MW 035, 120mm** Zwischensparrendämmung DZ; Mineralwolle, WLG 035, A1; 120mm; einlagig						
	m²	**€ brutto**	**32**	**36**	**43**	**54**	**59**
	KG 363	€ netto	27	30	36	45	50
32	**Zwischensparrendämmung, MW 035, 140mm** Zwischensparrendämmung DZ; Mineralwolle, WLG 035, A1; 140mm; einlagig						
	m²	**€ brutto**	**38**	**43**	**50**	**62**	**68**
	KG 363	€ netto	32	36	42	52	57
33	**Zwischensparrendämmung, MW 032, 100mm** Zwischensparrendämmung DZ; Mineralwolle, WLS 032, A1; 100mm; einlagig						
	m²	**€ brutto**	**34**	**40**	**48**	**58**	**64**
	KG 363	€ netto	29	34	40	49	54
34	**Zwischensparrendämmung, MW 032, 120mm** Zwischensparrendämmung DZ; Mineralwolle, WLS 032, A1; 120mm; einlagig						
	m²	**€ brutto**	**37**	**43**	**50**	**63**	**68**
	KG 363	€ netto	31	36	42	53	57
35	**Zwischensparrendämmung, MW 032, 140mm** Zwischensparrendämmung DZ; Mineralwolle, WLS 032, A1; 140mm; einlagig						
	m²	**€ brutto**	**42**	**49**	**57**	**71**	**78**
	KG 363	€ netto	35	41	48	60	65

LB 316							Preise €
Nr.	Kurztext / Stichworte Einheit / Kostengruppe		►	▷	brutto ø netto ø	◁	◄
36	**Einblasdämmung, Zellulose 040, bis 140mm** Einblasdämmung; Zellulosefasern, WLG 040, E; bis 140mm; zwischen Sparren						
	m²	€ brutto	21	31	33	37	46
	KG 363	€ netto	18	26	28	31	39
37	**Einblasdämmung, Zellulose 040, bis 240mm** Einblasdämmung; Zellulosefasern, WLG 040, E; bis 240mm; zwischen Sparren						
	m²	€ brutto	38	46	47	49	54
	KG 363	€ netto	32	39	39	41	45
38	**MW-Dämmung, Spitzboden, 160mm** Wärmedämmung einbauen; Mineralwolle, WLG 035, A1; 160mm; nicht begehbar; Spitzboden						
	m²	€ brutto	30	34	39	47	50
	KG 363	€ netto	26	28	32	40	42
39	**MW/Spanplatte, Holzdecke, 240mm** Wärmedämmung/Spanplatte, DAD-dk, einbauen; Mineralwolle, WLG 035, A1; 240mm, Spanplatte 21mm; Holzbalkendecke						
	m²	€ brutto	132	162	172	201	218
	KG 363	€ netto	111	136	145	169	184
40	**MW-Dämmung, Holzbalkendecke, 120mm** Wärmedämmung einbauen; Mineralwolle, WLG 035, A1; 120mm; einbauen; Holzbalkendecke						
	m²	€ brutto	30	36	39	49	52
	KG 363	€ netto	25	30	33	41	44
41	**Bauschnittholz C24, Nadelholz, trocken** Bauschnittholz; Nadelholz C24, S10TS, GKL 2; 6x12cm, Länge bis 8,00m; gehobelt, geschliffen						
	m³	€ brutto	680	809	856	937	1.148
	KG 361	€ netto	572	680	719	788	964
42	**Konstruktionsvollholz KVH®, MH®, Nadelholz, sichtbar** Konstruktionsvollholz; Nadelholz S10, C24; bis 10x30cm und 6,00m Länge; sichtbar						
	m³	€ brutto	888	1.080	1.121	1.263	1.534
	KG 361	€ netto	747	907	942	1.061	1.289
43	**Brettschichtholz, GL24h, Nadelholz, gehobelt** Brettschichtholz; Nadelholz GL24h; Länge 12,00m; Sichtqualität, gehobelt						
	m³	€ brutto	1.083	1.355	1.471	1.601	1.859
	KG 361	€ netto	910	1.139	1.236	1.345	1.562

Kosten: Stand 3.Quartal 2025, Bundesdurchschnitt

LB 316							Preise €
Nr.	**Kurztext** / Stichworte **Einheit** / Kostengruppe		►	▷	**brutto ø** netto ø	◁	◄
44	**Abbinden, Bauschnittholz, Dach** Abbinden und Aufstellen; Bauschnittholz; 8,00m Länge; Dachkonstruktion						
	m	**€ brutto**	**17**	**22**	**24**	**29**	**39**
	KG 361	€ netto	14	18	20	24	32
45	**Abbinden, Konstruktionsvollholz, Decken** Abbinden und Aufstellen; Konstruktionsvollholz; bis 14x24cm und 8,00m Länge; Deckenkonstruktion						
	m	**€ brutto**	**18**	**25**	**29**	**34**	**46**
	KG 361	€ netto	15	21	25	29	39
46	**Abbund, Kehl-/Gratsparren** Abbinden und Aufstellen; Bauschnittholz; bis 16x36cm und 6,00m Länge; Bereich Kehl- und Gratbalken						
	m	**€ brutto**	**16**	**24**	**28**	**33**	**41**
	KG 361	€ netto	13	20	24	27	35
47	**Hobeln, Bauschnittholz** Bauschnittholz hobeln; Maßtoleranzklasse 2						
	m	**€ brutto**	**6,4**	**9,5**	**11,2**	**12,8**	**17,0**
	KG 361	€ netto	5,4	8,0	9,4	10,7	14,3
48	**Schrägschnitte, Bauschnittholz** Bauschnittholz bearbeiten; Schrägschnitt/Profilierung						
	m	**€ brutto**	**6,5**	**10,1**	**11,9**	**13,1**	**17,9**
	KG 361	€ netto	5,4	8,4	10,0	11,0	15,0
49	**Holzschutz, Flächen, farblos** Holzschutz; chemisch, farblos, vorbeugend; Prüfprädikat Iv, P, W						
	m²	**€ brutto**	**4,6**	**8,3**	**9,4**	**12,4**	**17,7**
	KG 361	€ netto	3,9	7,0	7,9	10,4	14,9
50	**Schalung, Nadelholz, gehobelt** Schalung, Nadelholz, S10, einseitig gehobelt; Dicke 24mm, Breite 160mm; genagelt; unter Dachdeckung						
	m²	**€ brutto**	**42**	**59**	**65**	**73**	**91**
	KG 361	€ netto	35	49	55	61	77
51	**Schalung, Rauspund, genagelt** Schalung, Dach; Nadelholz, Rauspund S10; Dicke bis 27mm; genagelt						
	m²	**€ brutto**	**31**	**38**	**41**	**47**	**58**
	KG 363	€ netto	26	32	35	40	49
52	**Schalung, OSB/4, Feuchtebereich** Schalung; OSB 4-Platte, ungeschliffen; Flachpressplatte; Trockenbereich; genagelt						
	m²	**€ brutto**	**34**	**42**	**47**	**50**	**56**
	KG 353	€ netto	29	35	40	42	47

LB 316 **Preise €**

Nr.	Kurztext / Stichworte Einheit / Kostengruppe		►	▷	brutto ø netto ø	◁	◄
53	**Schalung, Sperrholz, Feuchtebereich** Schalung, Wand; Sperrholz, Klasse 0/A; für tragende Zwecke, Holzuntergrund; Feuchtebereich; verschraubt						
	m²	**€ brutto**	**59**	**78**	**87**	**93**	**108**
	KG 364	€ netto	50	65	73	78	91
54	**Schalung, Massivholzplatte** Schalung, Massivholzplatte; SWP/2/SWP/3; Wand; genagelt/verschraubt						
	m²	**€ brutto**	**106**	**121**	**131**	**133**	**142**
	KG 335	€ netto	89	102	110	112	119
55	**Blindboden, Nadelholz, einseitig gehobelt** Schalung, Blindboden; Nadelholz, S10TS, einseitig gehobelt; Dicke 19mm, Breite 100mm; unten sichtbar; zwischen Deckenbalken						
	m²	**€ brutto**	**46**	**57**	**65**	**70**	**82**
	KG 353	€ netto	38	48	55	59	69
56	**Kantholz, Nadelholz, S10** Kantholz; Fichte/Kiefer; 40x120mm; S10, scharfkantig, gehobelt						
	m	**€ brutto**	**8,4**	**12,6**	**16,1**	**17,4**	**19,6**
	KG 335	€ netto	7,1	10,6	13,5	14,7	16,5
57	**Dampfbremse, feuchteadaptiv, sd-variabel** Dampfbremse; Dampfbremsbahn, feuchteadaptiv, Klasse E; Dach						
	m²	**€ brutto**	**14**	**18**	**19**	**22**	**32**
	KG 364	€ netto	12	15	16	19	27
58	**Abdichtungsanschluss verkleben, Dampfbremsbahn** Abdichtungsanschluss verkleben; Dampfbremsbahn						
	m	**€ brutto**	**11**	**13**	**14**	**14**	**16**
	KG 363	€ netto	9,1	10,6	11,6	11,9	13,5
59	**Traglattung, Nadelholz, 30x50, Dachdeckung** Traglattung; Nadelholz, S10, trocken; 30x50mm; Dach						
	m	**€ brutto**	**4,5**	**6,2**	**7,3**	**8,0**	**9,8**
	KG 363	€ netto	3,8	5,2	6,2	6,7	8,2
60	**Traglattung, Nadelholz, 40x60, Dachdeckung** Lattung; Nadelholz, S10, trocken; 40x60mm; Dach						
	m	**€ brutto**	**5,9**	**8,3**	**9,3**	**10,3**	**12,0**
	KG 363	€ netto	4,9	7,0	7,9	8,7	10,1
61	**Dachlattung, Nadelholz, 30x50, Dachdeckung** Dachlattung; Nadelholz, S10, trocken; 30x50mm; sägerau; Dachdeckung						
	m²	**€ brutto**	**8,3**	**10,3**	**10,6**	**12,1**	**14,5**
	KG 363	€ netto	7,0	8,6	8,9	10,1	12,2

Kosten: Stand 3.Quartal 2025, Bundesdurchschnitt

LB 316 **Preise €**

Nr.	Kurztext / Stichworte Einheit / Kostengruppe		►	▷	brutto ø netto ø	◁	◄
62	**Dachlattung, Nadelholz, 40x60, Dachdeckung** Dachlattung; Nadelholz, S10, trocken; 40x60mm; sägerau; Dachdeckung						
	m²	**€ brutto**	**7,2**	**10,9**	**12,3**	**14,1**	**19,8**
	KG 363	€ netto	6,1	9,2	10,3	11,8	16,7
63	**Holztreppe, Wangentreppe** Wangentreppe, Holz; Eiche; Stufen 15St, Stg 175x280mm, Breite 800mm; einläufig						
	St	**€ brutto**	**6.437**	**9.155**	**10.061**	**10.496**	**12.987**
	KG 351	€ netto	5.409	7.693	8.454	8.821	10.913
64	**Holztreppe, Einschubtreppe, gedämmt** Einschubtreppe, Holz; Hartholzstufen; Treppenöffnung 700x1.400mm; zweiteilig, einseitiger Handlauf						
	St	**€ brutto**	**1.174**	**1.400**	**1.527**	**1.684**	**2.167**
	KG 351	€ netto	987	1.176	1.283	1.415	1.821
65	**Windrispenband, 40x2** Windrispenband; 40x2mm; inkl. Befestigungsmaterial; Dach						
	m	**€ brutto**	**4,7**	**7,6**	**8,7**	**9,9**	**13,1**
	KG 361	€ netto	3,9	6,4	7,3	8,3	11,0
66	**Windrispenband, 60x3** Windrispenband; 60x3mm; inkl. Befestigungsmittel; Dach						
	m	**€ brutto**	**9,2**	**12,1**	**12,4**	**13,1**	**14,6**
	KG 361	€ netto	7,7	10,2	10,4	11,0	12,2
67	**Verankerung, Profilanker, Schwelle** Verankerung Holzschwelle; Profilanker; Ankernägel 4x40mm						
	St	**€ brutto**	**8,2**	**12,1**	**13,9**	**17,9**	**23,6**
	KG 361	€ netto	6,9	10,2	11,7	15,0	19,8
68	**Befestigung, Stabdübel, Edelstahl** Kleineisenteile, Befestigungsmittel; Stabdübel, Edelstahl; Durchmesser 12mm; inkl. Bohrung						
	St	**€ brutto**	**19**	**23**	**24**	**24**	**28**
	KG 361	€ netto	16	19	20	20	23
69	**Befestigung, Klebeanker, nichtrostender Stahl** Kleineisenteile, Befestigungsmittel; Klebeanker, nichtrostender Stahl						
	St	**€ brutto**	**22**	**26**	**28**	**29**	**32**
	KG 361	€ netto	19	22	24	25	27
70	**Befestigung, Gewindestange** Kleineisenteile, Befestigungsmittel; Gewindestange, feuerverzinkt; M12; inkl. Bohrung, Unterlegscheiben, Muttern						
	St	**€ brutto**	**6,4**	**9,6**	**11,6**	**12,8**	**16,0**
	KG 361	€ netto	5,4	8,0	9,8	10,8	13,4

LB 316 **Preise €**

Nr.	Kurztext / Stichworte Einheit / Kostengruppe		►	▷	brutto ø netto ø	◁	◄
71	**Stundensatz, Facharbeiter/-in** Stundenlohnarbeiten für Vorarbeiter/-in, Facharbeiter/-in und Gleichgestellte; Holzarbeiten						
	h	**€ brutto**	**79**	**88**	**92**	**99**	**109**
		€ netto	66	74	78	83	91
72	**Stundensatz, Helfer/-in** Stundenlohnarbeiten für Werker/-in, Helfer/-in und Gleichgestellte; Holzarbeiten						
	h	**€ brutto**	**63**	**70**	**75**	**78**	**85**
		€ netto	53	59	63	66	72

317
Stahlbauarbeiten

LB 317 **Preise €**

Nr.	Kurztext / Stichworte Einheit / Kostengruppe		▶	▷	brutto ø netto ø	◁	◀
1	**Abbruch Treppe, Stahl** Abbruch Treppe; Stahl; Stg 16St, Höhe Steigung 17,5, Tiefe 28cm, Breite 100cm, Gewicht bis 5t; Geräteeinsatz möglich, Stoffe nicht schadstoffbelastet, sammeln, laden; innerhalb des Bauwerks						
	St	**€ brutto**	**156**	**221**	**262**	**283**	**337**
	KG 394	€ netto	131	186	220	237	284
2	**Abbruch Handlauf Stahl** Abbruch Handlauf; Stahl; Arbeitshöhe 2,0m; von Hand/mit handgeführten Kleingeräten, Stoffe nicht schadstoffbelastet, sammeln, laden; innerhalb des Bauwerks, alle Geschosse						
	m	**€ brutto**	**8,5**	**13,6**	**15,9**	**18,9**	**25,7**
	KG 394	€ netto	7,1	11,4	13,3	15,9	21,6
3	**Abbruch Stahlkonstruktion Doppel-T-Träger** Abbruch Doppel-T-Träger; Formstahl; Profilhöhe 180mm, Einzellänge über 2,75-3,00m; von Hand/mit Kleingeräten Stoffe nicht schadstoffbelastet, sammeln, laden; innerhalb des Bauwerks						
	St	**€ brutto**	**–**	**54**	**67**	**79**	**–**
	KG 394	€ netto	–	46	56	66	–
4	**Handlauf, Rohrprofil, verzinkt** Handlauf; Stahlrohr, S235JR; Durchmesser 42,4mm, Wanddicke 2,0mm; Wandabstand 50cm						
	m	**€ brutto**	**89**	**117**	**132**	**142**	**165**
	KG 359	€ netto	75	98	111	120	139
5	**Profilstahl-Konstruktion, Profile HEA 160, verzinkt** Stahlträger, HEA, Walzprofil; S235JR, verzinkt; Stahlprofil 30,4kg/m; Deckenkonstruktion; inkl. Kopfplatten, Bohrungen, Verbindungsmittel						
	kg	**€ brutto**	**5,5**	**6,5**	**6,8**	**7,4**	**8,5**
	KG 351	€ netto	4,7	5,4	5,7	6,2	7,1
6	**Profilstahl-Konstruktion, Profile IPE, verzinkt** Stahlträger, IPE, Walzprofil; S235JR, verzinkt; Deckenkonstruktion; inkl. Kopfplatten, Bohrungen, Verbindungsmittel						
	kg	**€ brutto**	**5,1**	**7,2**	**8,0**	**9,5**	**13,0**
	KG 351	€ netto	4,3	6,0	6,7	8,0	10,9
7	**Profilstahl-Konstruktion, Profile UNP/UPE, verzinkt** Stahlträger, Walzprofil U; S235JR; Deckenkonstruktion; inkl. Kopfplatten, Bohrungen, Verschraubungsmittel						
	kg	**€ brutto**	**3,7**	**5,6**	**6,6**	**6,6**	**8,5**
	KG 351	€ netto	3,1	4,7	5,5	5,5	7,2

Kosten: Stand 3.Quartal 2025, Bundesdurchschnitt

LB 317						Preise €
Nr.	**Kurztext** / Stichworte **Einheit** / Kostengruppe		►	▷	**brutto ø** netto ø	◁	◄

Nr.	Einheit		►	▷	ø	◁	◄
8	**Stahlstütze, Rundrohrprofil** Stahlstütze; Stahlrohr, S235 J2, grundiert/beschichtet; Durchmesser 114,3mm, Stahlprofil 15,0kg/m; Deckenkonstruktion; inkl. Kopfplatten, Steifungen, Verbindungsmittel, Bohrungen						
	kg	**€ brutto**	**8,1**	**9,5**	**9,9**	**11,0**	**14,1**
	KG 333	€ netto	6,8	8,0	8,3	9,3	11,8
9	**Fußplatte, Stahlblech** Fußplatte Stahl; S235JR, feuerverzinkt; 2-5kg/St; inkl. Steifungen, Verbindungsmittel, Bohrungen						
	kg	**€ brutto**	**6,2**	**8,3**	**9,2**	**10,1**	**12,1**
	KG 351	€ netto	5,2	7,0	7,7	8,4	10,2
10	**Trapezblechdach, Stahlblech** Dachdeckung, Trapezblech; Stahl 0,88mm; Profil 161,5/250mm; Dachkonstruktion						
	m²	**€ brutto**	**48**	**62**	**65**	**69**	**84**
	KG 363	€ netto	40	52	55	58	70
11	**Trapezblechdach, gewölbt** Dachdeckung, Trapezblech; Stahl 1,0mm; Einbauhöhe bis 6,0m, Profil 135/310 mm; als Einfeldträger; Dachkonstruktion						
	m²	**€ brutto**	**–**	**108**	**120**	**141**	**–**
	KG 363	€ netto	–	90	101	118	–
12	**Trapezblechdach, Randverstärkung, Übergangsblech** Randverstärkung, Trapezblechdach; Stahlblech 0,88mm; Zuschnitt 333, Traufhöhe 6,0m; dreifach gekantet; Dachkonstruktion						
	m	**€ brutto**	**39**	**50**	**55**	**60**	**68**
	KG 363	€ netto	33	42	46	50	57
13	**Trapezblechdach, Dachausschnitt** Dachausschnitt Trapezblechdach; Blech bis 1mm; rechteckig; Dach						
	St	**€ brutto**	**113**	**136**	**155**	**165**	**188**
	KG 363	€ netto	95	114	130	138	158
14	**Bohrungen, Stahl** Bohrung, Stahlblech; Durchmesser 30mm; in Stahlbleche						
	St	**€ brutto**	**13**	**23**	**28**	**34**	**47**
	KG 359	€ netto	11	20	23	28	40
15	**Ramm-/Anfahrschutz** Anfahrschutz; Rundrohr, Stahl S235JR; Höhe 1.000mm, Breite 600mm; nasslackbeschichtet; Außenbereich						
	St	**€ brutto**	**415**	**639**	**754**	**1.061**	**1.504**
	KG 569	€ netto	348	537	633	891	1.264

LB 317							Preise €
Nr.	Kurztext / Stichworte Einheit / Kostengruppe		►	▷	brutto ø netto ø	◁	◄
16	**Gitterroste, verzinkt, rutschhemmend, verankert** Gitterrostbelag; verzinkt; Abmessung 500x1.000mm; rutschhemmend, verankern; Treppenpodestabdeckung						
	m²	**€ brutto**	**131**	**172**	**185**	**214**	**265**
	KG 339	€ netto	110	144	156	180	222
17	**Brandschutzbeschichtung, Stahlbauteile, Decklack** Brandschutzbeschichtung EI 30/EI 60; Decklack; Innenbereich						
	m²	**€ brutto**	**31**	**49**	**53**	**61**	**75**
	KG 333	€ netto	26	41	44	51	63
18	**Stundensatz, Facharbeiter/-in** Stundenlohnarbeiten für Vorarbeiter/-in, Facharbeiter/-in und Gleichgestellte; Stahlbauarbeiten						
	h	**€ brutto**	**87**	**95**	**97**	**100**	**107**
		€ netto	73	79	82	84	90
19	**Stundensatz, Helfer/-in** Stundenlohnarbeiten für Werker/-in, Helfer/-in und Gleichgestellte; Stahlbauarbeiten						
	h	**€ brutto**	**62**	**72**	**78**	**85**	**100**
		€ netto	52	61	65	71	84

LB 318 **Preise €**

Nr.	Kurztext / Stichworte Einheit / Kostengruppe		▶	▷	brutto ø netto ø	◁	◀
1	**Bodenflächen reinigen** Betonboden reinigen; entfernen haftungsmindernde Verunreinigungen und Schichten						
	m²	**€ brutto**	**5,5**	**6,4**	**7,1**	**8,8**	**10,9**
	KG 395	€ netto	4,6	5,4	5,9	7,4	9,2
2	**Bitumenbeschichtung entfernen, Boden** Bitumenbeschichtung Wand entfernen; Rückstände beseitigen; Kelleraußenwand; Bauschutt entsorgen						
	m²	**€ brutto**	**24**	**29**	**36**	**42**	**43**
	KG 394	€ netto	20	25	30	35	36
3	**Bodenabdichtung entfernen, Bitumen, einlagig** Bodenabdichtung abbrechen; Bitumenbahn; Rückstände beseitigen; Bauschutt entsorgen						
	m²	**€ brutto**	**29**	**32**	**39**	**47**	**51**
	KG 394	€ netto	25	27	33	40	42
4	**Bodenabdichtung entfernen, Bitumen, zweilagig** Bodenabdichtung zweilagig, abbrechen; Bitumenbahn; Rückstände beseitigen; Bauschutt entsorgen						
	m²	**€ brutto**	**35**	**38**	**46**	**56**	**61**
	KG 394	€ netto	29	32	39	47	51
5	**Bitumenbeschichtung entfernen, Wand** Wandabdichtung entfernen; Bitumenbeschichtung; Rückstände beseitigen; Kelleraußenwand; Bauschutt entsorgen						
	m²	**€ brutto**	**26**	**31**	**37**	**44**	**45**
	KG 394	€ netto	21	26	31	37	38
6	**Bitumenbahnen entfernen, Wand** Wandabdichtung entfernen; Bitumenbahn; Rückstände beseitigen; Kelleraußenwand; Bauschutt entsorgen						
	m²	**€ brutto**	**30**	**40**	**48**	**55**	**63**
	KG 394	€ netto	25	33	40	47	53
7	**Schutzbahn entfernen, Wand** Schutzbahn entfernen; Kunststoff; Wandfläche, erdberührt						
	m²	**€ brutto**	**20**	**24**	**28**	**34**	**36**
	KG 394	€ netto	17	21	24	29	31
8	**Egalisierung, 5mm, Boden** Untergrund spachteln; Feinspachtel; Dicke bis 5mm						
	m²	**€ brutto**	**30**	**32**	**39**	**45**	**48**
	KG 395	€ netto	25	27	32	38	40

Kosten: Stand 3.Quartal 2025, Bundesdurchschnitt

LB 318 **Preise €**

Nr.	Kurztext / Stichworte Einheit / Kostengruppe		►	▷	brutto ø netto ø	◁	◄
9	**Egalisierung, 10mm, Boden** Untergrund spachteln; Feinspachtel; Dicke bis 10mm						
	m²	**€ brutto**	**32**	**40**	**48**	**59**	**61**
	KG 395	€ netto	27	34	40	49	51
10	**Bodenflächen schleifen** Betonboden reinigen; haftungsmindernde Verunreinigungen; schleifen						
	m²	**€ brutto**	**12**	**13**	**15**	**19**	**20**
	KG 395	€ netto	10	11	13	16	17
11	**Bodenflächen kugelstrahlen** Betonboden reinigen; haftungsmindernde Verunreinigungen; kugelstrahlen						
	m²	**€ brutto**	**12**	**13**	**15**	**18**	**20**
	KG 395	€ netto	10	11	13	16	17
12	**Voranstrich, Bodenabdichtung** Betonboden Voranstrich; Abdichtung						
	m²	**€ brutto**	**7,8**	**10,0**	**11,0**	**13,1**	**14,2**
	KG 325	€ netto	6,6	8,4	9,3	11,0	11,9
13	**Kontaktschicht, Bodenabdichtung** Betonboden Kontaktschicht; kunststoffmodifiziert; für Abdichtung						
	m²	**€ brutto**	**22**	**26**	**28**	**34**	**36**
	KG 325	€ netto	18	21	23	28	30
14	**Verstärkung, Gewebe/Vlies, Bodenfläche** Verstärkung, Bodenfläche; Gewebe/Vlies; Abdichtung; Nasszelle/Balkon						
	St	**€ brutto**	**12**	**14**	**15**	**19**	**21**
	KG 325	€ netto	9,8	11,4	12,9	15,7	17,3
15	**Innenecke, Verstärkung, Gewebe/Vlies** Verstärkung, Ecken/Übergänge; Gewebe/Vlies; Abdichtung; Nasszelle/Balkon						
	St	**€ brutto**	**7,7**	**8,9**	**10,2**	**12,3**	**13,3**
	KG 325	€ netto	6,5	7,5	8,5	10,3	11,2
16	**Innenecke, Verstärkung, Dichtband** Verstärkung, Innenecken; Dichtband; für Abdichtung; Nasszelle/Balkon						
	St	**€ brutto**	**9,0**	**10,0**	**11,8**	**14,1**	**15,4**
	KG 325	€ netto	7,5	8,4	9,9	11,8	12,9
17	**Abdichtung, Bodenplatte, W1.1-E, PMBC** Bodenabdichtung gegen Bodenfeuchte; kunststoffmodifizierte Bitumendickbeschichtung; Schichtdicke 3mm						
	m²	**€ brutto**	**45**	**48**	**51**	**58**	**63**
	KG 325	€ netto	38	41	43	48	53

LB 318							Preise €
Nr.	**Kurztext** / Stichworte				**brutto ø**		
	Einheit / Kostengruppe		►	▷	netto ø	◁	◄
18	**Abdichtung, Bodenplatte, W1.1-E, MDS, starr** Bodenabdichtung gegen Bodenfeuchte; Dichtungsschlämme, mineralisch, starr; Schichtdicke mind. 3mm						
	m²	**€ brutto**	**42**	**44**	**46**	**53**	**58**
	KG 325	€ netto	35	37	39	44	48
19	**Abdichtung, Bodenplatte, W1.1-E, MDS flexibel** Bodenabdichtung gegen Bodenfeuchte; Dichtungsschlämme, mineralisch, flexibel; Schichtdicke mind. 3mm						
	m²	**€ brutto**	**61**	**65**	**68**	**78**	**86**
	KG 325	€ netto	51	55	57	66	72
20	**Abdichtung, Bodenplatte, W1.1-E, PV200 DD** Bodenabdichtung gegen Bodenfeuchte; Bitumenbahn, PV200 DD; einlagig						
	m²	**€ brutto**	**40**	**43**	**45**	**52**	**55**
	KG 325	€ netto	34	36	38	43	47
21	**Abdichtung, Bodenplatte, W1.1-E, PYE G200S4** Bodenabdichtung gegen Bodenfeuchte; Bitumenbahn PYE G200 S4						
	m²	**€ brutto**	**46**	**50**	**53**	**60**	**65**
	KG 325	€ netto	39	42	44	50	55
22	**Abdichtung, Bodenplatte, W1.2-E, PMBC** Bodenabdichtung gegen nichtdrückendes Wasser; kunststoffmodifizierte Bitumendickbeschichtung; Schichtdicke mind. 3mm; mit Gewebeeinlage						
	m²	**€ brutto**	**59**	**63**	**67**	**77**	**83**
	KG 325	€ netto	50	53	56	65	69
23	**Abdichtung, Bodenplatte, W1.2-E, MDS starr** Bodenabdichtung gegen nichtdrückendes Wasser; Dichtschlämme, mineralisch, starr; Schichtdicke mind. 4mm						
	m²	**€ brutto**	**64**	**68**	**71**	**82**	**88**
	KG 325	€ netto	54	57	60	69	74
24	**Abdichtung, Bodenplatte, W1.2-E, MDS flexibel** Bodenabdichtung gegen nichtdrückendes Wasser; Dichtschlämme, mineralisch, flexibel; Schichtdicke mind. 4mm						
	m²	**€ brutto**	**78**	**82**	**87**	**101**	**108**
	KG 325	€ netto	65	69	73	85	91
25	**Wandflächen reinigen, lose Bestandteile** Wandflächen reinigen, Mauerwerk; lose Bestandteile						
	m²	**€ brutto**	**10**	**13**	**16**	**20**	**20**
	KG 395	€ netto	8,7	11,2	13,3	16,4	16,9

Kosten: Stand 3.Quartal 2025, Bundesdurchschnitt

LB 318 **Preise €**

Nr.	**Kurztext** / Stichworte **Einheit** / Kostengruppe		►	▷	**brutto ø** netto ø	◁	◄
26	**Wandflächen reinigen, haftungsmind. Stoffe** Wandflächen reinigen; haftungsmindernde Stoffe entfernen						
	m²	**€ brutto**	**11**	**15**	**18**	**22**	**29**
	KG 395	€ netto	9,2	12,8	15,5	18,9	24,2
27	**Druckwasserstrahlen, Kelleraußenwand** Druckwasserstrahlen, Außenwand; bis 300bar; entfernen loser Schichten; Kelleraußenwand						
	m²	**€ brutto**	**27**	**31**	**34**	**43**	**45**
	KG 395	€ netto	23	26	28	36	38
28	**Untergrund egalisieren, Kellerwand** Wandflächen egalisieren; schwindkompensierendem Zementmörtel; Ausbruchtiefe bis 10mm; Fehlstellen schließen; Kelleraußenwand						
	m²	**€ brutto**	**28**	**29**	**33**	**41**	**42**
	KG 395	€ netto	23	25	28	34	35
29	**Ausgleichsputz, Außenabdichtung** Ausgleichsputz; Zementmörtel; Ausbruchtiefe bis 15mm, Putz 1,5cm; Tragschicht für Abdichtung; Kelleraußenwand						
	m²	**€ brutto**	**35**	**44**	**48**	**50**	**57**
	KG 395	€ netto	29	37	40	42	48
30	**Zwischenschicht, Übergang, MDS** Zwischenschicht gegen Rückdurchfeuchtung; mineralische Dichtungsschlämme, Breite bis 30cm; Wand/Sohle und Fundamentbereich						
	m	**€ brutto**	**24**	**27**	**30**	**36**	**39**
	KG 325	€ netto	20	23	25	31	33
31	**Hohlkehle, vorgefertigt** Hohlkehle, vorgefertigt; Polystyrol, expandiert; Schenkellänge 10cm; zwischen Fundament und Kellerwand						
	m	**€ brutto**	**25**	**27**	**34**	**41**	**45**
	KG 325	€ netto	21	23	29	35	37
32	**Hohlkehle, Mörtel** Hohlkehle; Mörtel; Schenkellänge 10cm; zwischen Fundament und Kellerwand; inkl. Voranstrich						
	m	**€ brutto**	**26**	**29**	**36**	**39**	**40**
	KG 325	€ netto	22	25	30	33	34
33	**Hohlkehle abdichten, MDS** Hohlkehle abdichten; Dichtungsschlämme, zementgebunden						
	m	**€ brutto**	**24**	**27**	**28**	**34**	**37**
	KG 325	€ netto	20	23	24	28	31

LB 318						Preise €
Nr.	**Kurztext** / Stichworte			**brutto ø**		
	Einheit / Kostengruppe	▶	▷	netto ø	◁	◀
34	**Hohlkehle abdichten, PMBC**					
	Hohlkehle abdichten; Bitumen-Dickbeschichtung					
	m **€ brutto**	**23**	**27**	**29**	**35**	**37**
	KG 325 € netto	20	23	25	29	31
35	**Kanten fasen, Abdichtung**					
	Kanten fasen; für Abdichtung					
	m **€ brutto**	**4,7**	**5,3**	**5,9**	**7,0**	**7,5**
	KG 325 € netto	3,9	4,4	4,9	5,9	6,3
36	**Wandflächen schleifen**					
	Betonboden mechanisch reinigen; schleifen/kugelstrahlen					
	m² **€ brutto**	**12**	**13**	**15**	**18**	**20**
	KG 395 € netto	9,8	10,8	12,5	15,4	16,7
37	**Wandflächen reinigen, abbürsten**					
	Wandfläche reinigen; Mauerwerk; Fugentiefe bis 2cm; Fugen auskratzen, abbürsten					
	m² **€ brutto**	**12**	**16**	**19**	**22**	**24**
	KG 395 € netto	9,8	13,2	15,8	18,5	20,4
38	**Wandflächen verfestigen**					
	Wandfläche verfestigen; nass in nass, mind. zwei Arbeitsgänge					
	m² **€ brutto**	**18**	**20**	**24**	**29**	**31**
	KG 335 € netto	15	17	20	24	26
39	**Voranstrich, Wandabdichtung**					
	Voranstrich Wand; Bitumenlösung/Bitumen-Emulsion; für Abdichtung; Kellerwand					
	m² **€ brutto**	**5,6**	**6,3**	**7,7**	**9,3**	**10,0**
	KG 335 € netto	4,7	5,3	6,5	7,8	8,4
40	**Spritzbewurf, Haftvermittler**					
	Spritzbewurf; Zementmörtel; volldeckend; Wandfläche					
	m² **€ brutto**	**22**	**26**	**32**	**38**	**41**
	KG 335 € netto	19	22	27	32	35
41	**Sperrputz, Zementmörtel**					
	Sperrputz; Zementmörtel; zwei Lagen auftragen, glatt abreiben; Wandfläche					
	m² **€ brutto**	**56**	**68**	**76**	**92**	**99**
	KG 335 € netto	47	57	64	78	83
42	**Kontaktschicht, Wandabdichtung**					
	Bodenfläche Kontaktschicht; für Abdichtung					
	m² **€ brutto**	**25**	**29**	**32**	**38**	**41**
	KG 325 € netto	21	24	27	32	34

LB 318 **Preise €**

Nr.	Kurztext / Stichworte Einheit / Kostengruppe		►	▷	brutto ø netto ø	◁	◄
43	**Zwischenschicht, Rückdurchfeuchtung, MDS** Zwischenschicht gegen Rückdurchfeuchtung; Dichtungsschlämme, mineralisch; aufbringen; Wandfläche						
	m²	**€ brutto**	**51**	**54**	**57**	**70**	**74**
	KG 335	€ netto	43	46	48	59	62
44	**Wandabdichtung, W1.1-E, MDS flexibel** Wandabdichtung gegen Bodenfeuchte; Dichtungsschlämme, zementgebunden, flexibel; Schichtdicke mind. 2mm; Außenwand, erdberührt; Mauerwerk						
	m²	**€ brutto**	**56**	**59**	**62**	**73**	**77**
	KG 335	€ netto	47	50	52	61	65
45	**Wandabdichtung, W1.1-E, PMBC** Wandabdichtung gegen Bodenfeuchte; Bitumendickbeschichtung, kunststoffmodifiziert; Schichtdicke mind. 3mm; Außenwand, erdberührt; Mauerwerk						
	m²	**€ brutto**	**53**	**59**	**63**	**71**	**77**
	KG 335	€ netto	45	50	53	60	65
46	**Wandabdichtung, W1.1-E, FPD** Wandabdichtung gegen Bodenfeuchte; Dichtungsschlämme, zementgebunden, flexibel; Schichtdicke mind. 2mm; Außenwand, erdberührt; Mauerwerk						
	m²	**€ brutto**	**62**	**66**	**69**	**80**	**87**
	KG 335	€ netto	52	55	58	68	73
47	**Wandabdichtung, W1.2-E, PMBC** Wandabdichtung gegen Bodenfeuchte; Bitumendickbeschichtung, kunststoffmodifiziert; Schichtdicke mind. 3mm; Außenwand, erdberührt; Mauerwerk						
	m²	**€ brutto**	**58**	**65**	**69**	**77**	**85**
	KG 335	€ netto	49	54	58	65	71
48	**Wandabdichtung, W1.2-E, PYE KTG KSP** Wandabdichtung gegen nichtdrückendes Wasser; Bitumenbahn PYE KTG KSP 2,8; Kellerwand; Beton						
	m²	**€ brutto**	**47**	**50**	**52**	**60**	**66**
	KG 335	€ netto	39	42	44	51	55
49	**Wandabdichtung, W1.2-E, KSK** Wandabdichtung gegen nichtdrückendes Wasser; Bitumenbahn PYE KTG KSP 2,8; Kellerwand; Beton						
	m²	**€ brutto**	**43**	**46**	**49**	**58**	**62**
	KG 335	€ netto	37	39	41	48	52

LB 318						Preise €
Nr.	Kurztext / Stichworte Einheit / Kostengruppe	►	▷	brutto ø netto ø	◁	◄
50	**Wandabdichtung, W2.1-E, PMBC** Wandabdichtung gegen drückendes Wasser; Bitumendickbeschichtung, kunststoffmodifiziert; Schichtdicke mind. 4mm; Kellerwand; Mauerwerk					
	m² € brutto	**49**	**56**	**58**	**66**	**72**
	KG 335 € netto	42	47	49	56	60
51	**Wandabdichtung, W2.1-E, PV200S5** Wandabdichtung gegen von außen drückendes Wasser; Bitumen-Schweißbahn PV 200 S5; Kelleraußenwand					
	m² € brutto	**56**	**62**	**65**	**74**	**81**
	KG 335 € netto	47	52	55	62	68
52	**Wandabdichtung, W2.2-E, 2xPV200S5** Wandabdichtung gegen von außen drückendes Wasser; Bitumen-Schweißbahn PV 200 S5; zweilagig; Kelleraußenwand					
	m² € brutto	**73**	**79**	**84**	**94**	**103**
	KG 335 € netto	61	66	70	79	86
53	**Wandabdichtung, W2.2-E, 2xR500N** Wandabdichtung gegen von außen drückendes Wasser; Bitumen-Schweißbahn PV 200 S5; Kelleraußenwand					
	m² € brutto	**77**	**83**	**88**	**102**	**111**
	KG 335 € netto	65	70	74	86	93
54	**Deckenabdichtung, W3-E, Bitumenbahnen** Dachabdichtung gegen nichtdrückendes Wasser; Bitumenbahn; Überlappend; unter Dachbegrünung					
	m² € brutto	**61**	**67**	**71**	**80**	**88**
	KG 363 € netto	51	56	59	67	74
55	**Sockelabdichtung, W4-E, MDS flexibel** Wandabdichtung; Dichtungsschlämme, zementgebunden, flexibel; Schichtdicke mind. 3mm; Außenwand, erdberührt; Beton/Mauerwerk					
	m² € brutto	**61**	**66**	**70**	**77**	**86**
	KG 335 € netto	51	55	59	65	72
56	**Sockelabdichtung, W4-E, FLK** Wandabdichtung; Dichtungsschlämme, zementgebunden, flexibel; Schichtdicke mind. 3mm; Außenwand, erdberührt; Beton/Mauerwerk					
	m² € brutto	**79**	**86**	**88**	**105**	**112**
	KG 335 € netto	66	72	74	88	94
57	**Innenabdichtung, Wand, Schlämme** Wandabdichtung gegen von außen angreifender Wasserbeanspruchung; Dichtungsschlämme, mineralisch; Schichtdicke 3mm; Kellerinnenwand					
	m² € brutto	**54**	**58**	**61**	**70**	**75**
	KG 336 € netto	45	49	51	59	63

Kosten: Stand 3.Quartal 2025, Bundesdurchschnitt

LB 318						**Preise €**
Nr.	**Kurztext** / Stichworte **Einheit** / Kostengruppe	▶	▷	**brutto ø** netto ø	◁	◀
58	**Fugenabdichtung, W1.1-E, Dichtband** Abdichtung über Fuge; Dichtungsmasse, elastisch; Breite 15mm; Hinterfüllprofil; Wand, erdberührt					
	m **€ brutto**	**21**	**24**	**27**	**30**	**33**
	KG 325 € netto	18	20	22	25	28
59	**Fugenabdichtung, W1.1-E, Fugenband** Abdichtung über Fuge; Fugenband, elastisch; Wand, erdberührt					
	m **€ brutto**	**43**	**49**	**55**	**62**	**68**
	KG 325 € netto	36	41	47	52	57
60	**Fugenabdichtung, W1.1-E, Kunststoffbahn** Abdichtung über Fuge; Streifen aus Kunststoff-Dichtungsbahn; in Bitumen-Dickbeschichtung einbetten; Außenwand, erdberührt					
	m **€ brutto**	**39**	**45**	**49**	**55**	**60**
	KG 325 € netto	33	38	41	46	50
61	**Fugenabdichtung, W1.1-E, Schweißbahn** Abdichtung über Fuge; Bitumen-Schweißbahn PYE-PV 200 S4; Breite 300mm; Bodenplatte					
	m **€ brutto**	**41**	**47**	**52**	**59**	**65**
	KG 325 € netto	35	39	44	50	55
62	**Fugenabdichtung, W2.1-E, Schweißbahn** Abdichtung über Fuge; Bitumen-Schweißbahn PYE-PV 200 S5; Breite 300mm; Bodenplatte					
	m **€ brutto**	**40**	**46**	**50**	**58**	**63**
	KG 325 € netto	34	39	42	49	53
63	**Bewegungsfuge, W1.1-E, KSP-Streifen** Abdichtung über Bewegungsfuge; Polymerbitumenbahn, selbstklebend; Breite 300mm; Bodenplatte					
	m **€ brutto**	**39**	**44**	**50**	**56**	**62**
	KG 325 € netto	33	37	42	47	52
64	**Bewegungsfuge, W2.1-E, Kupferband** Abdichtung über Bewegungsfuge gegen drückendes Wasser; Kupferband, geriffelt; Breite 300mm					
	m **€ brutto**	**38**	**43**	**48**	**55**	**60**
	KG 325 € netto	32	36	41	46	50
65	**Bewegungsfuge, W2.1-E, Kunststoffbahn** Abdichtung über Bewegungsfuge gegen drückendes Wasser; Kunststoffbahn 2,0mm; Breite 300mm					
	m **€ brutto**	**36**	**40**	**46**	**53**	**57**
	KG 325 € netto	30	34	39	45	48

LB 318 **Preise €**

Nr.	Kurztext / Stichworte Einheit / Kostengruppe		►	▷	brutto ø netto ø	◁	◄
66	**Bewegungsfuge, W2.1-E, Kupferband/Bitumen** Abdichtung über Bewegungsfuge gegen drückendes Wasser; Kupferband CU-DHP,01, geriffelt, Bitumen-Schweißbahn G 200 S4; Breite 300mm						
	m	**€ brutto**	**47**	**51**	**59**	**66**	**73**
	KG 325	€ netto	39	43	50	56	61
67	**Bewegungsfuge, W2.1-E, vierstegiges Fugenband** Abdichtung über Bewegungsfuge gegen drückendes Wasser; Fugenband, vierstegig verschweißt, Kunststoffbahn; Kunststoffbahn lose verlegen; Terrasse/Tiefgarage						
	m	**€ brutto**	**56**	**62**	**69**	**78**	**86**
	KG 325	€ netto	47	52	58	65	72
68	**Bewegungsfuge, W2.2-E, Los-Festflansch** Abdichtung über Bewegungsfuge bei drückendem Wasser; Los-Festflansch						
	m	**€ brutto**	**61**	**70**	**78**	**88**	**97**
	KG 325	€ netto	52	59	65	74	82
69	**Durchdringung andichten, bituminös** Durchdringungen abdichten; Bitumendickbeschichtung; hohlkehlenartig						
	m	**€ brutto**	**43**	**47**	**54**	**60**	**68**
	KG 325	€ netto	36	40	46	51	57
70	**Rückläufiger Stoß, drückendes Wasser** Rückläufiger Stoß gegen drückendes Wasser abdichten; Schutzkappe aus Metallriffelband; Außenwand/Sohlanschluss						
	m	**€ brutto**	**51**	**57**	**65**	**72**	**80**
	KG 325	€ netto	43	48	55	61	67
71	**Abschluss, Klebeflansch, Schutzblech** Abschluss Bitumenbahnabdichtung; Schutzblech mit Klebeflansch, Kappstreifen; Einbauhöhe über 15cm, Flansch 18cm						
	m	**€ brutto**	**24**	**27**	**30**	**34**	**37**
	KG 325	€ netto	20	22	25	29	31
72	**Abschluss Klemmprofil** Abschluss Bitumenbahnenabdichtung; Klemmprofil; Einbauhöhe über 15cm; Wandflächen						
	m	**€ brutto**	**37**	**43**	**46**	**54**	**57**
	KG 325	€ netto	31	36	39	45	48

Kosten: Stand 3.Quartal 2025, Bundesdurchschnitt

LB 318 **Preise €**

Nr.	Kurztext / Stichworte Einheit / Kostengruppe		►	▷	brutto ø netto ø	◁	◄
73	**Abschluss Kunststoffbahn, Schutzblech** Abschluss Kunststoffbahnabdichtung; Schutzblech/Profilblech, kunststoffbeschichtet; Einbauhöhe über 15cm						
	m	**€ brutto**	**30**	**33**	**38**	**42**	**47**
	KG 325	€ netto	25	28	32	35	39
74	**Perimeterdämmung, XPS 120mm** Perimeterdämmung; Polystyrol-Hartschaumplatten, extrudiert, WLG 035; 120mm; mit Stufenfalz; Kelleraußenwand						
	m²	**€ brutto**	**60**	**64**	**67**	**76**	**83**
	KG 335	€ netto	50	53	56	64	70
75	**Perimeterdämmung, XPS 140mm** Perimeterdämmung; Polystyrol-Hartschaumplatten, extrudiert, WLG 035; 140mm; mit Stufenfalz; Kelleraußenwand						
	m²	**€ brutto**	**67**	**71**	**76**	**85**	**94**
	KG 335	€ netto	57	60	64	71	79
76	**Perimeterdämmung, XPS 180mm** Perimeterdämmung; Polystyrol-Hartschaumplatten, extrudiert, WLG 035; 180mm, zweilagig; mit Stufenfalz; Kelleraußenwand						
	m²	**€ brutto**	**90**	**95**	**101**	**113**	**124**
	KG 335	€ netto	76	80	85	95	105
77	**Perimeterdämmung, XPS 220mm** Perimeterdämmung; Polystyrol-Hartschaumplatten, extrudiert, WLG 035; 220mm, zweilagig; mit Stufenfalz; Kelleraußenwand						
	m²	**€ brutto**	**116**	**124**	**129**	**147**	**160**
	KG 335	€ netto	97	104	108	123	134
78	**Perimeterdämmung, CG, 120mm** Perimeterdämmung; Schaumglasplatten, WLG 040; 120mm; Kelleraußenwand						
	m²	**€ brutto**	**123**	**133**	**143**	**158**	**178**
	KG 335	€ netto	104	112	120	132	149
79	**Perimeterdämmung, CG, 140mm** Perimeterdämmung; Schaumglasplatten, WLG 040; 140mm; Kelleraußenwand						
	m²	**€ brutto**	**137**	**151**	**157**	**182**	**197**
	KG 335	€ netto	115	127	132	153	165
80	**Perimeterdämmung, CG, 160mm** Perimeterdämmung; Schaumglasplatten, WLG 040; 60mm; Kelleraußenwand						
	m²	**€ brutto**	**154**	**164**	**173**	**198**	**216**
	KG 335	€ netto	129	138	145	167	181

LB 318						Preise €
Nr.	**Kurztext** / Stichworte **Einheit** / Kostengruppe	►	▷	**brutto ø** netto ø	◁	◄
81	**Perimeterdämmung, CG, 200mm** Perimeterdämmung; Schaumglasplatten, WLG 040; 200mm; Kelleraußenwand					
	m² € brutto	**163**	**176**	**188**	**208**	**235**
	KG 335 € netto	137	148	158	175	197
82	**Sickerschicht, Kunststoffnoppenbahn** Sickerschicht; Kunststoffnoppenbahn; Kelleraußenwand					
	m² € brutto	**19**	**23**	**25**	**32**	**41**
	KG 335 € netto	16	19	21	27	34
83	**Sickerplatten, Kelleraußenwände** Sickerplatte; EPS-Kugeln, bitumengebunden; Kelleraußenwand					
	m² € brutto	**40**	**45**	**48**	**57**	**60**
	KG 335 € netto	34	38	41	48	51
84	**Filtervlies, Schutzschicht** Schutzschicht der Sickerplatte; Filtervliesmatten; senkrecht vor Sickerplatten verlegen					
	m² € brutto	**7,7**	**10,5**	**11,1**	**11,1**	**18,8**
	KG 335 € netto	6,5	8,8	9,4	9,4	15,8
85	**Sickerschicht, Kunststoffnoppenbahn/Vlies** Sickerschicht; Kunststoffnoppenbahn mit Vlies; Kelleraußenwand					
	m² € brutto	**28**	**31**	**34**	**41**	**45**
	KG 335 € netto	24	26	29	34	38
86	**Stundensatz, Facharbeiter/-in** Stundenlohnarbeiten für Vorarbeiter/-in, Facharbeiter/-in und Gleichgestellte; Abdichtungsarbeiten					
	h € brutto	**78**	**88**	**92**	**97**	**107**
	€ netto	65	74	78	82	90
87	**Stundensatz, Helfer/-in** Stundenlohnarbeiten für Werker/-in, Helfer/-in und Gleichgestellte; Abdichtungsarbeiten					
	h € brutto	**64**	**74**	**79**	**82**	**88**
	€ netto	53	62	66	69	74

LB 320 **Preise €**

Nr.	Kurztext / Stichworte Einheit / Kostengruppe		▶	▷	brutto ø netto ø	◁	◀
1	**Dachdeckung entfernen** Dachdeckung entfernen; Ziegel, Betonstein; Bauschutt entsorgen						
	m²	**€ brutto**	**12**	**17**	**19**	**21**	**26**
	KG 394	€ netto	10	14	16	18	22
2	**Dachdeckung entfernen, lagern** Dachdeckung aufnehmen; lagern						
	m²	**€ brutto**	**5,8**	**7,7**	**9,2**	**11,0**	**12,0**
	KG 395	€ netto	4,9	6,5	7,7	9,2	10,1
3	**Schieferdeckung, entfernen, lagern** Schieferdeckung aufnehmen; lagern						
	m²	**€ brutto**	**34**	**40**	**48**	**59**	**62**
	KG 395	€ netto	28	34	40	49	52
4	**Faserzement-Wellplattendeckung entfernen** Wellplattendeckung entfernen; Faserzement, nicht asbesthaltig; Bauschutt entsorgen						
	m²	**€ brutto**	**14**	**21**	**23**	**28**	**32**
	KG 394	€ netto	12	18	19	23	27
5	**Asbestzementdeckung entfernen** Faserzement-Plattendeckung entfernen; asbesthaltig; Bauschutt sammeln						
	m²	**€ brutto**	**22**	**29**	**32**	**37**	**46**
	KG 394	€ netto	19	25	27	31	38
6	**Asbestzementdeckung, entsorgen** Asbestzement-Plattendeckung entsorgen						
	t	**€ brutto**	**194**	**297**	**304**	**332**	**394**
	KG 394	€ netto	163	249	255	279	331
7	**Formziegel abbrechen, gemörtelt** First- und Grateindeckung abbrechen; Formziegel eingemörtelt; Bauschutt entsorgen						
	m	**€ brutto**	**7,1**	**14,2**	**16,6**	**20,7**	**30,0**
	KG 394	€ netto	6,0	12,0	13,9	17,4	25,2
8	**Dachlattung entfernen** Dachlattung entfernen; Lattenweite: 320-340mm; Bauschutt entsorgen						
	m²	**€ brutto**	**4,0**	**5,0**	**5,3**	**6,0**	**7,1**
	KG 394	€ netto	3,3	4,2	4,5	5,0	6,0
9	**Bitumenbahn abbrechen, einlagig** Bitumenbahn abbrechen; einlagig auf Holzschalung; Bauschutt entsorgen						
	m²	**€ brutto**	**8,7**	**16,7**	**19,2**	**24,1**	**33,5**
	KG 394	€ netto	7,3	14,1	16,2	20,2	28,1

Kosten: Stand 3.Quartal 2025, Bundesdurchschnitt

LB 320 **Preise €**

Nr.	Kurztext / Stichworte Einheit / Kostengruppe		►	▷	brutto ø netto ø	◁	◄
10	**Bitumenbahn entfernen, zweilagig** Bitumenbahn entfernen; zweilagig auf Holzschalung; Bauschutt entsorgen						
	m²	**€ brutto**	**10**	**21**	**24**	**30**	**42**
	KG 394	€ netto	8,8	17,4	20,2	25,4	35,0
11	**Dachschalung abbrechen** Dachschalung abbrechen; Bauschutt entsorgen						
	m²	**€ brutto**	**18**	**26**	**30**	**38**	**57**
	KG 394	€ netto	15	22	25	32	48
12	**Ortgangbrett abbrechen** Ortgangbrett abbrechen; Bauschutt entsorgen						
	m²	**€ brutto**	**9,1**	**15,7**	**18,7**	**23,2**	**27,1**
	KG 394	€ netto	7,6	13,2	15,7	19,5	22,7
13	**Blechteile abbrechen, bis Z 600** Blechteile abbrechen; bis Z 600; Dach; Bauschutt entsorgen						
	m	**€ brutto**	**3,5**	**6,8**	**8,0**	**10,3**	**13,6**
	KG 394	€ netto	3,0	5,7	6,7	8,7	11,4
14	**Schneefanggitter abbrechen** Schneefanggitter abbrechen; Bauschutt entsorgen						
	m	**€ brutto**	**1,9**	**4,6**	**5,6**	**6,4**	**11,1**
	KG 394	€ netto	1,6	3,9	4,7	5,4	9,3
15	**Blitzableiter abbrechen** Blitzableiter abbrechen; inkl. Befestigung; Bauschutt entsorgen						
	m	**€ brutto**	**1,7**	**2,5**	**3,1**	**3,7**	**4,2**
	KG 394	€ netto	1,5	2,1	2,6	3,1	3,5
16	**Lüftungsrohr abbrechen** Be- oder Entlüftungsrohr abbrechen; Dach; Bauschutt entsorgen						
	St	**€ brutto**	**6,7**	**14,5**	**17,4**	**21,2**	**35,3**
	KG 394	€ netto	5,6	12,1	14,6	17,9	29,7
17	**Laufrost abbrechen** Laufrost abbrechen; inkl. Stützen; Dach; Bauschutt entsorgen						
	m	**€ brutto**	**3,8**	**8,5**	**10,5**	**12,7**	**16,0**
	KG 394	€ netto	3,2	7,2	8,8	10,7	13,5
18	**Dachfenster abbrechen** Dachfenster abbrechen; inkl. Blechrahmen und Flügel; Bauschutt entsorgen						
	St	**€ brutto**	**63**	**111**	**129**	**161**	**171**
	KG 394	€ netto	53	93	108	135	144
19	**Dachluke abbrechen** Dachluke abbrechen; Bauschutt entsorgen						
	St	**€ brutto**	**22**	**38**	**47**	**57**	**72**
	KG 394	€ netto	18	32	39	48	60

LB 320 **Preise €**

Nr.	Kurztext / Stichworte Einheit / Kostengruppe		▶	▷	brutto ø netto ø	◁	◀
20	**Unterspannbahn abbrechen** Unterspannbahn abbrechen; Bauschutt entsorgen						
	m²	**€ brutto**	**3,7**	**7,6**	**9,4**	**10,4**	**11,3**
	KG 394	€ netto	3,1	6,4	7,9	8,7	9,5
21	**Betondachsteine umdecken** Betondachsteine aufnehmen; wiedereindecken; Bauschutt entsorgen						
	m²	**€ brutto**	**26**	**46**	**52**	**64**	**71**
	KG 395	€ netto	22	39	44	54	60
22	**Biberschwanzdeckung ausbessern** Biberschwanzeindeckung ausbessern; Teilflächen bis 1,00m²; Bauschutt entsorgen						
	m²	**€ brutto**	**43**	**50**	**60**	**72**	**75**
	KG 395	€ netto	36	42	50	61	63
23	**Biberschwanzdeckung umdecken** Biberschwanzeindeckung; aufnehmen, wiedereindecken; Bauschutt entsorgen						
	m²	**€ brutto**	**47**	**76**	**89**	**105**	**108**
	KG 395	€ netto	39	64	75	88	90
24	**Flachdachpfannendeckung ausbessern** Flachdachpfannendeckung; bis 1,00m²; ausbessern; Bauschutt entsorgen						
	m²	**€ brutto**	**42**	**51**	**59**	**71**	**74**
	KG 395	€ netto	35	43	50	60	62
25	**Flachdachpfannendeckung umdecken** Flachdachpfannendeckung; aufnehmen, wiedereindecken; Bauschutt entsorgen						
	m²	**€ brutto**	**23**	**39**	**47**	**58**	**72**
	KG 395	€ netto	20	33	39	49	60
26	**Betondachsteindeckung ausbessern** Betondachsteindeckung ausbessern; bis 1,00m²; Bauschutt entsorgen						
	m²	**€ brutto**	**35**	**42**	**46**	**58**	**62**
	KG 395	€ netto	30	35	39	49	52
27	**Dachziegelaustausch, einzeln** Dachziegel austauschen; einzeln; Bauschutt entsorgen						
	St	**€ brutto**	**7,2**	**8,6**	**10,1**	**12,5**	**16,2**
	KG 395	€ netto	6,0	7,2	8,5	10,5	13,6
28	**Dachsteinaustausch, einzeln** Dachstein austauschen; einzeln; Bauschutt entsorgen						
	St	**€ brutto**	**6,7**	**7,6**	**9,3**	**11,2**	**11,8**
	KG 395	€ netto	5,6	6,4	7,8	9,4	10,0

Kosten: Stand 3.Quartal 2025, Bundesdurchschnitt

LB 320							Preise €
Nr.	**Kurztext** / Stichworte **Einheit** / Kostengruppe		►	▷	**brutto ø** netto ø	◁	◄
29	**Zwischensparrendämmung, MW 035, 100mm** Zwischensparrendämmung DZ; Mineralwolle WLG 035, A1; 100mm; einlagig						
	m²	**€ brutto**	**29**	**33**	**40**	**49**	**54**
	KG 363	€ netto	24	27	33	41	45
30	**Zwischensparrendämmung, MW 035, 120mm** Zwischensparrendämmung DZ; Mineralwolle WLG 035, A1; 120mm; einlagig						
	m²	**€ brutto**	**34**	**39**	**45**	**56**	**61**
	KG 363	€ netto	29	32	38	47	51
31	**Zwischensparrendämmung, MW 035, 140mm** Zwischensparrendämmung DZ; Mineralwolle WLG 035, A1; 140mm; einlagig						
	m²	**€ brutto**	**37**	**41**	**49**	**60**	**67**
	KG 363	€ netto	31	34	41	51	57
32	**Zwischensparrendämmung, MW 032, 100mm** Zwischensparrendämmung DZ; Mineralwolle WLS 032, A1; 100mm; einlagig						
	m²	**€ brutto**	**32**	**38**	**44**	**55**	**59**
	KG 363	€ netto	27	32	37	46	50
33	**Zwischensparrendämmung, MW 032, 120mm** Zwischensparrendämmung DZ; Mineralwolle WLS 032, A1; 120mm; einlagig						
	m²	**€ brutto**	**37**	**44**	**49**	**62**	**65**
	KG 363	€ netto	31	37	41	52	55
34	**Zwischensparrendämmung, MW 032, 140mm** Zwischensparrendämmung DZ; Mineralwolle WLS 032, A1; 140mm; einlagig						
	m²	**€ brutto**	**41**	**48**	**56**	**70**	**75**
	KG 363	€ netto	34	40	47	59	63
35	**Aufdachdämmung, MW 035, 60mm, kaschiert** Aufdachdämmung DAD; Mineralwolle-Platten WLG 035, A1, diffusionsoffen kaschiert; 60mm; auf Dachschalung						
	m²	**€ brutto**	**54**	**61**	**73**	**86**	**91**
	KG 363	€ netto	46	51	61	72	76
36	**Aufdachdämmung, MW 035, 80mm, kaschiert** Aufdachdämmung DAD; Mineralwolle-Platten WLG 035, A1, diffusionsoffen kaschiert; 80mm; auf Dachschalung						
	m²	**€ brutto**	**57**	**61**	**77**	**92**	**98**
	KG 363	€ netto	48	52	65	78	82

LB 320						Preise €
Nr.	**Kurztext** / Stichworte **Einheit** / Kostengruppe	►	▷	**brutto ø** netto ø	◁	◄
37	**Aufdachdämmung, MW 035, 100mm, kaschiert** Aufdachdämmung DAD; Mineralwolle-Platten WLG 035, A1, diffusionsoffen kaschiert; 100mm; auf Dachschalung					
	m² € brutto	**65**	**79**	**89**	**109**	**115**
	KG 363 € netto	55	66	75	92	97
38	**Aufdachdämmung, MW 035, 120mm, kaschiert** Aufdachdämmung DAD; Mineralwolle-Platten WLG 035, A1, diffusionsoffen kaschiert; 120mm; auf Dachschalung					
	m² € brutto	**69**	**73**	**93**	**110**	**119**
	KG 363 € netto	58	61	78	93	100
39	**Aufdachdämmung, MW 035, 140mm, kaschiert** Aufdachdämmung DAD; Mineralwolle-Platten WLG 035, A1, diffusionsoffen kaschiert; 140mm; auf Dachschalung					
	m² € brutto	**70**	**78**	**102**	**118**	**129**
	KG 363 € netto	59	66	86	99	109
40	**Aufdachdämmung, MW 035, 160mm, kaschiert** Aufdachdämmung DAD; Mineralwolle-Platten WLG 035, A1, diffusionsoffen kaschiert; 160mm; auf Dachschalung					
	m² € brutto	**77**	**87**	**109**	**129**	**139**
	KG 363 € netto	64	73	92	108	117
41	**Aufdachdämmung, MW 035, 180mm, kaschiert** Aufdachdämmung DAD; Mineralwolle-Platten WLG 035, A1, diffusionsoffen kaschiert; 180mm; auf Dachschalung					
	m² € brutto	**84**	**107**	**119**	**143**	**150**
	KG 363 € netto	71	90	100	120	126
42	**Aufdachdämmung, MW 035, 200mm, kaschiert** Aufdachdämmung DAD; Mineralwolle-Platten WLG 035, A1, diffusionsoffen kaschiert; 200mm; auf Dachschalung					
	m² € brutto	**89**	**103**	**128**	**154**	**159**
	KG 363 € netto	74	86	108	129	134
43	**Aufsparrendämmung PUR 028, 80mm, Vlies kaschiert** Aufsparrendämmung DAD; Polyurethan-Hartschaumplatten WLS 028, E, beidseitig mit Mineralvlies kaschiert, inkl. Unterdeckbahn; 80mm; NF-System; auf Dachschalung					
	m² € brutto	**59**	**64**	**74**	**88**	**93**
	KG 363 € netto	49	54	62	74	78

Kosten: Stand 3.Quartal 2025, Bundesdurchschnitt

LB 320 **Preise €**

Nr.	Kurztext / Stichworte Einheit / Kostengruppe		► 	▷ 	brutto ø netto ø	◁ 	◄
44	**Aufsparrendämmung PUR 028, 100mm, Vlies kaschiert** Aufsparrendämmung DAD; Polyurethan-Hartschaumplatten WLS 028, E, beidseitig mit Mineralvlies kaschiert, inkl. Unterdeckbahn; 100mm; NF-System; auf Dachschalung						
	m²	**€ brutto**	**63**	**69**	**79**	**94**	**100**
	KG 363	€ netto	53	58	67	79	84
45	**Aufsparrendämmung PUR 027, 120mm, Vlies kaschiert** Aufsparrendämmung DAD; Polyurethan-Hartschaumplatten WLS 027, E, beidseitig mit Mineralvlies kaschiert, inkl. Unterdeckbahn; 120mm; NF-System; auf Dachschalung						
	m²	**€ brutto**	**85**	**92**	**107**	**126**	**134**
	KG 363	€ netto	72	77	90	106	113
46	**Aufsparrendämmung PUR 027, 140mm, Vlies kaschiert** Aufsparrendämmung DAD; Polyurethan-Hartschaumplatten WLS 027, E, beidseitig mit Mineralvlies kaschiert, inkl. Unterdeckbahn; 140mm; NF-System; auf Dachschalung						
	m²	**€ brutto**	**98**	**111**	**122**	**146**	**153**
	KG 363	€ netto	83	93	102	123	129
47	**Aufsparrendämmung PUR 027, 160mm, Vlies kaschiert** Aufsparrendämmung DAD; Polyurethan-Hartschaumplatten WLS 027, E, beidseitig mit Mineralvlies kaschiert, inkl. Unterdeckbahn; 160mm; NF-System; auf Dachschalung						
	m²	**€ brutto**	**97**	**110**	**125**	**144**	**157**
	KG 363	€ netto	81	93	105	121	132
48	**Aufsparrendämmung PUR 027, 180mm, Vlies kaschiert** Aufsparrendämmung DAD; Polyurethan-Hartschaumplatten WLS 027, E, beidseitig mit Mineralvlies kaschiert, inkl. Unterdeckbahn; 180mm; NF-System; auf Dachschalung						
	m²	**€ brutto**	**101**	**112**	**130**	**151**	**163**
	KG 363	€ netto	85	94	109	126	137
49	**Aufsparrendämmung PIR 024, 120mm, Alu kaschiert** Aufsparrendämmung DAD; PIR-Hartschaumplatten WLS 024, E, beidseitig mit Aluminium kaschiert, inkl. Unterdeckbahn; 120mm; NF-System; auf Dachschalung						
	m²	**€ brutto**	**88**	**97**	**114**	**131**	**145**
	KG 363	€ netto	74	82	96	110	122

LB 320						Preise €
Nr.	**Kurztext** / Stichworte		**brutto ø**			
	Einheit / Kostengruppe	►	▷	netto ø	◁	◄
50	**Aufsparrendämmung PIR 024, 140mm, Alu kaschiert**					
	Aufsparrendämmung DAD; PIR-Hartschaum-Platten WLS 024, B2, beidseitig mit Aluminium kaschiert, inkl. Unterdeckbahn; 140mm; NF-System; auf Dachschalung					
	m²	**€ brutto**	**108**	**119**	**137**	**163**	**169**
	KG 363	€ netto	91	100	115	137	142
51	**Aufsparrendämmung PIR 024, 160mm, Alu kaschiert**					
	Aufsparrendämmung DAD; PIR-Hartschaumplatten WLS 024, E, beidseitig mit Aluminium kaschiert, inkl. Unterdeckbahn; 160mm; NF-System; auf Dachschalung					
	m²	**€ brutto**	**118**	**137**	**149**	**173**	**189**
	KG 363	€ netto	99	115	125	145	159
52	**Aufdachdämmung, WF 043, 60mm, kaschiert**					
	Aufdachdämmung DAD; Holzfaserplatten WLS 043, B2; 60mm; NF-System; auf Dachschalung					
	m²	**€ brutto**	**45**	**50**	**57**	**68**	**72**
	KG 363	€ netto	38	42	48	57	60
53	**Aufdachdämmung, WF 043, 80mm, kaschiert**					
	Aufdachdämmung DAD; Holzfaserplatten WLS 043, B2; 80mm; NF-System; auf Dachschalung					
	m²	**€ brutto**	**50**	**56**	**64**	**74**	**80**
	KG 363	€ netto	42	47	54	62	67
54	**Aufdachdämmung, WF 043, 100mm, kaschiert**					
	Aufdachdämmung DAD; Holzfaserplatten WLS 043, B2; 100mm; NF-System; auf Dachschalung					
	m²	**€ brutto**	**54**	**60**	**71**	**81**	**88**
	KG 363	€ netto	46	51	59	68	74
55	**Aufdachdämmung, WF 043, 120mm, kaschiert**					
	Aufdachdämmung DAD; Holzfaserplatten WLS 043, B2; 120mm; NF-System; auf Dachschalung					
	m²	**€ brutto**	**59**	**65**	**76**	**88**	**95**
	KG 363	€ netto	49	55	64	74	80
56	**Vordeckung, Bitumenbahn V13**					
	Vordeckung; Bitumenbahn V13; inkl. Lattung; Dach					
	m²	**€ brutto**	**7,5**	**9,3**	**10,8**	**11,0**	**12,0**
	KG 363	€ netto	6,3	7,8	9,1	9,3	10,1
57	**Vordeckung, Stehfalzdeckung**					
	Vordeckung; Glasvlies-Bitumendachbahn V13; für Metalleinfassung; unter Stehfalzdeckungen					
	m²	**€ brutto**	**10**	**11**	**11**	**12**	**12**
	KG 363	€ netto	8,8	9,2	9,5	9,7	10,0

Kosten: Stand 3.Quartal 2025, Bundesdurchschnitt

LB 320						Preise €
Nr.	**Kurztext** / Stichworte **Einheit** / Kostengruppe	►	▷	**brutto ø** netto ø	◁	◄
58	**Dampfbremse, unter Dachsparren** Luftdichtungs-/Dampfbremsbahn; Polyethylenfolie; 0,2 mm; luftdicht verkleben; unter Sparren					
	m² € brutto	**8,5**	**11,6**	**12,9**	**15,4**	**21,2**
	KG 363 € netto	7,1	9,8	10,9	13,0	17,8
59	**Anschluss, Dampfsperre/-bremse, Klebeband** Dampfsperrbahn, Anschluss; Klebeband; Durchdringungen, Einbauten; inkl. Nebenarbeiten					
	m € brutto	**8,0**	**11,5**	**13,2**	**15,0**	**18,6**
	KG 363 € netto	6,7	9,7	11,1	12,6	15,6
60	**Luftdichtheitsschicht, Dampfbremse** Dampfbremse; sd-Wert: über 0,5 bis kleiner 100 m; unbelüftetes Dach; unter Sparren					
	m² € brutto	**12**	**14**	**15**	**17**	**21**
	KG 363 € netto	9,9	11,4	12,5	14,4	17,8
61	**Unterdach, WF, regensicher, 18mm** Unterdeckung; Holzfaserplatte, regensicher, WLG 045, Dicke 18mm; regensicher, Platten dicht gestoßen					
	m² € brutto	**30**	**36**	**40**	**41**	**45**
	KG 363 € netto	25	31	34	34	38
62	**Unterspannbahn, belüftetes Dach** Unterspannung; Polyurethanfolie mit Gewebe; USB-A, Klasse 6; durchhängend verlegen; belüftete Dächer					
	m² € brutto	**11**	**13**	**14**	**15**	**17**
	KG 363 € netto	9,3	11,1	12,1	12,9	14,3
63	**Konterlattung, 30x50mm, Dach** Konterlattung; Nadelholz, S10, trocken; 30x50mm; Dachfläche					
	m € brutto	**3,4**	**5,0**	**5,7**	**7,9**	**11,0**
	KG 363 € netto	2,9	4,2	4,8	6,6	9,3
64	**Konterlattung, 30x50mm, Dach** Konterlattung; Nadelholz, S10, trocken; 30x50mm; Dachfläche					
	m² € brutto	**4,2**	**7,4**	**8,8**	**11,2**	**16,1**
	KG 363 € netto	3,5	6,3	7,4	9,4	13,5
65	**Konterlattung, 40x60mm, Dach** Konterlattung; Nadelholz, S10, trocken; 40x60mm; Dachfläche					
	m € brutto	**5,3**	**8,6**	**8,6**	**9,2**	**11,1**
	KG 363 € netto	4,5	7,2	7,2	7,7	9,4
66	**Konterlattung, 40x60mm, Dach** Konterlattung; Nadelholz, S10, trocken; 40x60mm; Dachfläche					
	m² € brutto	**7,9**	**10,9**	**12,4**	**13,9**	**18,0**
	KG 363 € netto	6,6	9,1	10,4	11,7	15,2

LB 320						Preise €
Nr.	**Kurztext** / Stichworte **Einheit** / Kostengruppe	►	▷	**brutto ø** netto ø	◁	◄
67	**Dachlattung, 30x50mm, Falzziegel/Beton** Dachlattung; Nadelholz, S10, trocken; 30x50mm					
	m² € brutto	**7,9**	**11,1**	**12,4**	**14,2**	**17,0**
	KG 363 € netto	6,6	9,4	10,4	12,0	14,3
68	**Dachlattung, 40x60mm, Falzziegel/Beton** Dachlattung; Nadelholz, S10, trocken; 40x60mm; sägerau					
	m² € brutto	**10**	**14**	**15**	**17**	**19**
	KG 363 € netto	8,7	11,5	12,8	14,1	16,2
69	**Dachlattung, trocken, 30x50mm, Biberschwanzdeckung** Dachlattung; Nadelholz, S10, trocken; 30x50mm; sägerau					
	m² € brutto	**11**	**16**	**18**	**20**	**25**
	KG 363 € netto	9,1	13,6	15,4	17,1	20,6
70	**Dachlattung, trocken, 40x60mm, Biberschwanzdeckung** Dachlattung; Nadelholz, S10, trocken; 40x60mm; sägerau; für Doppeldeckung/für Kronendeckung					
	m² € brutto	**14**	**19**	**21**	**23**	**25**
	KG 363 € netto	12	16	18	19	21
71	**Nagelabdichtung, Konterlattung** Nageldichtstreifen; Elastomerbitumenstreifen, selbstklebend; Breite 60mm; unter Konterlattung					
	m € brutto	**4,4**	**6,3**	**6,4**	**7,5**	**9,5**
	KG 363 € netto	3,7	5,3	5,4	6,3	8,0
72	**Dachschalung, Nadelholz, Rauspund 24mm** Dachschalung; Nadelholz, Rauspund; Dicke 24mm, Breite 120-160mm; auf Sparren					
	m² € brutto	**35**	**40**	**42**	**46**	**52**
	KG 363 € netto	29	33	36	39	44
73	**Dachschalung, Nadelholz, Rauspund 28mm** Dachschalung; Nadelholz, Rauspund; Dicke 28mm, Breite 120-160mm; auf Sparren					
	m² € brutto	**51**	**54**	**57**	**59**	**62**
	KG 363 € netto	43	45	48	50	52
74	**Dachschalung, Holzspanplatte P5, 25mm** Dachschalung; Holzspanplatte P5; Dicke 22-25mm; Feuchtbereich					
	m² € brutto	**37**	**46**	**51**	**56**	**72**
	KG 363 € netto	31	38	43	47	61
75	**Schalung, OSB/3 Feuchtbereich, 25mm** Schalung; OSB 3; Dicke 22-25mm; Flachpressplatte; Feuchtbereich					
	m² € brutto	**32**	**39**	**44**	**47**	**54**
	KG 354 € netto	27	33	37	40	46

Kosten: Stand 3.Quartal 2025, Bundesdurchschnitt

LB 320							Preise €
Nr.	**Kurztext** / Stichworte				brutto ø		
	Einheit / Kostengruppe		►	▷	netto ø	◁	◄
76	**Traufbohle, Nadelholz, bis 60x240mm**						
	Traufbohle; Nadelholz, S10; Höhe 20-60mm, Breite 160-240mm						
	m	**€ brutto**	**11**	**15**	**17**	**20**	**28**
	KG 363	€ netto	9,1	12,2	13,9	16,8	23,2
77	**Kantholz, Nadelholz S10 trocken, 60x120mm, scharfkantig**						
	Kantholz; Nadelholz, S10, trocken; 60x120mm; scharfkantig, gehobelt						
	m	**€ brutto**	**15**	**18**	**20**	**21**	**24**
	KG 361	€ netto	12	15	17	18	20
78	**Trauf-/Ortgangschalung, NF-Profil, 24mm, gehobelt**						
	Schalung Traufe/Ortgang; Nadelholz, gehobelt; Dicke 24/28mm						
	m²	**€ brutto**	**38**	**50**	**55**	**61**	**77**
	KG 363	€ netto	32	42	47	51	64
79	**Ortgangbrett, Windbrett, bis 28mm, gehobelt**						
	Ortgangbrett; Nadelholz; Dicke 24/28mm; gehobelt						
	m	**€ brutto**	**23**	**31**	**34**	**39**	**50**
	KG 363	€ netto	20	26	29	33	42
80	**Zuluft-/Insektenschutzgitter, Traufe**						
	Insektenschutzgitter; Titanzink/Kupfer/Edelstahl; Breite 166mm; dreifach gekantet; Traufe						
	m	**€ brutto**	**8,4**	**12,1**	**13,6**	**17,8**	**26,5**
	KG 363	€ netto	7,1	10,1	11,5	14,9	22,3
81	**Zahnleiste, Nadelholz, gehobelt**						
	Ortgangbrett, Zahnleiste; Nadelholz, gehobelt; Dicke 30mm						
	m	**€ brutto**	**42**	**61**	**70**	**77**	**100**
	KG 363	€ netto	35	52	59	65	84
82	**Dachdeckung, Falzziegel, Ton**						
	Dachdeckung, Tonziegel; Falzziegel, feinrau/glasiert; trocken verlegen/geklammert; auf Lattung						
	m²	**€ brutto**	**43**	**51**	**55**	**58**	**64**
	KG 363	€ netto	36	43	46	48	53
83	**Dachdeckung, Biberschwanz-/Flachziegel**						
	Dachdeckung, Biberschwanz; Tonziegel; Kronen-/Doppeldeckung; auf Lattung						
	m²	**€ brutto**	**66**	**78**	**84**	**90**	**102**
	KG 363	€ netto	55	66	71	75	86
84	**Dachdeckung, Dachsteine**						
	Dachdeckung, Dachstein; feinrau/glasiert; trocken verlegt/geklammert; auf Lattung						
	m²	**€ brutto**	**40**	**45**	**47**	**51**	**59**
	KG 363	€ netto	34	38	39	43	49

LB 320						Preise €
Nr.	Kurztext / Stichworte			brutto ø		
	Einheit / Kostengruppe	►	▷	netto ø	◁	◄
85	**Dachdeckung, Faserzement, Wellplatte** Dachdeckung; Faserzementwellplatte, naturrot/hellbraun; Stöße mit Dichtband hinterlegt; auf Pfetten					
	m² € brutto	**44**	**59**	**66**	**74**	**90**
	KG 363 € netto	37	49	56	62	76
86	**Dachdeckung, Schiefer** Dachdeckung, Schiefer; Neigung 50-55°; Deutsche Deckung/Rechteckdeckung, geschraubt/genagelt; auf vorhandene Schalung					
	m² € brutto	**116**	**135**	**139**	**157**	**199**
	KG 363 € netto	97	113	117	132	167
87	**Ortgang, Ziegeldeckung, Formziegel** Ortgangdeckung, Ziegel; Doppelwulstziegel/Ortgangziegel; Doppelwulstziegel					
	m € brutto	**40**	**62**	**70**	**82**	**106**
	KG 363 € netto	34	52	59	69	89
88	**Ortgang, Biberschwanzdeckung, Formziegel** Ortgangdeckung; Ziegel; Kronen-/Doppeldeckung					
	m € brutto	**51**	**62**	**69**	**74**	**84**
	KG 363 € netto	43	52	58	62	70
89	**Ortgang, Dachsteindeckung, Formziegel** Ortgangdeckung, Dachstein; Formstein/Ortgangstein; Dachneigung 30-35°; trocken verlegt, geklammert					
	m € brutto	**54**	**71**	**78**	**84**	**97**
	KG 363 € netto	46	60	66	70	81
90	**Firstanschluss, Ziegeldeckung, Formziegel** Firstanschluss, Formziegel; Biberschwanz/Flachziegel; Länge 260mm; geklammert					
	m € brutto	**29**	**39**	**43**	**47**	**58**
	KG 363 € netto	25	33	35	40	49
91	**First, Firstziegel, mörtellos, inkl. Lüfter** Firstdeckung, trocken verlegt; Falzziegel; geklammert; inkl. Anfängerziegel, Lüfterelement					
	m € brutto	**64**	**81**	**88**	**97**	**115**
	KG 363 € netto	53	68	74	82	96
92	**First, Firstziegel, vermörtelt, inkl. Lüfter** Firstdeckung, Firstziegel; Biberschwanz-/Flachziegel; vermörtelt; inkl. Anfängerziegel					
	m € brutto	**73**	**86**	**94**	**105**	**125**
	KG 363 € netto	61	73	79	88	105

LB 320 **Preise €**

Nr.	**Kurztext** / Stichworte **Einheit** / Kostengruppe		►	▷	**brutto ø** netto ø	◁	◀
93	**First, Firststein, geklammert, Dachstein** Firstdeckung, Firststein; Betondachstein; geklammert; inkl. Anfängerziegel, Lüfterelement						
	m	**€ brutto**	**74**	**92**	**99**	**105**	**118**
	KG 363	€ netto	62	77	83	88	99
94	**Pultdachabschluss, Abschlussziegel** Pultdachabschluss, Pultfirstziegel; Falzziegel; geklammert; Pultdach						
	m	**€ brutto**	**78**	**106**	**114**	**130**	**165**
	KG 363	€ netto	66	89	96	110	139
95	**Pultdachanschluss, Metallblech Z333** Pultdachabschlussausbildung; Metall; Zuschnitt 333mm; vierfach gekantet; Pultdach						
	m	**€ brutto**	**59**	**71**	**77**	**81**	**85**
	KG 363	€ netto	50	60	65	68	72
96	**Grateindeckung, Ziegel, mörtellos** Gratdeckung, Formziegel; geklammert; inkl. Anfängerziegel, Lüfterelement						
	m	**€ brutto**	**71**	**89**	**98**	**113**	**153**
	KG 363	€ netto	60	75	83	95	129
97	**Grateindeckung, Ziegel, vermörtelt** Gratdeckung; Grat-Formziegel; Gratlatte						
	m	**€ brutto**	**76**	**105**	**116**	**129**	**160**
	KG 363	€ netto	64	88	98	108	135
98	**Dunstrohr-Durchgangsziegel, DN100** Dunstrohr-Durchgangsziegel; Ton; DN100; mit Dunstrohraufsatz; inkl. Anschlussarbeiten						
	St	**€ brutto**	**184**	**232**	**263**	**288**	**341**
	KG 363	€ netto	155	195	221	242	286
99	**Dunstrohr-Durchgangsformstück, DN100** Dunstrohr; Durchgangsformstück Kunststoff/PVC; DN100; inkl. Abdeckhaube						
	St	**€ brutto**	**98**	**126**	**143**	**156**	**197**
	KG 363	€ netto	82	106	120	131	166
100	**Leitungsdurchgang, Formziegel** Antennenanschluss, Formziegel; Tonziegel, PVC Aufsatz; inkl. Anschlussarbeiten						
	St	**€ brutto**	**106**	**181**	**218**	**247**	**305**
	KG 363	€ netto	89	152	183	208	256

LB 320							Preise €
Nr.	**Kurztext** / Stichworte **Einheit** / Kostengruppe		►	▷	**brutto ø** netto ø	◁	◄
101	**Durchgangselement, Solarleitung** Durchgangselement, Solarleitung; passend Dachdeckung						
	St	**€ brutto**	**78**	**176**	**211**	**275**	**397**
	KG 363	€ netto	65	148	178	231	333
102	**Tonziegel, Reserve** Reserveziegel; Ton; liefern, lagern						
	St	**€ brutto**	**9,4**	**11,5**	**12,9**	**14,2**	**16,9**
	KG 363	€ netto	7,9	9,6	10,8	11,9	14,2
103	**Ziegel beidecken, Dachdeckung** Beidecken, Ziegeldachdeckung; Flachfalzziegel						
	m	**€ brutto**	**19**	**24**	**26**	**30**	**38**
	KG 363	€ netto	16	21	22	25	32
104	**Verklammerung, Dachdeckung** Verklammerung, Dachdeckung; sturmsicher; Dachdeckung						
	m²	**€ brutto**	**3,3**	**6,3**	**7,7**	**8,8**	**11,3**
	KG 363	€ netto	2,8	5,3	6,5	7,4	9,5
105	**Schornstein-Einfassung, Blech** Schornsteinverwahrung; Metall; 400x600mm; allseitig fünffach gekantet						
	St	**€ brutto**	**204**	**329**	**396**	**457**	**550**
	KG 429	€ netto	171	276	333	384	462
106	**Dachfenster/Dachausstieg, ESG, bis 0,3m²** Dachausstieg; ESG 4,00mm; 490x760mm; 180° Öffnungswinkel und Schwingfunktion; inkl. Eindeckrahmen						
	St	**€ brutto**	**587**	**749**	**760**	**840**	**985**
	KG 362	€ netto	493	629	639	706	828
107	**Wohndachfenster, bis 1,50m²** Wohnraumdachfenster; Kiefer, Isolierverglasung; A bis 1,50m², Blendrahmen 1,14x1,60m/1,34x1,40m; Klapp-Schwing-Fenster; inkl. Eindeckrahmen						
	St	**€ brutto**	**1.473**	**1.970**	**2.135**	**2.509**	**3.220**
	KG 362	€ netto	1.238	1.656	1.794	2.109	2.706
108	**Stundensatz, Facharbeiter/-in** Stundenlohnarbeiten für Vorarbeiter/-in, Facharbeiter/-in und Gleichgestellte; Dachdeckung						
	h	**€ brutto**	**81**	**90**	**94**	**97**	**104**
		€ netto	68	76	79	82	88

LB 321 **Preise €**

Nr.	Kurztext / Stichworte Einheit / Kostengruppe	►	▷	brutto ø netto ø	◁	◄
1	**Lüftungsrohr entfernen** Be- oder Entlüftungsrohr entfernen; Dachfläche; Bauschutt entsorgen					
	St € brutto	**12**	**23**	**25**	**31**	**52**
	KG 394 € netto	10	20	21	26	44
2	**Kiesschicht säubern** Kiesschicht säubern; Dicke bis 30cm; Fremdstoffen; Dachfläche					
	m² € brutto	**42**	**56**	**65**	**78**	**83**
	KG 394 € netto	35	47	55	66	70
3	**Kiesschüttung entfernen** Kiesschüttung entfernen; Dicke bis 30cm; Dachfläche; Bauschutt entsorgen					
	m² € brutto	**15**	**18**	**20**	**25**	**28**
	KG 394 € netto	13	15	17	21	24
4	**Kiesschüttung entfernen, wiederaufbringen** Kiesschüttung aufnehmen; Dicke bis 30cm; lagern, wiederauftragen; Dachfläche					
	m² € brutto	**29**	**33**	**36**	**43**	**46**
	KG 394 € netto	24	28	30	36	39
5	**Plattenbelag entfernen, Flachdach** Plattenbelag, im Splittbett, entfernen; Dachfläche; Bauschutt entsorgen					
	m² € brutto	**25**	**30**	**34**	**42**	**44**
	KG 394 € netto	21	25	28	35	37
6	**Bitumenabdichtung abbrechen, einlagig** Dachabdichtung abbrechen; Bitumenbahn, einlagig; Dachfläche; Bauschutt entsorgen					
	m² € brutto	**17**	**25**	**26**	**34**	**48**
	KG 394 € netto	14	21	22	28	40
7	**Bitumenabdichtung abbrechen, zweilagig** Dachabdichtung abbrechen; Bitumenbahn, zweilagig; Dachfläche; Bauschutt entsorgen					
	m² € brutto	**19**	**26**	**32**	**38**	**39**
	KG 394 € netto	16	22	27	32	33
8	**Bitumenabdichtung, inkl. Dämmung, abbrechen** Dachabdichtung abbrechen; Bitumenbahn, zweilagig; inkl. Wärmedämmung; Dachfläche; Bauschutt entsorgen					
	m² € brutto	**32**	**37**	**42**	**52**	**63**
	KG 394 € netto	27	31	35	44	53
9	**Trennlage entfernen** Trennlage entfernen; Dachfläche; Bauschutt entsorgen					
	m² € brutto	**4,7**	**5,3**	**6,2**	**7,7**	**8,3**
	KG 394 € netto	3,9	4,5	5,2	6,5	7,0

Kosten: Stand 3.Quartal 2025, Bundesdurchschnitt

LB 321 **Preise €**

Nr.	Kurztext / Stichworte Einheit / Kostengruppe		►	▷	brutto ø netto ø	◁	◄
10	**Rieselschutzmatte abbrechen** Rieselschutzmatte abbrechen; Dachfläche; Bauschutt entsorgen						
	m²	**€ brutto**	**11**	**15**	**16**	**20**	**20**
	KG 394	€ netto	9,4	12,2	13,3	16,4	17,1
11	**Dachablauf abbrechen** Dachablauf abbrechen; DN120; Dachfläche; Bauschutt entsorgen						
	St	**€ brutto**	**19**	**29**	**35**	**43**	**55**
	KG 394	€ netto	16	25	29	36	46
12	**Dachrandabschluss entfernen** Dachrandabschluss entfernen; Metall; Dachfläche; Bauschutt entsorgen						
	m	**€ brutto**	**7,8**	**12,5**	**14,7**	**18,1**	**21,0**
	KG 394	€ netto	6,5	10,5	12,3	15,2	17,7
13	**Lichtkuppel entfernen, Flachdach** Lichtkuppel entfernen; Größe 150x150cm; inkl. Bohlenkranz; Dachfläche; Bauschutt entsorgen						
	St	**€ brutto**	**154**	**166**	**183**	**223**	**231**
	KG 394	€ netto	129	140	154	188	194
14	**Antennenhalterung entfernen** Antennenhalterung entfernen; inkl. Befestigung; Dachfläche; Bauschutt entsorgen						
	St	**€ brutto**	**20**	**23**	**27**	**33**	**35**
	KG 494	€ netto	17	19	23	28	30
15	**Blitzableiter entfernen** Blitzableiter entfernen; inkl. Befestigung; Dachfläche; Bauschutt entsorgen						
	m	**€ brutto**	**2,1**	**5,4**	**6,4**	**8,0**	**9,4**
	KG 494	€ netto	1,8	4,6	5,4	6,7	7,9
16	**Dachabdichtung ausbessern** Dachabdichtung ausbessern; Bitumendachbahn; Teilflächen; Dachfläche; Bauschutt entsorgen						
	m²	**€ brutto**	**27**	**37**	**44**	**51**	**51**
	KG 395	€ netto	23	31	37	43	43
17	**Dachfläche reinigen** Dachfläche reinigen; grobe Verschmutzungen; aufnehmen, entsorgen; Bauschutt entsorgen						
	m²	**€ brutto**	**1,6**	**2,8**	**3,3**	**5,2**	**8,2**
	KG 395	€ netto	1,3	2,3	2,8	4,4	6,9
18	**Voranstrich, Dampfsperre, inkl. Reinigung** Voranstrich Dampfsperre; vollflächig aufbringen; Dachfläche; inkl. Reinigung						
	m²	**€ brutto**	**3,1**	**4,8**	**5,4**	**6,5**	**9,1**
	KG 363	€ netto	2,6	4,0	4,5	5,5	7,6

LB 321 **Preise €**

Nr.	**Kurztext** / Stichworte **Einheit** / Kostengruppe		►	▷	**brutto ø** netto ø	◁	◄
19	**Voranstrich, Dampfsperre** Voranstrich; Haftgrund als Bitumen-Voranstrich/Bitumen-Emulsion; vollflächig aufbringen; Dachfläche						
	m²	**€ brutto**	**2,3**	**4,6**	**5,4**	**6,9**	**9,5**
	KG 363	€ netto	1,9	3,9	4,6	5,8	8,0
20	**Vordeckung, V13, auf Holzschalung** Trennlage/Vordeckung; Bitumen-Dachdichtungsbahn V13; Dachfläche						
	m²	**€ brutto**	**7,4**	**12,6**	**13,9**	**15,8**	**20,7**
	KG 363	€ netto	6,2	10,6	11,7	13,3	17,4
21	**Trenn-/Ausgleichsschicht, G200 DD, auf Holz** Trennlage/Unterdeckung; Bitumen-Dachdichtungsbahn G200 DD; Dachfläche						
	m²	**€ brutto**	**9,5**	**14,5**	**16,7**	**18,2**	**23,0**
	KG 363	€ netto	8,0	12,2	14,0	15,3	19,4
22	**Dampfsperre, V60 S4 Al, auf Beton** Dampfsperre; Bitumen-Schweißbahn V60 S4 Al01; Dachfläche						
	m²	**€ brutto**	**16**	**22**	**25**	**29**	**39**
	KG 363	€ netto	13	19	21	25	33
23	**Dampfsperre hochführen, aufgehende Bauteile** Dampfsperre, Anschluss; hochführen bis OK Dämmung; Wände/Brüstungen						
	m	**€ brutto**	**5,2**	**7,4**	**8,8**	**11,0**	**14,8**
	KG 363	€ netto	4,4	6,3	7,4	9,3	12,4
24	**Wärmedämmung, DAA, PUR 025, bis 120mm, Alu kaschiert** Wärmedämmung; Polystyrol-Hartschaum, expandiert, WLG 035; bis 120mm; einlagig; Dach						
	m²	**€ brutto**	**58**	**73**	**82**	**105**	**110**
	KG 363	€ netto	48	62	69	88	93
25	**Wärmedämmung, DAA, PUR 025, bis 120mm** Wärmedämmung DAA; Polyurethan-Hartschaum, WLG 025, E; bis 120mm; einlagig; Dach						
	m²	**€ brutto**	**35**	**46**	**52**	**54**	**59**
	KG 363	€ netto	30	39	44	46	50
26	**Wärmedämmung, DAA, EPS 035, bis 140mm** Wärmedämmung; Polystyrol-Hartschaum, expandiert, WLG 035; bis 140mm; einlagig; Dach						
	m²	**€ brutto**	**40**	**46**	**48**	**50**	**58**
	KG 363	€ netto	33	39	41	42	49

Kosten: Stand 3.Quartal 2025, Bundesdurchschnitt

LB 321 **Preise €**

Nr.	Kurztext / Stichworte Einheit / Kostengruppe		►	▷	brutto ø netto ø	◁	◄
27	**Wärmedämmung, DAA, CG, bis 140mm** Wärmedämmung; Schaumglas WLG 045, A1; Dicke bis 140mm; einlagig; Dach; inkl. Deckaufstrich						
	m²	**€ brutto**	**122**	**142**	**152**	**162**	**181**
	KG 363	€ netto	102	120	127	136	152
28	**Gefälledämmung DAA, EPS, i.M. bis 160mm** Gefälledämmung; Polystyrol-Hartschaum, expandiert, WLG 035; Dicke i.M. 160mm; einlagig, dicht gestoßen, verkleben; Dach						
	m²	**€ brutto**	**51**	**60**	**65**	**74**	**93**
	KG 363	€ netto	43	50	54	62	78
29	**Gefälledämmung DAA, PUR, i.M. bis 160mm** Gefälledämmung; Polyurethan-Hartschaum, WLG 025, E; Dicke i.M. 160mm; einlagig, dicht gestoßen, verkleben; Dach						
	m²	**€ brutto**	**62**	**83**	**87**	**97**	**117**
	KG 363	€ netto	52	70	73	82	99
30	**Übergang, Dämmkeile, Hartschaum, 60x60mm** Übergang, Dämmkeil; EPS Hartschaum; 45°, 60x60mm						
	m	**€ brutto**	**5,0**	**7,3**	**8,3**	**11,9**	**17,9**
	KG 363	€ netto	4,2	6,2	6,9	10,0	15,0
31	**Unterkonstruktion, Kanthölzer, bis 100x60mm** Unterkonstruktion, Kantholz; Nadelholz, S10, trocken; 60x60 bis 100x60mm; Flachdach						
	m	**€ brutto**	**12**	**17**	**17**	**18**	**21**
	KG 363	€ netto	10	14	14	15	18
32	**Unterkonstruktion, Holzbohlen, 40x120mm** Unterkonstruktion, Holzbohlen; Nadelholz, S10, trocken; 40x120mm; Flachdach						
	m	**€ brutto**	**25**	**30**	**33**	**37**	**44**
	KG 363	€ netto	21	25	28	31	37
33	**Fugenabdichtung, Silikon** Fugenabdichtung; Silikon; Fugenhohlräume hinterfüllen						
	m	**€ brutto**	**8,5**	**11,6**	**13,3**	**14,1**	**16,4**
	KG 363	€ netto	7,2	9,7	11,2	11,9	13,7
34	**Bewegungsfuge, Typ I** Bewegungsfuge; Typ I; Dachfläche						
	m	**€ brutto**	**45**	**59**	**66**	**70**	**90**
	KG 363	€ netto	38	50	56	59	76

LB 321							Preise €
Nr.	Kurztext / Stichworte Einheit / Kostengruppe		►	▷	brutto ø netto ø	◁	◄
35	**Dachabdichtung PYE G200, S4/S5, untere Lage** Dachabdichtung, untere Lage; Polymerbitumen-Schweißbahn PYE-G 200 S4/S5; genutzte Dächer						
	m²	**€ brutto**	**22**	**27**	**30**	**33**	**40**
	KG 363	€ netto	18	23	25	28	34
36	**Dachabdichtung PYE PV 200 S5 Cu01, obere Lage, Wurzelschutz** Dachabdichtung, obere Lage mit Wurzelschutz; Polymerbitumen-Schweißbahn PYE PV 200 S5+Cu01; Flachdach						
	m²	**€ brutto**	**35**	**47**	**52**	**60**	**76**
	KG 363	€ netto	30	39	43	50	63
37	**Dachabdichtung zweilagig, Polymerbitumen-Schweißbahnen** Dachabdichtung; Polymerbitumenschweißbahn untere Lage PYE-G 200 S4/S5, obere Lage PYE-PV 200 S5; zweilagig; Dachfläche						
	m²	**€ brutto**	**37**	**45**	**50**	**56**	**69**
	KG 363	€ netto	31	38	42	47	58
38	**Wandanschluss, gedämmt, zweilagige Abdichtung** Wandanschluss, gedämmt; EPS-Dämmstoffkeile, WLG 035, Kantholz S10; Dämmung 60x60mm, Kantholz 80x60mm; Dachfläche						
	m	**€ brutto**	**41**	**49**	**52**	**59**	**70**
	KG 363	€ netto	34	41	44	50	58
39	**Dachabdichtung, Kunststoffbahn, einlagig, Wurzelschutz** Dachabdichtung mit Wurzelschutz; PVC-P Kunststoffbahn mit Glasvlies 2,4mm; Dicke 2,4mm; einlagig; Dachfläche						
	m²	**€ brutto**	**37**	**46**	**51**	**56**	**64**
	KG 363	€ netto	31	39	43	47	54
40	**Dachabdichtung, Flüssigkunststoff 2K-PUR BROOF, Einlage** Abdichtungsbeschichtung, flüssig; Polyurethanharz mit Vliesarmierung; Dachfläche						
	m²	**€ brutto**	**121**	**142**	**169**	**204**	**221**
	KG 363	€ netto	102	119	142	171	186
41	**Wandanschluss, Flüssigkunststoff 2K-PUR BROOF, Einlage** Abdichtungsbeschichtung, flüssig; Polyurethanharz mit Vliesarmierung; Wand						
	m	**€ brutto**	**61**	**68**	**74**	**82**	**94**
	KG 363	€ netto	51	57	62	69	79
42	**Stundensatz, Facharbeiter/-in** Stundenlohnarbeiten für Vorarbeiter/-in, Facharbeiter/-in und Gleichgestellte; Dachabdichtungsarbeiten						
	h	**€ brutto**	**77**	**89**	**94**	**98**	**108**
		€ netto	65	75	79	83	90

Kosten: Stand 3.Quartal 2025, Bundesdurchschnitt

LB 321 **Preise €**

Nr.	Kurztext / Stichworte				brutto ø		
	Einheit / Kostengruppe		►	▷	netto ø	◁	◄
43	**Stundensatz, Helfer/-in** Stundenlohnarbeiten für Werker/-in, Helfer/-in und Gleichgestellte; Dachabdichtungsarbeiten						
	h	**€ brutto**	**66**	**75**	**78**	**84**	**95**
		€ netto	56	63	66	71	80

LB 322							Preise €
Nr.	Kurztext / Stichworte		brutto ø				
	Einheit / Kostengruppe		►	▷	netto ø	◁	◄
1	**Schneefanggitter entfernen** Schneefanggitter entfernen; inkl. Befestigung; Bauschutt entsorgen						
	m	**€ brutto**	**5,5**	**8,7**	**9,8**	**12,5**	**20,4**
	KG 394	€ netto	4,7	7,4	8,3	10,5	17,1
2	**Dachrinne vorgehängt, entfernen** Dachrinne, vorgehängt, demontieren; inkl. Rinnenhaken; Bauschutt entsorgen						
	m	**€ brutto**	**3,7**	**6,0**	**7,1**	**8,9**	**11,6**
	KG 394	€ netto	3,1	5,1	6,0	7,5	9,7
3	**Kastenrinne entfernen** Kastenrinne, innenliegend, demontieren; inkl. Rinnenhaken; Bauschutt entsorgen						
	m	**€ brutto**	**6,7**	**10,1**	**11,4**	**14,4**	**17,9**
	KG 394	€ netto	5,6	8,5	9,6	12,1	15,1
4	**Rinneneinhangstutzen entfernen** Rinneneinhangstutzen entfernen; Bauschutt entsorgen						
	St	**€ brutto**	**2,5**	**3,2**	**3,5**	**4,5**	**4,8**
	KG 394	€ netto	2,1	2,7	3,0	3,8	4,0
5	**Fallrohr entfernen** Fallrohr entfernen; inkl. Befestigung und Verbindung zur Dachrinne; Bauschutt entsorgen						
	m	**€ brutto**	**3,7**	**5,9**	**7,2**	**9,0**	**11,7**
	KG 394	€ netto	3,1	5,0	6,0	7,5	9,8
6	**Standrohr abschneiden** Standrohr abschneiden; Gusseisen; DN100; Bauschutt entsorgen						
	St	**€ brutto**	**8,0**	**20,5**	**23,5**	**29,9**	**33,7**
	KG 394	€ netto	6,7	17,2	19,8	25,1	28,3
7	**Traufblech entfernen** Traufblech entfernen; Breite bis 500mm; Bauschutt entsorgen						
	m	**€ brutto**	**4,2**	**6,0**	**7,0**	**8,8**	**14,8**
	KG 394	€ netto	3,5	5,1	5,9	7,4	12,5
8	**Winkelkehle entfernen** Windkehle entfernen; Blech; Bauschutt entsorgen						
	m	**€ brutto**	**6,0**	**8,9**	**10,2**	**13,1**	**15,4**
	KG 394	€ netto	5,0	7,5	8,6	11,0	13,0
9	**Verwahrung entfernen** Verwahrung entfernen; Bauschutt entsorgen						
	m	**€ brutto**	**5,6**	**11,1**	**12,0**	**15,9**	**22,4**
	KG 394	€ netto	4,7	9,3	10,1	13,4	18,8

Kosten: Stand 3.Quartal 2025, Bundesdurchschnitt

LB 322 **Preise €**

Nr.	Kurztext / Stichworte Einheit / Kostengruppe		►	▷	brutto ø netto ø	◁	◄
10	**Ortgangverblechung entfernen** Ortgangverblechung entfernen; inkl. Windleiste, Blechabdeckung; Bauschutt entsorgen						
	m	**€ brutto**	**7,9**	**10,9**	**11,7**	**15,5**	**21,4**
	KG 394	€ netto	6,6	9,2	9,9	13,0	18,0
11	**Wandanschlussprofil entfernen** Wandanschlussprofil entfernen; inkl. Befestigungsmittel; Bauschutt entsorgen						
	m	**€ brutto**	**15**	**18**	**21**	**26**	**30**
	KG 394	€ netto	13	15	18	22	25
12	**Fensterblech entfernen** Fensterblech entfernen; inkl. Befestigungsmittel; Bauschutt entsorgen						
	m	**€ brutto**	**5,1**	**9,6**	**11,3**	**14,3**	**17,4**
	KG 394	€ netto	4,3	8,1	9,5	12,0	14,6
13	**Blechabdeckung entfernen** Blechabdeckung entfernen; Zuschnitt bis 600mm; Bauschutt entsorgen						
	m	**€ brutto**	**5,5**	**11,0**	**13,4**	**18,2**	**21,2**
	KG 394	€ netto	4,6	9,2	11,2	15,3	17,8
14	**Schornsteinverblechung entfernen** Schornsteinverblechung entfernen; Bauschutt entsorgen						
	m²	**€ brutto**	**22**	**36**	**43**	**54**	**64**
	KG 394	€ netto	18	30	36	45	53
15	**Schornsteinabdeckung entfernen** Schornsteinabdeckung entfernen; Blech; Bauschutt entsorgen						
	St	**€ brutto**	**19**	**23**	**26**	**32**	**35**
	KG 394	€ netto	16	19	22	27	29
16	**Gaubenverblechung entfernen** Gaubenverblechung entfernen; inkl. Anschlüsse; Bauschutt entsorgen						
	m²	**€ brutto**	**12**	**22**	**26**	**33**	**43**
	KG 394	€ netto	10	18	22	27	36
17	**Blech-Dachdeckung entfernen** Dacheindeckung entfernen; Metallblech; auf Holzschalung; Bauschutt entsorgen						
	m²	**€ brutto**	**13**	**31**	**36**	**46**	**61**
	KG 394	€ netto	11	26	30	39	52
18	**Blechbekleidung entfernen** Blechbekleidung entfernen; Bauschutt entsorgen						
	m²	**€ brutto**	**31**	**37**	**44**	**53**	**58**
	KG 394	€ netto	26	31	37	45	49

LB 322						Preise €
Nr.	Kurztext / Stichworte Einheit / Kostengruppe	▶	▷	brutto ø netto ø	◁	◀
19	**Trennlage entfernen** Trennlage entfernen; Blechdach; Bauschutt entsorgen					
	m² € brutto	**5,6**	**6,7**	**8,3**	**10,1**	**11,0**
	KG 394 € netto	4,7	5,7	7,0	8,5	9,2
20	**Antenne demontieren** Antenne demontieren; inkl. Befestigungsmittel; seitlich lagern					
	St € brutto	**30**	**37**	**44**	**54**	**59**
	KG 394 € netto	25	31	37	46	50
21	**Blitzableiter entfernen** Blitzableiter entfernen; Dach- und Wandflächen; Bauschutt entsorgen					
	m € brutto	**2,4**	**3,9**	**4,6**	**5,9**	**7,4**
	KG 394 € netto	2,0	3,3	3,9	4,9	6,2
22	**Schneefanggitter, Kupfer** Schneefanggitter; Kupfer; Höhe 200mm; Steildach					
	m € brutto	**62**	**90**	**101**	**113**	**146**
	KG 369 € netto	52	76	85	95	123
23	**Schneefanggitter, Metall** Schneefanggitter; verzinkter Stahl; Höhe 200mm; Steildach					
	m € brutto	**49**	**61**	**68**	**76**	**96**
	KG 369 € netto	41	52	58	64	80
24	**Schneefangrohr, Rundprofil** Schneefangrohr; Rundrohr, Stahl S235JR; Befestigungsabstand 80mm; mit Walzblei abdichten, inkl. Halterprofilen; Steildach					
	m € brutto	**60**	**69**	**74**	**83**	**94**
	KG 369 € netto	51	58	62	69	79
25	**Schneefangrohr, Stehfalzdeckung** Schneefangrohr; Holz 80mm; inkl. Halterprofilen					
	m € brutto	**64**	**78**	**79**	**83**	**92**
	KG 369 € netto	54	65	66	70	77
26	**Dachdeckung, Doppelstehfalz, Kupfer** Blechabdeckung, Doppelstehfalzdeckung; Kupfer, 0,6mm; Dach					
	m² € brutto	**144**	**200**	**227**	**242**	**276**
	KG 363 € netto	121	168	191	203	232
27	**Dachdeckung, Doppelstehfalz, Titanzink** Blechabdeckung, Doppelstehfalzdeckung; Titanzink, 0,6mm; Dach					
	m² € brutto	**100**	**164**	**188**	**210**	**250**
	KG 363 € netto	84	138	158	176	210

Kosten: Stand 3.Quartal 2025, Bundesdurchschnitt

LB 322							Preise €
Nr.	**Kurztext** / Stichworte **Einheit** / Kostengruppe		►	▷	**brutto ø** netto ø	◁	◄
28	**Trennlage, Blechflächen, V13** Trennlage, Blechdach; Bitumen-Dachdichtungsbahn V13, besandet; genagelt; Holzschalung						
	m²	€ brutto	**8,7**	**12,0**	**13,4**	**14,3**	**19,6**
	KG 363	€ netto	7,3	10,1	11,3	12,0	16,4
29	**Walzbleianschluss, Blechstreifen** Walzbleianschluss; Anschlusshöhe 150mm; aufgehende Bauteile; inkl. verzinkter Kappleiste						
	m²	€ brutto	**81**	**87**	**92**	**95**	**102**
	KG 363	€ netto	68	73	77	80	85
30	**Schornsteinbekleidung, Winkel-/Stehfalzdeckung** Schornsteinverkleidung; Winkel-/Stehfalzdeckung, vorbewittert; Breite 720mm für Achsmaß 600/Breite 620mm für Achsmaß 500mm						
	m²	€ brutto	**133**	**262**	**327**	**411**	**521**
	KG 363	€ netto	112	220	275	346	438
31	**Schornsteineinfassung, Titanzink** Schornsteinverwahrung; Titanzink 0,7mm; Höhe 150mm; verputzter Kamin						
	m	€ brutto	**90**	**108**	**116**	**128**	**149**
	KG 363	€ netto	75	91	98	107	126
32	**Wandanschlussblech, Kupfer, Z 500** Wandanschluss; Kupfer, vorbewittert; Anschluss 500mm, Überhang bis 200mm; mehrfach gekantet; Dach						
	m	€ brutto	**39**	**56**	**65**	**71**	**82**
	KG 363	€ netto	33	47	54	60	69
33	**Wandanschlussblech, Titanzink, Z 333** Wandanschluss; Titanzink, vorbewittert; Dicke 0,7mm, Überhang bis 200mm; mehrfach gekantet; Dach						
	m	€ brutto	**37**	**45**	**49**	**54**	**66**
	KG 363	€ netto	31	38	41	45	56
34	**Überhang, bis Z 167** Überhangblech; Titanzink/Kupfer, vorbewittert; Zuschnitt bis 167mm; mehrfach gekantet; Dach						
	m	€ brutto	**23**	**31**	**34**	**39**	**54**
	KG 363	€ netto	20	26	29	33	45
35	**Überhang, bis Z 333** Überhangblech; Titanzink/Kupfer, vorbewittert; Zuschnitt bis 333mm; mehrfach gekantet; Dach						
	m	€ brutto	**30**	**40**	**45**	**49**	**57**
	KG 363	€ netto	25	34	38	42	48

LB 322						Preise €
Nr.	**Kurztext** / Stichworte **Einheit** / Kostengruppe	►	▷	**brutto ø** netto ø	◁	◄
36	**Firstanschlussblech, Titanzink, bis Z 500** Firstanschlussblech; Titanzink; Zuschnitt bis 500mm; mehrfach gekantet; auf Holzunterkonstruktion verlegt					
	m **€ brutto**	**54**	**80**	**86**	**100**	**141**
	KG 363 € netto	45	67	72	84	119
37	**Attika-/Mauerabdeckung, Kupfer, bis Z 500** Attika- oder Mauerabdeckung; Kupfer, vorpatiniert; Zuschnitt bis 500mm; gekantet					
	m **€ brutto**	**61**	**98**	**115**	**138**	**185**
	KG 363 € netto	51	82	97	116	155
38	**Attika/Mauerabdeckung, Titanzink, bis Z 500** Attika/Mauerabdeckung; Titanzink, vorbewittert; Zuschnitt bis 500mm; gekantet					
	m **€ brutto**	**56**	**88**	**102**	**115**	**144**
	KG 363 € netto	47	74	86	97	121
39	**Ortgangblech, Kupfer, Z 333** Ortgangblech; Kupfer, vorpatiniert; Zuschnitt 333mm; gefalzt/glatt, gekantet; auf Holzunterkonstruktion					
	m **€ brutto**	**35**	**52**	**65**	**82**	**119**
	KG 363 € netto	30	44	54	69	100
40	**Ortgangblech, Titanzink, Z 333** Ortgangblech; Titanzink, vorbewittert; Zuschnitt 333mm; gefalzt/glatt, gekantet; auf Holzunterkonstruktion					
	m **€ brutto**	**34**	**50**	**58**	**69**	**92**
	KG 363 € netto	28	42	48	58	77
41	**Blechkehle, Kupfer, bis Z 667** Kehlblech; Kupfer, vorpatiniert; Zuschnitt bis 667mm; gekantet; auf Holzunterkonstruktion					
	m **€ brutto**	**54**	**72**	**81**	**96**	**119**
	KG 363 € netto	45	61	68	81	100
42	**Blechkehle, Titanzink, bis Z 667** Kehlblech; Titanzink; Zuschnitt 400/500/667mm; gekantet; auf Holzunterkonstruktion					
	m **€ brutto**	**40**	**54**	**61**	**67**	**87**
	KG 363 € netto	34	45	51	56	73
43	**Kleintierschutz, Metall** Kleintierschutz; Metall; mit Montagehaltern fixiert; auf Holzunterkonstruktion					
	m **€ brutto**	**26**	**37**	**40**	**44**	**53**
	KG 363 € netto	22	31	33	37	44

Kosten: Stand 3.Quartal 2025, Bundesdurchschnitt

LB 322						**Preise €**
Nr.	**Kurztext** / Stichworte			**brutto ø**		
	Einheit / Kostengruppe	►	▷	netto ø	◁	◄
44	**Traufstreifen, Kupfer, Z 333**					
	Traufblech; Kupfer, vorbewittert; Zuschnitt 333mm; dreifach gekantet; inkl. Haftstreifen					
	m € brutto	**25**	**36**	**40**	**43**	**57**
	KG 363 € netto	21	30	34	37	48
45	**Traufstreifen, Titanzink, Z 333**					
	Traufblech; Titanzink, vorbewittert; Zuschnitt 333mm; dreifach gekantet; inkl. Haftstreifen					
	m € brutto	**23**	**32**	**34**	**41**	**54**
	KG 363 € netto	19	27	29	35	46
46	**Notüberlauf, Flachdach**					
	Notüberlauf; Abwicklung 500mm; halbrund/rechteckig; in Attika					
	St € brutto	**149**	**222**	**241**	**271**	**358**
	KG 363 € netto	125	186	203	228	301
47	**Standrohr, Metall**					
	Standrohr; Titanzink/Kupfer; inkl. Anschluss an Rohrleitungsnetz					
	St € brutto	**97**	**132**	**141**	**163**	**226**
	KG 363 € netto	82	111	119	137	189
48	**Standrohr, Guss/SML**					
	Standrohr; Gusseisen/SML-Rohr; inkl. Anschluss an Rohrleitungsnetz					
	St € brutto	**79**	**122**	**139**	**169**	**209**
	KG 363 € netto	67	103	117	142	175
49	**Laubfangkorb, Dachrinnenablauf**					
	Laubfangkorb; Stahldraht/Kupfer/Edelstahl; für Ablauf					
	St € brutto	**12**	**15**	**16**	**19**	**26**
	KG 363 € netto	9,9	12,3	13,5	16,3	21,9
50	**Fallrohrklappe, Titanzink/Kupfer**					
	Fallrohrklappe; Titanzink/Kupfer					
	St € brutto	**60**	**72**	**76**	**79**	**87**
	KG 363 € netto	50	60	64	67	73
51	**Standrohrkappen, Titanzink/Kupfer**					
	Standrohrkappe; Titanzink/Kupfer; DN100; mit/ohne Muffe					
	St € brutto	**7,8**	**12,8**	**15,4**	**18,2**	**25,0**
	KG 363 € netto	6,5	10,8	12,9	15,3	21,0
52	**Fallrohrbogen, Kupfer, DN100**					
	Fallrohrbogen; Kupfer, vorpatiniert; DN100, 60/40/72°					
	St € brutto	**35**	**40**	**42**	**44**	**49**
	KG 363 € netto	29	34	36	37	41

LB 322							Preise €
Nr.	Kurztext / Stichworte Einheit / Kostengruppe		▶	▷	brutto ø netto ø	◁	◀
53	**Fallrohrbogen, Titanzink, DN100** Fallrohrbogen; Titanzink, vorbewittert; DN100						
	St	**€ brutto**	**19**	**27**	**30**	**36**	**47**
	KG 363	€ netto	16	22	25	30	39
54	**Fallrohr, Kupfer, DN100** Fallrohr; Kupfer; DN100; Rohrschellen, Schraubstift						
	m	**€ brutto**	**47**	**61**	**70**	**78**	**92**
	KG 363	€ netto	39	51	59	66	78
55	**Fallrohr, Titanzink, bis DN100** Fallrohr; Titanzink, vorbewittert; DN60/DN80/DN100; Rohrschellen, Schraubstift						
	m	**€ brutto**	**36**	**46**	**50**	**57**	**77**
	KG 363	€ netto	30	39	42	48	65
56	**Fallrohr, Titanzink, bis DN150** Fallrohr; Titanzink, vorbewittert; DN120/DN150; Rohrschellen, Schraubstift						
	m	**€ brutto**	**41**	**52**	**56**	**64**	**79**
	KG 363	€ netto	35	44	47	54	66
57	**Rinnenendstück, Rinnenboden, Kupfer** Rinnenendstück, rund/kastenförmig; Kupfer; Dachrinne						
	St	**€ brutto**	**9,2**	**13,8**	**15,1**	**21,8**	**31,8**
	KG 363	€ netto	7,7	11,6	12,7	18,3	26,7
58	**Rinnenendstück, Rinnenboden, Titanzink** Rinnenendstück, halbrund/kastenförmig; Titanzink, vorbewittert; Dachrinne						
	St	**€ brutto**	**7,5**	**12,2**	**14,4**	**18,3**	**28,5**
	KG 363	€ netto	6,3	10,3	12,1	15,4	23,9
59	**Rinnenstutzen, Kupfer** Rinnenstutzen; Kupfer, vorpatiniert; Dachrinne/Fallrohr						
	St	**€ brutto**	**39**	**47**	**51**	**55**	**64**
	KG 363	€ netto	33	39	43	47	54
60	**Rinnenstutzen, Titanzink** Rinnenstutzen; Titanzink, vorbewittert; Dachrinne/Fallrohr						
	St	**€ brutto**	**29**	**37**	**40**	**47**	**57**
	KG 363	€ netto	24	31	34	39	48
61	**Dachrinne, Kupfer, bis Z 333** Hängedachrinne, halbrund; Kupfer; Zuschnitt 333mm; Wulst und Falz						
	m	**€ brutto**	**41**	**59**	**69**	**81**	**104**
	KG 363	€ netto	34	49	58	68	87

Kosten: Stand 3.Quartal 2025, Bundesdurchschnitt

LB 322							Preise €
Nr.	**Kurztext** / Stichworte **Einheit** / Kostengruppe		▶	▷	**brutto ø** netto ø	◁	◀
62	**Dachrinne, Titanzink, bis Z 333** Hängedachrinne, halbrund; Titanzink, vorbewittert; Zuschnitt bis 333mm; Wulst und Falz						
	m	**€ brutto**	**37**	**48**	**53**	**61**	**79**
	KG 363	€ netto	31	41	45	51	67
63	**Dachrinne, Titanzink, Kastenrinne, Z 333** Hängedachrinne, kastenförmig; Titanzink, vorbewittert; Zuschnitt 280mm; Wulst und Falz						
	m	**€ brutto**	**47**	**60**	**66**	**79**	**107**
	KG 363	€ netto	40	50	55	67	90
64	**Traufblech, Kupfer, Z 333** Traufblech, Rinneneinhang; Kupfer; Zuschnitt 333mm; Tropfkante, dreifach gekantet						
	m	**€ brutto**	**33**	**45**	**47**	**52**	**70**
	KG 363	€ netto	28	38	39	44	59
65	**Traufblech, Titanzink, Z 333** Traufblech, Rinneneinhang; Titanzink; Zuschnitt 333mm; Wulst/Tropfkante, dreifach gekantet						
	m	**€ brutto**	**24**	**34**	**37**	**44**	**59**
	KG 363	€ netto	20	29	31	37	50
66	**Sicherheitsdachhaken, verzinkt** Leiterhaken, Dachsicherung; Stahl, verzinkt; 25x6mm; Dach						
	St	**€ brutto**	**27**	**36**	**38**	**44**	**49**
	KG 369	€ netto	23	30	32	37	41
67	**Sicherheitsdachhaken, Kupfer** Leiterhaken, Dachsicherung; Kupfer; 25x6mm; Dach						
	St	**€ brutto**	**29**	**37**	**43**	**52**	**54**
	KG 369	€ netto	24	31	36	43	45
68	**Sicherheitstritt, Standgitter** Sicherheitstritt; PVC-Standziegel; Trittlänge 41cm; Dach						
	St	**€ brutto**	**116**	**151**	**164**	**190**	**201**
	KG 369	€ netto	98	127	138	160	169
69	**Stundensatz, Facharbeiter/-in** Stundenlohnarbeiten für Vorarbeiter/-in, Facharbeiter/-in und Gleichgestellte; Klempnerarbeiten						
	h	**€ brutto**	**79**	**87**	**92**	**93**	**96**
		€ netto	67	73	78	78	81

B

Ausbau

LB 323						Preise €
Nr.	**Kurztext** / Stichworte **Einheit** / Kostengruppe ►		▷	brutto ø netto ø	◁	◄
1	**Außenputz abschlagen, Mauerwerk** Wandputz zweilagig, abschlagen; Dicke bis 30mm; reinigen; außen; Bauschutt entsorgen					
	m²	**€ brutto**	**16**	**23**	**25**	**31**	**42**
	KG 394	€ netto	13	19	21	26	36
2	**Außenputz abschlagen, Teilflächen** Wandputz zweilagig, abschlagen, Teilflächen; bis 1,00m², Dicke bis 30mm; reinigen; außen; Bauschutt entsorgen					
	m²	**€ brutto**	**26**	**37**	**40**	**44**	**51**
	KG 394	€ netto	22	31	34	37	43
3	**Sockelputz abschlagen** Sockelputz abschlagen; Dicke bis 30mm; reinigen; außen; Bauschutt entsorgen					
	m²	**€ brutto**	**14**	**20**	**22**	**26**	**36**
	KG 394	€ netto	12	17	19	22	31
4	**Deckenputz abschlagen** Deckenputz abschlagen; Dicke bis 20mm; reinigen; Bauschutt entsorgen					
	m²	**€ brutto**	**19**	**36**	**41**	**47**	**49**
	KG 394	€ netto	16	30	34	40	41
5	**Deckenputz abschlagen, Teilflächen** Deckenputz abschlagen, Teilflächen; bis 1,00m², Dicke bis 20mm; reinigen; Bauschutt entsorgen					
	m²	**€ brutto**	**20**	**36**	**44**	**51**	**69**
	KG 394	€ netto	17	31	37	43	58
6	**Putzträger entfernen, Wand** Putzträger ausbauen; Streckmetall; Wand; Bauschutt entsorgen					
	m²	**€ brutto**	**13**	**19**	**22**	**25**	**37**
	KG 394	€ netto	11	16	18	21	31
7	**Putzträger entfernen, Decke** Putzträger ausbauen; Streckmetall; Decke; Bauschutt entsorgen					
	m²	**€ brutto**	**13**	**26**	**30**	**34**	**42**
	KG 394	€ netto	11	22	25	29	36
8	**Kantenschutzschiene abbrechen** Kantenschutzschiene abbrechen; Länge bis 1,50m; Bauschutt entsorgen					
	m	**€ brutto**	**7,8**	**8,9**	**9,8**	**11,4**	**21,4**
	KG 394	€ netto	6,5	7,5	8,3	9,6	18,0
9	**Ziegelwand/Fugen reinigen** Wandfläche reinigen; Mauerwerk; Ziegel; Fugen auskratzen, bürsten; Wand; Bauschutt entsorgen					
	m²	**€ brutto**	**4,3**	**6,0**	**6,7**	**15,2**	**21,8**
	KG 395	€ netto	3,6	5,0	5,6	12,8	18,3

Kosten: Stand 3.Quartal 2025, Bundesdurchschnitt

LB 323 **Preise €**

Nr.	Kurztext / Stichworte Einheit / Kostengruppe		►	▷	brutto ø netto ø	◁	◄
10	**Sandstrahlen, Altputz** Strahlen, Altputz; Sand; entfernen von Schmutz, Ausblühungen; Wand; Bauschutt entsorgen						
	m²	**€ brutto**	**9,3**	**18,5**	**21,0**	**24,4**	**27,9**
	KG 395	€ netto	7,8	15,6	17,7	20,5	23,5
11	**Niederdruckreinigung, Putzuntergrund** Niederdruckreinigung, Putzuntergrund; Strahlmittel; Putzflächen; fest haftende Stoffe entfernen, Fläche nachwaschen; Bauschutt entsorgen						
	m²	**€ brutto**	**12**	**20**	**22**	**26**	**33**
	KG 395	€ netto	9,8	16,7	18,8	22,1	27,8
12	**Hochdruckreinigung, Rotordüse, Putzuntergrund** Hochdruckreinigen, Rotordüse; Wasser; Putzflächen; feste Stoffe entfernen; Bauschutt entsorgen						
	m²	**€ brutto**	**7,2**	**12,1**	**13,8**	**16,0**	**21,1**
	KG 395	€ netto	6,1	10,2	11,6	13,4	17,7
13	**Fassadenreinigung, Hochdruckreinigung mit Warmwasser** Hochdruckreinigung mit Warmwasser; fest haftende Stoffe entfernen; Fassade; Bauschutt entsorgen						
	m²	**€ brutto**	**4,7**	**8,8**	**10,1**	**11,7**	**19,3**
	KG 395	€ netto	3,9	7,4	8,5	9,8	16,2
14	**Hohlstellen prüfen, Innenputz** Hohlstellen; Innenputz; prüfen, markieren						
	m²	**€ brutto**	**1,9**	**2,6**	**3,0**	**3,5**	**6,7**
	KG 394	€ netto	1,6	2,2	2,5	2,9	5,7
15	**Hohlstellen abschlagen, Innenputz** Hohlstellen abschlagen; Innenputz; Bauschutt entsorgen						
	St	**€ brutto**	**12**	**19**	**22**	**26**	**32**
	KG 394	€ netto	10	16	19	22	27
16	**Pilz-/Algenbefall entfernen, Außenputz** Algen- und Pilzbefall entfernen; Innenputz; bürsten; Außenputz						
	m²	**€ brutto**	**8,4**	**9,5**	**10,8**	**12,5**	**20,3**
	KG 395	€ netto	7,1	8,0	9,1	10,5	17,0
17	**Mauerbewuchs entfernen, Putzflächen** Mauerbewuchs entfernen; Putzfläche; Abfall entsorgen						
	m²	**€ brutto**	**4,5**	**9,2**	**10,1**	**12,0**	**15,8**
	KG 395	€ netto	3,8	7,7	8,5	10,1	13,3
18	**Ausblühungen entfernen, Putzuntergrund** Ausblühungen entfernen; trockenes bürsten; Putzuntergrund						
	m²	**€ brutto**	**4,7**	**6,8**	**7,7**	**9,0**	**14,5**
	KG 395	€ netto	3,9	5,7	6,5	7,5	12,2

LB 323						Preise €
Nr.	Kurztext / Stichworte Einheit / Kostengruppe ►		▷	brutto ø netto ø	◁	◄
19	**Mauerwerksfugen verfüllen** Mauerwerksfuge verfüllen; bis Vorderkante					
	m²	**€ brutto**	**21**	**22**	**26**	**31**	**45**
	KG 395	€ netto	18	18	22	26	37
20	**Putzträger, verzinkt, Innenwand** Putzträger, Innenwand; Metallgewebe, verzinkt; einbauen					
	m²	**€ brutto**	**9,6**	**19,1**	**21,4**	**25,1**	**30,8**
	KG 395	€ netto	8,0	16,0	18,0	21,1	25,9
21	**Putzträger, Drahtziegelgewebe, innen** Putzträger, Innenwand; Drahtziegelgewebe; MW bis 12,5mm; einbauen					
	m²	**€ brutto**	**16**	**21**	**24**	**28**	**34**
	KG 395	€ netto	13	18	20	24	29
22	**Spritzbewurf, Innenmauerwerk** Spritzbewurf, Innenmauerwerk; MG CS IV; halbdeckend auftragen					
	m²	**€ brutto**	**12**	**13**	**15**	**18**	**23**
	KG 395	€ netto	9,9	11,2	12,6	14,8	19,3
23	**Untergrund verfestigen, Tiefgrund** Untergrund verfestigen, Altputz; Tiefgrund					
	m²	**€ brutto**	**2,9**	**3,2**	**3,7**	**4,3**	**6,3**
	KG 395	€ netto	2,4	2,7	3,1	3,6	5,3
24	**Haftputz, mineralisch, Beton** Haftputz; Trockenmörtel, MG CS III; Dicke 5mm; aufbringen; Betonflächen					
	m²	**€ brutto**	**8,3**	**9,5**	**10,6**	**12,3**	**17,0**
	KG 395	€ netto	7,0	8,0	8,9	10,4	14,3
25	**Außenputz ausbessern** Außenputz ausbessern; Unter- und Oberputz; losen, hohlliegenden Putz entfernen, Fugen auskratzen, reinigen; Bauschutt entsorgen					
	m²	**€ brutto**	**46**	**63**	**71**	**83**	**117**
	KG 395	€ netto	39	53	59	69	98
26	**Außenputz ausbessern, Teilflächen** Außenputz ausbessern; Unter- und Oberputz; Flächen bis 1,00m²; losen, hohlliegenden Putz entfernen, Fugen auskratzen, reinigen; Bauschutt entsorgen					
	m²	**€ brutto**	**38**	**60**	**68**	**78**	**114**
	KG 395	€ netto	32	50	57	65	96
27	**Öffnungen beiputzen, außen** Öffnungen beiputzen, nachträglich; Fenster, Türen; Tiefe bis 20cm; außen					
	m	**€ brutto**	**14**	**15**	**17**	**20**	**24**
	KG 395	€ netto	11	13	14	17	20

LB 323							Preise €
Nr.	**Kurztext** / Stichworte				**brutto ø**		
	Einheit / Kostengruppe		►	▷	netto ø	◁	◄
28	**Fensterbank beiputzen, außen**						
	Fensterbank beiputzen, nachträglich; Länge bis 1,35m, Breite bis 15cm; außen						
	St	**€ brutto**	**22**	**24**	**27**	**32**	**37**
	KG 395	€ netto	18	20	23	27	31
29	**Putzträger, Streckmetall, außen**						
	Putzträger; Streckmetall; vollflächig einbauen; Außenwand						
	m²	**€ brutto**	**19**	**24**	**27**	**31**	**36**
	KG 395	€ netto	16	20	23	26	30
30	**Putzarmierung, Glasfasergewebe, außen**						
	Putzarmierung; Glasfasergewebe; vollflächig einbauen; außen						
	m²	**€ brutto**	**12**	**14**	**15**	**18**	**22**
	KG 395	€ netto	10	11	13	15	18
31	**Putzarmierung, Edelstahl, außen**						
	Putzarmierung; Edelstahlgitter; vollflächig in Putzfläche eingebaut; Außenwand						
	m²	**€ brutto**	**52**	**58**	**66**	**76**	**85**
	KG 395	€ netto	44	49	55	64	71
32	**Kantenschutzprofil, verzinkt, Außenputz**						
	Eckschutzprofil; Stahl, verzinkt; Außenputz						
	m	**€ brutto**	**10**	**12**	**13**	**15**	**18**
	KG 395	€ netto	8,7	9,8	11,1	12,9	15,3
33	**Kantenprofil, Edelstahl, Außenputz**						
	Kantenprofil; Edelstahl; Außenputz						
	m	**€ brutto**	**14**	**16**	**19**	**21**	**26**
	KG 395	€ netto	12	14	16	18	22
34	**Abschlussprofil, PVC/Stahl, Außenputz**						
	Putzabschlussprofil; Stahl, verzinkt, PVC-Überzug; Außenputz						
	m	**€ brutto**	**8,6**	**9,2**	**10,5**	**12,1**	**15,5**
	KG 395	€ netto	7,2	7,7	8,8	10,2	13,1
35	**Einzelriss starr, Verschlämmen**						
	Einzelriss starr, schließen; füllende Beschichtung; verschlämmen mit füllender Beschichtung; Außenputz						
	m	**€ brutto**	**7,4**	**8,8**	**10,3**	**11,8**	**13,1**
	KG 395	€ netto	6,2	7,4	8,6	9,9	11,0
36	**Einzelriss starr, Mörtelverschluss**						
	Einzelriss starr schließen; Spachtelmasse; Rissränder, Putzuntergrund grundieren; Außenputz						
	m	**€ brutto**	**5,6**	**9,6**	**12,0**	**14,0**	**15,1**
	KG 395	€ netto	4,7	8,1	10,1	11,8	12,7

LB 323 **Preise €**

Nr.	Kurztext / Stichworte Einheit / Kostengruppe ►		▷	brutto ø netto ø	◁	◄
37	**Einzelriss flexibel, Dichtstoff** Einzelriss flexibel schließen; Dichtstoff; Riss grundieren, Dichtstoff mit Sand abstreuen; Außenputz					
	m	**€ brutto**	**9,1**	**13,3**	**15,1**	**17,5**	**21,6**
	KG 395	€ netto	7,6	11,2	12,7	14,7	18,2
38	**Einzelriss 0,2mm, Trennlage/Putzträger** Einzelriss schließen; Trennlage, Gewebe, Putz; Rissbreite 0,2mm, Putzdicke bis 25mm; schließen; Außenputz					
	m	**€ brutto**	**21**	**25**	**30**	**37**	**40**
	KG 395	€ netto	18	21	26	31	34
39	**Einzelriss flexibel, Dehnfuge gerade** Einzelriss flexibel, gerade; Hinterfüllmaterial, Dichtstoff; Putzdicke bis 25mm; weiten, füllen, schließen; Außenputz					
	m	**€ brutto**	**12**	**21**	**24**	**27**	**29**
	KG 395	€ netto	10	18	20	23	25
40	**Einzelriss flexibel, Bewegungsprofil** Einzelriss flexibel, gerade; freilegen, Dehnungsfugenprofil einlegen, schließen; Außenputz					
	m	**€ brutto**	**50**	**63**	**70**	**84**	**90**
	KG 395	€ netto	42	53	59	70	76
41	**Fugenschnitt, Wandputz** Fugenschnitt; Putzdicke 15mm; für nachträglichen Putzanschluss					
	m	**€ brutto**	**11**	**12**	**14**	**16**	**18**
	KG 395	€ netto	9,1	10,0	11,4	13,2	14,8
42	**Innenputz abschlagen, Mauerwerk** Wandputz zweilagig, abschlagen; Dicke bis 30mm; reinigen, Bauschutt entsorgen; außen					
	m^2	**€ brutto**	**10,0**	**15,1**	**15,2**	**16,6**	**21,8**
	KG 394	€ netto	8,4	12,7	12,7	13,9	18,3
43	**Putzschäden ausbessern, Teilflächen** Putzschäden ausbessern, Teilflächen; Mörtel; bis 1,00m^2, Tiefe bis 2,0cm; Innenwand; Bauschutt entsorgen					
	m^2	**€ brutto**	**43**	**47**	**54**	**62**	**73**
	KG 395	€ netto	36	40	45	52	61
44	**Fehlstellen verputzen, bis 0,1m^2** Fehlstellen verputzen; Mörtel; 0,01-0,10m^2, Tiefe bis 2cm; Innenwand					
	St	**€ brutto**	**4,3**	**5,4**	**6,1**	**7,1**	**8,5**
	KG 395	€ netto	3,6	4,6	5,1	6,0	7,2

Kosten: Stand 3.Quartal 2025, Bundesdurchschnitt

LB 323						**Preise €**
Nr.	**Kurztext** / Stichworte			**brutto ø**		
	Einheit / Kostengruppe	►	▷	netto ø	◁	◄
45	**Fehlstellen verputzen, bis 0,2m²**					
	Fehlstellen verputzen; Mörtel; 0,10-0,20m², Tiefe bis 2cm; Innenwand					
	St **€ brutto**	**7,8**	**9,8**	**11,2**	**12,9**	**15,6**
	KG 395 € netto	6,6	8,2	9,4	10,9	13,1
46	**Fehlstellen verputzen, bis 0,3m²**					
	Fehlstellen verputzen; Mörtel; 0,20-0,30m², Tiefe bis 2cm; Innenwand					
	St **€ brutto**	**9,2**	**11,6**	**13,1**	**15,2**	**18,4**
	KG 395 € netto	7,7	9,7	11,0	12,8	15,5
47	**Putzflächen spachteln, Fehlstellen innen**					
	Löcher schließen; Putz; Spachteln; innen					
	m² **€ brutto**	**13**	**16**	**18**	**21**	**25**
	KG 395 € netto	11	13	15	17	21
48	**Ausgleichsputz, Innenwand**					
	Ausgleichsputz; Mörtel; Dicke bis 2,0cm; Innenwand					
	m² **€ brutto**	**18**	**28**	**31**	**38**	**49**
	KG 395 € netto	15	24	26	32	42
49	**Öffnungen beiputzen, innen**					
	Öffnungen beiputzen; Mörtel; Breite bis 40cm; innen; nachträglich eingebaute Fenster, Türen					
	m **€ brutto**	**19**	**21**	**24**	**28**	**33**
	KG 395 € netto	16	18	20	23	28
50	**Fensterbank beiputzen, innen**					
	Fensterbank; Länge bis 1,35m, Breite bis 25cm; innen; nachträglich eingebaut					
	St **€ brutto**	**25**	**31**	**36**	**41**	**50**
	KG 395 € netto	21	26	30	35	42
51	**Trennschnitt, Innenputz**					
	Trennschnitt, Putzanschluss; innen					
	m **€ brutto**	**5,0**	**6,3**	**7,2**	**8,3**	**10,1**
	KG 395 € netto	4,2	5,3	6,1	7,0	8,5
52	**Putzträger, Rippenstreckmetall, innen**					
	Putzträger; Rippenstreckmetall, verzinkt; Innen					
	m² **€ brutto**	**15**	**19**	**22**	**25**	**30**
	KG 395 € netto	13	16	18	21	25
53	**Putzträger, Rabitzgewebe, innen**					
	Putzträger; Rabitzgewebe; Überspannung rissgefährdeter Putzuntergrund; innen					
	m² **€ brutto**	**16**	**19**	**22**	**25**	**31**
	KG 395 € netto	13	16	18	21	26

LB 323 **Preise €**

Nr.	Kurztext / Stichworte Einheit / Kostengruppe ►		▷	brutto ø netto ø	◁	◄
54	**Kantenprofil, verzinkt, innen** Kantenprofil; Stahl, verzinkt; Putzdicke bis 15mm; verschiedene Längen; innen					
	m	**€ brutto**	**6,8**	**8,7**	**9,6**	**11,4**	**13,5**
	KG 395	€ netto	5,7	7,3	8,1	9,6	11,3
55	**Putzabschlussprofil, verzinkt, Türen, innen** Putzabschlussprofil; Stahl, verzinkt; zwischen Türzarge, Putzfläche, innen					
	m	**€ brutto**	**7,7**	**8,5**	**9,7**	**11,5**	**13,3**
	KG 395	€ netto	6,4	7,2	8,2	9,6	11,2
56	**WD-Putz, Innendämmung, 50mm** Wärmedämm-Putzsystem; Spritzputz, Dämmputz, Kratzputz, WLG 070; Gesamtdicke 50mm					
	m²	**€ brutto**	**85**	**103**	**117**	**135**	**163**
	KG 336	€ netto	72	86	98	114	137
57	**WD-Putz, Innendämmung, 75mm** Wärmedämm-Putzsystem; Spritzputz, Dämmputz, Kratzputz, WLG 070; Gesamtdicke 75mm					
	m²	**€ brutto**	**141**	**159**	**179**	**209**	**268**
	KG 336	€ netto	119	134	150	176	225
58	**WD-Putz, Unter- und Oberputz, 50mm, Laibungen** Wärmedämm-Putzsystem; Gesamtdicke 50mm, Tiefe bis 250mm; zweilagige Innendämmung					
	m	**€ brutto**	**34**	**39**	**44**	**51**	**62**
	KG 336	€ netto	29	33	37	43	52
59	**WD-Putz, Unter- und Oberputz, 75mm, Laibungen** Wärmedämm-Putzsystem; Gesamtdicke 75mm, Tiefe bis 250mm; zweilagige Innendämmung					
	m	**€ brutto**	**43**	**49**	**55**	**64**	**77**
	KG 336	€ netto	36	41	46	54	65
60	**Putzträger, Rippenstreckmetall, Decken** Putzträger; Rippenstreckmetall, verzinkt; Decke					
	m²	**€ brutto**	**20**	**22**	**26**	**30**	**36**
	KG 395	€ netto	17	19	21	25	30
61	**Putzträger, Rabitzgewebe, Decken** Putzträger; Rabitzgewebe; Putzgrundflächen; Decke					
	m²	**€ brutto**	**18**	**20**	**23**	**26**	**33**
	KG 395	€ netto	15	17	19	22	28

LB 323 **Preise €**

Nr.	Kurztext / Stichworte				brutto ø		
	Einheit / Kostengruppe		►	▷	netto ø	◁	◄
62	**Trennschnitt, Deckenputz** Trennschnitt; Putzdicke bis 15mm; Decke						
	m	**€ brutto**	**10**	**13**	**14**	**17**	**21**
	KG 395	€ netto	8,5	10,8	12,0	14,3	17,4
63	**Innenputz, Wand, Kalk-Gipsputz, einlagig, Q2-geglättet** Innenputz, einlagig; Kalk-Gipsputz; Dicke 15mm; Q2-geglättet; Betonwand/KS-Mauerwerk						
	m²	**€ brutto**	**23**	**28**	**31**	**33**	**39**
	KG 345	€ netto	19	24	26	28	33
64	**Innenputz, Wand, Kalk-Zementputz, Q2-abgezogen** Innenputz; Kalk-Zementputz, CS II; Dicke 15mm; Q2-abgezogen; Betonwand/KS-Mauerwerk; für Fliesen						
	m²	**€ brutto**	**29**	**33**	**35**	**38**	**44**
	KG 345	€ netto	24	28	30	32	37
65	**Innenputz, Wand, Gipsputz, einlagig, Q2-gefilzt** Innenputz, einlagig; Gipsputz, MG P IV; Putzdicke 15mm; Q2-gefilzt; KS-Mauerwerk						
	m²	**€ brutto**	**22**	**29**	**31**	**33**	**38**
	KG 345	€ netto	19	24	26	28	32
66	**Innenputz, Wand, Gipsputz, einlagig, Q2-geglättet** Innenputz, einlagig; Gipsputz, MG P IV; Putzdicke 15mm; Q2-geglättet; HLz-/KS-Mauerwerk; für Raufasertapete						
	m²	**€ brutto**	**23**	**29**	**30**	**33**	**39**
	KG 345	€ netto	19	24	25	28	33
67	**Deckenputz, innen, Kalk-Gipsputz, einlagig, Q2-gefilzt** Innenputz, einlagig; Kalk-Gipsputz; Dicke 15mm; Q2-gefilzt; Beton-/Ziegelsteindecke; für strukturierte Deckenbekleidungen						
	m²	**€ brutto**	**25**	**33**	**36**	**38**	**45**
	KG 354	€ netto	21	28	30	32	38
68	**Außenputz, Wand, Unter-/Oberputz** Außenputzsystem; Unterputz, Oberputz 0/3; Unterputz 15mm, Höhe bis 3,50m; gerieben; Ziegelmauerwerk						
	m²	**€ brutto**	**37**	**53**	**60**	**65**	**77**
	KG 335	€ netto	31	44	51	55	65
69	**Untergrundvorbereitung, WDVS** Untergrundvorbereitung; Reinigungsmittel; Staub, Schmutz entfernen						
	m²	**€ brutto**	**3,3**	**3,7**	**4,2**	**4,9**	**5,2**
	KG 395	€ netto	2,7	3,1	3,5	4,1	4,4

LB 323 | **Preise €**

Nr.	**Kurztext** / Stichworte **Einheit** / Kostengruppe	►	▷	**brutto ø** netto ø	◁	◄
70	**Druckwasserstrahlen, Reinigung** Druckwasserstrahlen; lose Teile, leicht lösende Schichten entfernen; Außenwand					
	m² € brutto	**23**	**26**	**29**	**34**	**37**
	KG 395 € netto	19	22	25	29	31
71	**Ausgleichsputz auftragen** Ausgleichsputz auftragen; Mörtel; +/-10m; für WDVS-System					
	m² € brutto	**19**	**21**	**24**	**28**	**37**
	KG 395 € netto	16	18	20	24	31
72	**Untergrundverfestigung, Grundierung** Untergrundverfestigung; Grundierung; sandende Oberfläche					
	m² € brutto	**1,9**	**4,2**	**4,8**	**5,6**	**8,0**
	KG 395 € netto	1,6	3,6	4,0	4,7	6,7
73	**WDVS bis 20m, WF 100** Wärmedämm-Verbundsystem; Holzfaserplatten; Dicke 100mm; kleben, inkl. Dübelung und Armierungsschicht mit Gewebe; Außenwand; Höhe bis 20m					
	m² € brutto	**124**	**133**	**143**	**166**	**186**
	KG 335 € netto	105	112	120	139	156
74	**WDVS bis 20m, WF 120** Wärmedämm-Verbundsystem; Holzfaserplatten; Dicke 120mm; kleben, inkl. Dübelung und Armierungsschicht mit Gewebe; Außenwand; Höhe bis 20m					
	m² € brutto	**138**	**145**	**157**	**184**	**204**
	KG 335 € netto	116	121	132	155	172
75	**WDVS bis 20m, WF 140** Wärmedämm-Verbundsystem; Holzfaserplatten; Dicke 140mm; kleben, inkl. Dübelung und Armierungsschicht mit Gewebe; Außenwand; Höhe bis 20m					
	m² € brutto	**151**	**161**	**173**	**194**	**227**
	KG 335 € netto	127	135	146	163	191
76	**WDVS bis 20m, WF 160** Wärmedämm-Verbundsystem; Holzfaserplatten; Dicke 160mm; kleben, inkl. Dübelung und Armierungsschicht mit Gewebe; Außenwand; Höhe bis 20m					
	m² € brutto	**164**	**174**	**187**	**222**	**245**
	KG 335 € netto	138	146	157	187	206

LB 323 **Preise €**

Nr.	Kurztext / Stichworte		brutto ø				
	Einheit / Kostengruppe		►	▷	netto ø	◁	◄
77	**WDVS bis 20m, WF 180** Wärmedämm-Verbundsystem; Holzfaserplatten; Dicke 180mm; kleben, inkl. Dübelung und Armierungsschicht mit Gewebe; Außenwand; Höhe bis 20m						
	m²	**€ brutto**	**188**	**203**	**219**	**258**	**286**
	KG 335	€ netto	158	171	184	217	241
78	**WDVS bis 20m, WF 200** Wärmedämm-Verbundsystem; Holzfaserplatten; Dicke 200mm; kleben, inkl. Dübelung und Armierungsschicht mit Gewebe; Außenwand; Höhe bis 20m						
	m²	**€ brutto**	**210**	**227**	**244**	**283**	**315**
	KG 335	€ netto	177	191	205	238	265
79	**WDVS bis 20m, WF 240** Wärmedämm-Verbundsystem; Holzfaserplatten; Dicke 240mm; kleben, inkl. Dübelung und Armierungsschicht mit Gewebe; Außenwand; Höhe bis 20m						
	m²	**€ brutto**	**211**	**221**	**240**	**281**	**310**
	KG 335	€ netto	178	186	202	236	260
80	**WDVS bis 20m, MW 100** Wärmedämm-Verbundsystem; Mineralwollplatten; Dicke 100mm; kleben, inkl. Dübelung und Armierungsschicht mit Gewebe; Außenwand; Höhe bis 20m						
	m²	**€ brutto**	**107**	**113**	**124**	**144**	**161**
	KG 335	€ netto	90	95	104	121	135
81	**WDVS bis 20m, MW 120** Wärmedämm-Verbundsystem; Mineralwollplatten; Dicke 120mm; kleben, inkl. Dübelung und Armierungsschicht mit Gewebe; Außenwand; Höhe bis 20m						
	m²	**€ brutto**	**119**	**126**	**139**	**161**	**180**
	KG 335	€ netto	100	106	117	135	151
82	**WDVS bis 20m, MW 140** Wärmedämm-Verbundsystem; Mineralwollplatten; Dicke 140mm; kleben, inkl. Dübelung und Armierungsschicht mit Gewebe; Außenwand; Höhe bis 20m						
	m²	**€ brutto**	**135**	**143**	**158**	**183**	**205**
	KG 335	€ netto	114	120	132	154	172

LB 323 **Preise €**

Nr.	Kurztext / Stichworte Einheit / Kostengruppe		►	▷	brutto ø netto €	◁	◄
83	**WDVS bis 20m, MW 160** Wärmedämm-Verbundsystem; Mineralwollplatten: Dicke 160mm; kleben, inkl. Dübelung und Armierungsschicht mit Gewebe; Außenwand; Höhe bis 20m						
	m²	**€ brutto**	**156**	**166**	**177**	**211**	**234**
	KG 335	€ netto	131	140	149	177	196
84	**WDVS bis 20m, MW 180** Wärmedämm-Verbundsystem; Mineralwollplatten, Dicke 180mm; kleben, inkl. Dübelung und Armierungsschicht mit Gewebe; Außenwand; Höhe bis 20m						
	m²	**€ brutto**	**161**	**172**	**185**	**219**	**247**
	KG 335	€ netto	136	145	156	184	207
85	**WDVS bis 20m, MW 200** Wärmedämm-Verbundsystem; Mineralwollplatten; Dicke 200mm; kleben, inkl. Dübelung und Armierungsschicht mit Gewebe; Außenwand; Höhe bis 20m						
	m²	**€ brutto**	**177**	**187**	**206**	**239**	**266**
	KG 335	€ netto	149	157	173	201	223
86	**WDVS bis 20m, MW 240** Wärmedämm-Verbundsystem; Mineralwollplatten; Dicke 240mm; kleben, inkl. Dübelung und Armierungsschicht mit Gewebe; Außenwand; Höhe bis 20m						
	m²	**€ brutto**	**197**	**209**	**229**	**266**	**291**
	KG 335	€ netto	166	175	193	223	245
87	**WDVS bis 20m, PS 100** Wärmedämm-Verbundsystem; Polystyrol-Hartschaumplatten; Dicke 100mm; kleben, inkl. Dübelung und Armierungsschicht mit Gewebe; Außenwand; Höhe bis 20m						
	m²	**€ brutto**	**99**	**107**	**115**	**136**	**144**
	KG 335	€ netto	83	90	97	114	121
88	**WDVS bis 20m, PS 120** Wärmedämm-Verbundsystem; Polystyrol-Hartschaumplatten; Dicke 120mm; kleben, inkl. Dübelung und Armierungsschicht mit Gewebe; Außenwand; Höhe bis 20m						
	m²	**€ brutto**	**106**	**112**	**123**	**143**	**156**
	KG 335	€ netto	89	94	104	120	131

Kosten: Stand 3.Quartal 2025, Bundesdurchschnitt

LB 323 | **Preise €**

Nr.	Kurztext / Stichworte Einheit / Kostengruppe		►	▷	brutto ø netto ø	◁	◀
89	**WDVS bis 20m, PS 140** Wärmedämm-Verbundsystem; Polystyrol-Hartschaumplatten; Dicke 140mm; kleben, inkl. Dübelung und Armierungsschicht mit Gewebe; Außenwand; Höhe bis 20m						
	m²	**€ brutto**	**127**	**136**	**148**	**171**	**186**
	KG 335	€ netto	107	114	124	144	156
90	**WDVS bis 20m, PS 160** Wärmedämm-Verbundsystem; Polystyrol-Hartschaumplatten; Dicke 160mm; kleben, inkl. Dübelung und Armierungsschicht mit Gewebe; Außenwand; Höhe bis 20m						
	m²	**€ brutto**	**144**	**152**	**168**	**194**	**211**
	KG 335	€ netto	121	128	141	163	177
91	**WDVS bis 20m, PS 180** Wärmedämm-Verbundsystem; Polystyrol-Hartschaumplatten; Dicke 180mm; kleben, inkl. Dübelung und Armierungsschicht mit Gewebe; Außenwand; Höhe bis 20m						
	m²	**€ brutto**	**159**	**166**	**179**	**213**	**229**
	KG 335	€ netto	134	140	150	179	192
92	**WDVS bis 20m, PS 200** Wärmedämm-Verbundsystem; Polystyrol-Hartschaumplatten; Dicke 200mm; kleben, inkl. Dübelung und Armierungsschicht mit Gewebe; Außenwand; Höhe bis 20m						
	m²	**€ brutto**	**173**	**185**	**196**	**230**	**253**
	KG 335	€ netto	145	155	165	193	213
93	**WDVS bis 20m, PS 240** Wärmedämm-Verbundsystem; Polystyrol-Hartschaumplatten; Dicke 240mm; kleben, inkl. Dübelung und Armierungsschicht mit Gewebe; Außenwand; Höhe bis 20m						
	m²	**€ brutto**	**186**	**197**	**217**	**251**	**277**
	KG 335	€ netto	157	166	182	211	233
94	**Armierung, stoßgefährdete Bereiche** Armierung, stoßgefährdete Bereiche; Gewebe, Spachtelmasse						
	m²	**€ brutto**	**25**	**28**	**32**	**37**	**42**
	KG 335	€ netto	21	23	27	31	36
95	**Organischer Oberputz, WDVS** Oberputz, Wärmedämmverbundsystem; organisch, Körnung 3mm; gerieben, auf Armierungsputz; Wand						
	m²	**€ brutto**	**26**	**30**	**31**	**32**	**35**
	KG 335	€ netto	22	25	26	27	30

LB 323 **Preise €**

Nr.	Kurztext / Stichworte Einheit / Kostengruppe ►		▷	brutto ø netto ø	◁	◄
96	**Mineralischer Oberputz, WDVS** Oberputz, Wärmedämmverbundsystem; mineralisch, Körnung 3mm; gerieben, auf Armierungsputz; Wand					
	m²	**€ brutto**	**24**	**28**	**30**	**34**	**40**
	KG 335	€ netto	21	24	26	29	33
97	**Sockeldämmung, XPS, 50mm** Perimeterdämmung; Polystyrol-Hartschaumplatten, extrudiert; 50mm; Sockelbereich					
	m²	**€ brutto**	**46**	**51**	**58**	**68**	**77**
	KG 335	€ netto	38	43	48	57	65
98	**Sockeldämmung, XPS, 100mm** Perimeterdämmung; Polystyrol-Hartschaumplatten, extrudiert; 100mm; Sockelbereich					
	m²	**€ brutto**	**59**	**67**	**76**	**88**	**99**
	KG 335	€ netto	50	56	64	74	83
99	**Sockeldämmung, XPS, 160mm** Perimeterdämmung; Polystyrol-Hartschaumplatten, extrudiert; 160mm; Sockelbereich					
	m²	**€ brutto**	**80**	**90**	**103**	**119**	**134**
	KG 335	€ netto	67	76	86	100	112
100	**Laibungen dämmen, WDVS** WDVS-Laibungen; Dicke 6cm, Tiefe bis 15cm; inkl. Armierungsschicht; Türen und Fenster					
	m	**€ brutto**	**24**	**27**	**30**	**35**	**41**
	KG 335	€ netto	20	22	26	30	34
101	**Kantenausbildung, Gewebewinkel, WDVS** Kantenverstärkung, WDVS; Gewebewinkel mit Spachtelung					
	m	**€ brutto**	**12**	**14**	**15**	**18**	**21**
	KG 335	€ netto	10	12	13	15	18
102	**Kantenausbildung, Kunststoffschiene, WDVS** Kantenausbildung, WDVS; Kunststoff-Kantenschutzschiene					
	m	**€ brutto**	**13**	**15**	**16**	**19**	**21**
	KG 335	€ netto	11	12	13	16	18
103	**Kantenprofil, Edelstahl, WDVS** Kantenprofil, WDVS; Edelstahl					
	m	**€ brutto**	**18**	**20**	**22**	**26**	**30**
	KG 335	€ netto	15	17	19	22	25

Kosten: Stand 3.Quartal 2025, Bundesdurchschnitt

LB 323 **Preise €**

Nr.	Kurztext / Stichworte Einheit / Kostengruppe		►	▷	brutto ø netto ø	◁	◄
104	**Sockelabschluss, Aluprofil , WDVS** Sockelabschlussprofil, WDVS; Aluminium, eloxiert; Breite 80mm; mit Tropfkante						
	m	**€ brutto**	**16**	**18**	**20**	**24**	**27**
	KG 335	€ netto	14	15	17	20	22
105	**Gehrungen, Profile, WDVS** Gehrung, WDVS; Profile; Ecken, Kanten						
	St	**€ brutto**	**1,9**	**2,1**	**2,4**	**2,8**	**3,3**
	KG 335	€ netto	1,6	1,8	2,0	2,3	2,8
106	**Anschluss, Fugendichtband, WDVS** Fugendichtband; Weichschaumkunststoff, selbstklebend; Fugenweite bis 10mm; Anschlussfugen						
	m	**€ brutto**	**6,7**	**7,7**	**8,6**	**9,7**	**12,0**
	KG 335	€ netto	5,6	6,5	7,2	8,1	10,1
107	**Anputzleiste mit Dichtlippe, WDVS** Anschluss des WDVS; Anputzleiste, Kunststoff-Dichtlippe; Dichtlippe mit Schaumklebeband befestigen; Fensterrahmen						
	m	**€ brutto**	**13**	**15**	**17**	**20**	**24**
	KG 335	€ netto	11	13	14	16	20
108	**Gebäudebewegungsfugen, WDVS** Gebäudebewegungsfuge; Hinterfüllprofil, elastische Dichtungsmasse; inkl. Kantenschutz						
	m	**€ brutto**	**39**	**44**	**49**	**58**	**65**
	KG 335	€ netto	33	37	41	49	55
109	**Dämmung, Kellerdecke, EPS 040, bis 100mm** Wärmedämmung, Kellerdecke; Polystyrol-Hartschaumplatten, WLG 040; bis 100mm; geklebt						
	m²	**€ brutto**	**48**	**55**	**59**	**62**	**67**
	KG 354	€ netto	41	47	49	52	57
110	**Dämmung, Kellerdecke, EPS 040, 100mm** Wärmedämmung, Kellerdecke; Polystyrol-Hartschaumplatte, WLG 040; Dicke 100mm; geklebt						
	m²	**€ brutto**	**53**	**57**	**61**	**67**	**77**
	KG 354	€ netto	45	47	52	56	65
111	**Dämmung, Kellerdecke, EPS 040, 140mm** Wärmedämmung, Kellerdecke; Polystyrol-Hartschaumplatte, WLG 040; 120/140mm; geklebt						
	m²	**€ brutto**	**80**	**84**	**92**	**100**	**119**
	KG 354	€ netto	67	71	77	84	100

LB 323 **Preise €**

Nr.	Kurztext / Stichworte Einheit / Kostengruppe		▶	▷	brutto ø netto ø	◁	◀
112	**Dämmung, Kellerdecke, MW 032, bis 140mm** Wärmedämmung, Kellerdecke; Mineralwolle-Platte, WLS 032; Dicke 120/140mm; geklebt						
	m²	**€ brutto**	**96**	**101**	**110**	**120**	**148**
	KG 354	€ netto	80	85	92	101	125
113	**Wärmedämmung, Mehrschichtplatte, 50mm** Wärmedämmung; Holzwolle-Mehrschichtplatte mit PS-Dämmkern, WLG 040, E; 50mm; geklebt; Stb-Bauteile						
	m²	**€ brutto**	**33**	**54**	**60**	**70**	**86**
	KG 335	€ netto	28	45	51	59	72
114	**Wärmedämmung, Mehrschichtplatte, 75mm** Wärmedämmung; Holzwolle-Mehrschichtplatte mit PS-Dämmkern, WLG 040, E; 75mm; geklebt; Stb-Bauteile						
	m²	**€ brutto**	**43**	**61**	**69**	**74**	**94**
	KG 335	€ netto	36	51	58	62	79
115	**WDVS, Brandbarriere, bis 300mm** WDVS-Brandbarriere; Mineralwolle, WLG 035/040, A1; Dicke 100-300mm; Sturzbereich über Fenstern						
	m	**€ brutto**	**15**	**21**	**23**	**25**	**27**
	KG 354	€ netto	13	17	19	21	23
116	**Stundensatz, Facharbeiter/-in** Stundenlohnarbeiten für Vorarbeiter/-in, Facharbeiter/-in und Gleichgestellte; Putzarbeiten						
	h	**€ brutto**	**66**	**79**	**86**	**90**	**100**
		€ netto	55	66	72	75	84
117	**Stundensatz, Helfer/-in** Stundenlohnarbeiten für Werker/-in, Helfer/-in und Gleichgestellte; Putzarbeiten						
	h	**€ brutto**	**53**	**70**	**76**	**80**	**89**
		€ netto	45	59	64	67	75

324
Fliesen- und Plattenarbeiten

LB 324 **Preise €**

Nr.	Kurztext / Stichworte Einheit / Kostengruppe		▶	▷ brutto ø netto ø	◁	◀
1	**Bodenfliesen entfernen, geklebt** Bodenbelag; Fliesen entfernen; Dicke bis 2cm; verklebt; Bauschutt entsorgen					
	m²	**€ brutto**	**25**	**30**	**34**	**41**	**42**
	KG 394	€ netto	21	25	28	35	35
2	**Bodenfliesen entfernen, Mörtelbett** Bodenbelag; Fliesen entfernen; Dicke bis 5cm; Mörtelbett; Bauschutt entsorgen					
	m²	**€ brutto**	**23**	**36**	**41**	**47**	**57**
	KG 394	€ netto	19	30	35	40	48
3	**Bodenfliesen/Estrich entfernen** Bodenbelag; fliesen mit Zementestrich; Dicke bis 7cm; auf Rohdecke; Bauschutt entsorgen					
	m²	**€ brutto**	**54**	**63**	**74**	**90**	**96**
	KG 394	€ netto	45	53	62	76	81
4	**Sockelfliesen entfernen** Sockelbelag Fliesen, entfernen; keramisch; Bauschutt entsorgen; Bauschutt entsorgen					
	m	**€ brutto**	**4,7**	**8,0**	**9,4**	**11,4**	**17,5**
	KG 394	€ netto	3,9	6,8	7,9	9,6	14,7
5	**Treppenbelag, Fliesen entfernen** Treppenbelag, Fliesen entfernen; Dicke bis 5cm; als Tritt- und Setzstufen; Bauschutt entsorgen					
	m²	**€ brutto**	**35**	**46**	**48**	**60**	**64**
	KG 394	€ netto	29	39	40	50	54
6	**Wandfliesen entfernen. Dickbett** Wandbelag, Fliesen entfernen, Dickbett; Dicke bis 4cm; Bauschutt entsorgen					
	m²	**€ brutto**	**23**	**35**	**40**	**47**	**62**
	KG 394	€ netto	20	29	34	39	52
7	**Untergrund reinigen, Boden** Untergrund reinigen; Staub, Schmutz; Staub, Schmutz abkehren; Abfall entsorgen					
	m²	**€ brutto**	**2,6**	**4,2**	**5,0**	**5,7**	**8,2**
	KG 353	€ netto	2,2	3,5	4,2	4,8	6,9
8	**Ausgleichsspachtelung, bis 10mm** Spachtelung; Spachtelmasse; Dicke 5/10mm; Boden					
	m²	**€ brutto**	**5,7**	**8,9**	**9,7**	**12,2**	**17,1**
	KG 353	€ netto	4,7	7,5	8,2	10,3	14,4

LB 324 **Preise €**

Nr.	Kurztext / Stichworte Einheit / Kostengruppe		►	▷	brutto ø netto ø	◁	◄
9	**Verbundabdichtung, streichbar, Wand** Verbundabdichtung, Wand; Kunstharz, Polymerdispersion; zweilagig streichen; Inkl. Untergrundvorbereitung						
	m²	**€ brutto**	**16**	**25**	**28**	**34**	**51**
	KG 345	€ netto	13	21	24	28	43
10	**Anschluss, Ecken, Dichtband** Abdichtung, Übergang Wand/Boden; Dichtband mit Randgewebe; Breite 12cm; Wand-/Bodenfläche						
	m	**€ brutto**	**7,6**	**11,6**	**13,9**	**15,9**	**21,7**
	KG 353	€ netto	6,4	9,7	11,7	13,4	18,2
11	**Bodenbelag, Fliesen 20x20** Bodenbelag, Fliesen; Steinzeug/Feinsteinzeug; 20x20cm; Dünnbettverfahren, inkl. Verfugung						
	m²	**€ brutto**	**86**	**106**	**115**	**129**	**158**
	KG 353	€ netto	73	89	97	108	133
12	**Bodenbelag, Fliesen 30x30** Bodenbelag, Fliesen; Steingut/Steinzeug/Feinsteinzeug; 30x30cm; Dünnbettverfahren, inkl. Verfugung						
	m²	**€ brutto**	**77**	**97**	**105**	**116**	**145**
	KG 353	€ netto	65	81	88	98	122
13	**Bodenbelag, Fliesen 60x60** Bodenbelag, Fliesen; Steinzeug/Feinsteinzeug; 60x60cm; Dünnbettverfahren; inkl. Verfugung						
	m²	**€ brutto**	**102**	**146**	**160**	**183**	**230**
	KG 353	€ netto	85	123	134	154	193
14	**Wandbelag, Fliesen 10x20** Wandbelag, Fliesen; Steinzeug/Feinsteinzeug; 10x20cm; Dünnbettverfahren, inkl. Verfugung						
	m²	**€ brutto**	**91**	**105**	**116**	**127**	**146**
	KG 345	€ netto	77	89	97	107	123
15	**Wandbelag, Fliesen 15x15** Wandbelag, Fliesen; Steinzeug/Feinsteinzeug; 15x15cm; Dünnbettverfahren, inkl. Verfugung						
	m²	**€ brutto**	**86**	**101**	**108**	**115**	**134**
	KG 345	€ netto	72	85	91	97	113
16	**Wandbelag, Fliesen 30x30** Wandbelag, Fliesen; Steingut/Steinzeug/Feinsteinzeug; 30x30cm; Dünnbettverfahren, inkl. Verfugung						
	m²	**€ brutto**	**89**	**109**	**116**	**133**	**164**
	KG 345	€ netto	75	91	97	112	138

LB 324 — **Preise €**

Nr.	Kurztext / Stichworte Einheit / Kostengruppe		▶	▷	brutto ø netto ø	◁	◀
17	**Wandbelag, Fliesen 30x60** Wandbelag, Fliesen; Steingut/Steinzeug/Feinsteinzeug; 30x60cm; Dünnbettverfahren, inkl. Verfugung						
	m2	€ brutto	**92**	**116**	**127**	**145**	**172**
	KG 345	€ netto	77	98	107	122	144
18	**Wandbelag, Fliesen, 60x60** Wandbelag, Fliesen; Steinzeug/Feinsteinzeug; 60x60cm; Dünnbett-verfahren, inkl. Verfugung						
	m2	€ brutto	**150**	**172**	**177**	**187**	**205**
	KG 345	€ netto	126	144	148	157	173
19	**Wandbelag, Fliesen/Platten BIa, 20x20** Wandbelag, Fliesen; Feinsteinzeug, BIa; 20x20cm; im Dünnbettmörtel inkl. Verfugen						
	m2	€ brutto	**82**	**94**	**99**	**102**	**112**
	KG 345	€ netto	69	79	83	86	94
20	**Wandbelag, Fliesen/Platten BIIa, 20x20** Wandbelag, Fliesen; Steinzeug, BIIa; 20x20cm; im Dünnbettmörtel inkl. Verfugen						
	m2	€ brutto	**86**	**98**	**103**	**116**	**137**
	KG 345	€ netto	72	82	86	98	115
21	**Wandbelag, Fliesen/Platten BIII, 20x20** Wandbelag, Fliesen; Steinzeug, BIII; 20x20cm; im Dünnbettmörtel inkl. Verfugen						
	m2	€ brutto	**82**	**103**	**109**	**123**	**150**
	KG 345	€ netto	69	86	91	103	126
22	**Bodenbelag, Fliesen/Platten AI/AII, 20x20** Bodenbelag, Platten; Steingut, A/AII; 20x20cm; inkl. Verfugen; Außenbereich						
	m2	€ brutto	**97**	**126**	**139**	**174**	**218**
	KG 353	€ netto	81	106	117	146	183
23	**Verfugung, Fliesen, Silikon** Fuge, elastisch; Silikon; inkl. Flankenvorbehandlung und Hinterstopf-material						
	m	€ brutto	**5,5**	**8,6**	**9,7**	**11,4**	**14,6**
	KG 345	€ netto	4,7	7,2	8,2	9,6	12,2
24	**Sockelfliesen, Dünnbett** Sockelfliesen; Mörtel, zementhaltig; im Dünnbett, inkl. Verfugen						
	m	€ brutto	**17**	**26**	**29**	**32**	**45**
	KG 353	€ netto	14	22	24	27	38

Kosten: Stand 3.Quartal 2025, Bundesdurchschnitt

LB 324 **Preise €**

Nr.	Kurztext / Stichworte Einheit / Kostengruppe		►	▷	brutto ø netto ø	◁	◄
25	**Kehlsockel, Fliesenbelag** Kehlsockel; Mörtel, zementhaltig; im Dünnbett, liegend, stehend, inkl. Verfugen						
	m	**€ brutto**	**31**	**43**	**47**	**54**	**71**
	KG 353	€ netto	26	36	39	46	59
26	**Trennschiene, Messing** Trennschiene; Messing; Höhe 6mm; in Fliesenbelag; Abschluss/Übergang						
	m	**€ brutto**	**18**	**24**	**27**	**29**	**33**
	KG 353	€ netto	15	20	23	24	28
27	**Trennschiene, Aluminium** Trennschiene; Aluminium; Höhe 6mm; in Fliesenbelag; Abschluss/Übergang						
	m	**€ brutto**	**16**	**20**	**22**	**24**	**29**
	KG 353	€ netto	14	17	18	20	24
28	**Trennschiene, Edelstahl** Trennschiene; Edelstahl; Schienenhöhe 6mm; einbauen; am Abschluss/Übergang						
	m	**€ brutto**	**20**	**25**	**27**	**32**	**41**
	KG 353	€ netto	17	21	23	27	35
29	**Eckschutzschiene, Aluminium** Eckschutzschiene; Aluminium; in Wandfliesenbelag; Außenecken						
	m	**€ brutto**	**18**	**21**	**23**	**26**	**30**
	KG 345	€ netto	15	18	20	22	25
30	**Eckschutzschiene, Edelstahl** Eckschutzschiene; Edelstahl; in Wandfliesenbelag; Außenecken						
	m	**€ brutto**	**27**	**41**	**47**	**51**	**62**
	KG 345	€ netto	23	35	39	43	52
31	**Eckschutzschiene, Kunststoff** Fliesenschiene; Kunststoff; in Wandfliesenbelag; Außenecken						
	m	**€ brutto**	**9,5**	**13,3**	**15,4**	**18,2**	**26,3**
	KG 345	€ netto	8,0	11,2	12,9	15,3	22,1
32	**Stundensatz, Facharbeiter/-in** Stundenlohnarbeiten für Vorarbeiter/-in, Facharbeiter/-in und Gleichgestellte; Fliesenarbeiten						
	h	**€ brutto**	**70**	**84**	**89**	**93**	**105**
		€ netto	59	70	75	78	88

LB 325						Preise €

Nr.	Kurztext / Stichworte Einheit / Kostengruppe		▶	▷	brutto ø netto ø	◁	◀
1	**Verbundestrich abbrechen, bis 25mm** Verbundestrich abbrechen; Zementestrich bis C30; Dicke bis 25mm; Bauschutt entsorgen						
	m²	**€ brutto**	**26**	**32**	**35**	**43**	**45**
	KG 394	€ netto	22	27	30	36	38
2	**Verbundestrich abbrechen, bis 50mm** Verbundestrich abbrechen; Zementestrich; Dicke bis 50mm; Bauschutt entsorgen						
	m²	**€ brutto**	**26**	**35**	**43**	**54**	**54**
	KG 394	€ netto	22	29	36	45	45
3	**Verbundestrich abbrechen, bis 70mm** Verbundestrich abbrechen; Zementestrich; Dicke bis 70mm; Bauschutt entsorgen						
	m²	**€ brutto**	**31**	**44**	**54**	**68**	**74**
	KG 394	€ netto	26	37	45	57	62
4	**Kunstharzestrich abbrechen, bis 20mm** Verbundestrich abbrechen; Kunstharzestrich; Dicke bis 20mm; Bauschutt entsorgen						
	m²	**€ brutto**	**13**	**17**	**19**	**23**	**25**
	KG 394	€ netto	11	14	16	20	21
5	**Estrich, schwimmend, abbrechen** Estrich abbrechen; Dicke 40mm, Dämmung 30mm; Bauschutt entsorgen						
	m²	**€ brutto**	**33**	**40**	**49**	**59**	**60**
	KG 394	€ netto	28	34	42	50	51
6	**Estrich bewehrt, schwimmend, abbrechen** Estrich bewehrt, abbrechen; Dicke 50mm, Dämmung bis 100mm; Bauschutt entsorgen						
	m²	**€ brutto**	**33**	**54**	**65**	**80**	**80**
	KG 394	€ netto	28	45	55	67	68
7	**Heizestrich abbrechen** Heizestrich abbrechen; Estrich mit Trägerplatte; Dicke bis 70mm, Dämmung bis 40mm; Bauschutt entsorgen						
	m²	**€ brutto**	**57**	**67**	**76**	**92**	**100**
	KG 394	€ netto	48	56	64	77	84
8	**Heizestrich, bewehrt, abbrechen** Heizestrich abbrechen, bewehrt; Estrich mit Trägerplatte; Dicke bis 70mm, Dämmung bis 40mm; Bauschutt entsorgen						
	m²	**€ brutto**	**70**	**91**	**99**	**117**	**127**
	KG 394	€ netto	59	76	83	99	107

Kosten: Stand 3.Quartal 2025, Bundesdurchschnitt

LB 325 **Preise €**

Nr.	Kurztext / Stichworte Einheit / Kostengruppe		►	▷	brutto ø netto ø	◁	◄
9	**Schutzestrich abbrechen** Schutzestrich abbrechen; Dicke bis 80mm; auf Abdichtung; Bauschutt entsorgen						
	m²	**€ brutto**	**31**	**46**	**52**	**64**	**82**
	KG 394	€ netto	26	39	44	53	69
10	**Bauteile schützen, Folie** Bauteile schützen; Kunststofffolie, Hartfaserplatte; Folie Dicke mind. 0,5mm						
	m²	**€ brutto**	**3,0**	**5,3**	**6,4**	**7,1**	**9,3**
	KG 395	€ netto	2,5	4,4	5,4	6,0	7,8
11	**Öffnungen schützen, Hartfaserplatten** Öffnungen schützen; Hartfaserplatten; Fenster, Türen						
	St	**€ brutto**	**14**	**18**	**20**	**24**	**33**
	KG 395	€ netto	11	15	17	20	27
12	**Strahlen, Strahlmittel, Betonboden** Betonboden abstrahlen; festes Strahlmittel; entfernen von haftmindernden Schichten						
	m²	**€ brutto**	**8,5**	**10,6**	**13,2**	**15,9**	**20,4**
	KG 395	€ netto	7,1	8,9	11,1	13,3	17,1
13	**Druckwasserstrahlen, Estrich** Estrich, Druckwasserstrahlen; entfernen von haftmindernden Schichten						
	m²	**€ brutto**	**9,5**	**10,3**	**12,7**	**15,5**	**16,0**
	KG 395	€ netto	8,0	8,6	10,7	13,0	13,4
14	**Fehlstellen schließen, Estrich** Estrich, Fehlstellen schließen; Kunstharzmörtel; locker Material lösen; Bauschutt entsorgen						
	m²	**€ brutto**	**23**	**31**	**44**	**57**	**72**
	KG 395	€ netto	19	26	37	48	61
15	**Netzrisse schließen, Epoxidharz** Estrich, Netzrisse schließen; Epoxidharz; Risse säubern, bis zur Sättigung füllen						
	m	**€ brutto**	**17**	**20**	**23**	**31**	**31**
	KG 395	€ netto	14	17	19	26	26
16	**Holzboden prüfen** Holzboden prüfen; auf Stabilität zur Aufnahme eines Estrichbelags						
	m²	**€ brutto**	**12**	**14**	**16**	**19**	**20**
	KG 395	€ netto	9,7	11,8	13,3	15,8	17,1
17	**Holzboden, reinigen/grundieren** Holzboden reinigen; von Beschichtungen, Klebstoffresten						
	m²	**€ brutto**	**9,0**	**16,6**	**18,7**	**22,8**	**29,5**
	KG 395	€ netto	7,6	14,0	15,7	19,2	24,8

LB 325						Preise €
Nr.	**Kurztext** / Stichworte **Einheit** / Kostengruppe	►	▷	**brutto ø** netto ø	◁	◄
18	**Holzboden, Gewebearmierung** Holzboden armieren; Glasgewebe					
	m² € brutto	**6,5**	**9,0**	**10,6**	**12,8**	**19,7**
	KG 395 € netto	5,5	7,6	8,9	10,7	16,6
19	**Holzbodenausgleich, Kunstharz** Holzboden ausgleichen; Kunstharz; Schichtdicke 3-5mm					
	m² € brutto	**36**	**42**	**49**	**61**	**65**
	KG 395 € netto	30	35	41	51	54
20	**Haftbrücke, Estrich** Estrichuntergrund vorbereiten; Haftbrücke aufbringen; Untergrund Beton					
	m² € brutto	**4,3**	**6,3**	**7,1**	**8,6**	**13,2**
	KG 395 € netto	3,6	5,3	6,0	7,2	11,1
21	**Kratzspachtelung, Betonboden** Kratzspachtelung; Spachtelmasse; schließen von Poren und Lunkern; Betonboden					
	m² € brutto	**10**	**12**	**15**	**18**	**20**
	KG 395 € netto	8,7	10,1	12,3	14,8	17,2
22	**Nivellierestrich, bis 10mm, Betonboden** Nivellier-Verbundestrich; selbstlaufend; Dicke 5-10mm					
	m² € brutto	**28**	**31**	**38**	**47**	**50**
	KG 353 € netto	23	26	32	40	42
23	**Nivellierestrich, bis 20mm, Betonboden** Nivellier-Verbundestrich; selbstlaufend; Dicke 10-20mm					
	m² € brutto	**39**	**46**	**56**	**66**	**72**
	KG 353 € netto	33	38	47	55	60
24	**Ausgleichsschüttung gebunden, bis 15mm** Ausgleichsschüttung; gebunden, druckstabil, selbstklebend; Dicke bis 15mm; Rohdecke					
	m² € brutto	**6,7**	**11,8**	**14,0**	**19,0**	**28,7**
	KG 353 € netto	5,7	9,9	11,8	16,0	24,1
25	**Ausgleichsschüttung gebunden, bis 30mm** Ausgleichsschüttung; gebundene Form; bis 30mm; erdfeucht; Rohdecke					
	m² € brutto	**11**	**19**	**21**	**23**	**31**
	KG 353 € netto	9,5	15,6	18,0	19,1	25,8
26	**Trittschalldämmung MW 20-2mm 045 DES sh** Trittschalldämmung, DES; Mineralwolle, WLG 045 A1; Dicke 20-2mm; Rohdecke					
	m² € brutto	**7,9**	**12,6**	**14,1**	**17,8**	**25,1**
	KG 353 € netto	6,6	10,6	11,9	14,9	21,1

LB 325 **Preise €**

Nr.	Kurztext / Stichworte Einheit / Kostengruppe		►	▷	brutto ø netto ø	◁	◄
27	**Trittschalldämmung MW 30-3mm 045 DES sh** Trittschalldämmung, DES; Mineralwolle, WLG 045, A1; Dicke 30-3mm; zweilagig; Rohdecke						
	m²	**€ brutto**	**9,8**	**16,7**	**18,8**	**24,1**	**34,2**
	KG 353	€ netto	8,2	14,0	15,8	20,2	28,7
28	**Trittschalldämmung EPS 20-2mm 045 DES sm** Trittschalldämmung, DES; Polystyrol-Hartschaum, WLG 045, E; Dicke 20-2mm; einlagig; Rohdecke						
	m²	**€ brutto**	**5,7**	**7,5**	**8,2**	**10,1**	**13,6**
	KG 353	€ netto	4,8	6,3	6,9	8,5	11,5
29	**Trittschalldämmung EPS 30-3mm 045 DES sm** Trittschalldämmung, DES; Polystyrol-Hartschaum, WLG 045, E; Dicke 30-3mm; einlagig; Rohdecke						
	m²	**€ brutto**	**6,0**	**8,6**	**9,3**	**10,9**	**14,7**
	KG 353	€ netto	5,1	7,2	7,8	9,2	12,4
30	**Wärmedämmung, Estrich EPS 40mm 040 DEO dm** Wärmedämmung, DEO; EPS-Hartschaumplatte, WLG 040, E; Dicke 40mm; versetzte Fugen; Rohdecke						
	m²	**€ brutto**	**11**	**14**	**18**	**22**	**24**
	KG 353	€ netto	9,4	11,6	15,0	18,1	20,0
31	**Wärmedämmung, Estrich EPS 80mm 040 DEO dm** Wärmedämmung, DEO; EPS-Hartschaumplatte, WLG 040, E; Dicke 80mm; Rohdecke						
	m²	**€ brutto**	**13**	**17**	**21**	**23**	**25**
	KG 353	€ netto	11	15	18	19	21
32	**Wärmedämmung, Estrich EPS 120mm 040 DEO dm** Wärmedämmung; EPS-Hartschaum, WLG 040, E; Dicke 120mm; unter Estrich						
	m²	**€ brutto**	**14**	**22**	**24**	**28**	**36**
	KG 353	€ netto	12	19	20	24	30
33	**Wärmedämmung, Estrich PUR 40mm 025 DEO dh** Wärmedämmung; PUR-Hartschaum, WLG 025, E; Dicke 40mm; beidseitig Aluminium-/Mineralvliesbeschichtung; unter Estrich						
	m²	**€ brutto**	**17**	**23**	**26**	**28**	**35**
	KG 353	€ netto	14	19	22	23	30
34	**Wärmedämmung, Estrich PUR 80mm 025 DEO dh** Wärmedämmung; PUR-Hartschaum, WLG 025, E; Dicke 80mm; beidseitig Aluminium-/Mineralvliesbeschichtung; unter Estrich						
	m²	**€ brutto**	**–**	**40**	**48**	**61**	**–**
	KG 353	€ netto	–	34	40	52	–

LB 325 **Preise €**

Nr.	Kurztext / Stichworte Einheit / Kostengruppe ►		▷	brutto ø netto ø	◁	◄
35	**Trennlage, Estrich, PE-Folie, einlagig** Trennlage; PE-Folie; 0,2mm; einlagig stoßüberlappend; zwischen Dämmung und Estrich					
	m²	**€ brutto**	**1,1**	**1,7**	**1,9**	**2,4**	**3,3**
	KG 353	€ netto	0,9	1,4	1,6	2,1	2,8
36	**Trennlage, Gussasphalt** Trennlage; einlagig, stoßüberlappend; zwischen Dämmung und Gussasphaltestrich					
	m²	**€ brutto**	**1,7**	**2,4**	**2,7**	**3,1**	**3,9**
	KG 353	€ netto	1,5	2,0	2,2	2,6	3,3
37	**Estrich, CT C25 F4 S45** Estrich; Zementestrich C25 F4 S45; Dicke 45mm; schwimmend; auf Dämmschicht					
	m²	**€ brutto**	**24**	**29**	**31**	**34**	**39**
	KG 353	€ netto	20	24	26	28	33
38	**Heizestrich, CT C25 F4 S65 H45** Heizestrich; Zementestrich C20-F4; DN15-80mm, Rohrüberdeckung 45mm; schwimmend; auf Dämmschicht					
	m²	**€ brutto**	**29**	**34**	**37**	**42**	**51**
	KG 353	€ netto	24	29	31	35	43
39	**Schnellestrich, CT C40 F4 S45** Schnellestrich; Zementestrich C40 F7 S45; Dicke 45mm; schwimmend; auf Dämmschicht					
	m²	**€ brutto**	**64**	**77**	**81**	**94**	**121**
	KG 353	€ netto	54	65	68	79	102
40	**Estrich, AS IC10 S25** Estrich; Gussasphalt IC10; Dicke 25mm; schwimmend; auf Dämmschicht					
	m²	**€ brutto**	**49**	**56**	**60**	**62**	**70**
	KG 353	€ netto	41	47	50	52	59
41	**Nutzestrich, CT C25 F4 S45** Nutzestrich; Zementestrich C25-F4-A15; Dicke 45mm; schwimmend; auf Dämmschicht					
	m²	**€ brutto**	**30**	**36**	**37**	**40**	**49**
	KG 353	€ netto	25	30	31	33	41
42	**Verbundestrich, CT-C25-F4-V50** Verbundestrich; Zementestrich C25-F4-V50; Dicke 50mm					
	m²	**€ brutto**	**25**	**31**	**34**	**40**	**49**
	KG 353	€ netto	21	26	29	33	41

Kosten: Stand 3.Quartal 2025, Bundesdurchschnitt

LB 325							**Preise €**
Nr.	**Kurztext** / Stichworte				**brutto ø**		
	Einheit / Kostengruppe		►	▷	netto ø	◁	◄
43	**Beschichtung, Epoxidharz, Estrich** Estrichoberfläche, Beschichten; Mehrkomponenten-Epoxidharz; Dicke 2mm						
	m²	**€ brutto**	**69**	**86**	**100**	**105**	**118**
	KG 353	€ netto	58	72	84	88	99
44	**Stundensatz, Facharbeiter/-in** Stundenlohnarbeiten für Vorarbeiter/-in, Facharbeiter/-in und Gleichgestellte; Estricharbeiten						
	h	**€ brutto**	**72**	**82**	**88**	**91**	**97**
		€ netto	61	69	74	76	82
45	**Stundensatz, Helfer/-in** Stundenlohnarbeiten für Werker/-in, Helfer/-in und Gleichgestellte; Estricharbeiten						
	h	**€ brutto**	**60**	**67**	**70**	**75**	**88**
		€ netto	50	56	59	63	74

LB 326						Preise €

Nr.	Kurztext / Stichworte Einheit / Kostengruppe ►		▷	brutto ø netto ø	◁	◄
1	**Kellerfenster ausbauen, Holz, bis 0,5m²** Kellerfenster ausbauen; Holz; Größe bis 0,5m²; Bauschutt entsorgen					
	St	**€ brutto**	**31**	**37**	**46**	**56**	**96**
	KG 394	€ netto	26	31	39	47	81
2	**Fenster ausbauen, Holz, bis 1,5m²** Fenster ausbauen; Holz; Größe bis 1,5m²; inkl. Flügel und Fensterrahmen; Bauschutt entsorgen					
	St	**€ brutto**	**55**	**74**	**84**	**90**	**107**
	KG 394	€ netto	47	62	70	76	90
3	**Fenster ausbauen, Holz, bis 2,5m²** Fenster ausbauen; Holz; Größe bis 2,5m²; inkl. Flügel und Rahmen; Bauschutt entsorgen					
	St	**€ brutto**	**65**	**86**	**96**	**99**	**111**
	KG 394	€ netto	54	72	81	83	93
4	**Fenstertür ausbauen, Holz, bis 3,5m²** Fenstertür ausbauen; Holz; Größe bis 3,5m²; inkl. Flügel und Rahmen; Bauschutt entsorgen					
	St	**€ brutto**	**109**	**114**	**143**	**172**	**252**
	KG 394	€ netto	92	96	120	144	212
5	**Fenster ausbauen, Kunststoff, bis 1,5m²** Fenster ausbauen; Kunststoff; Größe bis 1,5m²; inkl. Flügel, Rahmen, Innen- und Außenfensterbank; Bauschutt entsorgen					
	St	**€ brutto**	**49**	**66**	**82**	**99**	**118**
	KG 394	€ netto	41	56	69	83	99
6	**Fenster ausbauen, Kunststoff, bis 2,5m²** Fenster ausbauen; Kunststoff; Größe bis 2,5m²; inkl. Flügel, Rahmen, Innen- und Außenfensterbank; Bauschutt entsorgen					
	St	**€ brutto**	**56**	**80**	**99**	**119**	**137**
	KG 394	€ netto	47	67	84	100	115
7	**Fenstertür ausbauen, Kunststoff, bis 3,5m²** Fenstertür ausbauen; Kunststoff; Größe bis 3,5m²; inkl. Flügel und Rahmen; Bauschutt entsorgen					
	St	**€ brutto**	**103**	**139**	**172**	**206**	**269**
	KG 394	€ netto	87	117	145	173	226
8	**Hauseingangstür ausbauen, bis 4m²** Hauseingangstür ausbauen; Größe bis 4m²; inkl. Türblatt und Rahmen; Bauschutt entsorgen					
	St	**€ brutto**	**107**	**199**	**243**	**291**	**298**
	KG 394	€ netto	90	167	204	245	250

Kosten: Stand 3.Quartal 2025, Bundesdurchschnitt

LB 326							**Preise €**
Nr.	**Kurztext** / Stichworte **Einheit** / Kostengruppe		►	▷	**brutto ø** netto ø	◁	◄
9	**Kelleraußentür ausbauen, bis 2,5m²** Kelleraußentür ausbauen; Größe bis 2,5m²; inkl. Türblatt und Rahmen; Bauschutt entsorgen						
	St	**€ brutto**	**70**	**81**	**97**	**119**	**128**
	KG 394	€ netto	59	68	82	100	108
10	**Holzfenster, einflüglig, 1.000x1.000, dreischeibig, Ug-Wert 1,1W/(m²K)** Holzfenster, Dreifach-Isolierglas; Ug-Wert 1,1W/(m²K); Größe 1.000x1.000mm; einflüglig, DK						
	St	**€ brutto**	**649**	**696**	**782**	**931**	**1.033**
	KG 334	€ netto	546	585	657	782	868
11	**Holzfenster, einflüglig, 1.000x1.000, dreischeibig, Ug-Wert 0,7W/(m²K)** Holzfenster, Dreifach-Isolierglas; Ug-Wert 0,7W/(m²K); Größe 1.000x1.000mm; einflüglig, DK						
	St	**€ brutto**	**704**	**748**	**880**	**1.021**	**1.144**
	KG 334	€ netto	592	628	739	858	961
12	**Holzfenster, zweiflüglig, 1.250x1.000, zweischeibig, Ug-Wert 1,1W/(m²K)** Holzfenster, Zweifach-Isolierglas; Ug-Wert 1,1W/(m²K); Größe 1.250x1.000mm; zweiflüglig, DK						
	St	**€ brutto**	**834**	**886**	**1.030**	**1.216**	**1.339**
	KG 334	€ netto	701	744	866	1.021	1.125
13	**Holzfenster, zweiflüglig, 1.250x1.000, zweischeibig, Ug-Wert 0,7W/(m²K)** Holzfenster, Zweifach-Isolierglas; Ug-Wert 0,7W/(m²K); Größe 1.250x1.000mm; zweiflüglig, DK						
	St	**€ brutto**	**890**	**946**	**1.112**	**1.279**	**1.446**
	KG 334	€ netto	748	795	935	1.075	1.215
14	**Holzfenster, zweiflüglig, Setzholz 1.625x1.250, zweischeibig, Ug-Wert 1,1W/(m²K)** Holzfenster, Zweifach-Isolierglas; Ug-Wert:1,1W/(m²K); Größe 1.625x1.250mm; zweiflüglig, mit Setzholz, DK						
	St	**€ brutto**	**1.017**	**1.092**	**1.241**	**1.439**	**1.613**
	KG 334	€ netto	855	917	1.043	1.209	1.355
15	**Holzfenstertür, einflüglig, 1.000x2.125, zweischeibig, Ug-Wert 1,1W/(m²K)** Holzfenstertür, Zweifach-Isolierglas; Ug-Wert 1,1W/(m²K); Größe 1.000x2.125mm; einflüglig, DK						
	St	**€ brutto**	**1.128**	**1.225**	**1.392**	**1.615**	**1.824**
	KG 334	€ netto	948	1.029	1.170	1.357	1.532

LB 326							Preise €
Nr.	**Kurztext** / Stichworte		**brutto ø**				
	Einheit / Kostengruppe	►	▷	netto ø		◁	◄
16	**Holz-Alufenster, einflügig, 1.000x1.000, dreischeibig, Ug-Wert 1,1W/(m²K)** Holz-Alufenster, Dreifach-Isolierglas; Ug-Wert 1,1W/(m²K); Größe 1.000x1.000mm; einflügig, DK						
	St	**€ brutto**	**974**	**1.056**	**1.173**	**1.385**	**1.537**
	KG 334	€ netto	818	887	986	1.164	1.292
17	**Holz-Alufenster, einflügig, 1.000x1.000, dreischeibig, Ug-Wert 0,7W/(m²K)** Holz-Alufenster, Dreifach-Isolierglas; Ug-Wert: 0,7W/(m²K); Größe 1.000x1.000mm; einflügig, DK						
	St	**€ brutto**	**1.056**	**1.107**	**1.288**	**1.519**	**1.674**
	KG 334	€ netto	887	931	1.082	1.277	1.407
18	**Holz-Alufenster, zweiflüglig, 1.250x1.000, zweischeibig, Ug-Wert 1,1W/(m²K)** Holz-Alufenster, Zweifach-Isolierglas; Ug-Wert 1,1W/(m²K); Größe 1.250x1.000mm; zweiflüglig, DK						
	St	**€ brutto**	**1.267**	**1.345**	**1.546**	**1.824**	**2.040**
	KG 334	€ netto	1.065	1.130	1.299	1.533	1.714
19	**Holz-Alufenster, zweiflüglig, 1.250x1.000, zweischeibig, Ug-Wert 0,7W/(m²K)** Holz-Alufenster, Zweifach-Isolierglas; Ug-Wert 0,7W/(m²K); Größe 1.250x1.000mm; zweiflüglig, DK						
	St	**€ brutto**	**1.342**	**1.442**	**1.657**	**1.922**	**2.171**
	KG 334	€ netto	1.128	1.211	1.392	1.615	1.824
20	**Holz-Alufenster, zweiflüglig, Setzholz, 1.625x1.250, zweischeibig, Ug-Wert 1,1W/(m²K)** Holz-Alufenster, Zweifach-Isolierglas; Ug-Wert 1,1W/(m²K); Größe 1.625x1.250mm; zweiflüglig, mit Setzholz, DK						
	St	**€ brutto**	**1.405**	**1.507**	**1.693**	**1.998**	**2.218**
	KG 334	€ netto	1.181	1.266	1.423	1.679	1.864
21	**Holz-Alufenstertür, einflüglig, 1.000x2.125, zweischeibig, Ug-Wert 1,1W/(m²K)** Holz-Alufenstertür, Zweifach-Isolierglas; Ug-Wert: 1,1W/(m²K); Größe 1.000x2.125mm; einflüglig, DK						
	St	**€ brutto**	**1.462**	**1.570**	**1.805**	**2.112**	**2.328**
	KG 334	€ netto	1.229	1.320	1.517	1.775	1.957

Kosten: Stand 3.Quartal 2025, Bundesdurchschnitt

LB 326						Preise €
Nr.	**Kurztext** / Stichworte			**brutto ø**		
	Einheit / Kostengruppe		▶	▷ netto ø	◁	◀
22	**Kunststofffenster, einflüglig, 1.000x1.000, dreischeibig, Ug-Wert 1,1W/(m²K)** Kunststofffenster, Dreifach-Isolierglas; Ug-Wert 1,1W/(m²K); Größe 1.000x1.000mm; einflüglig, DK					
	St	**€ brutto**	**564**	**613**	**696**	**807**	**919**
	KG 334	€ netto	474	515	585	678	772
23	**Kunststofffenster, einflüglig, 1.000x1.000, dreischeibig, Ug-Wert 0,7W/(m²K)** Kunststofffenster, Dreifach-Isolierglas; Ug-Wert 0,7W/(m²K); Größe 1.000x1.000mm; einflüglig, DK					
	St	**€ brutto**	**650**	**681**	**792**	**943**	**1.046**
	KG 334	€ netto	546	573	666	792	879
24	**Kunststofffenster, zweiflüglig, 1.250x1.000, zweischeibig, Ug-Wert 1,1W/(m²K)** Kunststofffenster, Zweifach-Isolierglas; Ug-Wert 1,1W/(m²K); Größe 1.250x1.000mm; zweiflüglig, DK					
	St	**€ brutto**	**755**	**783**	**921**	**1.059**	**1.207**
	KG 334	€ netto	635	658	774	890	1.014
25	**Kunststofffenster, zweiflüglig, Setzholz, 1.625x1.250, zweischeibig, Ug-Wert 1,1W/(m²K)** Kunststofffenster, Zweifach-Isolierglas; Ug-Wert 1,1W/(m²K); Größe 1.625x1.250mm; zweiflüglig, DK					
	St	**€ brutto**	**945**	**1.061**	**1.153**	**1.361**	**1.533**
	KG 334	€ netto	795	891	969	1.143	1.289
26	**Kunststofffenstertür, einflüglig, 1.000x2.125, zweischeibig, Ug-Wert 1,1W/(m²K)** Kunststoff-Fenstertür, Zweifach-Isolierglas; Ug-Wert: 1,1W/(m²K); Größe 1.000x2.125mm; einflüglig, DK					
	St	**€ brutto**	**912**	**1.026**	**1.140**	**1.311**	**1.482**
	KG 334	€ netto	766	862	958	1.101	1.245
27	**Haustür, Kunststoff, einflüglig, 1.010x2.013** Kunststoffaußentürelement; PVC-U; 1.010x2.013mm; einflüglig					
	St	**€ brutto**	**2.911**	**3.452**	**3.789**	**4.820**	**5.851**
	KG 334	€ netto	2.446	2.901	3.184	4.050	4.917
28	**Haustür, Aluminium, Glasfüllung, einflüglig, zweischeibig, 1.010x2.013** Metallaußentürelement mit Glasfüllung; Aluminium, ESG, Zweifach-Isolierglas; 1.010x2.013mm; einflüglig					
	St	**€ brutto**	**3.011**	**4.738**	**5.573**	**6.949**	**9.691**
	KG 334	€ netto	2.531	3.982	4.683	5.840	8.143

LB 326 **Preise €**

Nr.	Kurztext / Stichworte Einheit / Kostengruppe ►		▷	brutto ø netto ø	◁	◄
29	**Fensterbank, außen, Aluminium, beschichtet** Fensterbank, außen; Aluminium-Strangpressprofil, farbig beschichtet/ E6; Gefälle mind. 8%; entdröhnt					
	m	**€ brutto**	**29**	**52**	**60**	**68**	**87**
	KG 334	€ netto	24	44	51	57	73
30	**Kunststofffenster, einflüglig, 750x500mm, wasserdicht** Kunststofffenster, zweifachverglast; Ug-Wert 1,1W/(m2K); Größe 750x500mm; einflüglig, DK					
	St	**€ brutto**	**1.839**	**1.998**	**2.270**	**2.633**	**2.996**
	KG 334	€ netto	1.545	1.679	1.908	2.213	2.518
31	**Kunststofffenster, einflüglig, 800x600mm, wasserdicht** Kunststofffenster, zweifachverglast; Ug-Wert 1,1W/(m2K); Größe 750x500mm; einflüglig, DK					
	St	**€ brutto**	**2.271**	**2.467**	**2.804**	**3.252**	**3.701**
	KG 334	€ netto	1.908	2.073	2.356	2.733	3.110
32	**Stundensatz, Facharbeiter/-in** Stundenlohnarbeiten für Vorarbeiter/-in, Facharbeiter/-in und Gleichgestellte; Fensterbauarbeiten					
	h	**€ brutto**	**77**	**89**	**95**	**101**	**119**
		€ netto	65	75	80	85	100
33	**Stundensatz, Helfer/-in** Stundenlohnarbeiten für Werker/-in, Helfer/-in und Gleichgestellte; Fensterbauarbeiten					
	h	**€ brutto**	**66**	**77**	**82**	**88**	**99**
		€ netto	56	64	69	74	83

LB 327							Preise €
Nr.	**Kurztext** / Stichworte **Einheit** / Kostengruppe		►	▷	brutto ø netto ø	◁	◄
1	**Innentür, einflüglig, entfernen** Innentür, einflüglig, ausbauen; Holz; Größe bis 2,00m²; inkl. Türfutter; Bauschutt entsorgen						
	St	**€ brutto**	**60**	**81**	**99**	**122**	**122**
	KG 394	€ netto	51	68	83	102	102
2	**Wandbekleidung entfernen** Wandbekleidung entfernen; Holzwerkstoff; Bauschutt entsorgen						
	m²	**€ brutto**	**28**	**33**	**41**	**49**	**64**
	KG 394	€ netto	23	28	34	42	54
3	**Deckenbekleidung entfernen** Deckenbekleidung entfernen; Holzbretter; inkl. Sparschalung; Bauschutt entsorgen						
	m²	**€ brutto**	**25**	**40**	**48**	**58**	**62**
	KG 394	€ netto	21	33	40	48	53
4	**Fensterbank ausbauen, Holz, bis 1,5m** Fensterbank ausbauen; Holz; Länge bis 1,5m, Breite bis 25cm, Dicke bis 4cm; Bauschutt entsorgen						
	St	**€ brutto**	**18**	**27**	**34**	**41**	**51**
	KG 394	€ netto	15	23	28	35	43
5	**Fensterbank ausbauen, Holz, bis 2,5m** Fensterbank ausbauen; Holz; Länge bis 2,5m, Breite bis 25cm, Dicke bis 4cm; Bauschutt entsorgen						
	St	**€ brutto**	**31**	**51**	**60**	**74**	**80**
	KG 394	€ netto	26	42	51	62	67
6	**Laibungsbekleidung entfernen** Laibungsbekleidung, innen, ausbauen; Holz; inkl. Befestigungshölzer; Bauschutt entsorgen						
	m	**€ brutto**	**22**	**28**	**32**	**39**	**42**
	KG 394	€ netto	19	24	27	33	35
7	**Holz-Türelement, S200C5, einflüglig, 875x2.125** Rauchschutztürelement, Stahlumfassungszarge; Holz; 0,875x2.125mm; einflüglig; Klimaklasse II, ET1/ET3						
	St	**€ brutto**	**1.296**	**1.563**	**1.710**	**1.782**	**2.120**
	KG 344	€ netto	1.089	1.314	1.437	1.497	1.781
8	**Holz-Türelement, S200C5, einflüglig, 1.000x2.000/2.125** Rauchschutztürelement; Holztüre, Stahlumfassungszarge; 1.000x2.000/2.125mm; einflüglig; Klimaklasse II						
	St	**€ brutto**	**1.259**	**1.473**	**1.751**	**1.808**	**2.733**
	KG 344	€ netto	1.058	1.237	1.471	1.519	2.297

Kosten: Stand 3.Quartal 2025, Bundesdurchschnitt

LB 327						Preise €
Nr.	**Kurztext** / Stichworte			**brutto ø**		
	Einheit / Kostengruppe	►	▷	netto ø	◁	◄
9	**Holz-Türelement, S200C5, zweiflüglig** Rauchschutztürelement; Holztüre, Stahlumfassungszarge; zweiflüglig; Klimaklasse II					
	St / **€ brutto**	**4.938**	**9.071**	**10.431**	**11.821**	**15.157**
	KG 344 / € netto	4.150	7.623	8.765	9.934	12.737
10	**Innen-Türelement, Röhrenspan, einflüglig, 875x2.125** Innentürelement; Röhrenspan; 875x2.125mm, Dicke 40mm; einflüglig; innen; Klasse I					
	St / **€ brutto**	**723**	**985**	**1.136**	**1.254**	**1.492**
	KG 344 / € netto	607	827	955	1.054	1.254
11	**Innen-Türelement, Röhrenspan, einflüglig, 1.000x2.125** Innentürelement; Röhrenspan; 1.000x2.125mm, Dicke 40mm; einflüglig; innen; Klasse I					
	St / **€ brutto**	**882**	**1.223**	**1.309**	**1.396**	**1.631**
	KG 344 / € netto	741	1.028	1.100	1.173	1.371
12	**Innen-Türelement, Röhrenspan, einflüglig, 1.125x2.125** Holztürelement; Röhrenspan; 1.125x2.125mm, Dicke 40mm; einflüglig; innen; Klasse I					
	St / **€ brutto**	**1.040**	**1.368**	**1.555**	**1.651**	**2.011**
	KG 344 / € netto	874	1.150	1.307	1.387	1.690
13	**Innen-Türelement, Röhrenspan, zweiflüglig** Innentürelement; Röhrenspan; Türblattdicke 40mm; zweiflüglig; Klimaklasse I					
	St / **€ brutto**	**1.967**	**2.667**	**2.972**	**3.251**	**3.785**
	KG 344 / € netto	1.653	2.242	2.497	2.732	3.180
14	**Holz-Türelement, einflüglig, 875x2.125** Brandschutztürelement, T30; Holz; 875x2.125mm; einflüglig; Klimaklasse II, ET1/ET3					
	St / **€ brutto**	**1.703**	**2.456**	**2.669**	**3.236**	**4.588**
	KG 344 / € netto	1.431	2.064	2.243	2.719	3.856
15	**Türblatt, einflüglig, kunststoffbeschichtet, 750x2.000** Türblatt; Röhrenspan, Schichtpressstoffplatten; 750x2.000mm, Türblattdicke 42mm; für einflüglige Tür; Klimaklasse II					
	St / **€ brutto**	**252**	**395**	**460**	**515**	**651**
	KG 344 / € netto	212	332	387	432	547
16	**Türblatt, einflüglig, kunststoffbeschichtet, 875x2.000** Türblatt; Röhrenspan, Schichtpressstoffplatten; 875x2.000mm, Türblattdicke 42mm; für einflüglige Tür; Klimaklasse II					
	St / **€ brutto**	**272**	**415**	**470**	**524**	**661**
	KG 344 / € netto	229	349	395	440	556

LB 327						Preise €
Nr.	**Kurztext** / Stichworte		**brutto ø**			
	Einheit / Kostengruppe	►	▷	netto ø	◁	◄
17	**Türblatt, einflüglig, kunststoffbeschichtet, 1.000x2.000/2.125** Türblatt; Röhrenspan, Schichtpressstoffplatten; 1.000x2.000/2.125mm, Dicke 42mm; einflüglig; Klimaklasse II					
	St **€ brutto**	**275**	**420**	**573**	**605**	**826**
	KG 344 € netto	231	353	481	509	694
18	**Türblatt, einflüglig, kunststoffbeschichtet, 1.125x2.000/2.125** Türblatt; Röhrenspan, Schichtpressstoffplatten; 1.125x2.000/2.125mm, Dicke 42mm; einflüglig; Klimaklasse II					
	St **€ brutto**	**281**	**391**	**591**	**624**	**922**
	KG 344 € netto	236	328	497	525	775
19	**Türblatt, einflüglige Tür, Vollspan** Türblatt; Vollspan, Schichtpressstoffplatten; 1.000x2.000/2.125mm, Dicke 50mm; einflüglig; Klimaklasse II					
	St **€ brutto**	**371**	**551**	**717**	**916**	**1.159**
	KG 344 € netto	312	463	603	770	974
20	**Türblatt, zweiflüglig, Vollspan** Türblatt; Vollspan, Schichtpressstoffplatten; 1.125x2.000/2.125mm; Zweiflüglig; Klimaklasse II					
	St **€ brutto**	**983**	**1.444**	**1.746**	**1.909**	**2.208**
	KG 344 € netto	826	1.213	1.467	1.604	1.856
21	**Massivholzzarge, innen** Holzblockzarge; Massivholz; Türblattdicke 50mm; verschraubt/mit Anker; HLz-Mauerwerkswand; innen					
	St **€ brutto**	**448**	**851**	**1.058**	**1.217**	**1.664**
	KG 344 € netto	377	715	889	1.023	1.398
22	**Holzumfassungszarge, innen, 760x2.000** Holzumfassungszarge; 760x2.000mm; Trockenbauwand					
	St **€ brutto**	**239**	**320**	**354**	**401**	**494**
	KG 344 € netto	201	269	297	337	416
23	**Holzumfassungszarge, innen, 875x2.000** Holzumfassungszarge; 875x2.000mm; Trockenbauwand					
	St **€ brutto**	**281**	**355**	**393**	**438**	**575**
	KG 344 € netto	236	298	330	368	483
24	**Schiebetürelement, innen** Schiebetürelement; Holztür-/Glastürblatt; Wanddicke 100-150mm, Ständertiefe 75-100mm; einflüglig					
	St **€ brutto**	**1.016**	**1.673**	**1.873**	**2.394**	**3.420**
	KG 344 € netto	854	1.406	1.574	2.012	2.874

Kosten: Stand 3.Quartal 2025, Bundesdurchschnitt

LB 327							Preise €
Nr.	**Kurztext** / Stichworte **Einheit** / Kostengruppe		►	▷	**brutto ø** netto ø	◁	◄
25	**Fensterbank, Holz, innen** Fensterbank, innen; Röhrenspan, Buche-Multiplex; Länge bis 3,00m						
	m	**€ brutto**	**63**	**92**	**106**	**123**	**148**
	KG 334	€ netto	53	77	89	103	124
26	**Holz-/Abdeckleisten** Deckleisten; 20x50mm, Länge 2,80m; gehobelt, feingeschliffen, Kanten gefast						
	m	**€ brutto**	**17**	**27**	**33**	**38**	**51**
	KG 334	€ netto	15	23	28	32	43
27	**Verfugung, elastisch** Verfugung, elastisch; Silikon-/Acryldichtmasse; glatt gestrichen						
	m	**€ brutto**	**6,7**	**8,4**	**9,6**	**10,0**	**11,1**
	KG 334	€ netto	5,6	7,1	8,0	8,4	9,3
28	**Sockel-/Fußleiste, Holz** Sockelleiste; Eiche/Buche; Viertelstab-/Rechteckprofil; Ecken mit Gehrungsschnitt, genagelt						
	m	**€ brutto**	**28**	**34**	**36**	**38**	**44**
	KG 353	€ netto	24	28	30	32	37
29	**Treppenstufe, Holz** Treppenstufe/Tritt- und Setzstufe; Eiche massiv, gehobelt, geschliffen; 42mm; schallentkoppelt						
	St	**€ brutto**	**197**	**282**	**316**	**371**	**493**
	KG 353	€ netto	165	237	265	312	415
30	**Handlauf, Holz** Handlauf; Holz, geschliffen, poliert, natur/transparent lackiert; Dicke 30/40mm						
	m	**€ brutto**	**82**	**110**	**123**	**134**	**153**
	KG 359	€ netto	69	92	104	113	129
31	**Geländer, gerade, Rundstabholz** Geländer; Hartholz, Rundstab, geschliffen, poliert, lackiert; Durchmesser 42,4mm, Höhe 1,00m						
	m	**€ brutto**	**108**	**436**	**579**	**627**	**721**
	KG 359	€ netto	91	366	487	527	606
32	**Stundensatz, Facharbeiter/-in** Stundenlohnarbeiten für Vorarbeiter/-in, Facharbeiter/-in und Gleichgestellte; Tischlerarbeiten						
	h	**€ brutto**	**74**	**88**	**93**	**98**	**107**
		€ netto	62	74	78	82	90

LB 327 **Preise €**

Nr.	Kurztext / Stichworte Einheit / Kostengruppe	►	▷	brutto ø netto ø	◁	◄
33	**Stundensatz, Helfer/-in** Stundenlohnarbeiten für Werker/-in, Helfer/-in und Gleichgestellte; Tischlerarbeiten					
	h **€ brutto**	**61**	**72**	**75**	**78**	**87**
	€ netto	51	60	63	66	73

LB 328							Preise €
Nr.	Kurztext / Stichworte Einheit / Kostengruppe		►	▷	brutto ø netto ø	◁	◄
1	**Parkettboden entfernen** Parkettboden ausbauen; inkl. Schüttung; auf Lagerholz; Bauschutt entsorgen						
	m²	€ brutto	9,7	16,9	20,1	22,2	28,9
	KG 394	€ netto	8,1	14,2	16,9	18,7	24,3
2	**Holzsockelleiste ausbauen** Sockelleiste ausbauen; Holz; Bauschutt entsorgen						
	m	€ brutto	1,3	2,9	3,6	4,4	4,6
	KG 394	€ netto	1,1	2,5	3,1	3,7	3,9
3	**Parkett abdecken** Parkett abdecken; schützen						
	m²	€ brutto	4,9	6,6	8,2	9,9	15,9
	KG 397	€ netto	4,1	5,5	6,9	8,3	13,3
4	**Parkettboden abdecken, Wellpappe** Holzbodenbelag abdecken; Wellpappe						
	m²	€ brutto	3,8	4,8	5,3	6,5	7,0
	KG 397	€ netto	3,2	4,0	4,5	5,4	5,9
5	**Parkettboden abdecken, Filz und Folie** Parkettboden abdecken; Filz und Folie						
	m²	€ brutto	4,1	5,2	6,1	7,0	7,6
	KG 397	€ netto	3,5	4,4	5,1	5,9	6,4
6	**Parkettboden abdecken, Holzwerkstoffplatten** Parkettboden abdecken; Holzwerkstoffplatten						
	m²	€ brutto	10	12	15	17	19
	KG 397	€ netto	8,8	10,0	12,4	14,7	16,1
7	**Estrich spachteln, ausgleichen** Estrich spachteln; Spachtelmasse, kunstharzvergütet; Dicke 1-5mm						
	m²	€ brutto	6,8	10,3	12,6	15,3	19,6
	KG 395	€ netto	5,7	8,7	10,6	12,8	16,4
8	**Trennlage, Baumwollfilz** Trennlage; Baumwollfilz; 5mm; einlagig; Parkettbelag						
	m²	€ brutto	3,0	4,4	5,2	6,1	7,6
	KG 353	€ netto	2,5	3,7	4,4	5,1	6,4
9	**Unterboden, Holzspanplatte** Unterboden; Holzspanplatte, P4; Dicke 21mm; NF-Profil						
	m²	€ brutto	33	46	53	62	79
	KG 353	€ netto	28	39	45	52	67

Kosten: Stand 3.Quartal 2025, Bundesdurchschnitt

LB 328 **Preise €**

Nr.	**Kurztext** / Stichworte **Einheit** / Kostengruppe		►	▷	**brutto ø** netto ø	◁	◄
10	**Blindboden, Nadelholz** Blindboden; Nadelholz, S10, einseitig gehobelt; Dicke 24mm, Breite 150mm; gespundete Schalung						
	m²	**€ brutto**	**30**	**52**	**63**	**81**	**121**
	KG 353	€ netto	25	44	53	68	102
11	**Dielenbodenbelag, massiv, Fichte, geschliffen** Bodenbelag, Dielen, massiv; Nadelholz, Sortierung A; Dicke 24mm; geklebt; auf Lagerholz						
	m²	**€ brutto**	**222**	**243**	**267**	**297**	**316**
	KG 353	€ netto	187	205	225	249	265
12	**Fertigparkettbelag, beschichtet** Bodenbelag, Fertigparkettdielen; Mehrschichtparkettelementen, Sortierung Kreis; 11mm, 4mm Nutzschicht; NF-System						
	m²	**€ brutto**	**107**	**129**	**135**	**145**	**170**
	KG 353	€ netto	90	108	113	122	143
13	**Parkettbelag, Hochkantlamellen, geschliffen** Bodenbelag, Parkettstäbe; Eiche, geschliffen; Dicke 22mm; geklebt, mittlere Beanspruchung						
	m²	**€ brutto**	**98**	**124**	**134**	**148**	**177**
	KG 353	€ netto	82	104	113	124	149
14	**Stabparkett, geschliffen** Bodenbelag, Stabparkett; Eiche QCXE, Oberfläche geschliffen; Dicke 22mm; geklebt; starke Beanspruchung						
	m²	**€ brutto**	**143**	**160**	**166**	**183**	**204**
	KG 353	€ netto	121	134	140	154	172
15	**Sockelleiste, Viertelstab, Buche** Sockelleiste; Buche, lackiert, Viertelstab-Profil; 16x16mm						
	m	**€ brutto**	**14**	**20**	**23**	**26**	**33**
	KG 353	€ netto	12	16	20	22	27
16	**Sockelleiste, Rechteckprofil, Eiche** Sockelleiste; Eiche, Rechteckprofil, lackiert						
	m	**€ brutto**	**16**	**22**	**24**	**27**	**36**
	KG 353	€ netto	13	18	20	23	30
17	**Sockelleiste, Ahorn** Sockelleiste; Ahorn, Schmetterlingsprofil, farblos matt lackiert; 25x25mm						
	m	**€ brutto**	**13**	**18**	**21**	**24**	**30**
	KG 353	€ netto	11	15	17	20	25

LB 328							Preise €
Nr.	Kurztext / Stichworte Einheit / Kostengruppe		▶	▷	brutto ø netto ø	◁	◀
18	**Parkettboden schleifen** Parkettboden schleifen; bis Körnung 180; reinigen						
	m²	€ brutto	16	26	29	37	46
	KG 353	€ netto	14	22	25	31	39
19	**Parkettboden wachsen** Parkettboden wachsen; Polieren						
	m²	€ brutto	12	16	20	24	33
	KG 353	€ netto	9,8	13,4	16,6	20,2	28,1
20	**Parkettboden ölen** Parkettboden ölen						
	m²	€ brutto	11	16	20	24	25
	KG 353	€ netto	8,9	13,5	16,9	19,8	21,3
21	**Übergangsprofil/Abdeckschiene, nichtrostender Stahl** Übergangsprofil; nichtrostender Stahl; Belagwechsel						
	m	€ brutto	20	28	32	37	47
	KG 353	€ netto	17	24	27	31	40
22	**Übergangsprofil/Abdeckschiene, Aluminium** Übergangsprofil; Aluminium; Belagwechsel						
	m	€ brutto	24	34	35	40	51
	KG 353	€ netto	20	29	29	34	42
23	**Übergangsprofil/Abdeckschiene, Messing** Übergangsprofil; Messing; Belagwechsel						
	m	€ brutto	25	40	46	51	64
	KG 353	€ netto	21	33	39	43	54
24	**Stundensatz, Facharbeiter/-in** Stundenlohnarbeiten für Vorarbeiter/-in, Facharbeiter/-in und Gleichgestellte; Parkettarbeiten						
	h	€ brutto	66	84	92	96	107
		€ netto	55	71	77	81	90

LB 329							Preise €

Nr.	Kurztext / Stichworte Einheit / Kostengruppe		►	▷	brutto ø netto ø	◁	◄
1	**Türdrücker ausbauen** Türdrücker, beidseitig; auf Vierkant; Langschilder, Schloss; ausbauen, entsorgen						
	St	**€ brutto**	**–**	**16**	**20**	**27**	**–**
	KG 394	€ netto	–	14	17	22	–
2	**Fenstergriff, Aluminium** Fensterolive; Aluminium; Vier-Punkt-Kugelrastung, unsichtbar befestigt; Verschraubung M5						
	St	**€ brutto**	**38**	**60**	**70**	**75**	**108**
	KG 334	€ netto	32	50	59	63	91
3	**Drückergarnitur, Stahl** Drückergarnitur; Stahlkern, Metallrosette; Türdicke 42mm; Metallrosette mit/ohne Hochhaltefeder						
	St	**€ brutto**	**59**	**83**	**94**	**104**	**131**
	KG 344	€ netto	49	69	79	88	110
4	**Drückergarnitur, Aluminium** Drückergarnitur; Aluminium, Metallrosette; Metallrosette mit/ohne Hochhaltefeder; für Rauch-/Feuerschutztür						
	St	**€ brutto**	**65**	**116**	**137**	**155**	**200**
	KG 344	€ netto	55	97	115	130	168
5	**Drückergarnitur, Edelstahl** Drückergarnitur; Edelstahl, Metallrosette; Metallrosette mit/ohne Hochhaltefeder; für Rauch-/Feuerschutztür; für Feuer-/Rauchschutztür						
	St	**€ brutto**	**157**	**232**	**265**	**313**	**423**
	KG 344	€ netto	132	195	223	263	356
6	**Bad-/WC-Garnitur, Aluminium** Bad-WC-Garnitur; Aluminium, Metallrosette; Türdicke 42mm; Metallrosette mit/ohne Hochhaltefeder; inkl. beidseitiger Drücker						
	St	**€ brutto**	**90**	**139**	**158**	**185**	**233**
	KG 344	€ netto	76	116	133	156	196
7	**Stoßgriff, Tür, Edelstahl** Stoßgriff, Tür; Edelstahl; Achsmaß 100mm, Durchmesser 30mm; verdeckt verschraubt						
	St	**€ brutto**	**281**	**358**	**382**	**453**	**627**
	KG 344	€ netto	236	301	321	381	527
8	**Obentürschließer, einflüglige Tür** Obentürschließer; einflüglige Tür; Schließgröße EN 2-4, Türflügel bis max. 1.100mm, Öffnungswinkel 180°, Feststellbereich 70-150°; Basisschließer, Normalgestänge; für Rauch-/Feuerschutztür						
	St	**€ brutto**	**210**	**380**	**457**	**599**	**978**
	KG 344	€ netto	176	320	384	503	822

Kosten: Stand 3.Quartal 2025, Bundesdurchschnitt

LB 329							**Preise €**
Nr.	**Kurztext** / Stichworte				**brutto ø**		
	Einheit / Kostengruppe		►	▷	netto ø	◁	◄
9	**Obentürschließer, zweiflüglige Tür**						
	Obentürschließer; zweiflüglige Türanlage; Größe 2-6; für zweiflügliges Türblatt, Normalgestänge; Schließgeschwindigkeit und Endschlag regulierbar, inkl. Montageplatte						
	St	**€ brutto**	**630**	**1.067**	**1.298**	**1.526**	**1.967**
	KG 344	€ netto	530	897	1.090	1.282	1.653
10	**Türantrieb, kraftbetätigte Tür, einflüglig**						
	Türantrieb, automatisch; für einflüglige Tür, barrierefrei, geräuscharm						
	St	**€ brutto**	**4.174**	**6.120**	**7.133**	**8.122**	**9.834**
	KG 344	€ netto	3.508	5.143	5.994	6.825	8.263
11	**Türantrieb, kraftbetätigte Tür, zweiflüglig**						
	Türantrieb, automatisch; für zweiflüglige Tür, barrierefrei, geräuscharm						
	St	**€ brutto**	**5.132**	**6.714**	**7.609**	**8.384**	**10.283**
	KG 344	€ netto	4.313	5.642	6.394	7.045	8.641
12	**Fluchttürsicherung, elektrische Verriegelung**						
	Fluchttürsicherung; Steuerung beleuchteter Nottaste für Betriebszustand Tür, Alarm, Voralarm, Störung						
	St	**€ brutto**	**1.201**	**1.737**	**1.847**	**2.198**	**2.683**
	KG 344	€ netto	1.009	1.459	1.553	1.847	2.254
13	**Fingerschutz Türkante**						
	Fingerschutz Türkante; Aluminium; Länge bis 2.500mm						
	St	**€ brutto**	**129**	**236**	**294**	**327**	**395**
	KG 344	€ netto	108	198	247	275	332
14	**Türspion, Aluminium**						
	Türspion; Aluminium; Durchmesser 15mm; inkl. Deckklappe						
	St	**€ brutto**	**24**	**34**	**38**	**45**	**58**
	KG 344	€ netto	20	29	32	38	48
15	**Türstopper, Wandmontage**						
	Türstopper, Wandmontage; Metall, poliert/gebürstet mit Gummipuffer						
	St	**€ brutto**	**29**	**45**	**53**	**66**	**89**
	KG 344	€ netto	25	38	44	55	75
16	**Türstopper, Bodenmontage**						
	Türstopper, Bodenmontage; Metall, poliert/gebürstet mit Gummipuffer; rund/eckig, geschraubt						
	St	**€ brutto**	**30**	**46**	**52**	**78**	**135**
	KG 344	€ netto	25	38	44	65	114
17	**Lüftungsgitter, Türblatt**						
	Lüftungsgitter; Aluminium/Kunststoff; stufenlos regulierbar, verschließbar; Holztürblatt						
	St	**€ brutto**	**47**	**60**	**62**	**67**	**76**
	KG 344	€ netto	39	51	52	56	64

LB 329						Preise €
Nr.	**Kurztext** / Stichworte **Einheit** / Kostengruppe	►	▷	**brutto ø** netto ø	◁	◄
18	**Doppel-Schließzylinder** Profil-Doppelzylinder; Messing, matt vernickelt; Länge A und B 30,5mm					
	St € brutto	**66**	**111**	**133**	**200**	**327**
	KG 344 € netto	56	93	112	168	275
19	**Halb-Schließzylinder** Profil-Halbzylinder; Messing, matt vernickelt; Länge A 10mm, Länge B 30,5mm					
	St € brutto	**41**	**82**	**100**	**125**	**183**
	KG 344 € netto	35	69	84	105	153
20	**Profil-Zylinderverlängerung, je 10mm** Profil-Zylinderverlängerung; je angefangene 10mm					
	St € brutto	**4,7**	**8,8**	**10,2**	**12,1**	**19,1**
	KG 344 € netto	4,0	7,4	8,6	10,2	16,0
21	**Profil-Blindzylinder** Profil-Blindzylinder; Messing, matt vernickelt; Länge 30,5mm/30,5mm					
	St € brutto	**14**	**24**	**27**	**36**	**53**
	KG 344 € netto	12	20	23	30	45
22	**Generalhaupt-, Generalschlüssel** Generalhauptschlüssel; Profilzylinder; Schließanlage					
	St € brutto	**11**	**16**	**19**	**22**	**32**
	KG 344 € netto	9,4	13,4	15,9	18,7	27,2
23	**Gruppen-, Hauptschlüssel** Gruppen-, Hauptschlüssel; Profilzylinder					
	St € brutto	**7,9**	**12,0**	**13,4**	**16,0**	**21,6**
	KG 344 € netto	6,7	10,1	11,3	13,5	18,1
24	**Schlüssel, Buntbart** Schlüssel, Buntbart; Messing, verchromt, poliert; gleichschließend; Zimmertür; Türschlösser Klasse 1					
	St € brutto	**8,7**	**10,7**	**10,8**	**12,9**	**15,6**
	KG 344 € netto	7,4	9,0	9,1	10,8	13,1
25	**Schlüsselschrank, wandhängend** Schlüsselschrank, wandhängend; Aluminium/Kunststoff; Türöffnung über 90°; inkl. zwei Schlüssel					
	St € brutto	**138**	**256**	**327**	**363**	**473**
	KG 344 € netto	116	215	275	305	397
26	**WC-Symbol** Beschilderung Tür; Edelstahl/Kunststoff; eingefrästes Symbol und Beschriftung, unsichtbare Befestigung					
	St € brutto	**26**	**41**	**47**	**65**	**96**
	KG 344 € netto	22	34	40	55	81

Kosten: Stand 3.Quartal 2025, Bundesdurchschnitt

LB 329						**Preise €**
Nr.	**Kurztext** / Stichworte **Einheit** / Kostengruppe	▶	▷	**brutto ø** netto ø	◁	◀
27	**Riegelschloss, Profil-Halbzylinder** Riegelschloss; vorgerichtet für Profil-Halbzylinder; inkl. Bohr- und Fräsarbeiten					
	St **€ brutto**	**79**	**142**	**164**	**223**	**304**
	KG 344 € netto	67	119	138	188	255
28	**Absenkdichtung, Tür** Bodendichtung; Druckplatte, PVC-Dichtprofil, Befestigungswinkel; Zimmertür/Schallschutztür					
	St **€ brutto**	**125**	**174**	**195**	**219**	**273**
	KG 344 € netto	105	147	164	184	229

330
Rollladenarbeiten

LB 330						Preise €
Nr.	**Kurztext** / Stichworte **Einheit** / Kostengruppe ►		**brutto ø** ▷ netto ø ◁ ◄			
1	**Rollladen entfernen** Rollladen ausbauen; Breite bis 1,50m, Höhe bis 2,50m; inkl. Deckel, Welle, Gurtband und Wickler; Bauschutt entsorgen					
	m² **€ brutto**	**65**	**93**	**112**	**140**	**161**
	KG 394 € netto	55	78	94	117	135
2	**Markise entfernen** Markise ausbauen; Breite bis 4,00m, Ausstelltiefe bis 3,00m; inkl. Gelenkarm, Welle und Bedienelement; Bauschutt entsorgen					
	m² **€ brutto**	**122**	**142**	**170**	**203**	**215**
	KG 394 € netto	103	120	142	171	181
3	**Außenjalousie entfernen** Außenjalousie ausbauen; Aluminiumlamellen; Breite bis 4,00m, Höhe bis 3,00m; inkl. Kurbel und Welle; Bauschutt entsorgen					
	m² **€ brutto**	**38**	**46**	**52**	**63**	**68**
	KG 394 € netto	32	39	44	53	57
4	**Sonnenschutz, Stoff, innen, entfernen** Sonnenschutz ausbauen; Stoff, innen; Breite bis 4,00m, Höhe bis 3,00m; Bauschutt entsorgen					
	m² **€ brutto**	**28**	**33**	**39**	**47**	**50**
	KG 394 € netto	24	28	33	39	42
5	**Rollladen-Gurtwickler ausbauen** Rollladen-Gurtwickler ausbauen; Abmessungen 19x11,5x23,8cm; aus Ziegelmauerwerk; Bauschutt entsorgen					
	St **€ brutto**	**18**	**22**	**25**	**30**	**32**
	KG 394 € netto	15	19	21	25	27
6	**Baufuge abdichten, Rollladenkasten** Baufuge abdichten; Dichtband, Baufuge; Klebebereich 60mm; Rollladenkasten/Zargenrahmen					
	m **€ brutto**	**25**	**26**	**34**	**41**	**43**
	KG 395 € netto	21	22	29	34	36
7	**Rollladenkasten dämmen** Rollladenkasten dämmen; Dämmmatten; Dicke bis 40mm					
	m **€ brutto**	**78**	**132**	**150**	**156**	**195**
	KG 395 € netto	65	111	126	131	164
8	**Klappendeckel abdichten, Rollladenkasten** Klappendeckel abdichten; Größe 2.000x250mm; Rollladenkasten					
	St **€ brutto**	**47**	**56**	**68**	**82**	**88**
	KG 395 € netto	40	47	57	69	74

LB 330						Preise €
Nr.	**Kurztext** / Stichworte			**brutto ø**		
	Einheit / Kostengruppe	►	▷	netto ø	◁	◀
9	**Rollladenkastendeckel auswechseln**					
	Rollladenkastendeckel austauschen; Deckel gedämmt; Länge bis 1,20mm, Höhe bis 0,30m; Bauschutt entsorgen					
	m € brutto	**40**	**46**	**54**	**65**	**70**
	KG 395 € netto	33	38	45	55	59
10	**Rollladengurte auswechseln**					
	Rollladengurte auswechseln; Länge bis 4,00m; Bauschutt entsorgen					
	St € brutto	**64**	**81**	**86**	**103**	**115**
	KG 395 € netto	54	68	72	86	96
11	**Rollladenführungsschiene erneuern**					
	Rollladenführungsschiene ersetzen; durch geräuscharme, eloxierte Führungsschiene; Länge bis 1.000mm; Bauschutt entsorgen					
	St € brutto	**58**	**75**	**80**	**95**	**100**
	KG 395 € netto	49	63	67	79	84
12	**Rollladenwelle erneuern, bis 1.500mm**					
	Rollladenwelle ausbauen; neue Welle einbauen; Länge bis 1.500mm; Bauschutt entsorgen					
	St € brutto	**118**	**151**	**164**	**197**	**210**
	KG 395 € netto	99	127	138	165	176
13	**Rollladenwelle erneuern, bis 2.500mm**					
	Rollladenwelle ausbauen; neue Welle einbauen; Länge bis 2.500mm; Bauschutt entsorgen					
	St € brutto	**164**	**195**	**227**	**277**	**293**
	KG 395 € netto	137	164	191	233	246
14	**Vorbaurollladen, Führungsschiene**					
	Vorbau-Rollladen; Aluminiumkasten, Ecken gerundet/scharfkantig, Aluminiumschiene; Profil HxB 50x35-50mm, WK 1/2					
	St € brutto	**349**	**509**	**562**	**665**	**878**
	KG 338 € netto	293	428	472	559	738
15	**Rollladen, Führungsschiene, Gurt**					
	Rollladen; Kunststoff /Aluminiumschiene, Abdeckplatte Kunststoff/ Aluminium; WK 1/2; in Kasten; Fenster/Fenstertüren					
	St € brutto	**252**	**453**	**564**	**610**	**732**
	KG 338 € netto	212	381	474	513	615
16	**Jalousie/Raffstore, außen**					
	Außenjalousie; Aluminiumlamellen, Aluminium-/Edelstahlschiene; Lamellen 35mm, Dicke 0,22-0,30mm; elektrisch betrieben; Fenster/Fenstertüren					
	St € brutto	**917**	**1.196**	**1.339**	**1.439**	**1.744**
	KG 338 € netto	771	1.005	1.125	1.210	1.465

LB 330							Preise €
Nr.	Kurztext / Stichworte Einheit / Kostengruppe		▶	▷	brutto ø netto ø	◁	◀
17	**Fensterladen, Holz, zweiflüglig** Klappladen; Nadelholz/Eiche, S10, Aluminium-/Edelstahlschiene; Lamellen 45mm, Dicke 20-25mm						
	St	**€ brutto**	**741**	**936**	**978**	**1.075**	**1.244**
	KG 338	€ netto	623	786	822	903	1.045
18	**Stundensatz, Facharbeiter/-in** Stundenlohnarbeiten für Vorarbeiter/-in, Facharbeiter/-in und Gleichgestellte; Rollladenarbeiten						
	h	**€ brutto**	**86**	**95**	**100**	**105**	**116**
		€ netto	72	79	84	88	97

LB 331							Preise €
Nr.	**Kurztext** / Stichworte **Einheit** / Kostengruppe		►	▷	**brutto ø** netto ø	◁	◄
1	**Handlauf, Stahl** Handlauf; Stahl S235JR+AR, verzinkt; Durchmesser 25/33,7/42,4/60mm						
	m	**€ brutto**	**62**	**107**	**114**	**123**	**141**
	KG 359	€ netto	52	90	96	103	119
2	**Handlauf, Stahl, Wandhalterung** Handlaufhalter; Stahl S235JR/Flachstahl, beschichtet/feuerverzinkt; Durchmesser 12/16mm/Flachstahl 10mm						
	St	**€ brutto**	**55**	**88**	**97**	**122**	**163**
	KG 359	€ netto	46	74	82	102	137
3	**Handlauf, Enden in diverse Ausführungen** Handlauf-Endstück; Stahl/Edelstahl; Durchmesser 25/33,7/42,4/60mm						
	St	**€ brutto**	**52**	**74**	**86**	**90**	**111**
	KG 359	€ netto	44	62	72	75	93
4	**Handlauf, Ecken/Gehrungen** Handlauf-Eckstück; Stahl/Edelstahl/Holz; 30/45/90°						
	St	**€ brutto**	**53**	**79**	**91**	**105**	**124**
	KG 359	€ netto	44	67	76	89	104
5	**Brüstungs-/Treppengeländer, Lochblechfüllung** Treppengeländer; Stahlkonstruktion, Rundrohr, Flachstabstahl; Höhe 1,10m, Handlauf 33,7mm						
	m	**€ brutto**	**406**	**524**	**576**	**629**	**754**
	KG 359	€ netto	341	440	484	528	634
6	**Treppengeländer, Flachstahlfüllung** Treppengeländer; Stahlkonstruktion, Handlauf Rundrohr, Flachstabstahl; Höhe 1,10m, Handlauf 42,4mm; Innenbereich						
	m	**€ brutto**	**396**	**512**	**566**	**638**	**768**
	KG 359	€ netto	333	430	476	536	645
7	**Stahl-Umfassungszarge, 875x2.000/2.125** Stahlumfassungszarge; brandverzinkt/grundiert; 875x2.000/2.125mm, MW 145mm, Tiefe 115mm						
	St	**€ brutto**	**298**	**407**	**455**	**521**	**613**
	KG 344	€ netto	251	342	382	438	515
8	**Stahl-Umfassungszarge, 1.000x2.000/2.125** Stahlumfassungszarge; brandverzinkt/grundiert; 1.000x2.000/2.125mm, MW 145mm, Tiefe 115mm						
	St	**€ brutto**	**325**	**468**	**556**	**614**	**767**
	KG 344	€ netto	273	393	467	516	645
9	**Stahltür, einflüglig** Metalltürelement; Stahl; 1.010x2.130mm, Dicke 50mm; einflüglig						
	St	**€ brutto**	**1.642**	**1.904**	**2.189**	**2.517**	**2.824**
	KG 344	€ netto	1.380	1.600	1.839	2.115	2.373

Kosten: Stand 3.Quartal 2025, Bundesdurchschnitt

LB 331 **Preise €**

Nr.	Kurztext / Stichworte Einheit / Kostengruppe		▶	▷	brutto ø netto ø	◁	◀
10	**Stahltür, zweiflüglig** Metalltürelement; Stahl; Dicke 50mm; zweiflüglig, gefalzt						
	St	**€ brutto**	**2.124**	**3.183**	**3.528**	**3.822**	**4.562**
	KG 344	€ netto	1.785	2.675	2.965	3.212	3.834
11	**Stahltür, Brandschutz, EI2 30, zweiflüglig** Brandschutztürelement, T30 RS; Stahl; 2.100x2.130mm, Türblattdicke 50mm, MW 230mm; zweiflüglig						
	St	**€ brutto**	**3.410**	**4.783**	**5.416**	**6.036**	**7.109**
	KG 344	€ netto	2.865	4.019	4.552	5.072	5.974
12	**Stahltür, Brandschutz, EI2 90, 875x2.000/2.125** Brandschutztürelement, EI2 90; Stahl; 875x2.000/2.125; einflüglig						
	St	**€ brutto**	**2.273**	**3.020**	**3.455**	**3.839**	**4.345**
	KG 344	€ netto	1.910	2.538	2.903	3.226	3.651
13	**Stahltür, EI2 90, zweiflüglig** Brandschutztürelement, EI2 90; Stahl, verzinkt; zweiflüglig						
	St	**€ brutto**	**5.695**	**6.942**	**7.500**	**7.774**	**8.766**
	KG 344	€ netto	4.786	5.833	6.302	6.533	7.366
14	**Stahltreppe, gerade, einläufig, Trittbleche** Metalltreppe, einläufig; Stahl, S235JR, verzinkt; 17,2x28cm, 16 Stufen; freitragend						
	St	**€ brutto**	**6.612**	**9.479**	**9.981**	**10.974**	**13.711**
	KG 351	€ netto	5.556	7.966	8.388	9.222	11.522
15	**Brandschutzbeschichtung, feuerhemmend, Stahlbauteile** Brandschutzbeschichtung EI 30; Stahlkonstruktion; reinigen, entrosten						
	m²	**€ brutto**	**75**	**104**	**114**	**140**	**213**
	KG 333	€ netto	63	87	96	118	179
16	**Brandschutzbeschichtung, Stahlbauteile, Decklack** Brandschutzbeschichtung EI .....; Überzugslack						
	m²	**€ brutto**	**25**	**31**	**34**	**34**	**40**
	KG 333	€ netto	21	26	28	29	34
17	**Brandschutzbeschichtung Rund-/Profilstahl** Brandschutzbeschichtung F30; Grundbeschichtung, Schutzlack; Stahlbauteile						
	m	**€ brutto**	**51**	**67**	**73**	**87**	**94**
	KG 345	€ netto	43	57	61	73	79
18	**Stundensatz, Facharbeiter/-in** Stundenlohnarbeiten für Vorarbeiter/-in, Facharbeiter/-in und Gleichgestellte; Schlosserarbeiten						
	h	**€ brutto**	**79**	**95**	**101**	**105**	**116**
		€ netto	67	80	85	88	98

LB 331						Preise €
Nr.	**Kurztext** / Stichworte **Einheit** / Kostengruppe	►	▷	**brutto ø** netto ø	◁	◄
19	**Stundensatz, Helfer/-in** Stundenlohnarbeiten für Werker/-in, Helfer/-in und Gleichgestellte; Schlosserarbeiten					
	h **€ brutto**	**72**	**80**	**86**	**91**	**98**
	€ netto	61	67	72	76	82

LB 332						Preise €

Nr.	Kurztext / Stichworte Einheit / Kostengruppe		►	▷	brutto ø netto ø	◁	◄
1	**Verglasung, Floatglas, 4mm** Einscheiben-Verglasung; Floatglas; Dicke 4mm						
	m²	**€ brutto**	**75**	**88**	**98**	**116**	**122**
	KG 344	€ netto	63	74	82	97	102
2	**Verglasung, Floatglas, 6mm** Einscheiben-Verglasung; Floatglas; Dicke 6mm						
	m²	**€ brutto**	**99**	**117**	**130**	**154**	**163**
	KG 344	€ netto	83	98	109	129	137
3	**Verglasung, Floatglas, 8mm** Einscheiben-Verglasung; Floatglas; Dicke 8mm						
	m²	**€ brutto**	**134**	**159**	**178**	**209**	**220**
	KG 344	€ netto	112	133	150	175	184
4	**Verglasung, ESG-Glas, 6mm** Einscheiben-Sicherheitsverglasung; Dichtstoff mind. C-elastisch bleibend; Dicke 6mm						
	m²	**€ brutto**	**150**	**178**	**197**	**233**	**245**
	KG 334	€ netto	126	149	166	196	206
5	**Verglasung, ESG-Glas, 8mm** Einscheiben-Sicherheitsverglasung; Dichtstoff mind. C-elastisch bleibend; Dicke 8mm						
	m²	**€ brutto**	**182**	**215**	**239**	**285**	**299**
	KG 334	€ netto	153	181	201	239	251
6	**Verglasung, ESG-Glas, 10mm** Einscheiben-Sicherheitsverglasung; Dichtstoff mind. C-elastisch bleibend; Dicke 10mm						
	m²	**€ brutto**	**252**	**301**	**331**	**394**	**414**
	KG 334	€ netto	212	253	278	331	348
7	**Verglasung, VSG-Glas, 6mm** Verbund-Sicherheitsverglasung; Widerstandsklasse A 1; Größe 1,0-2,0m², Dicke 6mm; inkl. Befestigung mit Glashalteleisten						
	m²	**€ brutto**	**141**	**167**	**185**	**219**	**232**
	KG 359	€ netto	118	140	156	184	195
8	**Verglasung, VSG-Glas, 8mm** Verbund-Sicherheitsverglasung; Widerstandsklasse A 1; Größe 1,0-2,0m², Dicke 6mm; inkl. Befestigung mit Glashalteleisten						
	m²	**€ brutto**	**151**	**176**	**198**	**232**	**246**
	KG 359	€ netto	127	148	167	195	207

Kosten: Stand 3.Quartal 2025, Bundesdurchschnitt

LB 332 **Preise €**

Nr.	Kurztext / Stichworte Einheit / Kostengruppe		►	▷	brutto ø netto ø	◁	◄
9	**Verglasung, VSG-Glas, 10mm** Verbund-Sicherheitsverglasung; Widerstandsklasse A 1; Größe 1,0-2,0m², Dicke 10mm; inkl. Befestigung mit Glashalteleisten						
	m²	**€ brutto**	**177**	**213**	**237**	**279**	**293**
	KG 359	€ netto	149	179	199	235	247
10	**Isolierverglasungen, zweifach, 1,0W/(m²K), 4/16/4** Isolierverglasung; zweifach Floatglas, Ug-Wert 1,0W(m²K); 4x16x4mm						
	m²	**€ brutto**	**162**	**192**	**213**	**251**	**266**
	KG 334	€ netto	136	161	179	211	224
11	**Isolierverglasungen, zweifach, 1,0W/(m²K), 6VSG/16/4** Isolierverglasung; zweifach, Verbundsicherheitsglas innen, Floatglas außen, Ug-Wert 1,0W(m²K); 6x16x4mm						
	m²	**€ brutto**	**298**	**351**	**389**	**460**	**487**
	KG 334	€ netto	250	295	327	386	409
12	**Isolierverglasungen, zweifach, 1,1W/(m²K), 4/16/4ESG** Isolierverglasung; zweifach, Floatglas innen, ESG außen, Ug-Wert 1,1W(m²K); 4x16x4mm						
	m²	**€ brutto**	**173**	**210**	**228**	**271**	**283**
	KG 334	€ netto	146	176	191	228	237
13	**Isolierverglasungen, dreifach, 0,7W/(m²K), 4/12/4/12/4** Isolierverglasung; dreifach, Innen-/Außenscheibe Floatglas, Ug-Wert 0,7W(m²K); 4x14x4x14x4mm						
	m²	**€ brutto**	**207**	**248**	**272**	**322**	**341**
	KG 334	€ netto	174	208	229	270	286
14	**Isolierverglasungen, dreifach, 0,6W/(m²K), 4/14/4/14/4** Isolierverglasung; dreifach Innen-/Außenscheibe Floatglas, Ug-Wert 0,7W(m²K); 4x12x4x12x4mm						
	m²	**€ brutto**	**–**	**318**	**358**	**422**	**–**
	KG 334	€ netto	–	267	301	355	–
15	**Brandschutzverglasung, Innenwände** Brandschutzverglasung, F30/F60/F90; Einscheiben-Festverglasung						
	m²	**€ brutto**	**309**	**597**	**688**	**692**	**885**
	KG 344	€ netto	260	502	578	582	744

LB 333						Preise €

Nr.	Kurztext / Stichworte Einheit / Kostengruppe		▶	▷ brutto ø netto ø	◁	◀
1	**Baureinigung, bei Baubetrieb** Bauzwischenreinigung; entfernen, grober Bauverschmutzung; inkl. Entsorgung					
	m²	**€ brutto**	**1,9**	**3,1**	**3,5**	**3,8**	**5,0**
	KG 397	€ netto	1,6	2,6	3,0	3,2	4,2
2	**Treppen/Podeste reinigen** Treppen reinigen; Betonbau-/Malerrückstände; vorsichtig abkratzen, abkehren, saugen, mit Reinigungsmittel abschrubben; inkl. Nachwischen der Treppengeländer, Brüstung und Handläufe					
	m²	**€ brutto**	**2,1**	**2,7**	**3,1**	**3,5**	**4,2**
	KG 397	€ netto	1,8	2,3	2,6	3,0	3,5
3	**Bodenbelag reinigen, Hartbeläge Lino/Kautschuk** Bodenbelag reinigen; Hartbelag; mit Reinigungs- und Pflegemittel; inkl. Sockelleisten					
	m²	**€ brutto**	**1,4**	**2,3**	**2,7**	**3,2**	**4,1**
	KG 397	€ netto	1,2	1,9	2,3	2,7	3,4
4	**Bodenbelag reinigen, Fliesen/Platten** Bodenbelag reinigen; Fliesen/Platten; mit Reinigungsmittel wischen; inkl. Sockelleisten					
	m²	**€ brutto**	**1,4**	**2,6**	**3,2**	**4,9**	**8,6**
	KG 397	€ netto	1,2	2,2	2,7	4,2	7,2
5	**Bodenbelag reinigen, Teppich** Bodenbelag reinigen; Teppich; mit Vakuum-/Bürstsaugen; inkl. Sockel					
	m²	**€ brutto**	**0,8**	**2,8**	**3,4**	**4,5**	**6,8**
	KG 397	€ netto	0,7	2,3	2,9	3,8	5,7
6	**Fassade reinigen, Hochdruckreiniger** Wandbelag reinigen; Fassade; Hochdruckreiniger; inkl. erf. Schutz und Abdeckarbeiten, Passantenschutz ja/nein					
	m²	**€ brutto**	**27**	**32**	**33**	**36**	**44**
	KG 397	€ netto	23	27	28	30	37
7	**Glasflächen reinigen, Fassadenelemente** Glasflächen reinigen; Fassadenelement; nass wischen, trocken ledern, polieren; außen/innen; inkl. Schutz- und Abdeckblechen					
	m²	**€ brutto**	**2,7**	**4,6**	**5,6**	**6,6**	**9,4**
	KG 397	€ netto	2,3	3,9	4,7	5,6	7,9
8	**Wandbelag reinigen, Fliesen** Wandbelag reinigen; Fliesen/Platten; mit Reinigungsmitteln; Entfernen von Zementschleier, Aufklebern					
	m²	**€ brutto**	**1,1**	**1,5**	**1,7**	**2,1**	**3,1**
	KG 397	€ netto	0,9	1,3	1,4	1,8	2,6

Kosten: Stand 3.Quartal 2025, Bundesdurchschnitt

LB 333						Preise €
Nr.	**Kurztext** / Stichworte			**brutto ø**		
	Einheit / Kostengruppe	►	▷	netto ø	◁	◄
9	**Türen reinigen** Tür reinigen; Metall/Holz/Schichtstoff; mit Reinigungs- und Pflegemitteln; Entfernen von Verunreinigungen und Aufklebern					
	St **€ brutto**	**2,1**	**5,6**	**6,9**	**8,6**	**12,7**
	KG 397 € netto	1,8	4,7	5,8	7,2	10,7
10	**Heizkörper reinigen** Einrichtung reinigen; Heizkörper; mit Reinigungs- und Pflegemitteln; inkl. Armaturen, Zuleitungen					
	m² **€ brutto**	**2,5**	**3,8**	**4,4**	**6,2**	**9,2**
	KG 397 € netto	2,1	3,2	3,7	5,2	7,7
11	**Waschtisch/Duschwanne reinigen** Einrichtung reinigen; Waschtisch/Duschwanne; mit Reinigungs- und Pflegemitteln; inkl. Armaturen, Zu- und Abläufen					
	St **€ brutto**	**3,1**	**6,7**	**8,3**	**9,6**	**13,5**
	KG 397 € netto	2,6	5,6	7,0	8,0	11,4
12	**WC-Schüssel/Urinal reinigen** Einrichtung reinigen; WC-Schüssel/Urinal, Keramik; mit Reinigungs- und Pflegemitteln; inkl. Armaturen, Zu- und Abläufen					
	St **€ brutto**	**2,1**	**5,4**	**7,4**	**8,8**	**11,8**
	KG 397 € netto	1,7	4,5	6,2	7,4	10,0
13	**Geländer reinigen** Einrichtung reinigen; Geländer, Stahl/Holz; mit Reinigungs- und Pflegemitteln					
	m **€ brutto**	**1,9**	**2,5**	**2,7**	**3,2**	**4,2**
	KG 397 € netto	1,6	2,1	2,3	2,7	3,5
14	**Fenster reinigen** Fenster reinigen; nass wischen mit Reinigungsmitteln, trocken ledern; Innen-/Außenflächen; inkl. Entfernen aller Aufkleber					
	St **€ brutto**	**4,9**	**8,0**	**9,7**	**10,9**	**13,5**
	KG 397 € netto	4,2	6,7	8,2	9,2	11,4
15	**Stundensatz, Facharbeiter/-in** Stundenlohnarbeiten für Vorarbeiter/-in, Facharbeiter/-in und Gleichgestellte; Baureinigungsarbeiten					
	h **€ brutto**	**47**	**53**	**55**	**59**	**67**
	€ netto	39	45	46	49	56
16	**Stundensatz, Helfer/-in** Stundenlohnarbeiten für Werker/-in, Helfer/-in und Gleichgestellte; Baureinigungsarbeiten					
	h **€ brutto**	**31**	**41**	**47**	**50**	**59**
	€ netto	26	34	40	42	49

LB 334							Preise €
Nr.	Kurztext / Stichworte Einheit / Kostengruppe		►	▷	brutto ø netto ø	◁	◄
1	**Öffnungen abdecken, Strahlarbeiten** Öffnungen abdecken, Druckwasserreinigung; Plattenware, Folie; Anschlüsse abkleben; Fassade						
	m² KG 395	**€ brutto** € netto	**15** 13	**25** 21	**31** 26	**35** 30	**39** 33
2	**Trockenstrahlen, Fassade** Fassadenreinigung, Trockenstrahlen; festes Strahlmittel; Beschichtungen, haftmindernde Bestandteile						
	m² KG 395	**€ brutto** € netto	**22** 19	**25** 21	**27** 23	**32** 27	**35** 29
3	**Strahlen mit Strahlmittel, Fassade** Fassadenreinigung, Nassstrahlen; festes Strahlmittel, Wasser; Beschichtungen, haftmindernde Bestandteile						
	m² KG 395	**€ brutto** € netto	**22** 19	**25** 21	**27** 23	**33** 27	**36** 30
4	**Druckwasserstrahlen, Fassade** Fassadenreinigung, Druckwasserstrahlen; Beschichtungen, haftmindernde Bestandteile						
	m² KG 395	**€ brutto** € netto	**1,5** 1,3	**1,7** 1,4	**1,9** 1,6	**2,2** 1,9	**6,0** 5,1
5	**Druckwasser temperiert, Fassade** Fassadenreinigung, temperiertes Druckwasserstrahlen; Verschmutzungen, Verunreinigungen						
	m² KG 395	**€ brutto** € netto	**2,8** 2,3	**4,3** 3,6	**5,0** 4,2	**5,7** 4,8	**11,8** 10,0
6	**Dampfstrahlen temperiert, Fassade** Fassadenreinigung, temperiert Dampfstrahlen						
	m² KG 395	**€ brutto** € netto	**5,2** 4,3	**5,8** 4,8	**6,6** 5,6	**7,6** 6,3	**14,0** 11,8
7	**Beschichtung entfernen, Außenputz** Beschichtung entfernen; Bauschutt entsorgen; Außenputz						
	m² KG 395	**€ brutto** € netto	**18** 15	**20** 17	**23** 19	**26** 22	**42** 35
8	**Holz anschleifen/grundieren** Holzfläche vorbereiten, Beschichtung; zweimalig grundieren, zwischenschleifen; Außenbereich						
	m² KG 395	**€ brutto** € netto	**4,3** 3,6	**8,4** 7,1	**9,4** 7,9	**11,0** 9,2	**15,8** 13,3

Kosten: Stand 3.Quartal 2025, Bundesdurchschnitt

LB 334 **Preise €**

Nr.	Kurztext / Stichworte Einheit / Kostengruppe		►	▷	brutto ø netto ø	◁	◄
9	**Holzfenster vorbereiten, Beschichtung** Holzfenster vorbereiten, Beschichtung; lose Farbe, Holzteile entfernen, schleifen; Außenbereich						
	St	**€ brutto**	**23**	**26**	**29**	**34**	**38**
	KG 395	€ netto	19	22	24	29	32
10	**Fenster abbeizen** Holzfenster abbeizen; Größe bis 1,35x1,35m						
	St	**€ brutto**	**22**	**24**	**28**	**32**	**43**
	KG 395	€ netto	18	21	24	27	36
11	**Hauseingangstür abbeizen** Hauseingangstür abbeizen; Holz; Größe bis 1,20x2,50m						
	m²	**€ brutto**	**125**	**140**	**156**	**183**	**221**
	KG 395	€ netto	105	118	131	153	186
12	**Gartenzaun abbeizen, Holz** Gartenzaun abbeizen; Holz; inkl. Türen						
	m²	**€ brutto**	**45**	**51**	**57**	**66**	**81**
	KG 395	€ netto	38	43	48	56	68
13	**Balkonbrett abbeizen, Holz** Bretter abbeizen; Abwicklung 30cm; Balkon						
	m	**€ brutto**	**5,3**	**8,8**	**10,1**	**11,6**	**17,6**
	KG 395	€ netto	4,5	7,4	8,5	9,7	14,8
14	**Metallflächen reinigen** Metallfläche reinigen; von Schmutz, Verunreinigungen; Außenbereich						
	m²	**€ brutto**	**3,8**	**4,2**	**4,9**	**5,6**	**9,1**
	KG 395	€ netto	3,2	3,6	4,1	4,7	7,6
15	**Metallflächen entrosten, Strahlen** Metallfläche entrosten, Trockenstrahlen; Außenbereich						
	m²	**€ brutto**	**9,1**	**10,2**	**11,2**	**13,0**	**19,2**
	KG 395	€ netto	7,6	8,5	9,4	10,9	16,1
16	**Metallflächen entrosten, Teilflächen** Metallfläche entrosten, Teilflächen; Fläche bis 30%; Außenbereich						
	m²	**€ brutto**	**7,0**	**7,9**	**8,7**	**10,1**	**13,2**
	KG 395	€ netto	5,9	6,7	7,3	8,5	11,1
17	**Metallflächen vorbereiten** Metallfläche vorbereiten, Überholungsbeschichtung; Beschichtung entfernen, Fehlstellen ausbessern; Außenbereich						
	m²	**€ brutto**	**18**	**20**	**24**	**27**	**32**
	KG 395	€ netto	15	17	20	23	27

LB 334 **Preise €**

Nr.	Kurztext / Stichworte Einheit / Kostengruppe		►	▷	brutto ø netto ø	◁	◄
18	**Metallflächen schleifen/grundieren, außen** Metallfläche vorbereiten, Überholungsbeschichtung; schleifen, grundieren; Außenbereich						
	m²	**€ brutto**	**7,0**	**7,8**	**9,0**	**10,3**	**16,6**
	KG 395	€ netto	5,9	6,6	7,6	8,6	13,9
19	**Stahlgeländer abbeizen** Geländer abbeizen; Stahl						
	m²	**€ brutto**	**13**	**27**	**30**	**36**	**40**
	KG 395	€ netto	11	23	25	30	34
20	**Bodenflächen abdecken, Malervlies** Bodenfläche abdecken; Malerabdeckvlies, rutschsicher; Abkleben						
	m²	**€ brutto**	**1,8**	**3,9**	**4,4**	**4,6**	**5,1**
	KG 397	€ netto	1,5	3,3	3,7	3,9	4,3
21	**Bodenflächen abdecken, Krepppapier** Bodenfläche abdecken; Malerkrepppapier; Abkleben						
	m²	**€ brutto**	**3,6**	**4,0**	**4,6**	**5,2**	**5,9**
	KG 397	€ netto	3,0	3,4	3,9	4,4	4,9
22	**Bodenflächen abdecken, Folie** Bodenfläche abdecken; Malerfolie; Abkleben						
	m²	**€ brutto**	**1,6**	**3,5**	**3,9**	**4,5**	**5,0**
	KG 397	€ netto	1,4	2,9	3,3	3,8	4,2
23	**Gegenstände abdecken, Plane** Gegenstände abdecken; Malerabdeckplane; Abkleben						
	m²	**€ brutto**	**3,0**	**3,3**	**3,9**	**4,4**	**5,5**
	KG 397	€ netto	2,5	2,8	3,2	3,7	4,6
24	**Geländer abdecken, PE-Folie** Geländer abdecken; Polyethylen-Folie; Abkleben						
	m²	**€ brutto**	**5,6**	**6,3**	**7,2**	**8,2**	**9,2**
	KG 397	€ netto	4,7	5,3	6,1	6,9	7,7
25	**Beschichtungsflächen reinigen** Beschichtungsfläche reinigen; für Überholungsbeschichtung						
	m²	**€ brutto**	**2,1**	**2,4**	**2,7**	**3,4**	**5,1**
	KG 395	€ netto	1,8	2,0	2,3	2,9	4,3
26	**Altbeschichtung reinigen, innen** Beschichtung reinigen; für Überholungsbeschichtung; Innenbereich						
	m²	**€ brutto**	**2,3**	**2,5**	**3,3**	**3,8**	**4,6**
	KG 395	€ netto	1,9	2,1	2,8	3,2	3,9
27	**Altbeschichtung entfernen, innen** Beschichtung entfernen; abkratzen, nachwaschen; Innenbereich						
	m²	**€ brutto**	**2,2**	**2,5**	**2,8**	**3,2**	**6,0**
	KG 394	€ netto	1,9	2,1	2,4	2,7	5,1

Kosten: Stand 3.Quartal 2025, Bundesdurchschnitt

LB 334						Preise €
Nr.	**Kurztext** / Stichworte **Einheit** / Kostengruppe		►	▷	**brutto ø** netto ø	◁	◄

Nr.	Kurztext / Einheit		►	▷	ø	◁	◄
28	**Altbeschichtung ausbessern, innen** Beschichtung ausbessern; lose Beschichtung abkratzen, ausbessern, nachwaschen, Innenbereich						
	m²	**€ brutto**	**8,5**	**9,3**	**10,5**	**12,0**	**15,0**
	KG 395	€ netto	7,1	7,8	8,8	10,1	12,6
29	**Ölfarbe entfernen, Innenputz** Ölfarbenbeschichtung entfernen; abbeizen, nachwaschen; auf Innenputz						
	m²	**€ brutto**	**13**	**15**	**17**	**20**	**32**
	KG 394	€ netto	11	13	15	17	27
30	**Ölfarbbeschichtung anschleifen** Ölfarbenbeschichtung anschleifen; reinigen; auf Innenputz						
	m²	**€ brutto**	**1,4**	**2,9**	**3,3**	**3,8**	**5,2**
	KG 395	€ netto	1,2	2,4	2,8	3,2	4,4
31	**Dübel entfernen, schließen** Dübel entfernen; Löcher schließen						
	St	**€ brutto**	**1,9**	**3,2**	**3,6**	**4,2**	**5,0**
	KG 395	€ netto	1,6	2,7	3,0	3,5	4,2
32	**Fehlstellen schließen, innen** Fehlstellen schließen, punktuell; Mörtel/Gips; Wand- und Deckenflächen						
	St	**€ brutto**	**3,7**	**4,1**	**4,6**	**5,3**	**7,3**
	KG 395	€ netto	3,1	3,4	3,8	4,5	6,1
33	**Schadstellen abklopfen, innen** Schadstellen entfernen; lose, Teile abklopfen; Betonflächen, innen; Bauschutt entsorgen						
	m²	**€ brutto**	**6,0**	**6,7**	**7,5**	**8,7**	**10,4**
	KG 395	€ netto	5,0	5,6	6,3	7,3	8,8
34	**Betonflächen ausbessern, innen** Betonflächen ausbessern; Innenwände und Decken						
	m²	**€ brutto**	**23**	**26**	**30**	**34**	**38**
	KG 395	€ netto	20	22	25	29	32
35	**Spachtelung, Dispersion, innen** Spachtelung; Kunststoff-Dispersionsspachtelmasse; innen						
	m²	**€ brutto**	**9,5**	**10,4**	**12,0**	**13,7**	**20,8**
	KG 395	€ netto	8,0	8,8	10,1	11,5	17,5
36	**Spachtelung, Dispersion, 2x innen** Spachtelung; Kunststoff-Dispersionsspachtelmasse; zwei Arbeitsgänge; innen						
	m²	**€ brutto**	**17**	**20**	**22**	**25**	**31**
	KG 395	€ netto	14	16	18	21	26

LB 334 **Preise €**

Nr.	Kurztext / Stichworte / Einheit / Kostengruppe		►	▷	brutto ø / netto ø	◁	◄
37	**Spachtelung faserhaltig, innen** Spachtelung; Spachtelmasse, faserhaltig; innen						
	m²	**€ brutto**	**15**	**17**	**18**	**22**	**26**
	KG 395	€ netto	12	14	15	18	22
38	**Putzfläche reinigen, innen** Putzfläche reinigen; Wasser, Salmiak; Innenwand, Decke						
	m²	**€ brutto**	**2,2**	**4,5**	**5,0**	**5,9**	**10,5**
	KG 395	€ netto	1,8	3,8	4,2	4,9	8,8
39	**Putzschaden ausbessern, außen** Putzschaden ausbessern; lose, schadhafte Teile entfernen; außen; Bauschutt entsorgen						
	m²	**€ brutto**	**13**	**27**	**31**	**35**	**44**
	KG 395	€ netto	11	22	26	29	37
40	**Innentür abschleifen** Innentür abschleifen; Holz; Oberflächenbehandlung						
	m²	**€ brutto**	**13**	**18**	**21**	**24**	**36**
	KG 395	€ netto	11	15	18	21	30
41	**Innentür abbeizen** Innentür abbeizen, nachwaschen; 1,00x2,00m; inkl. Zarge						
	m²	**€ brutto**	**149**	**168**	**191**	**220**	**258**
	KG 395	€ netto	125	142	161	185	216
42	**Metallflächen anschleifen** Metallfläche vorbereiten; Anschleifen; innen						
	m²	**€ brutto**	**4,8**	**5,7**	**6,6**	**7,5**	**11,5**
	KG 395	€ netto	4,0	4,8	5,5	6,3	9,6
43	**Metallflächen schleifen/grundieren innen** Metallfläche vorbereiten, Beschichtung; schleifen, grundieren; innen						
	m²	**€ brutto**	**11**	**13**	**15**	**18**	**24**
	KG 395	€ netto	9,2	11,0	12,6	14,7	19,8
44	**Heizkörper, abbeizen** Heizkörper abbeizen, nachwaschen; Guss; Trocknen						
	m²	**€ brutto**	**18**	**22**	**25**	**28**	**33**
	KG 495	€ netto	15	18	21	24	28
45	**Imprägnierung, hydrophob, Außenputz** Imprägnierung; hydrophobierend, transparent; Außenputzfläche						
	m²	**€ brutto**	**8,1**	**9,1**	**10,4**	**11,9**	**16,3**
	KG 335	€ netto	6,8	7,6	8,8	10,0	13,7

Kosten: Stand 3.Quartal 2025, Bundesdurchschnitt

LB 334							Preise €
Nr.	**Kurztext** / Stichworte **Einheit** / Kostengruppe		►	▷	**brutto ø** netto ø	◁	◄
46	**Beschichtung, Dispersion, gefüllt, Putz außen** Überholungsbeschichtung, Putzfläche; Dispersion, füllend, weiß, matt; außen						
	m²	**€ brutto**	**21**	**24**	**27**	**31**	**34**
	KG 335	€ netto	18	20	23	26	29
47	**Beschichtung, Silikatfarbe, gefüllt, Putz außen** Überholungsbeschichtung, Putzfläche; Silikatfarbe mit Grundierung, weiß, matt; außen						
	m²	**€ brutto**	**20**	**22**	**25**	**29**	**33**
	KG 335	€ netto	17	19	21	24	27
48	**Beschichtung, Silikonharzfarbe, gefüllt, Putz außen** Überholungsbeschichtung, Putzfläche; Silikonharzfarbe, weiß, matt; außen						
	m²	**€ brutto**	**21**	**24**	**27**	**31**	**34**
	KG 335	€ netto	18	20	23	26	29
49	**Beschichtung, Reinacrylatfarbe , gefüllt, Putz außen** Überholungsbeschichtung, Putzfläche; Reinacrylatfarbe, weiß, matt; außen						
	m²	**€ brutto**	**25**	**28**	**32**	**37**	**41**
	KG 335	€ netto	21	24	27	31	34
50	**Beschichtung, Dispersionssilikat, gefüllt, Putz außen** Überholungsbeschichtung, Putzfläche; Dispersionssilikatfarbe, weiß, matt; außen						
	m²	**€ brutto**	**25**	**28**	**32**	**37**	**41**
	KG 335	€ netto	21	24	27	31	34
51	**Zwischenbeschichtung, zusätzlich** Zwischenbeschichtung, zusätzlich; außen						
	m²	**€ brutto**	**12**	**13**	**15**	**18**	**19**
	KG 335	€ netto	10	11	13	15	16
52	**Beschichtung, Kunstharzlack, Holz außen** Überholungsbeschichtung deckend, Holzfläche; Kunstharzlack; außen						
	m²	**€ brutto**	**29**	**33**	**37**	**43**	**47**
	KG 335	€ netto	25	28	31	36	40
53	**Beschichtung, Kunstharzlack, Holzkonstruktion außen** Überholungsbeschichtung deckend, Holzkonstruktion; Kunstharzlack; Stützen, Sparren, Fachwerk						
	m²	**€ brutto**	**34**	**38**	**44**	**50**	**56**
	KG 335	€ netto	29	32	37	42	47

LB 334							Preise €
Nr.	**Kurztext** / Stichworte **Einheit** / Kostengruppe		►	▷	**brutto ø** netto ø	◁	◄
54	**Beschichtung, Kunstharzlack, Holzfenster außen** Überholungsbeschichtung deckend, Holzfenster; Kunstharzlack; außen						
	m²	**€ brutto**	**22**	**25**	**28**	**32**	**36**
	KG 334	€ netto	18	21	24	27	30
55	**Beschichtung, Kunstharzlack, Holz, n. maßhaltig, außen** Überholungsbeschichtung Holzflächen, nichtmaßhaltig; Kunstharzlack; gegen rückwärtige Feuchte; außen						
	m²	**€ brutto**	**32**	**35**	**40**	**47**	**51**
	KG 335	€ netto	27	30	33	39	43
56	**Lasur, Holz, nicht maßhaltig, außen** Beschichtung Holzflächen nicht maßhaltig; Dünnschichtlasur; zweimaliges aufbringen; außen; inkl. Grundierung						
	m²	**€ brutto**	**33**	**37**	**42**	**49**	**54**
	KG 335	€ netto	28	31	36	41	46
57	**Lasur, Holz, fungizid, außen** Beschichtung Holzflächen, nicht maßhaltig; fungizid eingestellte Dünnschichtlasur; nicht schichtbildend; außen; inkl. Grundierung						
	m²	**€ brutto**	**25**	**28**	**32**	**37**	**40**
	KG 335	€ netto	21	24	27	31	34
58	**Beschichtung, Kunstharzlack, Metall außen** Überholungsbeschichtung Metallfläche; Kunstharzlack; außen						
	m²	**€ brutto**	**31**	**35**	**40**	**46**	**51**
	KG 335	€ netto	26	29	34	38	43
59	**Beschichtung, Kunstharzlack, Stahlgitter außen** Überholungsbeschichtung Stahlgitter; Kunstharzlack; außen						
	m²	**€ brutto**	**57**	**63**	**71**	**83**	**93**
	KG 339	€ netto	48	53	60	70	78
60	**Beschichtung, Kunstharzlack, Stahlgeländer außen** Überholungsbeschichtung Stahlgeländer; Kunstharzlack; außen						
	m²	**€ brutto**	**30**	**34**	**39**	**44**	**48**
	KG 339	€ netto	26	29	33	37	40
61	**Beschichtung, Kunstharzlack, Stahlkonstruktion außen** Überholungsbeschichtung Stahlträgerkonstruktion; Kunstharzlack; außen						
	m²	**€ brutto**	**80**	**89**	**102**	**117**	**130**
	KG 339	€ netto	67	75	85	98	109
62	**Beschichtung, Kunstharz, Kleineisenteile außen** Überholungsbeschichtung Kleineisenteile; entrosten, Grund-, Zwischen- und Schlussbeschichtung; außen						
	St	**€ brutto**	**5,4**	**6,0**	**6,9**	**7,9**	**10,8**
	KG 335	€ netto	4,6	5,1	5,8	6,6	9,0

LB 334						**Preise €**
Nr.	**Kurztext** / Stichworte			**brutto ø**		
	Einheit / Kostengruppe	►	▷	netto ø	◁	◄
63	**Beschichtung, Dachrinne** Beschichtung Dachrinne; Stahl verzinkt; bis DN150; reinigen, entrosten, Grund- und Schlussbeschichtung					
	m **€ brutto**	**21**	**23**	**26**	**30**	**36**
	KG 363 € netto	17	19	22	25	30
64	**Beschichtung, Fallrohr** Beschichtung Fallrohr; Stahl verzinkt; bis DN100; reinigen, entrosten, Grund- und Schlussbeschichtung					
	m **€ brutto**	**15**	**16**	**19**	**21**	**28**
	KG 411 € netto	12	14	16	18	23
65	**Beschichtung, Dispersion, gefüllt, Putz innen** Überholungsbeschichtung deckend, Putzfläche; Dispersion, füllend, weiß, matt; innen					
	m² **€ brutto**	**11**	**14**	**16**	**18**	**21**
	KG 345 € netto	9,3	11,7	13,3	15,2	17,7
66	**Beschichtung, Dispersion, Raufasertapete** Überholungsbeschichtung deckend, Raufasertapete; Dispersion, weiß, matt; innen					
	m² **€ brutto**	**12**	**14**	**16**	**18**	**21**
	KG 345 € netto	9,7	11,7	13,1	15,2	17,4
67	**Beschichtung, Dispersion, Glasfasertapete** Überholungsbeschichtung deckend, Glasfasertapete; Dispersion, weiß, matt; innen					
	m² **€ brutto**	**12**	**14**	**16**	**18**	**21**
	KG 345 € netto	9,7	11,8	13,5	15,4	17,8
68	**Beschichtung, Silikatfarbe, gefüllt, Putz innen** Überholungsbeschichtung Putzfläche; Silikatfarbe, weiß, matt; innen					
	m² **€ brutto**	**14**	**16**	**19**	**22**	**25**
	KG 345 € netto	12	14	16	18	21
69	**Beschichtung, Dispersion, gefüllt, Beton innen** Überholungsbeschichtung deckend, Betonfläche; Dispersionsbeschichtung, füllend, weiß, matt; innen					
	m² **€ brutto**	**14**	**17**	**19**	**22**	**25**
	KG 345 € netto	12	14	16	18	21
70	**Beschichtung, Acrylharzlack, Boden** Erstbeschichtung; Acryllack, Grundierung; Grundierung, Zwischenbeschichtung, Versiegelung; Betonbodenfläche					
	m² **€ brutto**	**15**	**21**	**23**	**26**	**33**
	KG 324 € netto	13	17	19	22	28

LB 334						Preise €
Nr.	**Kurztext** / Stichworte		**brutto ø**			
	Einheit / Kostengruppe	►	▷	netto ø	◁	◄
71	**Beschichtung, 2-K Epoxidharz, Boden**					
	Erstbeschichtung; Epoxidharz, 2-komponentig; Grundierung, Zwischenbeschichtung, Versiegelung; Betonbodenfläche					
	m² **€ brutto**	**22**	**29**	**30**	**33**	**42**
	KG 324 € netto	19	24	25	28	36
72	**Lasur, Acryl, Holz innen**					
	Überholungsbeschichtung, Holzfläche; Acryllasur; innen					
	m² **€ brutto**	**13**	**15**	**17**	**20**	**23**
	KG 345 € netto	11	13	15	17	20
73	**Beschichtung, Acryl, Holz innen**					
	Überholungsbeschichtung, Holzfläche; Acrylfarbe; mit Zwischenbeschichtung; innen					
	m² **€ brutto**	**19**	**23**	**26**	**30**	**34**
	KG 345 € netto	16	19	22	25	29
74	**Beschichtung, Kunstharzlack, Holzfläche innen**					
	Überholungsbeschichtung Holzfläche; Kunstharzlack; innen					
	m² **€ brutto**	**21**	**25**	**29**	**33**	**38**
	KG 345 € netto	18	21	24	28	32
75	**Beschichtung, Kunstharzlack, Holzfenster innen**					
	Überholungsbeschichtung deckend, Holzfenster; Kunstharzlack; innen					
	m² **€ brutto**	**17**	**20**	**24**	**27**	**31**
	KG 334 € netto	14	17	20	23	26
76	**Beschichtung, Kunstharzlack, Holzbekleidung innen**					
	Überholungsbeschichtung deckend, Holzbekleidung; Kunstharzlack; innen					
	m² **€ brutto**	**26**	**31**	**35**	**40**	**45**
	KG 345 € netto	22	26	30	34	38
77	**Beschichtung, Kunstharzlack, Holzdecke innen**					
	Überholungsbeschichtung Dickschichtlasur, Holzfenster; Kunstharzlack; innen					
	m² **€ brutto**	**21**	**25**	**28**	**32**	**37**
	KG 354 € netto	17	21	24	27	31
78	**Beschichtung, Kunstharzlack, Holzbauteile innen**					
	Überholungsbeschichtung deckend, Holzbauteile; Kunstharzlack; innen					
	m² **€ brutto**	**25**	**30**	**35**	**40**	**44**
	KG 345 € netto	21	25	29	33	37
79	**Beschichtung, Kunstharzlack, Holztür innen**					
	Beschichtung, Holztür; Kunstharzlack, seidenglänzend, weiß; innen					
	m² **€ brutto**	**23**	**27**	**31**	**35**	**39**
	KG 344 € netto	19	23	26	30	33

Kosten: Stand 3.Quartal 2025, Bundesdurchschnitt

LB 334							Preise €
Nr.	**Kurztext** / Stichworte				**brutto ø**		
	Einheit / Kostengruppe		►	▷	netto ø	◁	◄
80	**Beschichtung, Kunstharzlack, Holztür/Zarge innen**						
	Beschichtung Holztür, Zarge; Kunstharzlack, seidenglänzend, weiß; innen						
	m²	**€ brutto**	**26**	**29**	**33**	**38**	**42**
	KG 344	€ netto	22	24	28	32	35
81	**Beschichtung, Kunstharzlack, Holzfußboden innen**						
	Beschichtung Holzdielenboden; Kunstharzlack; innen						
	m²	**€ brutto**	**25**	**29**	**32**	**37**	**41**
	KG 353	€ netto	21	24	27	31	35
82	**Beschichtung, Kunstharzlack, Holztreppen innen**						
	Beschichtung Holztreppenstufen; Kunstharzlack; innen						
	m²	**€ brutto**	**36**	**40**	**45**	**52**	**60**
	KG 353	€ netto	30	34	37	44	50
83	**Beschichtung, Kunstharzlack, Holzfußleisten innen**						
	Beschichtung Holzfußleisten; Kunstharzlack; innen						
	m	**€ brutto**	**7,0**	**7,9**	**9,1**	**10,3**	**11,5**
	KG 353	€ netto	5,9	6,6	7,6	8,7	9,7
84	**Beschichtung, Kunstharzlack, Geländer, Holz innen**						
	Beschichtung Holztreppengeländer; Kunstharzlack; Stababstand 15cm, Durchmesser 30mm; innen						
	m²	**€ brutto**	**55**	**57**	**63**	**73**	**85**
	KG 359	€ netto	46	48	53	61	72
85	**Beschichtung, Kunstharzlack, Handlauf, Holz innen**						
	Beschichtung Holzhandlauf; Kunstharzlack; innen						
	m	**€ brutto**	**18**	**21**	**24**	**28**	**32**
	KG 359	€ netto	15	17	20	23	27
86	**Beschichtung, Kunstharzlack, Stahl innen**						
	Überholungsbeschichtung deckend, Stahlkonstruktion; Kunstharzlack; innen						
	m²	**€ brutto**	**27**	**31**	**34**	**40**	**44**
	KG 345	€ netto	23	26	29	33	37
87	**Beschichtung, Kunstharzlack, Geländer innen**						
	Überholungsbeschichtung Stahlgeländer; Kunstharzlack; innen						
	m²	**€ brutto**	**63**	**71**	**80**	**93**	**105**
	KG 359	€ netto	53	59	67	78	88
88	**Beschichtung, Kunstharzlack, Stahlzarge innen**						
	Überholungsbeschichtung Stahlzarge; Kunstharzlack; innen						
	m	**€ brutto**	**24**	**29**	**32**	**37**	**42**
	KG 344	€ netto	20	24	27	31	35

LB 334 **Preise €**

Nr.	Kurztext / Stichworte Einheit / Kostengruppe		►	▷	brutto ø netto ø	◁	◄
89	**Beschichtung, Kunstharzlack, Stahltürelement** Überholungsbeschichtung Stahltürblatt, Zarge; Kunstharzlack; Fläche bis 5,00m²; innen						
	St	**€ brutto**	**113**	**126**	**143**	**164**	**183**
	KG 344	€ netto	95	106	120	138	154
90	**Beschichtung, Kunstharzlack, Metall beschichtet innen** Überholungsbeschichtung, Metallkonstruktion, pulverbeschichtet; Kunstharzlack, glänzend, weiß; innen						
	m²	**€ brutto**	**27**	**30**	**35**	**40**	**44**
	KG 345	€ netto	23	25	29	33	37
91	**Beschichtung, rissüberbrückend** Beschichtung, rissüberbrückend; organisch; Rissbreite +/-0,1mm; Außenwandputz						
	m²	**€ brutto**	**32**	**36**	**39**	**46**	**51**
	KG 395	€ netto	27	30	33	38	43
92	**Grundierung, Riss** Riss grundieren; Grundieranstrich, wasserabweisend; Außenwandputz						
	m	**€ brutto**	**7,3**	**8,6**	**9,9**	**11,3**	**13,1**
	KG 395	€ netto	6,1	7,3	8,3	9,5	11,0
93	**Rissfüllung, Verschlämmen** Riss vorbereiten; Streichfüller; Außenwandputz						
	m	**€ brutto**	**11**	**13**	**15**	**17**	**20**
	KG 395	€ netto	9,4	11,1	12,8	14,6	16,9
94	**Beschichtung, rissüberbrückend, Gewebe** Beschichtung, rissüberbrückend; organisch, Gewebe; Grund-, Schluss- und Zwischenbeschichtung; Außenwandputz						
	m²	**€ brutto**	**33**	**39**	**45**	**52**	**60**
	KG 395	€ netto	28	33	38	43	50
95	**Beschichtung, rissfüllend, Putz** Beschichtung, rissfüllend; Grund-, Schluss- und Zwischenbeschichtung; Außenwandputz						
	m²	**€ brutto**	**23**	**27**	**31**	**36**	**41**
	KG 395	€ netto	19	23	26	30	34
96	**Oberputz, mineralisch, modifiziert** Oberputz; kunststoffmodifiziert; Außenwandputz; inkl. Grundierung						
	m²	**€ brutto**	**36**	**42**	**48**	**55**	**63**
	KG 395	€ netto	30	35	40	47	53

LB 334							Preise €
Nr.	**Kurztext** / Stichworte				**brutto ø**		
	Einheit / Kostengruppe		►	▷	netto ø	◁	◄
97	**Oberputz, mineralisch, modifiziert, Gewebe**						
	Oberputz; kunststoffmodifiziert; inkl. gewebearmierte Spachtelung, Grundierung						
	m²	**€ brutto**	**43**	**52**	**58**	**67**	**77**
	KG 395	€ netto	36	44	49	57	65
98	**Stundensatz, Facharbeiter/-in**						
	Stundenlohnarbeiten für Vorarbeiter/-in, Facharbeiter/-in und Gleichgestellte; Maler- und Lackierarbeiten						
	h	**€ brutto**	**66**	**77**	**81**	**83**	**92**
		€ netto	55	65	68	70	77
99	**Stundensatz, Helfer/-in**						
	Stundenlohnarbeiten für Werker/-in, Helfer/-in und Gleichgestellte; Maler- und Lackierarbeiten						
	h	**€ brutto**	**57**	**70**	**71**	**74**	**82**
		€ netto	47	59	60	63	69

LB 336							Preise €
Nr.	**Kurztext** / Stichworte **Einheit** / Kostengruppe		▶	▷	**brutto ø** netto ø	◁	◀
1	**Sockelleiste entfernen** Sockelleiste entfernen; Bauschutt entsorgen						
	m	**€ brutto**	**2,0**	**4,9**	**6,0**	**7,3**	**8,3**
	KG 394	€ netto	1,7	4,1	5,1	6,1	7,0
2	**Bodenbelag verklebt, entfernen** Bodenbelag, verklebt, entfernen; PVC/Linoleum/Teppichboden, inkl. Sockelleiste; inkl. reinigen von Kleberesten; Bauschutt entsorgen						
	m²	**€ brutto**	**9,9**	**15,2**	**17,2**	**20,7**	**27,7**
	KG 394	€ netto	8,4	12,7	14,5	17,4	23,3
3	**PVC-Fliesen verklebt, entfernen** Fliesenbelag, verklebt, entfernen; PVC, inkl. Sockelleiste; inkl. reinigen von Kleberesten; Bauschutt entsorgen						
	m²	**€ brutto**	**30**	**36**	**42**	**49**	**53**
	KG 394	€ netto	25	30	35	42	45
4	**Laminatboden entfernen** Bodenbelag entfernen; Laminat, inkl. Sockelleiste; Bauschutt entsorgen						
	m²	**€ brutto**	**18**	**21**	**24**	**29**	**31**
	KG 394	€ netto	15	17	20	25	26
5	**Treppenbelag verklebt, entfernen** Treppenbelag, verklebt, entfernen; PVC/Linoleum/Teppichboden, inkl. Sockelleiste; inkl. reinigen von Kleberesten; Bauschutt entsorgen						
	St	**€ brutto**	**12**	**13**	**16**	**19**	**20**
	KG 394	€ netto	9,8	11,3	13,4	15,8	16,8
6	**Bodenbelag lose, entfernen** Bodenbelag, lose verlegt, entfernen; Teppichboden; Bauschutt entsorgen						
	m²	**€ brutto**	**8,1**	**12,0**	**13,9**	**17,0**	**22,1**
	KG 394	€ netto	6,8	10,1	11,7	14,3	18,5
7	**Untergrund reinigen** Untergrund reinigen; Reste von Gips/Mörtel/Farbe/Öl						
	m²	**€ brutto**	**2,4**	**4,3**	**4,9**	**6,0**	**6,2**
	KG 395	€ netto	2,0	3,6	4,2	5,0	5,2
8	**Klebereste entfernen** Klebereste entfernen; Boden, mineralisch						
	m²	**€ brutto**	**3,1**	**3,8**	**4,5**	**5,4**	**5,8**
	KG 395	€ netto	2,6	3,2	3,8	4,5	4,9
9	**Untergrund schleifen** Untergrund anschleifen; absaugen; Abfall entsorgen						
	m²	**€ brutto**	**2,4**	**6,5**	**7,3**	**9,0**	**11,5**
	KG 395	€ netto	2,0	5,4	6,2	7,6	9,7

Kosten: Stand 3.Quartal 2025, Bundesdurchschnitt

LB 336							**Preise €**
Nr.	**Kurztext** / Stichworte				**brutto ø**		
	Einheit / Kostengruppe		►	▷	netto ø	◁	◄
10	**Untergrund grundieren**						
	Untergrund grundieren; vorbereiten; Bodenbelag						
	m²	**€ brutto**	**3,0**	**5,4**	**6,4**	**7,9**	**10,3**
	KG 395	€ netto	2,5	4,5	5,3	6,6	8,7
11	**Untergrund spachteln, bis 2mm**						
	Untergrund spachteln; Dicke bis 2mm; vorbereiten; Bodenbelag						
	m²	**€ brutto**	**5,7**	**6,9**	**7,3**	**9,2**	**10,0**
	KG 395	€ netto	4,8	5,8	6,1	7,7	8,4
12	**Spachtelung, Gewebe**						
	Spachtelung; Gewebe, armiert; zur Vorbereitung von Bodenbelagsarbeiten						
	m²	**€ brutto**	**12**	**14**	**17**	**20**	**22**
	KG 395	€ netto	10	12	14	17	18
13	**Ausgleichsspachtelung, bis 10mm**						
	Spachtelung; Spachtelmasse; Dicke 5-10mm; nivellieren; Estrich; inkl. Estrich reinigen						
	m²	**€ brutto**	**4,7**	**7,4**	**8,4**	**10,9**	**16,7**
	KG 395	€ netto	4,0	6,2	7,0	9,2	14,1
14	**Haftgrund, Bodenbelag**						
	Voranstrich/Haftgrund; Haftgrund; vorbereiten; Bodenbelag; inkl. Bodenflächen reinigen						
	m²	**€ brutto**	**1,5**	**3,1**	**3,8**	**4,6**	**7,0**
	KG 353	€ netto	1,3	2,6	3,2	3,8	5,9
15	**Boden kugelstrahlen**						
	Boden kugelstrahlen; verschmutzter Untergrund; Abtragsdicke 5mm; vorbereiten; Zementestrich; inkl. Absaugen						
	m²	**€ brutto**	**5,3**	**8,2**	**9,4**	**9,6**	**12,5**
	KG 353	€ netto	4,4	6,9	7,9	8,1	10,5
16	**Randstreifen abschneiden**						
	Randstreifen abschneiden; Rippenpappe/Mineralwolle/Polystyrol; abschneiden; Abfall entsorgen						
	m	**€ brutto**	**0,3**	**1,2**	**1,5**	**2,5**	**4,2**
	KG 353	€ netto	0,3	1,0	1,2	2,1	3,6
17	**Textilbelag, Kunstfaser/Nadelvlies**						
	Textilbelag; Nadelvlies, feinfasrig meliert, B1; geklebt						
	m²	**€ brutto**	**42**	**53**	**57**	**64**	**77**
	KG 353	€ netto	35	44	48	53	65
18	**Textilbelag, Kunstfaser/Tuftingteppich**						
	Textilbelag; Velours, vollsynthetisch, B1; geklebt						
	m²	**€ brutto**	**66**	**83**	**91**	**100**	**119**
	KG 353	€ netto	55	70	77	84	100

LB 336							Preise €
Nr.	Kurztext / Stichworte				brutto ø		
	Einheit / Kostengruppe	►	▷		netto ø	◁	◄
19	**Textiler Belag, Wolle/Sisal**						
	Textilbelag; Wolle, E; geklebt; Calciumsulfatestrich						
	m²	**€ brutto**	**99**	**113**	**121**	**136**	**166**
	KG 353	€ netto	83	95	101	114	140
20	**Korkunterlage, Linoleum**						
	Dämmunterlage für Linoleumbelag; Kork; Dicke 2mm; verklebt; auf Zementestrich						
	m²	**€ brutto**	**26**	**30**	**32**	**35**	**41**
	KG 353	€ netto	22	25	27	30	34
21	**Linoleumbelag, bis 2,5mm**						
	Bodenbelag; Linoleumbahn; Dicke 2,5mm; verlegen, verkleben						
	m²	**€ brutto**	**40**	**53**	**58**	**64**	**80**
	KG 353	€ netto	33	45	49	54	67
22	**Linoleumbelag, über 2,5mm**						
	Bodenbelag; Linoleumbahn; Dicke 3,2/4,0mm; verlegen, verkleben; geringer/mittlerer/starker						
	m²	**€ brutto**	**52**	**65**	**70**	**77**	**92**
	KG 353	€ netto	43	55	59	64	78
23	**Linoleumbelag verschweißen**						
	Linoleumbahn verschweißen; Schweißschnur; Dicke 4mm; inkl. fräsen						
	m²	**€ brutto**	**3,8**	**5,2**	**5,7**	**6,5**	**8,5**
	KG 353	€ netto	3,2	4,4	4,7	5,4	7,1
24	**Bodenbelag, PVC**						
	Bodenbelag; PVC, gewerblich geeignet; Dicke 3mm; verlegen, verkleben						
	m²	**€ brutto**	**45**	**66**	**75**	**86**	**112**
	KG 353	€ netto	38	55	63	72	94
25	**Bodenbelag, Laminat**						
	Bodenbelag; Laminat, beansprucht; schwimmend verlegt; auf Zementestrich; Stuhlrollengeeignet, Zigarettenglutbeständig						
	m²	**€ brutto**	**55**	**78**	**90**	**102**	**121**
	KG 353	€ netto	47	66	76	86	102
26	**Treppenstufe, Elastischer Bodenbelag**						
	Stufenbelag; elastisch; Stg 17,5x28,0cm; verlegen, verkleben; Treppe; inkl. Kantenschutzprofil						
	St	**€ brutto**	**41**	**79**	**85**	**94**	**132**
	KG 353	€ netto	34	66	72	79	111

Kosten: Stand 3.Quartal 2025, Bundesdurchschnitt

LB 336							Preise €
Nr.	**Kurztext** / Stichworte **Einheit** / Kostengruppe		►	▷	**brutto ø** netto ø	◁	◄
27	**Treppenstufe, Textiler Belag** Stufenbelag; Textil; Stg 17,5x28,0cm; verlegen, verkleben; Treppe; inkl. Kantenschutzprofil						
	St	**€ brutto**	**57**	**74**	**85**	**89**	**104**
	KG 353	€ netto	48	62	71	75	87
28	**Treppenkantenprofil, Kunststoff** Treppenkantenprofil; Kunststoff; Schenkellänge bis 45mm; verlegen, verkleben; Stufenkante						
	m	**€ brutto**	**14**	**24**	**28**	**30**	**37**
	KG 353	€ netto	12	20	24	25	31
29	**Trennprofil, Metall** Trennprofilschiene; Metall; auf Estrich montieren						
	m	**€ brutto**	**14**	**21**	**25**	**28**	**33**
	KG 353	€ netto	12	18	21	24	28
30	**Übergangsprofil, Metall** Übergangsprofil; Metall; leicht gerundet; unter Türblatt						
	m	**€ brutto**	**14**	**19**	**21**	**22**	**26**
	KG 353	€ netto	12	16	17	19	21
31	**Verfugung, elastisch, Silikon** Verfugung, elastisch; Ein-Komponenten-Dichtstoff; inkl. erf. Flankenvorbehandlung						
	m	**€ brutto**	**3,9**	**7,0**	**8,0**	**9,9**	**13,7**
	KG 353	€ netto	3,3	5,9	6,7	8,3	11,5
32	**Sockelausbildung, Holzleisten** Sockelleiste; Eiche, stoßfest, farblos lackiert; 60x16mm; Profilleisten; inkl. Senkkopfschrauben						
	m	**€ brutto**	**15**	**22**	**24**	**30**	**45**
	KG 353	€ netto	13	18	21	25	37
33	**Sockelausbildung, PVC-Leisten, Belag** Sockelleiste für textilen Belag; PVC-Profil; Höhe 60mm; einkleben von textilem Teppichstreifen; inkl. Senkkopfschrauben						
	m	**€ brutto**	**5,7**	**8,4**	**9,6**	**11,6**	**16,1**
	KG 353	€ netto	4,8	7,1	8,0	9,7	13,5
34	**Sockelausbildung, PVC-Leisten, weich** Sockelleiste; PVC weich; Höhe 60mm; verschweißt, geschraubt						
	m	**€ brutto**	**4,7**	**8,0**	**9,1**	**11,9**	**21,1**
	KG 353	€ netto	3,9	6,7	7,6	10,0	17,7
35	**Sockelausbildung, Linoleum** Sockelleiste; Linoleum; Höhe 60mm; verschweißt, geschraubt						
	m	**€ brutto**	**7,5**	**14,3**	**17,0**	**24,3**	**39,4**
	KG 353	€ netto	6,3	12,0	14,3	20,4	33,1

LB 336 **Preise €**

Nr.	Kurztext / Stichworte Einheit / Kostengruppe		►	▷	brutto ø netto ø	◁	◄
36	**Erstpflege PVC/Lino/Kautschuk** Erstpflege PVC/Lino/Kautschuk; Pflegemittel; Bodenbelag						
	m²	**€ brutto**	**2,3**	**4,2**	**5,4**	**7,4**	**11,2**
	KG 353	€ netto	2,0	3,5	4,5	6,2	9,4
37	**Stundensatz, Facharbeiter/-in** Stundenlohnarbeiten für Vorarbeiter/-in, Facharbeiter/-in und Gleichgestellte; Bodenbelagarbeiten						
	h	**€ brutto**	**73**	**87**	**92**	**99**	**112**
		€ netto	61	73	77	83	94
38	**Stundensatz, Helfer/-in** Stundenlohnarbeiten für Werker/-in, Helfer/-in und Gleichgestellte; Bodenbelagarbeiten						
	h	**€ brutto**	**56**	**68**	**72**	**77**	**87**
		€ netto	47	57	60	64	73

LB 337							Preise €
Nr.	**Kurztext** / Stichworte				**brutto ø**		
	Einheit / Kostengruppe		►	▷	netto ø	◁	◄
1	**Tapete, einlagig, entfernen**						
	Tapete; einlagig; Wand/Decke; entfernen, entsorgen						
	m²	**€ brutto**	**2,7**	**4,1**	**5,5**	**6,0**	**9,0**
	KG 394	€ netto	2,2	3,5	4,6	5,0	7,6
2	**Tapete beschichtet, einlagig, entfernen**						
	Tapete; beschichtet; einlagig; Wand/Decke; entfernen, entsorgen						
	m²	**€ brutto**	**3,2**	**5,0**	**5,4**	**7,1**	**9,3**
	KG 394	€ netto	2,7	4,2	4,5	6,0	7,8
3	**Tapete, mehrlagig, entfernen**						
	Tapete; mehrlagig; Wand/Decke; entfernen, entsorgen						
	m²	**€ brutto**	**3,8**	**4,7**	**5,9**	**7,6**	**10,2**
	KG 394	€ netto	3,2	3,9	5,0	6,4	8,6
4	**Schutzabdeckung, Inneneinrichtung**						
	Abdeckarbeiten; Textil/Folie; überlappt, staubdicht abkleben; Inneneinrichtung						
	m²	**€ brutto**	**1,9**	**2,7**	**3,3**	**3,6**	**4,0**
	KG 397	€ netto	1,6	2,3	2,8	3,0	3,4
5	**Schutzabdeckung, Boden, Folie/Schutzvlies**						
	Bodenflächen abdecken; Folie, reißfest/Schutzvlies; überlappt, staubdicht abkleben						
	m²	**€ brutto**	**1,9**	**2,9**	**3,5**	**4,5**	**6,0**
	KG 397	€ netto	1,6	2,5	2,9	3,8	5,0
6	**Schutzabdeckung, Boden, Pappe**						
	Bodenflächen abdecken; Pappe/Karton; überlappt, staubdicht abkleben						
	m²	**€ brutto**	**3,2**	**4,3**	**4,6**	**4,9**	**5,8**
	KG 397	€ netto	2,7	3,6	3,9	4,1	4,9
7	**Spachtelung/Armiervlies, Putz**						
	Untergrundvorbereitung; Armiervlies, Spachtelung; Putzflächen; Innenwand/Decke						
	m²	**€ brutto**	**10,0**	**11,8**	**12,5**	**13,3**	**14,9**
	KG 345	€ netto	8,4	9,9	10,5	11,2	12,5
8	**Vorbehandlung Putz, spachteln/schleifen/grundieren**						
	Putzuntergrund; Spachtelung; 30%; grundieren, spachteln, schleifen; Wand/-Bodenflächen						
	m²	**€ brutto**	**1,4**	**3,2**	**3,9**	**4,9**	**7,4**
	KG 345	€ netto	1,2	2,7	3,3	4,2	6,2
9	**Vorbehandeln Gipsplatten, spachteln/schleifen/grundieren**						
	Wand-/Deckenfläche vorbehandeln; GK-Platten; spachteln, schleifen; für Tapezierung						
	m²	**€ brutto**	**1,3**	**2,1**	**2,6**	**3,0**	**3,7**
	KG 345	€ netto	1,1	1,7	2,2	2,5	3,1

Kosten: Stand 3.Quartal 2025, Bundesdurchschnitt

LB 337 **Preise €**

Nr.	Kurztext / Stichworte				brutto ø		
	Einheit / Kostengruppe		►	▷	netto ø	◁	◄
10	**Untergrund vorbehandeln, teilspachteln/schleifen**						
	Spachtelung; Teilflächen spachteln, schleifen; Wand/Decke, Untergrund Putz, Gipskarton						
	m²	**€ brutto**	**3,9**	**4,9**	**5,7**	**5,8**	**6,9**
	KG 345	€ netto	3,2	4,1	4,8	4,9	5,8
11	**Raufasertapete, Wand**						
	Tapezieren; Raufasertapete; Wand						
	m²	**€ brutto**	**6,3**	**8,5**	**10,0**	**12,1**	**15,5**
	KG 345	€ netto	5,3	7,1	8,4	10,2	13,0
12	**Raufasertapete, Decke**						
	Tapezieren; Raufasertapete, Körnung fein/mittel/grob; Decke						
	m²	**€ brutto**	**7,6**	**10,1**	**11,2**	**13,3**	**17,2**
	KG 354	€ netto	6,4	8,5	9,4	11,2	14,4
13	**Raufasertapete, lineare Bauteile**						
	Tapezieren, lineare Bauteile; Raufasertapete; Breite bis 15/30/60cm						
	m	**€ brutto**	**2,2**	**3,9**	**5,1**	**8,4**	**12,7**
	KG 345	€ netto	1,8	3,3	4,3	7,1	10,6
14	**Raufaser, Dispersionsbeschichtung**						
	Tapezieren, Beschichtung; Raufasertapete, Dispersionsfarbe; Wand/Decke						
	m²	**€ brutto**	**11**	**15**	**16**	**19**	**26**
	KG 345	€ netto	9,2	12,3	13,5	16,0	21,6
15	**Glasfasergewebe, Wand/Decke**						
	Tapezieren; Glasfasertapete; Wand, Decke						
	m²	**€ brutto**	**14**	**17**	**18**	**21**	**27**
	KG 345	€ netto	12	14	15	18	23
16	**Glasfasergewebe, lineare Bauteile**						
	Tapezieren, Kleinflächen; Glasfasertapete; Breite bis 15/30/60cm						
	m	**€ brutto**	**5,5**	**7,0**	**8,3**	**9,6**	**11,0**
	KG 345	€ netto	4,6	5,9	7,0	8,0	9,3
17	**Glasgewebe, Dispersionsbeschichtung**						
	Tapezieren, Beschichtung; Glasfasertapete, Dispersionsfarbe; Wand/Decke						
	m²	**€ brutto**	**19**	**25**	**28**	**29**	**35**
	KG 345	€ netto	16	21	23	25	30
18	**Stundensatz, Facharbeiter/-in**						
	Stundenlohnarbeiten für Vorarbeiter/-in, Facharbeiter/-in und Gleichgestellte; Tapezierarbeiten						
	h	**€ brutto**	**61**	**75**	**81**	**84**	**90**
		€ netto	51	63	68	70	76

LB 338							Preise €
Nr.	**Kurztext** / Stichworte				**brutto ø**		
	Einheit / Kostengruppe		►	▷	netto ø	◁	◄
1	**Wanddämmung entfernen, MW**						
	Wanddämmung entfernen; Mineralwolle; außen; Bauschutt entsorgen						
	m²	**€ brutto**	**9,4**	**15,4**	**17,5**	**21,8**	**24,0**
	KG 394	€ netto	7,9	12,9	14,7	18,3	20,1
2	**Außenwandbekleidung entfernen, Holz**						
	Wandbekleidung entfernen; Holz; Bauschutt entsorgen; außen; inkl. Unterkonstruktion						
	m²	**€ brutto**	**24**	**28**	**33**	**41**	**44**
	KG 394	€ netto	20	23	28	34	37
3	**Außenwandbekleidung entfernen, Faserzementplatten**						
	Wandbekleidung entfernen; Faserzementplatten; kleinformatig; inkl. Unterkonstruktion; außen; Bauschutt entsorgen						
	m²	**€ brutto**	**20**	**24**	**27**	**35**	**36**
	KG 394	€ netto	17	20	23	29	31
4	**Unterkonstruktion, Traglattung**						
	Unterkonstruktion, Traglattung; Nadelholz, S10; 30x50/40x60mm; Außenwandbekleidung						
	m²	**€ brutto**	**14**	**19**	**20**	**24**	**32**
	KG 335	€ netto	12	16	17	20	27
5	**Unterkonstruktion, Holz-UK zweilagig**						
	Unterkonstruktion, Traglattung, Nadelholz, S10; 50x30mm; zweilagig, senkrecht, waagrecht; Außenwandbekleidung						
	m²	**€ brutto**	**39**	**70**	**83**	**93**	**121**
	KG 335	€ netto	33	59	70	78	102
6	**Fassadendämmung, Mineralwolle, VHF**						
	Fassadendämmung, VHF; Mineralwolle, WLG 035, A1/A2; Dicke 60-160mm; einlagig, wasserabweisend, dicht gestoßen; zwischen Kanthölzern/Aluminium UK						
	m²	**€ brutto**	**32**	**43**	**49**	**53**	**63**
	KG 335	€ netto	27	36	41	45	53
7	**Fassadendämmung, Brandbarriere**						
	Brandbarriere; Mineralwolle, WLS 038, Klasse A; Außenwand						
	m²	**€ brutto**	**48**	**56**	**59**	**61**	**69**
	KG 335	€ netto	41	47	50	51	58
8	**Unterkonstruktion, Leichtmetall**						
	Unterkonstruktion; Aluminium; Wandwinkel, Tragprofile; Außenwandbekleidung						
	m²	**€ brutto**	**58**	**83**	**95**	**125**	**185**
	KG 335	€ netto	49	70	80	105	155

Kosten: Stand 3.Quartal 2025, Bundesdurchschnitt

LB 338						**Preise €**
Nr.	**Kurztext** / Stichworte **Einheit** / Kostengruppe		►	▷	**brutto ø** netto ø	◁	◄
9	**Winddichtung, Polyestervlies** Abdichtung, Fassade; Polyestervlies, UV-beständig, diffusionsoffen; winddicht; Außenwandbekleidung						
	m²	**€ brutto**	**15**	**18**	**20**	**22**	**25**
	KG 335	€ netto	12	15	17	18	21
10	**Wandbekleidung Holzschindel** Außenwandbekleidung; Nadelholz, gespalten, GKL 1/2; Fußdicke mind. 8mm, Höhe bis 8,00m						
	m²	**€ brutto**	**139**	**211**	**241**	**285**	**389**
	KG 335	€ netto	117	177	203	239	327
11	**Fassadenbekleidung, Holz, Stülpschalung** Fassadenwandbekleidung; Nadelholz, dreiseitig gehobelt/sägerau natur; als Stülpschalung; außen						
	m²	**€ brutto**	**119**	**140**	**147**	**156**	**172**
	KG 335	€ netto	100	117	123	131	144
12	**Fassadenbekleidung, Faserzement, Stülpdeckung** Fassadenwandbekleidung; Faserzement-Fassadentafeln, A; genagelt/geklammert/geschraubt/Hinterschnittdübel						
	m²	**€ brutto**	**–**	**216**	**249**	**314**	**–**
	KG 335	€ netto	–	182	209	263	–
13	**Fassadenbekleidung, Faserzement-Tafeln** Fassadenwandbekleidung; Faserzement-Fassadentafeln, A; genagelt/geklammert/geschraubt/Hinterschnittdübel						
	m²	**€ brutto**	**160**	**215**	**242**	**268**	**319**
	KG 335	€ netto	135	181	203	225	268
14	**Fassadenbekleidung, Metall, Wellblech** Fassadenwandbekleidung; Wellblech, feuerverzinkt, Sichtseite Kunststofffarbbeschichtet; 18x76mm; vertikal verlegen, sichtbar mit Schrauben befestigen						
	m²	**€ brutto**	**89**	**110**	**120**	**136**	**178**
	KG 335	€ netto	74	92	101	114	150
15	**Stundensatz, Facharbeiter/-in** Stundenlohnarbeiten für Vorarbeiter/-in, Facharbeiter/-in und Gleichgestellte; vorgehängte Fassaden						
	h	**€ brutto**	**75**	**85**	**92**	**97**	**107**
		€ netto	63	71	77	81	90

LB 339 **Preise €**

Nr.	Kurztext / Stichworte Einheit / Kostengruppe		►	▷	brutto ø netto ø	◁	◄
1	**Montagewand abbrechen** Montagewand abbrechen; Metallständer, beidseitig mit GK-Platten beplankt; Bauschutt entsorgen						
	m²	**€ brutto**	**23**	**32**	**39**	**48**	**55**
	KG 394	€ netto	20	27	33	40	46
2	**Deckenbekleidung abbrechen** Deckenbekleidung abbrechen; Gipskartonplatten, einlagig; Bekleidungsdicke 12,5mm; inkl. Unterkonstruktion; Bauschutt entsorgen						
	m²	**€ brutto**	**17**	**31**	**37**	**45**	**50**
	KG 394	€ netto	14	26	31	38	42
3	**Unterdecke abbrechen** Unterdecke, abgehängt, abbrechen; Gipskartonplatten auf Metallprofilen; Bauschutt entsorgen						
	m²	**€ brutto**	**17**	**26**	**31**	**39**	**43**
	KG 394	€ netto	14	22	26	33	36
4	**Verkofferung abbrechen** Verkofferung von Rohrleitungen abbrechen; Gipskartonplatte; inkl. Unterkonstruktion; Bauschutt entsorgen						
	m²	**€ brutto**	**20**	**34**	**43**	**54**	**57**
	KG 394	€ netto	17	29	36	45	48
5	**Zwischensparrendämmung, MW 032, 100mm** Zwischensparrendämmung DZ; Mineralwolle WLS 032, A1; 100mm; einlagig, von innen						
	m²	**€ brutto**	**32**	**37**	**43**	**53**	**59**
	KG 363	€ netto	27	31	36	45	50
6	**Zwischensparrendämmung, MW 032, 120mm** Zwischensparrendämmung DZ; Mineralwolle WLS 032, A1; 120mm; einlagig, von innen						
	m²	**€ brutto**	**34**	**39**	**46**	**57**	**62**
	KG 363	€ netto	29	32	39	48	52
7	**Zwischensparrendämmung, MW 032, 140mm** Zwischensparrendämmung DZ; Mineralwolle WLS 032, A1; 140mm; einlagig, von innen						
	m²	**€ brutto**	**40**	**45**	**53**	**65**	**74**
	KG 363	€ netto	33	38	45	55	62
8	**Zwischensparrendämmung, MW 035, 100mm** Zwischensparrendämmung DZ; Mineralwolle WLG 035, A1; 100mm; einlagig, von innen						
	m²	**€ brutto**	**28**	**31**	**38**	**47**	**53**
	KG 363	€ netto	23	26	32	39	44

Kosten: Stand 3.Quartal 2025, Bundesdurchschnitt

LB 339 **Preise €**

Nr.	Kurztext / Stichworte Einheit / Kostengruppe		►	▷	brutto ø netto ø	◁	◄
9	**Zwischensparrendämmung, MW 035, 120mm** Zwischensparrendämmung DZ; Mineralwolle WLG 035, A1; 120mm; einlagig, von innen						
	m²	**€ brutto**	**28**	**32**	**39**	**47**	**52**
	KG 363	€ netto	24	27	32	40	43
10	**Zwischensparrendämmung, MW 035, 140mm** Zwischensparrendämmung DZ; Mineralwolle WLG 035, A1; 140mm; einlagig, von innen						
	m²	**€ brutto**	**32**	**39**	**45**	**56**	**62**
	KG 363	€ netto	27	32	38	47	52
11	**Decke, abgehängt, GK, einlagig** Decke abgehängt; GK-Platten, inkl. Metallunterkonstruktion; Plattendicke 12,5mm; einlagig; Decke						
	m²	**€ brutto**	**57**	**74**	**80**	**88**	**111**
	KG 354	€ netto	48	62	67	74	93
12	**Decke, abgehängt, GK, doppellagig** Decke, abgehängt; GK-Platten, doppellagig, inkl. Unterkonstruktion; Dicke 2x12,5mm; zweilagig; Decke						
	m²	**€ brutto**	**67**	**85**	**91**	**99**	**116**
	KG 354	€ netto	57	71	76	83	97
13	**Bekleidung, Dachgeschoss, Gipsplatten, einlagig, Holz-UK** Bekleidung, Dachgeschoss; Gipsplatten; Platte 12,5mm; Oberfläche Q2						
	m²	**€ brutto**	**60**	**65**	**73**	**89**	**99**
	KG 354	€ netto	50	55	62	75	83
14	**Bekleidung, Dachgeschoss, Gipsplatten, zweilagig, Holz-UK** Bekleidung, Dachgeschoss; Gipsplatten; 2x12,5mm; Oberfläche Q2						
	m²	**€ brutto**	**73**	**80**	**91**	**110**	**119**
	KG 354	€ netto	62	67	76	92	100
15	**Bekleidung Dachschräge, Gipsplatte, MW-Dämmung** Bekleidung, Dachgeschoss; Gipsplatten; Platte 12,5mm, Mineralwolle bis 180mm; Oberfläche Q2						
	m²	**€ brutto**	**85**	**95**	**107**	**129**	**139**
	KG 354	€ netto	72	80	90	108	116
16	**Bekleidung Dachschräge, Gipsfaserplatte, Holz-UK** Bekleidung Dachgeschoss; Gipsfaserplatte; Platte 12,5mm; Oberfläche Q2						
	m²	**€ brutto**	**66**	**74**	**84**	**102**	**110**
	KG 354	€ netto	56	62	71	85	92

LB 339 **Preise €**

Nr.	Kurztext / Stichworte Einheit / Kostengruppe		►	▷	brutto ø netto ø	◁	◄
17	**Bekleidung DG, Zementplatte, Feuchtraum, Holz-UK** Bekleidung, Dachgeschoss; Zementplatte; Platte 12,5mm; Oberfläche Q2; Feuchtraum						
	m²	**€ brutto**	**114**	**125**	**141**	**169**	**180**
	KG 354	€ netto	96	105	118	142	151
18	**Montagewand, Holz, 100mm, GK einlagig, MW** Montagewand; Holz, GK-Platte, Mineralwolle; Dicke 100mm, GK-Platte 12,5mm, MW 40mm; beidseitig beplankt						
	m²	**€ brutto**	**109**	**122**	**126**	**136**	**153**
	KG 342	€ netto	92	102	106	115	128
19	**Montagewand, Metall, 100mm, GK einlagig, MW** Montagewand; Stahlblech-Profil, GK-Platte, Mineralwolle WLG 040; Dicke 100mm, GK-Platte 12,5mm, MW 40mm; beidseitig beplankt						
	m²	**€ brutto**	**77**	**91**	**98**	**104**	**118**
	KG 342	€ netto	64	76	82	88	99
20	**Montagewand, Metall, 125mm, GK zweilagig, MW, EI 30** Montagewand, EI 30; Stahlblech-Profil, GK-Platte, Mineralwolle WLG 040; Dicke 125mm, GK-Platte 12,5mm, MW 60mm; beidseitig doppelt beplankt						
	m²	**€ brutto**	**84**	**107**	**115**	**130**	**162**
	KG 342	€ netto	71	90	97	109	136
21	**Montagewand, Metall, 150mm, GK zweilagig, MW, EI 30** Montagewand, EI 30; Stahlblech-Profil, GK-Platten, Mineralwolle, WLG 040; Dicke 150mm, GK-Platte 12,5mm, MW 40mm; beidseitig doppelt beplankt						
	m²	**€ brutto**	**93**	**113**	**120**	**131**	**167**
	KG 342	€ netto	78	95	101	110	140
22	**Montagewand, Metall, 100mm, GKF zweilagig, MW, EI 90** Montagewand, EI 90; Stahlblech-Profil, GKF-Platten, Mineralwolle WLG 040; Dicke 100mm, GKF-Platte 12,5mm, MW 50mm; beidseitig doppelt beplankt						
	m²	**€ brutto**	**100**	**124**	**132**	**142**	**170**
	KG 342	€ netto	84	104	111	120	143
23	**Montagewand, Metall, 200mm, GKF zweilagig, Ständerwerk doppelt, EI 90** Montagewand, EI 90; Stahlblech-Profil, GKF-Platte, Mineralwolle WLG 040; Dicke 200mm, GKF-Platte 12,5mm, MW 40mm; doppeltes Ständerwerk, beidseitig doppelt beplankt						
	m²	**€ brutto**	**108**	**137**	**149**	**159**	**185**
	KG 342	€ netto	91	115	125	134	155

Kosten: Stand 3.Quartal 2025, Bundesdurchschnitt

LB 339 **Preise €**

Nr.	Kurztext / Stichworte Einheit / Kostengruppe		►	▷	brutto ø netto ø	◁	◄
24	**Montagewand, Gipsplatten, Brandwand, nichttragend** Montagewand, Brandwand, nichttragend; Gips-Feuerschutzplatten, Stahlblech, Mineralwolle; Wanddicke 111mm, Platte 15,0mm, MW 80mm; beidseitig						
	m²	**€ brutto**	**–**	**199**	**237**	**239**	**–**
	KG 342	€ netto	–	167	199	201	–
25	**Montagewand, Gipsplatten, Brandwand** Montagewand, Brandwand, tragend; GKF-Platten, Stahlblech, Mineralwolle; Wanddicke 166mm, Platte 20+12,5mm, MW 80mm; beidseitig, doppelt beplankt						
	m²	**€ brutto**	**–**	**219**	**261**	**291**	**–**
	KG 342	€ netto	–	184	219	245	–
26	**Innenwand, Gipswandbauplatte** Innenwand, nichttragend; Gipswandbauplatten; Dicke 80-100mm; Q2, für Putzauftrag						
	m²	**€ brutto**	**88**	**102**	**107**	**113**	**125**
	KG 342	€ netto	74	86	90	95	105
27	**Anschluss, Montagewand, Dach-/Wandschräge** Randanschluss, Montagewand; GK-Platten; GK-Platte 12,5mm; beidseitig einfach/doppelt beplankt						
	m	**€ brutto**	**8,8**	**14,4**	**17,2**	**21,0**	**29,2**
	KG 342	€ netto	7,4	12,1	14,5	17,6	24,6
28	**Anschluss, Montagewand, gleitend** Wandanschluss, gleitend; bis 20mm; Montagewand; inkl. Profilschienen						
	m	**€ brutto**	**12**	**24**	**31**	**40**	**55**
	KG 342	€ netto	10	20	26	34	47
29	**Ecken, Kantenprofil, Montagewand** Eckausbildung; Eck-/Kantenprofil; rechtwinklig; Montagewand						
	m	**€ brutto**	**7,7**	**13,3**	**15,2**	**17,9**	**24,5**
	KG 342	€ netto	6,5	11,2	12,8	15,0	20,6
30	**Türöffnung, Montagewand** Öffnungen herstellen; Ständerwand, GK-Platten; BxH 750x2.000mm/1.000x2.125mm, Dicke 75-150mm; Montagewand; als Türöffnung						
	St	**€ brutto**	**53**	**88**	**99**	**120**	**188**
	KG 342	€ netto	44	74	84	101	158
31	**Fensteröffnung, Montagewand** Öffnung herstellen; GK-Platten; BxH 750x2.000mm/1.000x2.125mm, Dicke 75-150mm; Montagewand; als Fensteröffnung						
	St	**€ brutto**	**76**	**97**	**112**	**116**	**139**
	KG 342	€ netto	63	82	94	98	116

LB 339						Preise €
Nr.	Kurztext / Stichworte Einheit / Kostengruppe	►	▷	brutto ø netto ø	◁	◄
32	**Vorsatzschale, Nassraum** Vorsatzschale; Stahlblechprofile, Mineralfaser, WLG 040, GK-Platten; Höhe 2,75m, Platte d=12,5mm, Dämmung 20-60mm; freistehend, einseitig beplankt; Nassbereich					
	m² € brutto	**69**	**85**	**91**	**99**	**120**
	KG 345 € netto	58	72	77	83	101
33	**Vorsatzschale, GK/GF, MW** Vorsatzschale; GK-/GF-Platten, Schall-und Dämmplatten, WLG 040; Plattendicke 12,5mm; einseitig ein-/zweilagig beplankt; frei gespannt					
	m² € brutto	**58**	**71**	**77**	**84**	**96**
	KG 345 € netto	49	59	65	71	81
34	**Vorsatzschale, GK/GF** Vorsatzschale; GK-/GF-Platten; Plattendicke 12,5mm; ein-/zweilagig beplankt					
	m² € brutto	**54**	**65**	**72**	**78**	**91**
	KG 345 € netto	46	55	61	66	76
35	**Verkofferung/Bekleidung, Rohrleitungen** Rohrbekleidung; Metall-/Holzunterkonstruktion, GK/GF Platten, Mineralfaser; Plattendicke 12,5mm; inkl. verspachteln, schleifen					
	m € brutto	**68**	**88**	**97**	**113**	**151**
	KG 345 € netto	58	74	81	95	127
36	**Schachtwand, Gipsplatten, EI 90** Schachtwand; Stahlprofilen, GK-Brandschutzplatten; frei gespannt zwischen Stb-Boden und Stb-Decke/direkt befestigt					
	m² € brutto	**70**	**89**	**97**	**99**	**111**
	KG 342 € netto	59	75	81	84	94
37	**Installationskanal, GK-Platte, EI 30** Kabelkanal EI 30; Stahlblech-Profil, GKF-Platten; doppelt beplankt, 15mm; Deckenraum					
	m € brutto	**110**	**130**	**139**	**168**	**198**
	KG 354 € netto	93	109	116	141	166
38	**Trockenputz, GK-Verbundplatte, Dämmung** Innenwandbekleidung; GK-Verbundplatte mit Wärmedämmung, Mineralwolle/Polystyrol; GP-Platte 12,5mm, Dämmung 40/60/80mm; Spachteln					
	m² € brutto	**50**	**64**	**71**	**89**	**115**
	KG 345 € netto	42	54	60	75	97

Kosten: Stand 3.Quartal 2025, Bundesdurchschnitt

LB 339						Preise €
Nr.	**Kurztext** / Stichworte **Einheit** / Kostengruppe		►	▷	brutto ø netto ø	◁
39	**Trockenputz, GK-Platte 12,5mm** Trockenputz; GK-Platte; Dicke 12,5mm; einlagig beplankt; Mauerwerk/Stahlbeton					
	m²	**€ brutto**	**48**	**57**	**61**	**64**
	KG 345	€ netto	40	48	51	54

Korrektur der Tabellenstruktur:

Nr.	Kurztext / Stichworte / Einheit / Kostengruppe		►	▷	ø brutto / netto	◁	◄
39	**Trockenputz, GK-Platte 12,5mm** Trockenputz; GK-Platte; Dicke 12,5mm; einlagig beplankt; Mauerwerk/Stahlbeton						
	m²	**€ brutto**	**48**	**57**	**61**	**64**	**74**
	KG 345	€ netto	40	48	51	54	62
40	**Bekleidung, einlagig, auf Unterkonstruktion** Bekleidung; GF-Platten/GK-Platten; Dicke 12,5mm; einlagig beplankt; Wand, Decke; sichtbar befestigen						
	m²	**€ brutto**	**43**	**52**	**56**	**64**	**83**
	KG 364	€ netto	36	43	47	54	70
41	**Bekleidung, doppelt, EI 90, vorh. Unterkonstruktion** Bekleidung EI90; GKF-Platten; Dicke 12,5mm; zweilagig beplankt; Wand, Decke						
	m²	**€ brutto**	**105**	**138**	**148**	**164**	**198**
	KG 345	€ netto	88	116	125	138	166
42	**Bekleidung, CaSi-Platten** Bekleidung; CaSi-Platten; Einbauhöhe bis 3,50m; mit Klebmörtel						
	m²	**€ brutto**	**106**	**148**	**165**	**190**	**245**
	KG 364	€ netto	89	124	139	160	206
43	**Fensterlaibung, GK** Fensterlaibung; GK-Platte; Dicke 12,5mm; Q2						
	m	**€ brutto**	**31**	**39**	**42**	**51**	**65**
	KG 336	€ netto	26	32	35	43	55
44	**GK-Platte imprägniert, Mehrpreis** GK-Platte; imprägniert; Dicke 12,5mm; Nassräume						
	m²	**€ brutto**	**2,8**	**5,1**	**5,8**	**7,2**	**10,2**
	KG 342	€ netto	2,4	4,3	4,9	6,0	8,6
45	**Trockenestrich, GF-Platten** Trockenestrich; GF-Platten, Klasse A1; Dicke 18/23mm; einlagig; inkl. Ausgleichsschüttung						
	m²	**€ brutto**	**52**	**67**	**72**	**79**	**98**
	KG 353	€ netto	43	56	61	67	82
46	**Spachtelung, GK-Platten, Q3** Spachtelung zur Qualitätserhöhung; GK-Platten; Wand						
	m²	**€ brutto**	**7,6**	**12,7**	**15,7**	**17,1**	**20,1**
	KG 345	€ netto	6,4	10,7	13,2	14,4	16,9
47	**Stundensatz, Facharbeiter/-in** Stundenlohnarbeiten für Vorarbeiter/-in, Facharbeiter/-in und Gleichgestellte; Trockenbau						
	h	**€ brutto**	**74**	**87**	**91**	**96**	**106**
		€ netto	62	73	77	80	89

LB 339						Preise €
Nr.	**Kurztext** / Stichworte **Einheit** / Kostengruppe	▶	▷	**brutto ø** netto ø	◁	◀
48	**Stundensatz, Helfer/-in** Stundenlohnarbeiten für Werker/-in, Helfer/-in und Gleichgestellte; Trockenbau					
	h **€ brutto**	**59**	**72**	**77**	**82**	**91**
	€ netto	49	60	65	69	76

C

Gebäudetechnik

LB 340 **Preise €**

Nr.	Kurztext / Stichworte Einheit / Kostengruppe		▶	▷	brutto ø netto ø	◁	◀
1	**Anschluss Heiztherme** Anschluss Verteilungsleitungen an die Heiztherme; inkl. Pass- und Verbindungsstücke; einschl. Dichtigkeitsprüfung						
	St	**€ brutto**	**203**	**304**	**349**	**407**	**578**
	KG 421	€ netto	171	256	293	342	486
2	**Demontage Heiztherme** Demontage Heiztherme und Zubehör						
	St	**€ brutto**	**173**	**185**	**187**	**194**	**213**
	KG 421	€ netto	145	156	157	163	179
3	**Heizkessel ausbauen, Stahl, bis 50kW** Heizkessel ausbauen; Stahl; bis 50kW; inkl. Entsorgung; Leitungen verschließen						
	St	**€ brutto**	**503**	**677**	**717**	**831**	**1.145**
	KG 494	€ netto	422	569	603	698	962
4	**Gas-Brennwerttherme, Wand, bis 15kW** Gas-Brennwerttherme; Edelstahl/Aluminium; bis15kW; Wandmontage						
	St	**€ brutto**	**5.256**	**5.901**	**8.235**	**9.012**	**10.494**
	KG 421	€ netto	4.417	4.959	6.920	7.574	8.819
5	**Gas-Brennwerttherme, Wand, 15 bis 25kW** Gas-Brennwerttherme; Edelstahl/Aluminium; 15-25kW; Wandmontage						
	St	**€ brutto**	**5.675**	**6.680**	**8.443**	**9.433**	**10.879**
	KG 421	€ netto	4.769	5.613	7.095	7.927	9.142
6	**Gas-Brennwerttherme, Wand, 25 bis 50kW** Gas-Brennwerttherme; Edelstahl/Aluminium; 25-50kW; Wandmontage						
	St	**€ brutto**	**6.167**	**8.426**	**9.394**	**10.360**	**11.927**
	KG 421	€ netto	5.182	7.081	7.894	8.706	10.023
7	**Gas-Brennwertkessel, bis 25kW** Gas-Brennwertkessel; bis 25kW; Kessel wärmegedämmt						
	St	**€ brutto**	**6.317**	**7.982**	**9.470**	**10.084**	**11.375**
	KG 421	€ netto	5.309	6.708	7.958	8.474	9.559
8	**Gas-Brennwertkessel, 25 bis 50kW** Gas-Brennwertkessel; 25-50kW; Kessel wärmegedämmt						
	St	**€ brutto**	**6.835**	**9.009**	**9.419**	**10.418**	**12.592**
	KG 421	€ netto	5.744	7.571	7.915	8.755	10.582
9	**Gas-Brennwertkessel, 50 bis 70kW** Gas-Brennwertkessel; 50-70kW; Kessel wärmegedämmt						
	St	**€ brutto**	**7.251**	**10.090**	**12.853**	**14.532**	**15.475**
	KG 421	€ netto	6.093	8.479	10.801	12.211	13.004

Kosten: Stand 3.Quartal 2025, Bundesdurchschnitt

LB 340 **Preise €**

Nr.	Kurztext / Stichworte Einheit / Kostengruppe		►	▷	brutto ø netto ø	◁	◄
10	**Gas-Brennwertkessel, 70 bis 150kW** Gas-Brennwertkessel; 70-150kW; Kessel wärmegedämmt						
	St	**€ brutto**	**11.863**	**14.886**	**16.122**	**19.876**	**26.365**
	KG 421	€ netto	9.969	12.510	13.548	16.702	22.155
11	**Gas-Brennwertkessel, 150 bis 225kW** Gas-Brennwertkessel; 150-225kW; Kessel wärmegedämmt						
	St	**€ brutto**	**16.669**	**20.407**	**21.107**	**24.582**	**30.021**
	KG 421	€ netto	14.008	17.149	17.737	20.657	25.228
12	**Gas-Brennwertkessel, 225 bis 400kW** Gas-Brennwertkessel; 225-400kW; Kessel wärmegedämmt						
	St	**€ brutto**	**20.356**	**29.763**	**34.903**	**38.944**	**50.056**
	KG 421	€ netto	17.106	25.011	29.330	32.726	42.064
13	**Öl-Brennwerttherme, Wand, bis 15kW** Öl-Brennwerttherme; Edelstahl/Aluminium/Gusseisen; bis 15kW; wärmegedämmt; Wandmontage						
	St	**€ brutto**	**6.624**	**7.820**	**9.199**	**11.039**	**11.959**
	KG 421	€ netto	5.566	6.571	7.731	9.277	10.050
14	**Öl-Brennwerttherme, Wand, 15 bis 25kW** Öl-Brennwerttherme; Edelstahl/Aluminium/Gusseisen; 15-25kW; wärmegedämmt; Wandmontage						
	St	**€ brutto**	**7.029**	**8.298**	**9.762**	**11.715**	**12.203**
	KG 421	€ netto	5.907	6.973	8.204	9.844	10.255
15	**Öl-Brennwertkessel, bis 25kW** Öl-Brennwertkessel; bis 25kW; Kessel wärmegedämmt; geschlossene Heizungsanlagen						
	St	**€ brutto**	**10.703**	**11.585**	**12.592**	**13.851**	**16.369**
	KG 421	€ netto	8.994	9.735	10.581	11.640	13.756
16	**Heizöltank, stehend, 3.000 Liter** Heizöllagerbehälter; Stahl/GKF; 3.000l; stehende Ausführung, oberirdische Lagerung						
	St	**€ brutto**	**3.825**	**4.196**	**5.348**	**5.939**	**7.204**
	KG 421	€ netto	3.214	3.526	4.494	4.991	6.054
17	**Heizöltank, stehend, 5.000 Liter** Heizöllagerbehälter; Stahl/GKF; 5.000l; stehende Ausführung, oberirdische Lagerung						
	St	**€ brutto**	**4.288**	**4.742**	**6.208**	**6.896**	**9.915**
	KG 421	€ netto	3.603	3.985	5.216	5.795	8.332
18	**Holz/Pellet-Heizkessel, bis 25kW** Holz/Pellet-Heizkessel; Stahl/Guss; bis 25kW; stehende Montage						
	St	**€ brutto**	**16.823**	**18.141**	**18.714**	**19.981**	**22.601**
	KG 421	€ netto	14.137	15.245	15.726	16.790	18.992

LB 340 | **Preise €**

Nr.	Kurztext / Stichworte Einheit / Kostengruppe	▶	▷	brutto ø netto ø	◁	◀
19	**Holz/Pellet-Heizkessel, 25 bis 50kW** Holz/Pellet-Heizkessel; Stahl/Guss; 25-50kW; stehende Montage					
	St **€ brutto**	**18.144**	**20.233**	**20.789**	**22.917**	**25.728**
	KG 421 € netto	15.247	17.003	17.470	19.258	21.620
20	**Holz/Pellet-Heizkessel, 50 bis 120kW** Holz/Pellet-Heizkessel; Stahl/Guss; 50-120kW; stehende Montage					
	St **€ brutto**	**28.198**	**48.886**	**53.235**	**76.447**	**107.082**
	KG 421 € netto	23.696	41.080	44.735	64.241	89.985
21	**Pellet-Fördersystem, Förderschnecke** Pellet-Fördersystem, Förderschnecke; Stahl; Durchmesser 120mm, 5/10kg/h; Stirnradgetriebemotor					
	St **€ brutto**	**3.094**	**4.186**	**4.467**	**5.350**	**6.441**
	KG 421 € netto	2.600	3.518	3.754	4.495	5.413
22	**Brennstofflagerbehälter für Holzpellets** Brennstofflagerbehälter Holzpellets; aus Stahlgestell und flexiblen Gewebe; inkl. Anschluss; innerhalb des Gebäudes/außerhalb des Gebäudes/unterirdisch; luftdurchlässig/luftundurchlässig, Staubdicht, antistatisch, wasserdicht und frostsicher					
	St **€ brutto**	**4.770**	**5.900**	**5.979**	**6.056**	**7.185**
	KG 421 € netto	4.009	4.958	5.024	5.089	6.038
23	**Neutralisationsanlage, Brennwertgeräte** Neutralisationsanlage, Brennwertgeräte; Kunststoffgehäuse; inkl. Neutralisationsgranulat					
	St **€ brutto**	**428**	**722**	**832**	**1.262**	**2.098**
	KG 421 € netto	360	607	699	1.060	1.763
24	**Neutralisationsgranulat 5kg** Neutralisationsgranulat; als Nachfüllpack/Erstbefüllung; 5kg					
	St **€ brutto**	**144**	**192**	**213**	**215**	**279**
	KG 421 € netto	121	161	179	181	234
25	**Flach-Solarkollektoranlage, thermisch, bis 10m²** Flach-Solarkollektoranlage, thermisch; für Heizung und Trinkwassererwärmung; Druck max.10bar, Aperturfläche bis 10m²; Aufdachmontage mit Verankerung, systembedingten Befestigungsmitteln; mit Solarpumpenregelgruppe					
	St **€ brutto**	**9.478**	**13.545**	**15.309**	**17.765**	**23.117**
	KG 421 € netto	7.964	11.382	12.865	14.929	19.426

Nr.	Kurztext / Stichworte Einheit / Kostengruppe		►	▷	brutto ø netto ø	◁	◄
26	**Flach-Solarkollektoranlage, thermisch, 10-20m²** Flach-Solarkollektoranlage, thermisch; für Heizung und Trinkwassererwärmung; Druck max. 10bar, Aperturfläche 10-20m²; Aufdachmontage mit Verankerung, systembedingten Befestigungsmitteln; mit Solarpumpenregelgruppe						
	St	**€ brutto**	**13.141**	**17.156**	**18.251**	**22.996**	**24.274**
	KG 421	€ netto	11.043	14.417	15.337	19.325	20.398
27	**Flach-Solarkollektoranlage, thermisch, 20-30m²** Flach-Solarkollektoranlage, thermisch; für Heizung und Trinkwassererwärmung; Druck max. 10bar, Aperturfläche 20-30m²; Aufdachmontage mit Verankerung, systembedingten Befestigungsmitteln; mit Solarpumpenregelgruppe						
	St	**€ brutto**	**19.533**	**26.822**	**29.154**	**35.568**	**37.900**
	KG 421	€ netto	16.415	22.539	24.499	29.889	31.849
28	**Wärmepumpe, bis 15kW, Sole** Wärmepumpe, elektrisch; Sole/Wasser; Nennwärmeleistung bis 15kW; für Raumheizung, Trinkwassererwärmung; Innenaufstellung; über Erdsonden/Erdkollektoren						
	St	**€ brutto**	**17.190**	**19.862**	**21.101**	**23.773**	**29.799**
	KG 421	€ netto	14.446	16.691	17.732	19.977	25.041
29	**Wärmepumpe, 25-35kW, Sole** Wärmepumpe, elektrisch; Sole/Wasser; Nennwärmeleistung 25-35kW; für Raumheizung, Trinkwassererwärmung; Innenaufstellung; über Erdsonden/Erdkollektoren						
	St	**€ brutto**	**29.850**	**35.398**	**36.214**	**40.037**	**42.563**
	KG 421	€ netto	25.084	29.746	30.432	33.644	35.767
30	**Wärmepumpe, 35-50kW, Sole** Wärmepumpe, elektrisch; Sole/Wasser; Nennwärmeleistung 35-50kW; für Raumheizung, Trinkwassererwärmung; Innenaufstellung; über Erdsonden/Erdkollektoren						
	St	**€ brutto**	**38.709**	**43.772**	**46.984**	**49.204**	**55.212**
	KG 421	€ netto	32.528	36.783	39.483	41.348	46.396
31	**Wärmepumpe, bis 15kW, Luft** Wärmepumpe, elektrisch; Luft/Wasser; Nennwärmeleistung bis 15kW; für Raumheizung, Trinkwassererwärmung; Innen-/Außenaufstellung						
	St	**€ brutto**	**15.726**	**19.339**	**20.547**	**22.432**	**25.811**
	KG 421	€ netto	13.215	16.252	17.267	18.851	21.690

LB 340 **Preise €**

Nr.	Kurztext / Stichworte Einheit / Kostengruppe ►		▷	brutto ø netto ø	◁	◄
32	**Wärmepumpe, 15-25kW, Luft** Wärmepumpe, elektrisch; Luft/Wasser; Nennwärmeleistung 15-25kW; für Raumheizung, Trinkwassererwärmung; Innen-/Außenaufstellung					
	St	**€ brutto**	**27.113**	**29.615**	**30.282**	**31.041**	**33.543**
	KG 421	€ netto	22.784	24.887	25.447	26.085	28.188
33	**Wärmepumpe, 25-35kW, Luft** Wärmepumpe, elektrisch; Luft/Wasser; Nennwärmeleistung 25-35kW; für Raumheizung, Trinkwassererwärmung; Innen-/Außenaufstellung					
	St	**€ brutto**	**37.326**	**41.495**	**42.456**	**45.949**	**51.371**
	KG 421	€ netto	31.367	34.870	35.678	38.613	43.169
34	**Erdsondenanlage, Wärmepumpe** Erdsondenanlage, Doppel U-Sonden; Befüllung Wasser/Wasser-Glykol; Bohrloch 160mm, Sonden 32mm inkl. Fußstück					
	m	**€ brutto**	**100**	**117**	**121**	**128**	**141**
	KG 421	€ netto	84	98	101	107	118
35	**Elektro Heizeinsatz, Heizungsanlage** Elektro Heizeinsatz als Heizstab; 2,4 oder 6kW; Einsetzbar bei weichem bis mittelhartem Trinkwasser bis 2,5mol/m³; 14°dH, Härtebereich mittel; Mit Sicherheitstemperaturbegrenzer und Temperaturregler					
	St	**€ brutto**	**394**	**533**	**593**	**603**	**743**
	KG 422	€ netto	331	448	498	507	624
36	**Inbetriebnahme Wärmepumpe** Inbetriebnahme Wärmepumpe; gem. der Vorgaben des Wärmepumpen-Herstellers; sowie den gesetzlichen Bestimmungen; unter Berücksichtigung der Garantie und Gewährleistung; inkl. Übergabe und Inbetriebnahmeprotokoll					
	psch	**€ brutto**	**873**	**2.136**	**2.316**	**3.869**	**7.054**
	KG 421	€ netto	734	1.795	1.947	3.251	5.928
37	**Wartung, Wärmepumpe** Wartung einer Luft/Wasser/Sole Wärmepumpe; gem. der Vorgaben des Wärmepumpen-Herstellers; sowie den gesetzlichen Bestimmungen; unter Berücksichtigung der Garantie und Gewährleistung					
	psch	**€ brutto**	**365**	**408**	**411**	**449**	**492**
	KG 421	€ netto	307	343	345	378	414
38	**Speicher-Wassererwärmer mit Solar, bis 500 Liter** Speicher-Wassererwärmer, Trinkwasser; nichtrostendem Stahl/Stahl emailliert; bis 500l, Leistungszahl mind. NL 2,5; stehend, zwei innenliegenden Heizflächen					
	St	**€ brutto**	**4.653**	**5.831**	**6.665**	**6.931**	**8.243**
	KG 421	€ netto	3.910	4.900	5.601	5.824	6.927

Kosten: Stand 3.Quartal 2025, Bundesdurchschnitt

LB 340						**Preise €**
Nr.	**Kurztext** / Stichworte **Einheit** / Kostengruppe		►	▷	**brutto ø** netto ø	◁	◄
39	**Stundensatz, Obermonteur/-in Heizung** Stundensatz für Obermonteur/-in Heizung; Verrechnungssatz für die Arbeitskraft inkl. aller Aufwendungen; Nachweis und Anmeldung gem. VOB/B						
	h	**€ brutto**	**77**	**79**	**81**	**84**	**87**
		€ netto	65	67	68	70	73
40	**Stundensatz, Helfer/-in Heizung** Stundenlohnarbeiten für Helfer/-in Heizung; Verrechnungssatz für die Arbeitskraft inkl. aller Aufwendungen; Nachweis und Anmeldung gem. VOB/B						
	h	**€ brutto**	**50**	**58**	**61**	**66**	**74**
		€ netto	42	48	51	55	62

LB 341							Preise €
Nr.	Kurztext / Stichworte				brutto ø		
	Einheit / Kostengruppe	►	▷		netto ø	◁	◄
1	**Röhrenradiator demontieren, bis 50kg** Röhrenradiator entleeren und demontieren; Gewicht bis 50kg; inkl. Verschließen der Anschlussleitung; einschl. Entsorgung						
	St	**€ brutto**	**49**	**59**	**59**	**61**	**67**
	KG 494	€ netto	41	50	50	52	56
2	**Röhrenradiator demontieren, bis 100kg** Röhrenradiator entleeren und demontieren; Gewicht von 50 bis 100kg; inkl. Verschließen der Anschlussleitung; einschl. Entsorgung						
	St	**€ brutto**	**67**	**90**	**90**	**100**	**122**
	KG 494	€ netto	56	75	76	84	103
3	**Flachheizkörper demontieren, bis 50kg** Flachheizkörper entleeren und demontieren; Gewicht bis 50kg; inkl. Verschließen der Anschlussleitung; einschl. Entsorgung						
	St	**€ brutto**	**42**	**52**	**56**	**59**	**68**
	KG 494	€ netto	36	44	47	50	57
4	**Gewinderohrleitung, demontieren, bis DN50** Gewinderohrleitung entleeren und demontieren; inkl. Befestigung; DN25 bis DN50; inkl. Verschließen der Anschlussleitung; einschl. Entsorgung						
	m	**€ brutto**	**6,4**	**9,1**	**10,4**	**15,7**	**21,7**
	KG 494	€ netto	5,4	7,6	8,8	13,2	18,2
5	**Gewinderohrleitung, demontieren, bis DN100** Gewinderohrleitung entleeren und demontieren; inkl. Befestigung; DN65 bis DN100; inkl. Verschließen der Anschlussleitung; einschl. Entsorgung						
	m	**€ brutto**	**7,1**	**17,5**	**20,6**	**23,7**	**30,1**
	KG 494	€ netto	5,9	14,7	17,3	19,9	25,3
6	**Kupferrohrleitung, demontieren, bis DN25** Kupferrohrleitung entleeren und demontieren; inkl. Befestigung; bis DN25; inkl. Verschließen der Anschlussleitung; einschl. Entsorgung						
	m	**€ brutto**	**7,7**	**9,4**	**11,0**	**12,7**	**14,0**
	KG 494	€ netto	6,5	7,9	9,2	10,6	11,7
7	**Heizkörper ausbauen/wieder einbauen** Heizkörper ausbauen/wieder einbauen						
	St	**€ brutto**	**45**	**69**	**72**	**80**	**114**
	KG 423	€ netto	38	58	61	67	96
8	**Schlamm und Magnetitabscheider 1 1/4"** Schlamm und Magnetitabscheider; Wasser/Klimakaltwasser/Wasser-/Glykolgemisch; 1 1/4"; für Heiz und Kühlwassersysteme						
	St	**€ brutto**	**361**	**441**	**463**	**502**	**536**
	KG 422	€ netto	304	370	389	422	451

Kosten: Stand 3.Quartal 2025, Bundesdurchschnitt

LB 341 **Preise €**

Nr.	Kurztext / Stichworte Einheit / Kostengruppe		►	▷	brutto ø netto ø	◁	◄
9	**Schlamm und Magnetitabscheider 1 1/2"** Schlamm und Magnetitabscheider; Wasser/Klimakaltwasser/Wasser-/Glykolgemisch; 1 1/2"; für Heiz und Kühlwassersysteme						
	St	**€ brutto**	**448**	**464**	**480**	**501**	**541**
	KG 422	€ netto	376	390	404	421	454
10	**Hydraulischer Abgleich** Hydraulischer Abgleich; Einstellen aller Ventile und Pumpen; Erstellung eines Protokolls						
	St	**€ brutto**	**594**	**855**	**862**	**914**	**1.052**
	KG 421	€ netto	499	719	725	768	884
11	**Rohrleitung, C-Stahlrohr, DN10** Rohrleitung; C-Stahlrohr; DN10; in Stangen; inkl. Fittings						
	m	**€ brutto**	**16**	**19**	**22**	**25**	**28**
	KG 422	€ netto	14	16	19	21	24
12	**Rohrleitung, C-Stahlrohr, DN12** Rohrleitung; C-Stahlrohr; DN12; in Stangen; inkl. Fittings						
	m	**€ brutto**	**20**	**23**	**25**	**28**	**31**
	KG 422	€ netto	17	19	21	24	26
13	**Rohrleitung, C-Stahlrohr, DN15** Rohrleitung; C-Stahlrohr; DN15; in Stangen; inkl. Fittings						
	m	**€ brutto**	**23**	**27**	**30**	**33**	**37**
	KG 422	€ netto	20	23	25	28	31
14	**Rohrleitung, C-Stahlrohr, DN20** Rohrleitung; C-Stahlrohr; DN20; in Stangen; inkl. Fittings						
	m	**€ brutto**	**29**	**32**	**33**	**36**	**42**
	KG 422	€ netto	25	27	28	31	35
15	**Rohrleitung, C-Stahlrohr, DN25** Rohrleitung; C-Stahlrohr; DN25; in Stangen; inkl. Fittings						
	m	**€ brutto**	**30**	**42**	**46**	**60**	**79**
	KG 422	€ netto	25	35	38	50	66
16	**Rohrleitung, C-Stahlrohr, DN32** Rohrleitung; C-Stahlrohr; DN32; in Stangen; inkl. Fittings						
	m	**€ brutto**	**41**	**47**	**52**	**56**	**61**
	KG 422	€ netto	34	39	44	47	51
17	**Rohrleitung, C-Stahlrohr, DN40** Rohrleitung; C-Stahlrohr; DN40; in Stangen; inkl. Fittings						
	m	**€ brutto**	**49**	**60**	**66**	**70**	**81**
	KG 422	€ netto	41	51	55	59	68

LB 341 **Preise €**

Nr.	Kurztext / Stichworte Einheit / Kostengruppe ►		▷	brutto ø netto ø	◁	◄
18	**Rohrleitung, C-Stahlrohr, DN50** Rohrleitung; C-Stahlrohr; DN50; in Stangen; inkl. Fittings					
	m	**€ brutto**	**69**	**81**	**82**	**86**	**98**
	KG 422	€ netto	58	68	69	72	82
19	**Rohrleitung, C-Stahlrohr, DN65** Rohrleitung; C-Stahlrohr; DN65; in Stangen; inkl. Fittings					
	m	**€ brutto**	**72**	**84**	**86**	**93**	**104**
	KG 422	€ netto	61	70	72	78	88
20	**Kompaktheizkörper, Stahl, H=500, L=bis 700** Kompaktheizkörper; Stahl; Höhe 500mm, Länge bis 700mm; inkl. Montageset, Anschlussarbeiten					
	St	**€ brutto**	**218**	**241**	**278**	**315**	**404**
	KG 423	€ netto	183	202	233	264	340
21	**Kompaktheizkörper, Stahl, H=500, L=bis 1.400** Kompaktheizkörper; Stahl; Höhe 500mm, Länge 701 bis 1.400mm; inkl. Montageset, Anschlussarbeiten					
	St	**€ brutto**	**435**	**475**	**505**	**647**	**780**
	KG 423	€ netto	365	399	425	544	656
22	**Kompaktheizkörper, Stahl, H=500, L=bis 2.100** Kompaktheizkörper; Stahl; Höhe 500mm, Länge 1.401 bis 2.100mm; inkl. Montageset, Anschlussarbeiten					
	St	**€ brutto**	**596**	**659**	**725**	**794**	**1.021**
	KG 423	€ netto	501	554	609	667	858
23	**Kompaktheizkörper, Stahl, H=600, L=bis 700** Kompaktheizkörper; Stahl; Höhe 600mm, Länge bis 700mm; inkl. Montageset, Anschlussarbeiten					
	St	**€ brutto**	**268**	**289**	**327**	**439**	**569**
	KG 423	€ netto	225	243	275	369	478
24	**Kompaktheizkörper, Stahl, H=600, L=bis 1.400** Kompaktheizkörper; Stahl; Höhe 600mm, Länge 701 bis 1.400mm; inkl. Montageset, Anschlussarbeiten					
	St	**€ brutto**	**478**	**518**	**613**	**718**	**840**
	KG 423	€ netto	401	435	515	604	706
25	**Kompaktheizkörper, Stahl, H=600, L=bis 2.100** Kompaktheizkörper; Stahl; Höhe 600mm, Länge 1.401 bis 2.100mm; inkl. Montageset, Anschlussarbeiten					
	St	**€ brutto**	**620**	**697**	**756**	**898**	**1.062**
	KG 423	€ netto	521	586	635	754	892

Kosten: Stand 3.Quartal 2025, Bundesdurchschnitt

LB 341						**Preise €**
Nr.	**Kurztext** / Stichworte **Einheit** / Kostengruppe		►	▷	**brutto ø** netto ø	◁	◄

Nr.	Kurztext / Stichworte / Einheit / Kostengruppe		►	▷	ø	◁	◄
26	**Kompaktheizkörper, Stahl, H=900, L=bis 700** Kompaktheizkörper; Stahl; Höhe 900mm, Länge bis 700mm; inkl. Montageset, Anschlussarbeiten						
	St	**€ brutto**	**354**	**391**	**429**	**534**	**658**
	KG 423	€ netto	297	328	360	449	553
27	**Kompaktheizkörper, Stahl, H=900, L=bis 1.400** Kompaktheizkörper; Stahl; Höhe 900mm, Länge 701 bis 1.400mm; inkl. Montageset, Anschlussarbeiten						
	St	**€ brutto**	**573**	**667**	**711**	**903**	**1.122**
	KG 423	€ netto	482	560	598	759	943
28	**Kompaktheizkörper, Stahl, H=900, L=bis 2.100** Kompaktheizkörper; Stahl; Höhe 900mm, Länge 1.401 bis 2.100mm; inkl. Montageset, Anschlussarbeiten						
	St	**€ brutto**	**839**	**894**	**984**	**1.093**	**1.310**
	KG 423	€ netto	705	751	827	918	1.101
29	**Deckenstrahlplatte** Deckenstrahlplatte; Stahl; Wasser/Klimakaltwasser; mit Wärmedämmung; Decke; inkl. Aufhängekonstruktion						
	St	**€ brutto**	**3.991**	**6.086**	**6.226**	**6.885**	**8.336**
	KG 423	€ netto	3.354	5.114	5.232	5.786	7.005

LB 342						Preise €
Nr.	**Kurztext** / Stichworte **Einheit** / Kostengruppe	►	▷	**brutto ø** netto ø	◁	◄
1	**Stahlrohrleitung demontieren, bis DN25** Stahlrohrleitungen entleeren und demontieren; inkl. Befestigung; bis DN25; inkl. Verschließen der Anschlussleitung; einschl. Entsorgung					
	m **€ brutto**	**4,2**	**11,4**	**13,4**	**15,4**	**25,9**
	KG 494 € netto	3,5	9,5	11,2	12,9	21,7
2	**Stahlrohrleitung demontieren, bis DN50** Stahlrohrleitungen entleeren und demontieren; inkl. Befestigung; DN25 bis DN50; inkl. Verschließen der Anschlussleitung; einschl. Entsorgung					
	m **€ brutto**	**6,0**	**14,8**	**17,4**	**20,0**	**29,9**
	KG 494 € netto	5,0	12,4	14,6	16,8	25,1
3	**Stahlrohrleitung demontieren, bis DN100** Stahlrohrleitungen entleeren und demontieren; inkl. Befestigung; DN65 bis DN100; inkl. Verschließen der Anschlussleitung; einschl. Entsorgung					
	m **€ brutto**	**7,3**	**18,7**	**22,0**	**25,3**	**35,5**
	KG 494 € netto	6,1	15,7	18,5	21,2	29,8
4	**Leitung, Metallverbundrohr, DN12** Leitung, Metallverbundrohr; Mehrschichtverbundwerkstoff; DN12, Dicke 2,25mm; Trinkwasser; inkl. Dichtungs-/Befestigungsmittel, Fittings					
	m **€ brutto**	**12**	**17**	**19**	**22**	**27**
	KG 412 € netto	10,0	14,2	16,0	18,4	22,7
5	**Leitung, Metallverbundrohr, DN15** Leitung, Metallverbundrohr; Mehrschichtverbundwerkstoff; DN15, Dicke 2,5mm; Trinkwasser; inkl. Dichtungs-/Befestigungsmittel, Fittings					
	m **€ brutto**	**15**	**22**	**25**	**28**	**35**
	KG 412 € netto	13	19	21	23	30
6	**Leitung, Metallverbundrohr, DN20** Leitung, Metallverbundrohr; Mehrschichtverbundwerkstoff; DN20, Dicke 3mm; Trinkwasser; inkl. Dichtungs-/Befestigungsmittel, Fittings					
	m **€ brutto**	**16**	**25**	**30**	**34**	**47**
	KG 412 € netto	13	21	25	29	40
7	**Leitung, Metallverbundrohr, DN25** Leitung, Metallverbundrohr; Mehrschichtverbundwerkstoff; DN25, Dicke 3mm; Trinkwasser; inkl. Dichtungs-/Befestigungsmittel, Fittings					
	m **€ brutto**	**20**	**33**	**38**	**42**	**52**
	KG 412 € netto	17	28	32	35	44
8	**Leitung, Metallverbundrohr, DN32** Leitung, Metallverbundrohr; Mehrschichtverbundwerkstoff; DN32, Dicke 3,5mm; Trinkwasser; inkl. Dichtungs-/Befestigungsmittel, Fittings					
	m **€ brutto**	**38**	**48**	**53**	**59**	**67**
	KG 412 € netto	32	41	45	49	57

Kosten: Stand 3.Quartal 2025, Bundesdurchschnitt

LB 342						Preise €
Nr.	**Kurztext** / Stichworte **Einheit** / Kostengruppe		▶	▷	**brutto ø** netto ø	◁	◀

Nr.	Kurztext / Stichworte		▶	▷	ø	◁	◀
9	**Leitung, Metallverbundrohr, DN40** Leitung, Metallverbundrohr; Mehrschichtverbundwerkstoff; DN40, Dicke 4mm; Trinkwasser; inkl. Dichtungs-/Befestigungsmittel, Fittings						
	m	**€ brutto**	**67**	**73**	**76**	**81**	**87**
	KG 412	€ netto	57	61	64	68	73
10	**Leitung, Kupferrohr, 15mm** Leitung, Kupferrohr; Stangen; 15x1,0mm; inkl. löten/pressen; inkl. Aufhängung						
	m	**€ brutto**	**29**	**34**	**34**	**36**	**40**
	KG 412	€ netto	25	28	29	30	34
11	**Leitung, Kupferrohr, 18mm** Leitung, Kupferrohr; Stangen; 18x1,0mm; inkl. löten/pressen; inkl. Aufhängung						
	m	**€ brutto**	**32**	**37**	**37**	**40**	**44**
	KG 412	€ netto	27	31	31	34	37
12	**Leitung, Kupferrohr, 22mm** Leitung, Kupferrohr; Stangen; 22x1,0mm; inkl. löten/pressen; inkl. Aufhängung						
	m	**€ brutto**	**33**	**39**	**42**	**47**	**59**
	KG 412	€ netto	28	33	35	40	49
13	**Leitung, Kupferrohr, 28mm** Leitung, Kupferrohr; Stangen; 28x1,0mm; inkl. löten/pressen; inkl. Aufhängung						
	m	**€ brutto**	**35**	**44**	**49**	**55**	**67**
	KG 412	€ netto	29	37	41	46	57
14	**Leitung, Kupferrohr, 35mm** Leitung, Kupferrohr; Stangen; 35x1,2mm; inkl. löten/pressen; inkl. Aufhängung						
	m	**€ brutto**	**40**	**53**	**59**	**61**	**79**
	KG 412	€ netto	34	45	50	51	67
15	**Leitung, Kupferrohr, 42mm** Leitung, Kupferrohr; Stangen; 42x1,2mm; inkl. löten/pressen; inkl. Aufhängung						
	m	**€ brutto**	**59**	**72**	**73**	**76**	**88**
	KG 412	€ netto	49	60	62	63	74
16	**Leitung, Kupferrohr, 54mm** Leitung, Kupferrohr; Stangen; 54x1,5mm; inkl. löten/pressen; inkl. Aufhängung						
	m	**€ brutto**	**66**	**79**	**86**	**92**	**109**
	KG 412	€ netto	55	66	72	77	92

LB 344							Preise €
Nr.	**Kurztext** / Stichworte **Einheit** / Kostengruppe		►	▷	**brutto ø** netto ø	◁	◄
1	**Gussrohrleitung demontieren, bis DN100** Gussrohrleitung demontieren; DN40 bis DN100; inkl. Befestigung; einschl. Entsorgung						
	m	**€ brutto**	**14**	**19**	**22**	**25**	**26**
	KG 494	€ netto	12	16	18	21	22
2	**Gussrohrleitung demontieren, bis DN200** Gussrohrleitung demontieren; DN125 bis DN200; inkl. Befestigung; einschl. Entsorgung						
	m	**€ brutto**	**17**	**27**	**32**	**37**	**39**
	KG 494	€ netto	15	23	27	31	33
3	**Stahlrohrleitung demontieren, bis DN100** Stahlrohrleitung demontieren; DN40 bis DN100; inkl. Befestigung; einschl. Entsorgung						
	m	**€ brutto**	**9,6**	**18,8**	**22,1**	**25,4**	**30,2**
	KG 494	€ netto	8,1	15,8	18,6	21,3	25,4
4	**Kunststoff-Rohrleitung, demontieren, bis DN100** Rohrleitung demontieren; Kunststoff; DN40 bis DN100; inkl. Befestigung; einschl. Entsorgung						
	m	**€ brutto**	**8,7**	**15,8**	**18,6**	**21,4**	**52,9**
	KG 494	€ netto	7,3	13,3	15,6	18,0	44,5
5	**Abwasserleitung, Guss, DN50** Abwasserleitung; Gussrohr; DN50; inkl. Verbindung und Befestigung; innen						
	m	**€ brutto**	**35**	**46**	**49**	**56**	**67**
	KG 411	€ netto	29	39	41	47	56
6	**Abwasserleitung, Guss, DN80** Abwasserleitung; Gussrohr; DN80; inkl. Verbindung und Befestigung; innen						
	m	**€ brutto**	**58**	**63**	**64**	**68**	**76**
	KG 411	€ netto	49	53	54	57	64
7	**Abwasserleitung, Guss, DN100** Abwasserleitung; Gussrohr; DN100; inkl. Verbindung und Befestigung; innen						
	m	**€ brutto**	**63**	**76**	**81**	**86**	**95**
	KG 411	€ netto	53	64	68	72	79
8	**Abwasserleitung, Guss, DN125** Abwasserleitung; Gussrohr; DN125; inkl. Verbindung und Befestigung; innen						
	m	**€ brutto**	**101**	**110**	**115**	**124**	**138**
	KG 411	€ netto	85	93	96	104	116

Kosten: Stand 3.Quartal 2025, Bundesdurchschnitt

LB 344						Preise €
Nr.	**Kurztext** / Stichworte			**brutto ø**		
	Einheit / Kostengruppe	►	▷	netto ø	◁	◄
9	**Abwasserleitung, Guss, DN150**					
	Abwasserleitung; Gussrohr; DN150; inkl. Verbindung und Befestigung; innen					
	m **€ brutto**	**89**	**113**	**130**	**142**	**164**
	KG 411 € netto	75	95	109	119	138
10	**Abwasserleitung, HT-Rohr, DN/OD63**					
	Abwasserrohr; HT-Rohr; DN/OD63 , Dicke 1,8mm; innen					
	m **€ brutto**	**13**	**22**	**26**	**36**	**54**
	KG 411 € netto	11	19	22	30	45
11	**Abwasserleitung, HT-Rohr, DN/OD75**					
	Abwasserleitung, PP-Rohr; DN/OD75, Dicke 1,9mm; innen					
	m **€ brutto**	**30**	**36**	**38**	**42**	**48**
	KG 411 € netto	25	30	32	35	40
12	**Abwasserleitung, HT-Rohr, DN/OD110**					
	Abwasserleitung, PP-Rohr; DN/OD110, Dicke 2,7mm; innen					
	m **€ brutto**	**34**	**39**	**40**	**43**	**51**
	KG 411 € netto	29	32	34	36	43
13	**Abwasserleitung, PE-Rohr, DN/OD75**					
	Abwasserleitung; PE-Rohr; DN/OD75; schallgedämmt; innen; inkl. Rohrbefestigungen					
	m **€ brutto**	**37**	**45**	**49**	**54**	**61**
	KG 411 € netto	31	38	41	45	51
14	**Abwasserleitung, PE-Rohr, DN/OD110**					
	Abwasserleitung; PE-Rohr; DN/OD110; schallgedämmt; innen; inkl. Rohrbefestigungen					
	m **€ brutto**	**40**	**52**	**56**	**62**	**74**
	KG 411 € netto	34	44	47	52	62
15	**Abflussleitung, PP-Rohr, DN/OD63, schallgedämmt**					
	Abwasserrohr, schallgedämmt; Polypropylen; DN/OD63					
	m **€ brutto**	**29**	**34**	**48**	**50**	**55**
	KG 411 € netto	25	29	40	42	46
16	**Abflussleitung, PP-Rohr, DN/OD75, schallgedämmt**					
	Abwasserrohr, schallgedämmt; Polypropylen; DN/OD75					
	m **€ brutto**	**33**	**40**	**49**	**54**	**67**
	KG 411 € netto	28	34	42	45	56
17	**Abflussleitung, PP-Rohr, DN/OD90, schallgedämmt**					
	Abwasserrohr, schallgedämmt; Polypropylen; DN/OD90					
	m **€ brutto**	**42**	**51**	**58**	**68**	**80**
	KG 411 € netto	35	43	49	57	68

LB 344						Preise €
Nr.	**Kurztext** / Stichworte			**brutto ø**		
	Einheit / Kostengruppe	►	▷	netto ø	◁	◄
18	**Abflussleitung, PP-Rohr, DN/OD110, schallgedämmt**					
	Abwasserrohr, schallgedämmt; Polypropylen; DN/OD110					
	m	**€ brutto**	**51**	**60**	**70**	**83**	**102**
	KG 411	€ netto	43	51	59	70	85

LB 345 **Preise €**

Nr.	Kurztext / Stichworte Einheit / Kostengruppe		▶	▷	brutto ø netto ø	◁	◀
1	**Montageelement demontieren** Montageelement für Sanitärausstattung demontieren; einschl. Entsorgung						
	St	**€ brutto**	**66**	**84**	**99**	**113**	**123**
	KG 494	€ netto	56	70	83	95	104
2	**Badewanne demontieren** Badewanne demontieren; inkl. Ablaufgarnitur; einschl. Entsorgung						
	St	**€ brutto**	**121**	**161**	**188**	**196**	**236**
	KG 494	€ netto	101	136	158	164	199
3	**Duschwanne demontieren** Duschwanne demontieren; inkl. Ablaufgarnitur; einschl. Entsorgung						
	St	**€ brutto**	**80**	**98**	**115**	**131**	**138**
	KG 494	€ netto	68	82	97	110	116
4	**Waschtisch demontieren** Waschtisch demontieren; inkl. Zu- und Ablaufgarnitur; einschl. Entsorgung						
	St	**€ brutto**	**36**	**50**	**59**	**68**	**72**
	KG 494	€ netto	30	42	50	57	61
5	**WC-Anlage demontieren** WC-Anlage demontieren; inkl. Verschließen der Anschlussleitung; einschl. Entsorgung						
	St	**€ brutto**	**28**	**44**	**57**	**67**	**82**
	KG 494	€ netto	23	37	48	56	69
6	**Waschtischbatterie demontieren** Waschtischbatterie demontieren; inkl. Verschließen der Anschlussleitung; einschl. Entsorgung						
	St	**€ brutto**	**18**	**25**	**27**	**31**	**33**
	KG 494	€ netto	15	21	23	26	28
7	**Spülkasten Stahl demontieren** Spülkasten, demontieren; Stahl; inkl. Befestigungsmittel, Anschlussleitungen; in Gebäuden; einschl. Entsorgung						
	St	**€ brutto**	**25**	**32**	**36**	**44**	**53**
	KG 494	€ netto	21	27	31	37	44
8	**Urinal demontieren** Urinal demontieren; Sanitärporzellan; inkl. Konsolen, Anschlussleitungen; in Gebäuden; einschl. Entsorgung						
	St	**€ brutto**	**28**	**49**	**49**	**59**	**72**
	KG 494	€ netto	23	41	41	49	60
9	**Handwaschbecken, Sanitärporzellan** Handwaschbecken; Sanitärporzellan; inkl. Befestigung, Schallschutzset						
	St	**€ brutto**	**156**	**240**	**263**	**320**	**450**
	KG 412	€ netto	131	202	221	269	378

Kosten: Stand 3.Quartal 2025, Bundesdurchschnitt

LB 345							Preise €
Nr.	**Kurztext** / Stichworte **Einheit** / Kostengruppe		►	▷	**brutto ø** netto ø	◁	◄
10	**Waschtisch, Sanitärporzellan 550x450mm** Waschtisch; Sanitärporzellan; Größe 550x450mm; inkl. Befestigung, Schallschutzset						
	St	**€ brutto**	**129**	**276**	**314**	**501**	**705**
	KG 412	€ netto	108	232	264	421	593
11	**Waschtisch, Sanitärporzellan 600x500mm** Waschtisch; Sanitärporzellan; Größe 600x500mm; inkl. Befestigung, Schallschutzset						
	St	**€ brutto**	**201**	**352**	**433**	**708**	**1.108**
	KG 412	€ netto	169	296	364	595	931
12	**Einhand-Waschtischarmatur** Einhand-Waschtischbatterie; inkl. Schnellmontagesystem						
	St	**€ brutto**	**292**	**451**	**552**	**621**	**833**
	KG 412	€ netto	246	379	464	522	700
13	**Handtuchspender, Stahlblech** Papierhandtuchspender; Stahlblech; 250/500St; Wandmontage; inkl. Befestigungsmaterial						
	St	**€ brutto**	**97**	**141**	**156**	**239**	**396**
	KG 610	€ netto	81	118	131	201	333
14	**Badewanne, Stahl 170cm** Badewanne; Stahl emailliert; 170x80cm						
	St	**€ brutto**	**496**	**619**	**677**	**692**	**965**
	KG 412	€ netto	417	520	569	582	811
15	**Badewanne, Stahl 180cm** Badewanne; Stahl emailliert; 180x80cm						
	St	**€ brutto**	**681**	**898**	**938**	**1.134**	**1.445**
	KG 412	€ netto	572	754	788	953	1.214
16	**Badewanne, Stahl 200cm** Badewanne; Stahl emailliert; 200x80cm						
	St	**€ brutto**	**1.186**	**1.360**	**1.503**	**1.519**	**1.692**
	KG 412	€ netto	997	1.142	1.263	1.276	1.422
17	**Einhandmischer, Badewanne** Einhandmischbatterie, Badewanne; Metall verchromt; Auf-/Unterputz, Kugelmischsystem; Wandmontage						
	St	**€ brutto**	**319**	**459**	**477**	**642**	**841**
	KG 412	€ netto	268	385	401	539	707
18	**WC, wandhängend** Tiefspül-WC; Sanitärporzellan; Wandmontage, inkl. Befestigung und Schallschutz						
	St	**€ brutto**	**284**	**469**	**537**	**660**	**942**
	KG 412	€ netto	238	394	451	555	792

LB 345							Preise €
Nr.	Kurztext / Stichworte				brutto ø		
	Einheit / Kostengruppe		►	▷	netto ø	◁	◄
19	**WC-Sitz**						
	WC-Sitz; inkl. Deckel und Scharniere						
	St	**€ brutto**	**63**	**149**	**186**	**265**	**426**
	KG 412	€ netto	53	126	156	223	358
20	**Duschwanne, Stahl 80x80**						
	Duschwanne; Stahl; Größe 80x80x6cm						
	St	**€ brutto**	**304**	**460**	**526**	**670**	**900**
	KG 412	€ netto	256	386	442	563	756
21	**Duschwanne, Stahl 90x80**						
	Duschwanne; Stahl; 90x80x6cm						
	St	**€ brutto**	**435**	**679**	**722**	**954**	**1.303**
	KG 412	€ netto	365	571	607	802	1.095
22	**Duschwanne, Stahl 90x90**						
	Duschwanne; Stahl; 90x90x6cm						
	St	**€ brutto**	**447**	**725**	**821**	**973**	**1.329**
	KG 412	€ netto	375	610	690	818	1.117
23	**Duschwanne, Stahl 100x80**						
	Duschwanne; Stahl; 100x80x6cm						
	St	**€ brutto**	**562**	**794**	**989**	**1.079**	**1.396**
	KG 412	€ netto	472	667	831	906	1.173
24	**Duschwanne, Stahl 100x100**						
	Duschwanne; Stahl; Größe 100x100x6cm						
	St	**€ brutto**	**699**	**964**	**1.079**	**1.217**	**1.519**
	KG 412	€ netto	587	810	907	1.023	1.277
25	**Einhebelmischarmatur, Dusche**						
	Einhandmischarmatur, Dusche; Metall, verchromt; DN15; Wandmontage						
	St	**€ brutto**	**754**	**900**	**971**	**1.006**	**1.115**
	KG 412	€ netto	634	757	816	845	937
26	**Duschabtrennung, Kunststoff**						
	Duschabtrennung; Kunststoff; 80x80x200cm; Drehtür/Schiebetür; inkl. Wandanschlussprofil						
	St	**€ brutto**	**1.110**	**1.453**	**1.617**	**1.664**	**2.337**
	KG 610	€ netto	932	1.221	1.359	1.398	1.964
27	**Installationselement, Urinal**						
	Urinal-Montageelement; Stahlrahmen; Unterputz; Wandmontage						
	St	**€ brutto**	**333**	**412**	**451**	**578**	**710**
	KG 419	€ netto	280	346	379	486	596

LB 345 **Preise €**

Nr.	Kurztext / Stichworte Einheit / Kostengruppe		►	▷	brutto ø netto ø	◁	◄
28	**Installationselement, WC** WC-Montageelement; Stahlrahmen; Unterputz, Wandmontage; inkl. Betätigungsplatte						
	St	**€ brutto**	**313**	**377**	**414**	**456**	**560**
	KG 419	€ netto	263	317	348	384	470
29	**Installationselement, Bidet** Bidet-Montageelement; Stahlrahmen; Unterputz, Wandmontage						
	St	**€ brutto**	**373**	**425**	**463**	**474**	**564**
	KG 419	€ netto	314	357	389	399	474
30	**Installationselement, Waschtisch** Waschtisch-Montageelement; Stahlrahmen; DN40/50; Wandmontage						
	St	**€ brutto**	**259**	**337**	**377**	**409**	**474**
	KG 419	€ netto	218	283	317	344	399
31	**Installationselement, Stütz- und Haltegriffe** Installationselement für Stütz und Haltegriffe; Stahlrahmen; Unterputz; Wandmontage						
	St	**€ brutto**	**328**	**363**	**390**	**404**	**439**
	KG 419	€ netto	276	305	328	340	369
32	**Haltegriff, Edelstahl, 600mm** Haltegriff; Edelstahl, gebürstet; Länge 600mm, Durchmesser 32mm, Wandabstand 50mm; inkl. Befestigung						
	St	**€ brutto**	**103**	**155**	**180**	**190**	**217**
	KG 412	€ netto	86	131	151	160	182
33	**Duschhandlauf, Messing** Duschhandlauf; Messingrohr, verchromt; 90°-Winkel, Rohrdurchmesser 32mm						
	St	**€ brutto**	**498**	**688**	**736**	**869**	**1.091**
	KG 412	€ netto	419	578	618	730	917
34	**Stützklappgriff, Edelstahl, bis 850mm** Stützklappgriff; Edelstahl, gebürstet; Länge bis 850mm, Durchmesser 32mm, Belastung max. 150kg						
	St	**€ brutto**	**697**	**780**	**806**	**864**	**961**
	KG 412	€ netto	586	655	677	726	808
35	**Waschbecken, barrierefrei** Waschbecken, barrierefrei; Sanitärporzellan, wasserabweisender Beschichtung; Breite über 500 bis 550mm, Ausladung über 450mm bis 500mm; unterfahrbar						
	St	**€ brutto**	**371**	**452**	**494**	**636**	**878**
	KG 412	€ netto	311	380	415	535	738

LB 345 **Preise €**

Nr.	Kurztext / Stichworte Einheit / Kostengruppe		►	▷	brutto ø netto ø	◁	◄
36	**WC, barrierefrei** Tiefspül-WC, barrierefrei; Sanitärporzellan, wasserabweisender Beschichtung; Wasserbedarf 6l; spülrandlos, wandhängend barrierefreie Ausführung, inkl. WC-Sitz						
	St	**€ brutto**	**541**	**698**	**768**	**980**	**1.288**
	KG 412	€ netto	455	586	645	823	1.082
37	**Hygiene-Tiefspül-WC, barrierefrei** Hygiene-Tiefspül-WC; Sanitärporzellan, weiß, spülrandlos; Spülwasserbedarf 6l; wandhängend, inkl. Sitz, Deckel und Ventilator						
	St	**€ brutto**	**3.351**	**4.002**	**4.654**	**5.584**	**6.748**
	KG 412	€ netto	2.816	3.363	3.911	4.693	5.670
38	**WC-Spülkasten, mit Betätigungsplatte** WC-Spülkasten; Kunststoff; 3/6l; Unterputz, Wandmontage; inkl. Betätigungsplatte						
	St	**€ brutto**	**291**	**312**	**363**	**407**	**466**
	KG 412	€ netto	244	262	305	342	391
39	**WC-Betätigung, berührungslos** WC-Spülarmatur, berührungslos; elektronisch gesteuert, einstellbarer Spüldauer,						
	St	**€ brutto**	**545**	**673**	**801**	**961**	**1.242**
	KG 412	€ netto	458	565	673	808	1.043
40	**Nachrüstaufsatz, Hygiene-Tiefspül-WC** Hygiene-Tiefspül-WC, Nachrüstaufsatz; ausfahrbarer Unterdusche, Sitz und Deckel						
	St	**€ brutto**	**1.322**	**1.448**	**1.573**	**2.014**	**2.518**
	KG 412	€ netto	1.111	1.216	1.322	1.692	2.116
41	**Nachrüstung Türeinstieg Badewanne** Wannentür, Nachrüsten; Kunststoff/Sicherheitsglas; Türbreite 500 bis 600mm, Türhöhe 400 bis 500mm; Öffnung nach innen, mechanische Verriegelung						
	St	**€ brutto**	**1.013**	**1.125**	**1.308**	**1.518**	**1.669**
	KG 412	€ netto	851	946	1.100	1.275	1.402
42	**Stützgriff, fest, WC** Stützgriff, WC; Kunststoff, weiß; Ausladung 850mm, belastbar bis 100kg; inkl. Befestigungsmaterial						
	St	**€ brutto**	**335**	**378**	**472**	**566**	**637**
	KG 412	€ netto	282	317	397	476	535

LB 345 **Preise €**

Nr.	Kurztext / Stichworte Einheit / Kostengruppe		▶	▷	brutto ø netto ø	◁	◀
43	**Stützgriff, fest, WC mit Spülauslösung** Stützgriff, WC; Kunststoff, weiß; Ausladung 850mm, belastbar bis 100kg; fest mit Spülauslösung manuell, inkl. Befestigungsmaterial						
	St	**€ brutto**	**798**	**895**	**962**	**1.058**	**1.202**
	KG 412	€ netto	671	752	808	889	1.010
44	**Stützgriff, klappbar, WC** Stützgriff, WC; Kunststoff, weiß; Ausladung 850mm, belastbar bis 100kg; klappbar, Arretierung und Fallbremse, inkl. Befestigungsmaterial						
	St	**€ brutto**	**581**	**713**	**881**	**1.066**	**1.207**
	KG 412	€ netto	488	599	740	896	1.014
45	**Stützgriff, klappbar, WC mit Spülauslösung** Stutzgriff, WC; Kunststoff, weiß; Ausladung 850mm, belastbar bis 100kg; mit Spülauslösung, klappbar, Arretierung und Fallbremse, inkl. Befestigungsmaterial						
	St	**€ brutto**	**854**	**969**	**1.042**	**1.157**	**1.302**
	KG 412	€ netto	718	814	876	972	1.094
46	**Stützgriff, fest, Waschtisch** Stützgriff, Waschtisch; Kunststoff, weiß; Ausladung 600mm, belastbar bis 100kg; fest, inkl. Befestigungsmaterial						
	St	**€ brutto**	**412**	**512**	**625**	**768**	**856**
	KG 412	€ netto	346	430	525	646	719
47	**Stützgriff, klappbar, Waschtisch** Stützgriff, Waschtisch; Kunststoff, weiß; Ausladung 600mm, belastbar bis 100kg; klappbar, Arretierung und Fallbremse, inkl. Befestigungsmaterial						
	St	**€ brutto**	**596**	**682**	**718**	**811**	**890**
	KG 412	€ netto	501	573	603	681	748
48	**Stundensatz, Obermonteur/-in Sanitär** Stundenlohnarbeiten für Obermonteur/-in Sanitär; Verrechnungssatz für die Arbeitskraft inkl. aller Aufwendungen; Nachweis und Anmeldung gem. VOB/B						
	h	**€ brutto**	**68**	**77**	**80**	**83**	**93**
		€ netto	57	64	68	70	78
49	**Stundensatz, Helfer/-in Sanitär** Stundenlohnarbeiten für Helfer/-in Sanitär; Verrechnungssatz für die Arbeitskraft inkl. aller Aufwendungen; Nachweis und Anmeldung gem. VOB/B						
	h	**€ brutto**	**57**	**65**	**67**	**69**	**77**
		€ netto	48	55	57	58	65

LB 347							Preise €
Nr.	**Kurztext** / Stichworte **Einheit** / Kostengruppe		►	▷	**brutto ø** netto ø	◁	◄
1	**Dämmung Rohrleitung, alukaschiert, demontieren** Dämmung Rohrleitung demontieren; Aluminiumkaschierung; bis DN50; Demontage von Hand; Arbeitshöhe bis 3,5m						
	m	**€ brutto**	**3,5**	**4,0**	**4,6**	**5,1**	**5,6**
	KG 494	€ netto	2,9	3,4	3,8	4,3	4,7
2	**Dämmung Rohrleitung demontieren** Dämmung Rohrleitung demontieren; als Halbschale ohne Kaschierung; bis DN50; Demontage von Hand; Arbeitshöhe bis 3,5m						
	m	**€ brutto**	**2,5**	**3,2**	**4,0**	**4,6**	**5,1**
	KG 494	€ netto	2,1	2,7	3,4	3,8	4,3
3	**Kompaktdämmhülse, Rohrleitung, DN12** Kompaktdämmhülse; Polyethylen, Gittergewebe, WLG 040, B2; DN12, Dicke 13mm; Rohfußboden						
	m	**€ brutto**	**12**	**14**	**16**	**16**	**21**
	KG 422	€ netto	9,7	11,8	13,2	13,2	17,7
4	**Kompaktdämmhülse, Rohrleitung, DN15** Kompaktdämmhülse; Polyethylen, Gittergewebe, WLG 040, B2; DN15, Dicke 13mm; Rohfußboden						
	m	**€ brutto**	**13**	**17**	**19**	**22**	**29**
	KG 422	€ netto	11	14	16	19	24
5	**Kompaktdämmhülse, Rohrleitung, DN20** Kompaktdämmhülse, Rohrleitung; Polyethylen, Gittergewebe, WLG 040, B2; DN20, Dicke 13mm; Rohfußboden						
	m	**€ brutto**	**13**	**18**	**21**	**26**	**32**
	KG 422	€ netto	11	15	18	22	27
6	**Kompaktdämmhülse, Rohrleitung, DN25** Kompaktdämmhülse, Rohrleitung; Polyethylen, Gittergewebe, WLG 040, B2; DN25, Dicke 20mm; Rohfußboden						
	m	**€ brutto**	**17**	**26**	**28**	**36**	**48**
	KG 422	€ netto	15	22	23	30	41
7	**Kompaktdämmhülse, Rohrleitung, DN32** Kompaktdämmhülse, Rohrleitung; Polyethylen, Gittergewebe, WLG 040, B2; DN32, Dicke 40mm; Rohfußboden						
	m	**€ brutto**	**20**	**33**	**35**	**37**	**51**
	KG 422	€ netto	17	28	29	31	43
8	**Rohrdämmung, MW-alukaschiert, DN12** Rohrdämmung; Mineralwolle, alukaschiert; DN12, Dicke 20mm; Heizungsrohre						
	m	**€ brutto**	**8,7**	**16,7**	**20,9**	**24,9**	**33,4**
	KG 422	€ netto	7,4	14,0	17,5	20,9	28,1

Kosten: Stand 3.Quartal 2025, Bundesdurchschnitt

LB 347 | **Preise €**

Nr.	**Kurztext** / Stichworte **Einheit** / Kostengruppe		►	▷	**brutto ø** netto ø	◁	◄
9	**Rohrdämmung, MW-alukaschiert, DN15** Rohrdämmung; Mineralwolle, alukaschiert; DN15, Dicke 20mm; Heizungsrohre						
	m	**€ brutto**	**9,0**	**19,2**	**24,2**	**27,2**	**37,8**
	KG 422	€ netto	7,6	16,1	20,4	22,9	31,8
10	**Rohrdämmung, MW-alukaschiert, DN20** Rohrdämmung; Mineralwolle, alukaschiert; DN20, Dicke 20mm; Heizungsrohre						
	m	**€ brutto**	**9,7**	**19,9**	**23,5**	**32,9**	**53,4**
	KG 422	€ netto	8,2	16,8	19,8	27,7	44,9
11	**Rohrdämmung, MW-alukaschiert, DN25** Rohrdämmung; Mineralwolle, alukaschiert; DN25, Dicke 30mm; Heizungsrohre						
	m	**€ brutto**	**29**	**37**	**39**	**50**	**62**
	KG 422	€ netto	24	31	33	42	52
12	**Rohrdämmung, MW-alukaschiert, DN32** Rohrdämmung; Mineralwolle, alukaschiert; DN32, Dicke 40mm; Heizungsrohre						
	m	**€ brutto**	**31**	**46**	**52**	**56**	**67**
	KG 422	€ netto	26	39	44	47	57
13	**Rohrdämmung, MW-alukaschiert, DN40** Rohrdämmung; Mineralwolle, alukaschiert; DN40, Dicke 50mm; Heizungsrohre						
	m	**€ brutto**	**32**	**42**	**46**	**54**	**71**
	KG 422	€ netto	27	35	39	45	60
14	**Rohrdämmung, MW-alukaschiert, DN50** Rohrdämmung; Mineralwolle, alukaschiert; DN50, Dicke 50mm; Heizungsrohre						
	m	**€ brutto**	**33**	**48**	**56**	**58**	**75**
	KG 422	€ netto	28	40	47	49	63
15	**Rohrdämmung, MW-alukaschiert, DN65** Rohrdämmung; Mineralwolle, alukaschiert; DN65, Dicke 70mm; Heizungsrohre						
	m	**€ brutto**	**41**	**58**	**67**	**75**	**104**
	KG 422	€ netto	34	48	56	63	87
16	**Brandschutzabschottung, R90, DN12** Brandschutzabschottung, Rohrleitung, R90; Mineralfaser, nicht brennbar/brennbar; DN12, Länge 1,00m; Wanddurchbruch						
	St	**€ brutto**	**24**	**27**	**29**	**34**	**43**
	KG 422	€ netto	20	22	24	28	36

LB 347 **Preise €**

Nr.	Kurztext / Stichworte Einheit / Kostengruppe	►	▷	brutto ø netto ø	◁	◄
17	**Brandschutzabschottung, R90, DN15** Brandschutzabschottung, Rohrleitung, R90; Mineralfaser, nicht brennbar/brennbar; DN15, Länge 1,00m; Wanddurchbruch					
	St € brutto	**25**	**32**	**34**	**40**	**48**
	KG 422 € netto	21	27	28	34	41
18	**Brandschutzabschottung, R90, DN20** Brandschutzabschottung, Rohrleitung, R90; Mineralfaser, nicht brennbar/brennbar; DN20, Länge 1,00m; Wanddurchbruch					
	St € brutto	**28**	**45**	**53**	**61**	**79**
	KG 422 € netto	23	38	45	51	66
19	**Brandschutzabschottung, R90, DN25** Brandschutzabschottung, Rohrleitung, R90; Mineralfaser, nicht brennbar/brennbar; DN25, Länge 1,00m; Wanddurchbruch					
	St € brutto	**35**	**54**	**62**	**71**	**86**
	KG 422 € netto	30	45	52	59	72
20	**Brandschutzabschottung, R90, DN32** Brandschutzabschottung, Rohrleitung, R90; Mineralfaser, nicht brennbar/brennbar; DN32, Länge 1,00m; Wanddurchbruch					
	St € brutto	**44**	**64**	**74**	**82**	**115**
	KG 422 € netto	37	53	62	69	96
21	**Brandschutzabschottung, R90, DN40** Brandschutzabschottung, Rohrleitung, R90; Mineralfaser, nicht brennbar/brennbar; DN40, Länge 1,00m; Wanddurchbruch					
	St € brutto	**58**	**81**	**86**	**95**	**114**
	KG 422 € netto	48	68	72	80	96
22	**Brandschutzabschottung, R90, DN50** Brandschutzabschottung, Rohrleitung, R90; Mineralfaser, nicht brennbar/brennbar; DN50, Länge 1,00m; Wanddurchbruch					
	St € brutto	**70**	**98**	**106**	**119**	**124**
	KG 422 € netto	59	82	89	100	105
23	**Brandschutzabschottung, R90, DN65** Brandschutzabschottung, Rohrleitung, R90; Mineralfaser, nicht brennbar/brennbar; DN65, Länge 1,00m; Wanddurchbruch					
	St € brutto	**88**	**110**	**124**	**133**	**147**
	KG 422 € netto	74	92	105	112	124
24	**Brandschutzabschottung, R90, DN100** Brandschutzabschottung, Rohrleitung, R90; Mineralfaser, nicht brennbar/brennbar; DN100, Länge 1,00m; Wanddurchbruch					
	St € brutto	**101**	**127**	**143**	**152**	**177**
	KG 422 € netto	85	107	120	128	149

Kosten: Stand 3.Quartal 2025, Bundesdurchschnitt

LB 347 **Preise €**

Nr.	**Kurztext** / Stichworte **Einheit** / Kostengruppe		▶	▷	**brutto ø** netto ø	◁	◀
25	**Brandschutzabschottung, R90, DN125** Brandschutzabschottung, Rohrleitung, R90; Mineralfaser, nicht brennbar/brennbar; DN125, Länge 1,00m; Wanddurchbruch						
	St	**€ brutto**	**107**	**139**	**152**	**163**	**194**
	KG 422	€ netto	90	117	128	137	163
26	**Wärmedämmschalen für Armaturen und Pumpen, DN12** Wärmedämmschalen für Armaturen und Pumpen; Polyethylen, WLS 034, B1; DN12, LxBxH 130x70x112mm						
	St	**€ brutto**	**15**	**18**	**22**	**26**	**30**
	KG 422	€ netto	13	15	19	22	25
27	**Wärmedämmschalen für Armaturen und Pumpen, DN15** Wärmedämmschalen für Armaturen und Pumpen; Polyethylen, WLS 034, B1; DN15, LxBxH 130x70x112mm						
	St	**€ brutto**	**21**	**24**	**26**	**28**	**31**
	KG 422	€ netto	18	20	22	24	26
28	**Wärmedämmschalen für Armaturen und Pumpen, DN20** Wärmedämmschalen für Armaturen und Pumpen; Polyethylen, WLS 034, B1; DN20, LxBxH 130x70x112mm						
	St	**€ brutto**	**23**	**27**	**29**	**31**	**33**
	KG 422	€ netto	19	22	25	26	28
29	**Wärmedämmschalen für Armaturen und Pumpen, DN25** Wärmedämmschalen für Armaturen und Pumpen; Polyethylen, WLS 034, B1; DN25, LxBxH 145x80x130mm						
	St	**€ brutto**	**27**	**31**	**41**	**42**	**54**
	KG 422	€ netto	22	26	34	35	45
30	**Wärmedämmschalen für Armaturen und Pumpen, DN32** Wärmedämmschalen für Armaturen und Pumpen; Polyethylen, WLS 034, B1; DN32, LxBxH 195x137x203mm						
	St	**€ brutto**	**31**	**39**	**44**	**46**	**54**
	KG 422	€ netto	26	33	37	39	45
31	**Wärmedämmschalen für Armaturen und Pumpen, DN40** Wärmedämmschalen für Armaturen und Pumpen; Polyethylen, WLS 034, B1; DN40, LxBxH 196x163x230mm						
	St	**€ brutto**	**38**	**49**	**54**	**58**	**70**
	KG 422	€ netto	32	41	46	49	59
32	**Wärmedämmschalen für Armaturen und Pumpen, DN50** Wärmedämmschalen für Armaturen und Pumpen; Polyethylen, WLS 034, B1; DN50, LxBxH 212x182x253mm						
	St	**€ brutto**	**39**	**50**	**59**	**60**	**73**
	KG 422	€ netto	33	42	49	51	62

LB 347 **Preise €**

Nr.	Kurztext / Stichworte Einheit / Kostengruppe ►		▷	brutto ø netto ø	◁	◄
33	**Wärmedämmschalen für Armaturen und Pumpen, DN65** Wärmedämmschalen für Armaturen und Pumpen; Polyethylen, WLS 034, B1; DN65, LxBxH 212x182x253mm					
	St	**€ brutto**	**42**	**50**	**62**	**70**	**82**
	KG 422	€ netto	35	42	52	59	69

LB 353						Preise €
Nr.	**Kurztext** / Stichworte **Einheit** / Kostengruppe ►		▷	**brutto ø** netto ø	◁	◄
1	**Schlitz herstellen, Mauerwerk, 5x3cm** Schlitz nachträglich herstellen; Mauerwerk, verputzt; bis MZ 12N/mm², Breite bis 5cm, Tiefe bis 3cm; Wand; Bauschutt entsorgen					
	m	**€ brutto**	**22**	**25**	**32**	**35**	**39**
	KG 394	€ netto	19	21	27	30	33
2	**Schlitz herstellen, Mauerwerk, 10x5cm** Schlitz nachträglich herstellen; Mauerwerk, verputzt; bis MZ 12N/mm², Breite bis 10cm, Tiefe bis 5cm; Wand; Bauschutt entsorgen					
	m	**€ brutto**	**51**	**58**	**72**	**81**	**88**
	KG 394	€ netto	43	48	60	68	74
3	**Kabelrinne, Stahl, WA ,100mm** Kabelrinne; Stahl, verzinkt; Höhe 60mm, Breite 100mm Dicke 1mm, Belastung 2.400N/m; inkl. Verbinder-Set					
	m	**€ brutto**	**51**	**58**	**72**	**81**	**89**
	KG 444	€ netto	43	49	61	68	75
4	**Kabelrinne, Stahl, WA, 200mm** Kabelrinne; Stahl, verzinkt; Höhe 60mm, Breite 200mm, Dicke 1mm, Belastung 2.400N/m; inkl. Verbinder-Set					
	m	**€ brutto**	**55**	**62**	**78**	**87**	**96**
	KG 444	€ netto	46	52	65	73	80
5	**Kabelrinne, Stahl, WA, 300mm** Kabelrinne; Stahl, verzinkt; Höhe 60mm, Breite 300mm, Dicke 1mm, Belastung 2.400N/m; inkl. Verbinder-Set					
	m	**€ brutto**	**52**	**58**	**73**	**81**	**89**
	KG 444	€ netto	43	49	61	68	75
6	**Kabelrinne, Stahl, WA, 400mm** Kabelrinne; Stahl, verzinkt; Höhe 60mm, Breite 400mm, Dicke 1mm, Belastung 2.400N/m; inkl. Verbinder-Set					
	m	**€ brutto**	**58**	**65**	**81**	**91**	**100**
	KG 444	€ netto	49	55	68	77	84
7	**Installationsleitung, NYM-J 1x16mm², uP** Installationsleitung, Unterputz; NYM-J; 1x16mm², Cu-Zahl 154; Wand; inkl. Befestigung					
	m	**€ brutto**	**8,3**	**9,3**	**11,7**	**13,1**	**14,3**
	KG 444	€ netto	7,0	7,8	9,8	11,0	12,0
8	**Installationsleitung, NYM-J 3x2,5mm², uP** Installationsleitung, Unterputz; NYM-J; 3x2,5mm², Cu-Zahl 72; Wand; inkl. Befestigung					
	m	**€ brutto**	**4,6**	**5,2**	**5,5**	**6,1**	**6,6**
	KG 444	€ netto	3,9	4,3	4,6	5,1	5,6

Kosten: Stand 3.Quartal 2025, Bundesdurchschnitt

LB 353 **Preise €**

Nr.	Kurztext / Stichworte Einheit / Kostengruppe		►	▷	brutto ø netto ø	◁	◄
9	**Installationsleitung, NYM-J 5x2,5mm², uP** Installationsleitung, Unterputz; NYM-J; 5x2,5m², Cu-Zahl 120; Wand; inkl. Befestigung						
	m	**€ brutto**	**6,2**	**7,2**	**8,1**	**8,5**	**9,7**
	KG 444	€ netto	5,2	6,0	6,8	7,1	8,1
10	**Installationsleitung, NYM-J 5x6mm², uP** Installationsleitung, Unterputz; NYM-J; 5x6mm² , Cu-Zahl 288; Wand; inkl. Befestigung						
	m	**€ brutto**	**14**	**15**	**16**	**18**	**18**
	KG 444	€ netto	12	13	13	15	15
11	**Installationsleitung, NYM-J 5x16mm², uP** Installationsleitung, Unterputz; NYM-J; 5x16mm² , Cu-Zahl 768; Wand; inkl. Befestigung						
	m	**€ brutto**	**29**	**31**	**33**	**36**	**42**
	KG 444	€ netto	24	26	27	30	35
12	**Elektroinstallationsrohr, 16mm** Elektroinstallationsrohr, einwandig; Panzerrohr; in Beton; inkl. Muffen						
	m	**€ brutto**	**5,7**	**6,5**	**8,1**	**9,5**	**9,9**
	KG 444	€ netto	4,8	5,4	6,8	8,0	8,3
13	**Elektroinstallationsrohr, 25mm** Elektroinstallationsrohr, einwandig; Panzerrohr; in Beton; inkl. Muffen						
	m	**€ brutto**	**5,9**	**7,1**	**8,6**	**9,6**	**10,4**
	KG 444	€ netto	5,0	5,9	7,2	8,0	8,7
14	**Elektroinstallationsrohr, 40mm** Elektroinstallationsrohr, einwandig; Panzerrohr; in Beton; inkl. Muffen						
	m	**€ brutto**	**12**	**14**	**16**	**18**	**19**
	KG 444	€ netto	10	12	13	15	16
15	**Leitungsführungskanal PVC 15x15mm** Leitungsführungskanal; PVC-U, weiß; Breite 15mm, Höhe 15mm; Beton/Mauerwerk/Installationswand; inkl. Verbindungsstücke, Formstücke, Befestigungsmaterial						
	m	**€ brutto**	**9,7**	**10,5**	**12,2**	**13,4**	**14,4**
	KG 444	€ netto	8,2	8,8	10,3	11,3	12,1
16	**Leitungsführungskanal PVC 30x30mm** Leitungsführungskanal; PVC-U, grau; Breite 30mm, Höhe30mm; Beton/Mauerwerk/Installationswand; inkl. Verbindungsstücke, Formstücke, Befestigungsmaterial						
	m	**€ brutto**	**13**	**15**	**16**	**18**	**21**
	KG 444	€ netto	11	12	13	15	18

LB 353						Preise €
Nr.	Kurztext / Stichworte Einheit / Kostengruppe ►	▷	brutto ø netto ø		◁	◄
17	**Leitungsführungskanal PVC 90x40mm** Leitungsführungskanal; PVC-U, grau; Breite 90mm, Höhe 40mm; Beton/Mauerwerk/Installationswand; inkl. Verbincungsstücke, Formstücke, Befestigungsmaterial					
	m € brutto	**27**	**29**	**32**	**36**	**39**
	KG 444 € netto	23	24	27	30	33
18	**Leitungsführungskanal PVC 110x60mm** Leitungsführungskanal; PVC-U, grau; Breite 110mm, Höhe 60mm; Beton/Mauerwerk/Installationswand; inkl. Verbindungsstücke, Formstücke, Befestigungsmaterial					
	m € brutto	**45**	**49**	**50**	**55**	**57**
	KG 444 € netto	38	41	42	46	48
19	**Leitungsführungskanal PVC 230x60mm** Leitungsführungskanal; PVC-U, grau; Breite 230mm, Höhe 60mm; Beton/Mauerwerk/Installationswand; inkl. Verbindungsstücke, Formstücke, Befestigungsmaterial					
	m € brutto	**94**	**100**	**112**	**117**	**118**
	KG 444 € netto	79	84	94	98	99
20	**Sockelleistenkanal, 50x20mm** Sockelleistenkanal; PVC-U, weiß; Breite 50mm, Höhe 20mm; Beton/Mauerwerk/Installationswand; inkl. Verbindungsstücke, Formstücke, Befestigungsmaterial					
	m € brutto	**28**	**30**	**32**	**34**	**37**
	KG 444 € netto	24	25	27	29	31
21	**Geräteeinbaukanal, 130x60mm** Geräteeinbaukanal; PVC-U, weiß; Breite 130mm, Höhe 60mm; Beton/Mauerwerk/Installationswand; inkl. Verbindungsstücke, Formstücke, Befestigungsmaterial					
	m € brutto	**52**	**55**	**57**	**63**	**65**
	KG 444 € netto	44	46	47	53	54
22	**Geräteeinbaukanal, 170x60mm** Geräteeinbaukanal; PVC-U, weiß; Breite 170mm, Höhe 60mm; Beton/Mauerwerk/Installationswand; inkl. Verbindungsstücke, Formstücke, Befestigungsmaterial					
	m € brutto	**71**	**74**	**81**	**86**	**89**
	KG 444 € netto	60	63	68	72	75

LB 353 **Preise €**

Nr.	Kurztext / Stichworte Einheit / Kostengruppe		►	▷	brutto ø netto ø	◁	◄
23	**Geräteeinbaukanal, 210x60mm** Geräteeinbaukanal; PVC-U, weiß; Breite 210mm, Höhe 60mm; Beton/Mauerwerk/Installationswand; inkl. Verbindungsstücke, Formstücke, Befestigungsmaterial						
	m	**€ brutto**	**97**	**102**	**110**	**113**	**115**
	KG 444	€ netto	82	86	93	95	97
24	**Photovoltaikanlage 5kWp** Photovoltaikanlage, Stromgewinnung; 5kWp; mit konstruktiver Verankerung; Aufdach-/Inndach-/Flachdachlösung; inkl. Befestigungsmittel						
	St	**€ brutto**	**8.114**	**9.917**	**11.269**	**12.621**	**14.650**
	KG 442	€ netto	6.818	8.333	9.470	10.606	12.311
25	**Photovoltaikanlage 10kWp** Photovoltaikanlage, Stromgewinnung; 10kWp; mit konstruktiver Verankerung; Aufdach-/Inndach-/Flachdachlösung; inkl. Befestigungsmittel						
	St	**€ brutto**	**15.909**	**18.667**	**21.213**	**25.879**	**27.576**
	KG 442	€ netto	13.369	15.687	17.826	21.747	23.173
26	**Photovoltaikanlage 15kWp** Photovoltaikanlage, Stromgewinnung; 15kWp; mit konstruktiver Verankerung; Aufdach-/Inndach-/Flachdachlösung; inkl. Befestigungsmittel						
	St	**€ brutto**	**22.671**	**27.709**	**31.487**	**35.266**	**39.674**
	KG 442	€ netto	19.051	23.285	26.460	29.635	33.340
27	**Photovoltaikanlage 20kWp** Photovoltaikanlage, Stromgewinnung; 20kWp; mit konstruktiver Verankerung; Aufdach-/Inndach-/Flachdachlösung; inkl. Befestigungsmittel						
	St	**€ brutto**	**25.903**	**31.660**	**35.977**	**41.014**	**44.971**
	KG 442	€ netto	21.768	26.605	30.233	34.465	37.791
28	**Photovoltaikanlage 30kWp** Photovoltaikanlage, Stromgewinnung; 30kWp; mit konstruktiver Verankerung; Aufdach-/Inndach-/Flachdachlösung; inkl. Befestigungsmittel						
	St	**€ brutto**	**29.808**	**36.432**	**41.401**	**46.369**	**52.993**
	KG 442	€ netto	25.049	30.616	34.790	38.965	44.532

LB 353 **Preise €**

Nr.	**Kurztext** / Stichworte **Einheit** / Kostengruppe		►	▷	**brutto ø** netto ø	◁	◄
29	**Photovoltaikanlage 50kWp** Photovoltaikanlage, Stromgewinnung; 50kWp; mit konstruktiver Verankerung; Aufdach-/Inndach-/Flachdachlösung; inkl. Befestigungsmittel						
	St	**€ brutto**	**36.404**	**44.493**	**50.561**	**56.628**	**61.684**
	KG 442	€ netto	30.591	37.389	42.488	47.586	51.835
30	**Batteriespeicher bis 5kWh** Photovoltaik Batteriespeicher; bis 5kWh; zur Speicherung von Erzeugtem Strom zur Eigennutzung						
	St	**€ brutto**	**2.567**	**3.182**	**3.616**	**4.050**	**4.411**
	KG 442	€ netto	2.157	2.674	3.038	3.403	3.707
31	**Batteriespeicher bis 10kWh** Photovoltaik Batteriespeicher; bis 10 kWh; zur Speicherung von erzeugtem Strom zur Eigennutzung						
	St	**€ brutto**	**6.270**	**7.417**	**8.830**	**10.067**	**12.274**
	KG 442	€ netto	5.269	6.233	7.420	8.459	10.314
32	**Ladeeinrichtung für Elektroautos 11kW** Ladeeinrichtung für Elektroautos; 11kW; Wand/Pfosten/Stele						
	St	**€ brutto**	**801**	**1.385**	**1.908**	**2.488**	**3.072**
	KG 444	€ netto	673	1.164	1.603	2.091	2.582
33	**Ladeeinrichtung für Elektroautos 22kW** Ladeeinrichtung für Elektroautos; 22kW; Wand/Pfosten/Stele						
	St	**€ brutto**	**1.419**	**2.482**	**3.210**	**3.854**	**4.819**
	KG 444	€ netto	1.192	2.086	2.698	3.239	4.050
34	**Bewegungsmelder** Bewegungsmelder mit Dämmerungsschalter; Ultraschall/Infrarot/Radar/optisch; Wand/Decken/Eckenmontage						
	St	**€ brutto**	**219**	**279**	**304**	**341**	**427**
	KG 444	€ netto	184	235	255	287	359
35	**Stundensatz, Monteur/-in Elektro** Stundensatz für Monteur/-in Elektro; Verrechnungssatz für die Arbeitskraft inkl. aller Aufwendungen; Nachweis und Anmeldung gem. VOB/B						
	h	**€ brutto**	**69**	**83**	**86**	**91**	**101**
		€ netto	58	70	73	77	85
36	**Stundensatz, Helfer/-in Elektro** Stundensatz für Helfer/-in Elektro; Verrechnungssatz für die Arbeitskraft inkl. aller Aufwendungen; Nachweis und Anmeldung gem. VOB/B						
	h	**€ brutto**	**55**	**61**	**64**	**67**	**72**
		€ netto	47	51	53	56	61

LB 358						Preise €
Nr.	**Kurztext** / Stichworte **Einheit** / Kostengruppe ►		▷	**brutto ø** netto ø	◁	◄
1	**Abbruch Einbauleuchte** Abbruch Einbauleuchte; Befestigungsmaterial, inkl. Leuchtmittel; Einbautiefe 50mm; Hand/mit handgeführten Kleingeräten, Stoffe nicht schadstoffbelastet, sammeln, lagern; innerhalb des Bauwerks; Arbeitshöhe bis 3,5m					
	St	**€ brutto**	**13**	**18**	**21**	**25**	**30**
	KG 494	€ netto	11	15	17	21	25
2	**Wannenleuchte, LED, Feuchtraum** Wannenleuchte; Polyester, Plexiglas; 1x28W; Schutzklasse 2; Feuchtraum; inkl. Leuchtmittel/LED					
	St	**€ brutto**	**124**	**174**	**200**	**247**	**342**
	KG 445	€ netto	104	146	168	208	287
3	**Einbauleuchte, LED, 39W** Einbauleuchte; 1x39W; rechteckig, Schutzklasse 1; inkl. Leuchtmittel/LED					
	St	**€ brutto**	**174**	**239**	**258**	**296**	**373**
	KG 445	€ netto	147	201	217	248	313
4	**Pendelleuchte, LED 47W, bis 598mm** Pendelleuchte; Stahlblech, Stahlseile; 47W; Spiegelrasterleuchte, Schutzklasse 1; inkl. Leuchtmittel					
	St	**€ brutto**	**390**	**534**	**581**	**688**	**933**
	KG 445	€ netto	328	449	488	578	784
5	**Pendelleuchte, LED 47W, bis 1.198mm** Pendelleuchte; Stahlblech, Stahlseile; 47W; Spiegelrasterleuchte, Schutzklasse 1; inkl. Leuchtmittel					
	St	**€ brutto**	**679**	**823**	**897**	**972**	**1.142**
	KG 445	€ netto	570	691	754	817	960
6	**Einbaudownlight, LED, 9W** Einbaudownlight; Aluring, Metallreflektor; Deckenausschnitt: 170mm, Einbautiefe: 27-53mm; Lichtleistung: LED 9W; Leuchtenlichtstrom: 780lm; inkl. Leuchtmittel					
	St	**€ brutto**	**137**	**173**	**196**	**208**	**243**
	KG 445	€ netto	115	145	165	175	204
7	**Einbaudownlight, LED, 17,8W** Einbaudownlight; Aluring, Metallreflektor; Deckenausschnitt: 234mm, Einbautiefe: 30-56mm; Lichtleistung: LED 17,8W; Leuchtenlichtstrom: 1.650lm; inkl. Leuchtmittel					
	St	**€ brutto**	**239**	**269**	**278**	**296**	**326**
	KG 445	€ netto	201	226	234	249	274

LB 363							Preise €
Nr.	**Kurztext** / Stichworte **Einheit** / Kostengruppe	►	▷	brutto ø netto ø	◁	◄	
1	**Brandmeldezentrale bis 4 Ringe-/Linien** Brandmeldezentrale; bis 4 Ringe-/Linien; mit Grenzwert-Linien oder Ringbustechnik						
	St	**€ brutto**	**1.721**	**3.263**	**3.962**	**4.828**	**6.975**
	KG 456	€ netto	1.446	2.742	3.330	4.057	5.861
2	**Brandmeldezentrale ab 5 Ringe-/Linien** Brandmeldezentrale; ab 5 Ringe-/Linien; mit Grenzwert-Linien oder Ringbustechnik						
	St	**€ brutto**	**6.501**	**9.318**	**10.315**	**12.315**	**15.486**
	KG 456	€ netto	5.463	7.830	8.668	10.349	13.014
3	**Feuerwehr - Schlüsseldepot** Feuerwehr - Schlüsseldepot; Gehäuse, Stahl; Meldeanlagenbauteilklasse FSD1/FSD2/FSD3; UP/in WDVS/in Montagesäule						
	St	**€ brutto**	**1.460**	**2.084**	**2.374**	**2.873**	**4.068**
	KG 456	€ netto	1.227	1.751	1.995	2.414	3.418
4	**Notruf barrierefreies WC** Notruf barrierefreies WC; als Kompakt-Set						
	St	**€ brutto**	**635**	**892**	**1.071**	**1.254**	**1.500**
	KG 452	€ netto	534	749	900	1.054	1.261
5	**Optischer Rauchmelder** Optischer Rauchmelder; Energieversorgung aus Zentrale über Busleitung/aus Zentrale über separate Stichleitung/Batterie; bis 4m/über 4m/über 6m						
	St	**€ brutto**	**98**	**185**	**205**	**226**	**299**
	KG 456	€ netto	82	156	172	190	251
6	**Ionisations-Rauchmelder** Ionisations-Rauchmelder; mit interner Batterie/mit externer Energieversorgung; bis 4m/über 4m/über 6m						
	St	**€ brutto**	**359**	**396**	**459**	**488**	**535**
	KG 456	€ netto	302	333	385	410	450
7	**Optischer Rauchwarnmelder** Optischer Rauchwarnmelder; mit interner Batterie/mit externer Energieversorgung; bis 4m/über 4m/über 6m						
	St	**€ brutto**	**36**	**69**	**81**	**98**	**138**
	KG 456	€ netto	30	58	68	82	116
8	**Funkvernetzte Rauchwarnmelder** Funkvernetzte Rauchwarnmelder; mit interner Batterie/mit externer Energieversorgung; bis 4m/über 4m/über 6m						
	St	**€ brutto**	**140**	**179**	**189**	**217**	**262**
	KG 456	€ netto	118	150	159	182	220

Kosten: Stand 3.Quartal 2025, Bundesdurchschnitt

LB 363							Preise €
Nr.	**Kurztext** / Stichworte **Einheit** / Kostengruppe		▶	▷	**brutto ø** netto ø	◁	◀
9	**Wärme-Differenzialmelder** Wärme-Differenzialmelder; Gehäuse aus Kunststoff/Metall; Temperaturerfassung mit Halbleitern; bis 4m/über 4m/über 6m						
	St	**€ brutto**	**120**	**139**	**144**	**168**	**194**
	KG 456	€ netto	101	117	121	141	163
10	**Kombinierter Rauch-/Wärmemelder** Kombinierter Rauch-/Wärmemelder; als Optischen Rauchmelder und Thermodifferenzialmelder						
	St	**€ brutto**	**265**	**282**	**292**	**300**	**318**
	KG 456	€ netto	222	237	245	252	267
11	**Handfeuermelder** Handfeuermelder; Gehäuse aus Isolierstoff/Druckguss; für Innenräume oder im freien; in Aufputzausführung						
	St	**€ brutto**	**99**	**137**	**156**	**179**	**238**
	KG 456	€ netto	83	115	131	150	200
12	**Signalgeber akustisch** Signalgeber akustisch; Gehäuse aus Kunststoff/Stahl/Leichtmetall; als elektronischer Schallgeber; für Decken/Wandmontage; bis/ab 3,5 m						
	St	**€ brutto**	**108**	**187**	**220**	**251**	**309**
	KG 456	€ netto	91	157	185	211	260
13	**Signalgeber akustisch/optisch** Signalgeber akustisch/optisch; Gehäuse aus Kunststoff/Stahl/Leichtmetall; als elektronischer Schallgeber und Blitzleuchte; für Decken/Wandmontage; bis/ab 3,5 m						
	St	**€ brutto**	**278**	**348**	**369**	**411**	**504**
	KG 456	€ netto	234	292	310	346	424
14	**Signalgeber optisch** Signalgeber optisch; Gehäuse aus Kunststoff/Stahl/Leichtmetall; mit Blitzleuchte; für Decken/Wandmontage; bis/ab 3,5 m						
	St	**€ brutto**	**212**	**235**	**259**	**287**	**320**
	KG 456	€ netto	178	197	218	241	269
15	**Anzeige-Tableau** Anzeige-Tableau; Aufputzmontage						
	St	**€ brutto**	**860**	**1.342**	**1.542**	**2.004**	**2.622**
	KG 456	€ netto	722	1.128	1.296	1.684	2.203
16	**Feuerwehr-Bedienfeld** Feuerwehr-Bedienfeld; einschl. Schließzylinder; Einbau: Aufputz/Unterputz						
	St	**€ brutto**	**530**	**736**	**821**	**1.365**	**1.958**
	KG 456	€ netto	445	619	690	1.147	1.645

LB 363						Preise €
Nr.	Kurztext / Stichworte Einheit / Kostengruppe	►	▷	brutto ø netto ø	◁	◄
17	**Überfallmelder** Überfallmelder; Gehäuse aus Kunststoff; als Handtaster in Aufputzausführung; Anschluss: in Linientechnik/in Bustechnik/direkt an Zentrale					
	St € brutto	104	118	132	140	156
	KG 456 € netto	88	99	111	117	131
18	**Rauchauslöseeinrichtung** Rauchauslöseeinrichtung; Montage an Wand; in Aufputzausführung					
	St € brutto	1.014	1.366	1.551	1.816	2.326
	KG 456 € netto	852	1.148	1.304	1.526	1.955

LB 369 — **Preise €**

Nr.	Kurztext / Stichworte Einheit / Kostengruppe	brutto ø / netto ø	▶	▷	ø	◁	◀
1	**Personenaufzug bis 630kg, barrierefrei, Typ 2** Personenaufzug, barrierefrei; 630kg, Türbreite mind. 90cm, Fahrkorbbreite mind.110cm, Tiefe mind. 210cm, 8 Personen; betriebsfertig montieren; Auf-/Abwärts-Sammelsteuerung						
	St	**€ brutto**	**66.253**	**80.225**	**85.679**	**89.027**	**101.050**
	KG 461	€ netto	55.675	67.416	71.999	74.813	84.916
2	**Personenaufzug bis 1.275kg, barrierefrei, Typ 3** Personenaufzug, Krankentragegerecht; 1.275kg, 13 Personen; betriebsfertig montieren; Auf-/Abwärts-Sammelsteuerung						
	St	**€ brutto**	**98.598**	**119.456**	**127.348**	**135.343**	**152.180**
	KG 461	€ netto	82.856	100.383	107.015	113.733	127.882
3	**Bettenaufzug, 2.500kg** Bettenaufzug; Nennlast 2.500kg; Schachtbreite 2.775mm, Schachttiefe 3.250mm; inkl. Geräte für mediz. Versorgung, Notfallbehandlung						
	St	**€ brutto**	**117.344**	**137.513**	**149.254**	**151.150**	**186.144**
	KG 461	€ netto	98.609	115.557	125.423	127.017	156.423
4	**Sitzlift, Treppe innen, gerade** Sitzlift, Treppe, gerade; Fahrschiene Stahlrohr; Tragfähigkeit 125kg; Zahnstangenantrieb, Fernbedienung, Joystick auf Lehne; Innenbereich						
	St	**€ brutto**	**5.932**	**7.170**	**12.627**	**17.337**	**18.009**
	KG 461	€ netto	4.985	6.025	10.611	14.569	15.134
5	**Sitzlift, Treppe innen, gewendelt** Sitzlift, Treppe, gewendelt; Fahrschiene Stahlrohr; Tragfähigkeit 125kg; Zahnstangenantrieb, Fernbedienung, Joystick auf Lehne; Innenbereich						
	St	**€ brutto**	**12.499**	**12.807**	**18.797**	**27.258**	**27.428**
	KG 461	€ netto	10.504	10.762	15.796	22.906	23.048
6	**Plattformlift, Treppe innen, gerade** Plattformlift, Treppe, gerade; Fahrschiene Stahlrohrpaar; Größe mind. 860x650mm, Tragfähigkeit 250kg; mit Fahrschiene und Antriebsseil; Innenbereich; Schlüsselaktivierung ja/nein						
	St	**€ brutto**	**15.820**	**16.545**	**20.758**	**30.318**	**31.597**
	KG 461	€ netto	13.294	13.904	17.444	25.477	26.553
7	**Plattformlift, Treppe innen, gewendelt** Plattformlift, Treppe, gewendelt; Fahrschiene Stahlrohrpaar; Größe mind. 860x650mm, Tragfähigkeit 250kg; mit Fahrschiene und Antriebsseil; Innenbereich; Schlüsselaktivierung ja/nein						
	St	**€ brutto**	**25.683**	**26.793**	**36.683**	**39.266**	**41.446**
	KG 461	€ netto	21.583	22.515	30.826	32.997	34.828

Kosten: Stand 3.Quartal 2025, Bundesdurchschnitt

LB 369							Preise €
Nr.	**Kurztext** / Stichworte				**brutto ø**		
	Einheit / Kostengruppe		►	▷	netto ø	◁	◄
8	**Plattformlift, Treppe außen, gerade** Fahrschiene Stahlrohrpaar, gerade; Fahrschiene Stahlrohrpaar; Größe mind. 860x650mm, Tragfähigkeit 250kg; mit Fahrschiene und Antriebsseil; Außenbereich; Schlüsselaktivierung ja/nein						
	St	**€ brutto**	**22.402**	**25.236**	**30.055**	**33.336**	**34.835**
	KG 461	€ netto	18.825	21.207	25.256	28.014	29.273
9	**Hublift, Förderplattform, 1,5m** Hublift; Stahlblech; Förderhöhe bis 1,5m, Tragfähigkeit 340kg, Nutzgröße 1.100x1.400mm; Förderplattform und Fördermast inkl. Sicherheitstüren, Sturzabsicherung, Wippschalter; Hochparterre/versetzte Geschossebene, innen/außen; Schlüsselaktivierung ja/nein						
	St	**€ brutto**	**9.637**	**10.203**	**20.200**	**23.979**	**24.631**
	KG 461	€ netto	8.098	8.574	16.974	20.150	20.698
10	**Hublift, Förderplattform, 3,0m** Hublift; Stahlblech; Förderhöhe bis 3,0m, Tragfähigkeit 340kg, Nutzgröße 1.100x1.400mm; Förderplattform und Fördermast inkl. Sicherheitstüren, Sturzabsicherung, Wippschalter; innen/außen; Schlüsselaktivierung ja/nein						
	St	**€ brutto**	**24.344**	**26.136**	**33.325**	**34.659**	**36.944**
	KG 461	€ netto	20.457	21.963	28.004	29.125	31.045
11	**Plattformaufzug, barrierefrei, verglast, außen** Plattformaufzug; Stahlprofile mit Verglasung; Förderhöhe bis 15m, Tragfähigkeit 400kg; 2 Haltestellen; Außenbereich; mit Klappsitz						
	St	**€ brutto**	**46.907**	**47.727**	**60.827**	**75.638**	**79.484**
	KG 461	€ netto	39.418	40.106	51.115	63.561	66.793
12	**Schutzauskleidung Aufzugskabine** Aufzugskabine auskleiden; OSB, Hinterlegung mit Luftpolsterfolie; Platten d=18mm; verkleben mit Kunststoffband						
	St	**€ brutto**	**5.020**	**5.476**	**5.754**	**5.869**	**6.189**
	KG 461	€ netto	4.219	4.601	4.835	4.932	5.201
13	**Schachtgerüst, Aufzug** Aufzugschachtgerüst; als geschweißte Stahlkonstruktion; Aufnahme einer Aufzugsanlage mit Haltestellen und Zugängen						
	m^2	**€ brutto**	**600**	**793**	**876**	**876**	**1.534**
	KG 461	€ netto	504	666	736	736	1.289
14	**Fahrkorb-Tableau, Aufzugsanlage** Fahrkorb-Tableau, Aufzugsanlage; mit Schlüsselschalter, inkl. Profilhalbzylinder und 3 Schlüsseln; mit Tasten für die Funktionen Fahrbefehl, Tür-Auf, Tür-Zu, Notruf						
	St	**€ brutto**	**1.437**	**1.549**	**1.656**	**1.697**	**1.809**
	KG 461	€ netto	1.207	1.302	1.391	1.426	1.520

LB 369						Preise €
Nr.	Kurztext / Stichworte Einheit / Kostengruppe ►	▷		brutto ø netto ø	◁	◄

15 Fern-/Notrufeinrichtung, Aufzugsanlage

Fern-/Notrufeinrichtung, Aufzugsanlage; als Schnittstelle zwischen Notrufsystem und GSM-Mobilfunknetz; Mobilfunk-Netz als Alternative zum analogen Festnetzanschluss; Entfernung zwischen Mobilfunk-Modul und Notrufsystem: bis zu 500m; Aufschaltbar: auf Notrufleitstellen und Standardtelefone

St	€ brutto	1.208	1.335	1.359	1.427	1.555
KG 461	€ netto	1.015	1.122	1.142	1.200	1.306

16 Schachttür, Aufzugsanlage

Schachttür, Aufzugsanlage; Türblätter: Stahl, grundiert, Türschwelle: Stahl, nichtrostend, matt; BxH 0,90x2,10m; Türrahmen als Eckprofil dreiseitig umlaufend; vorgerichtet für Anschluss der Laibungsbekleidungen

St	€ brutto	1.471	1.927	2.592	2.673	2.966
KG 461	€ netto	1.236	1.619	2.178	2.246	2.492

17 Türlaibung, Aufzugsanlage

Türlaibung, Aufzugsanlage; Stahl; Türöffnung: BxH 0,90x2,10m

St	€ brutto	1.832	2.039	2.147	2.282	2.490
KG 461	€ netto	1.539	1.713	1.804	1.918	2.092

18 Brandfallsteuerung

Brandfallsteuerung; ausgelöst durch vorhandene Brandmeldeanlage; Die optischen Türsicherungs- und Überwachungssysteme werden überbrückt; Mit dem Löschen des Signales "Brandfall" geht der Aufzug wieder in den Normalbetrieb über

St	€ brutto	593	640	682	682	776
KG 461	€ netto	499	538	573	573	653

19 Inbetriebnahme und Endabnahme Aufzugsanlage

Inbetriebnahme und Endabnahme Aufzugsanlage; Übergabe der Konformitätserklärung mit allen erforderlichen Dokumentationen; sämtliche Unterlagen, Bescheinigungen und Dokumentationen jeweils zweifach, geheftet in Ordnern.

psch	€ brutto	1.558	2.459	3.197	3.197	6.330
KG 461	€ netto	1.309	2.067	2.687	2.687	5.319

20 Stundensatz, Monteur/-in Aufzüge

Stundensatz für Monteur/-in Aufzüge; Verrechnungssatz für die Arbeitskraft inkl. aller Aufwendungen; Nachweis und Anmeldung gem. VOB/B

h	€ brutto	58	83	94	111	141
	€ netto	49	70	79	93	119

Kosten: Stand 3.Quartal 2025, Bundesdurchschnitt

LB 369 **Preise €**

Nr.	Kurztext / Stichworte Einheit / Kostengruppe		►	▷	brutto ø netto ø	◁	◄
21	**Stundensatz, Helfer/-in Aufzüge** Stundensatz für Helfer/-in Aufzüge; Verrechnungssatz für die Arbeitskraft inkl. aller Aufwendungen; Nachweis und Anmeldung gem. VOB/B						
	h	**€ brutto**	**39**	**60**	**73**	**98**	**130**
		€ netto	33	51	61	83	109

LB 375 **Preise €**

Nr.	Kurztext / Stichworte Einheit / Kostengruppe		▶	▷	brutto ø netto ø	◁	◀
1	**Brandschutz Absperrvorrichtung, K90, DN100** Brandschutz-Deckenschott; K90; DN100; verfüllen mit MGIII; Decke						
	St	**€ brutto**	**272**	**335**	**370**	**393**	**455**
	KG 431	€ netto	228	281	311	330	383
2	**Be- und Entlüftungsgerät, bis 5.000m³/h** Be- und Entlüftungsgerät; mit Anlagenbestandteilen; bis 5.000m³/h; mit Heizregister, Kühlregister, Luftbefeuchter, Wärmerückgewinner						
	St	**€ brutto**	**7.362**	**11.915**	**13.357**	**15.900**	**24.780**
	KG 431	€ netto	6.187	10.012	11.224	13.362	20.823
3	**Be- und Entlüftungsgerät, bis 12.000m³/h** Be- und Entlüftungsgerät; mit Anlagenbestandteilen; bis 12.000m³/h; mit Heizregister, Kühlregister, Luftbefeuchter, Wärmerückgewinner						
	St	**€ brutto**	**19.250**	**21.690**	**27.113**	**30.367**	**33.349**
	KG 431	€ netto	16.177	18.227	22.784	25.518	28.024
4	**Abluftventilator, Einbaugerät** Abluftgerät; Kunststoff, B2; DN75/80, bis 10.000m³/h; Unterputz; Nassraum						
	St	**€ brutto**	**2.812**	**3.169**	**3.961**	**4.436**	**4.872**
	KG 431	€ netto	2.363	2.663	3.329	3.728	4.094
5	**Kulissenschalldämpfer, rechteckig, Stahlblech, verzinkt** Kulissenschalldämpfer; Stahl, verzinkt, Mineralwolle, Glasvlies, A2						
	St	**€ brutto**	**593**	**830**	**933**	**1.099**	**1.434**
	KG 431	€ netto	499	698	784	924	1.205
6	**Kulissenschalldämpfer, rund, Stahlblech, verzinkt** Kulissenschalldämpfer; Stahl, verzinkt, Mineralwolle; Dicke 1,0-1,5mm						
	St	**€ brutto**	**469**	**522**	**524**	**542**	**595**
	KG 431	€ netto	395	439	440	455	500
7	**Schalldämpfer, flach, runder Anschluss** Flachschalldämpfer; Aluminium, mineralfaserfrei, A2; DN100, L 500mm, BxH 195x120mm						
	St	**€ brutto**	**163**	**194**	**202**	**215**	**241**
	KG 431	€ netto	137	163	170	181	203
8	**Wetterschutzgitter, Außenluft-/Fortluft** Außenluft-/Fortluftgitter; Aluminium; Dicke 2mm; Maueröffnung, Fassadenbekleidung						
	St	**€ brutto**	**191**	**351**	**420**	**491**	**714**
	KG 431	€ netto	160	295	353	413	600
9	**Luftleitung, rechteckig, Stahlblech verzinkt** Lüftungskanal; Stahl, verzinkt; Länge bis 500/1.000/2.000mm						
	m²	**€ brutto**	**66**	**83**	**86**	**92**	**109**
	KG 431	€ netto	56	70	72	77	91

Kosten: Stand 3.Quartal 2025, Bundesdurchschnitt

LB 375						**Preise €**
Nr.	**Kurztext** / Stichworte			**brutto ø**		
	Einheit / Kostengruppe	►	▷	netto ø	◁	◄
10	**Luftleitung, rechteckig, Kunststoff** Lüftungskanal; Kunststoff					
	m² € brutto	**158**	**209**	**274**	**315**	**359**
	KG 431 € netto	133	176	231	264	302
11	**Luftleitung, feuerbeständig L30/L90** Lüftungskanal L30/L90; Brandschutzplatte d=45mm; zweischalig					
	m² € brutto	**237**	**307**	**309**	**318**	**389**
	KG 431 € netto	199	258	260	268	327
12	**Formstücke, verzinkt, Luftleitung** Formstück, Übergangsstück; Stahl, verzinkt; rechteckig auf rund und oval					
	m² € brutto	**88**	**108**	**126**	**149**	**180**
	KG 431 € netto	74	91	106	125	151
13	**Formteile, Kunststoff, Lüftungskanäle** Formstück, Übergangsstück; Kunststoff; rechteckig auf rund und oval					
	m² € brutto	**279**	**291**	**346**	**398**	**416**
	KG 431 € netto	234	245	291	334	350
14	**Luftleitung, Wickelfalz, verzinkt, DN100** Wickelfalzrohr; aus Stahl, verzinkt; DN100					
	m € brutto	**26**	**28**	**29**	**29**	**31**
	KG 431 € netto	21	23	24	24	26
15	**Luftleitung, Wickelfalz, verzinkt, DN125** Wickelfalzrohr; aus Stahl, verzinkt; DN125					
	m € brutto	**29**	**36**	**38**	**49**	**62**
	KG 431 € netto	25	30	32	41	52
16	**Luftleitung, Wickelfalz, verzinkt, DN160** Wickelfalzrohr; aus Stahl, verzinkt; DN160					
	m € brutto	**31**	**36**	**39**	**51**	**63**
	KG 431 € netto	26	30	33	43	53
17	**Luftleitung, Wickelfalz, verzinkt, DN180** Wickelfalzrohr; aus Stahl, verzinkt; DN180					
	m € brutto	**34**	**38**	**44**	**55**	**57**
	KG 431 € netto	28	32	37	46	48
18	**Luftleitung, Wickelfalz, verzinkt, DN250** Wickelfalzrohr; aus Stahl, verzinkt; DN250					
	m € brutto	**50**	**55**	**63**	**74**	**82**
	KG 431 € netto	42	46	53	62	69
19	**Luftleitung, Wickelfalz, verzinkt, DN500** Wickelfalzrohr; aus Stahl, verzinkt; DN500					
	St € brutto	**80**	**89**	**101**	**114**	**122**
	KG 431 € netto	67	75	85	96	103

LB 375						Preise €
Nr.	Kurztext / Stichworte Einheit / Kostengruppe ►	▷	brutto ø netto ø	◁	◄	
20	**Luftleitung, Aluminium, flexibel, DN80** Elastische Luftleitung, flexibel; Aluminium, zweilagig gestaucht; DN80, Länge 1,25m, ausziehbar bis 5,00m, PN bis 1.000					
	m € brutto	**12**	**20**	**24**	**24**	**29**
	KG 431 € netto	10	17	20	20	24
21	**Luftleitung, Aluminium, flexibel, DN100** Elastische Luftleitung, flexibel; Aluminium, zweilagig gestaucht; DN100, Länge 1,25m, ausziehbar bis 5,00m, PN bis 1.000					
	m € brutto	**14**	**24**	**27**	**38**	**50**
	KG 431 € netto	12	20	23	32	42
22	**Rohrbogen, Luftleitung** Rohrbogen; Wickelfalzrohr, verzinkt; alle Winkelgrade					
	St € brutto	**18**	**27**	**32**	**41**	**54**
	KG 431 € netto	15	23	27	34	45
23	**Abzweigstück, Luftleitung** Abzweigstück; Wickelfalzrohr, verzinkt; 90°					
	St € brutto	**23**	**30**	**30**	**33**	**39**
	KG 431 € netto	19	25	25	28	33
24	**Lüftungsgitter, Zu-/Abluft** Lüftungsgitter; Stahl, verzinkt; für Zu- und Abluft; Einbau in Rundrohr/Rechteckkanal					
	St € brutto	**105**	**162**	**175**	**207**	**287**
	KG 431 € netto	89	136	147	174	242
25	**Drallauslass, Decke** Drallauslass; Stahl, verzinkt; für Zu-und Abluft; Decke					
	St € brutto	**493**	**758**	**854**	**939**	**1.112**
	KG 431 € netto	415	637	718	789	934
26	**Brandschutzklappen, RLT, eckig** Brandschutzklappe, K30/K60/K90/K120; Stahl; L 500/600mm; Wand/Decke					
	St € brutto	**718**	**1.002**	**1.081**	**1.163**	**1.303**
	KG 431 € netto	604	842	908	978	1.095
27	**Brandschutzklappen, RLT, rund, Küche** Brandschutzklappe, K30/K60/K90/K120; Stahl, verzinkt; L 500/600mm; Wand/Decke; für fetthaltige Abluft					
	St € brutto	**3.935**	**6.017**	**8.660**	**11.506**	**16.678**
	KG 431 € netto	3.307	5.056	7.277	9.669	14.015
28	**Tellerventil, Zu-/Abluft** Zu- und Abluftventil; Stahl; DN100; Wand/Decken					
	St € brutto	**62**	**108**	**112**	**148**	**194**
	KG 431 € netto	52	91	94	124	163

Kosten: Stand 3.Quartal 2025, Bundesdurchschnitt

LB 375 **Preise €**

Nr.	Kurztext / Stichworte Einheit / Kostengruppe		►	▷	brutto ø netto ø	◁	◄
29	**Wickelfalzrohr, Reduzierstück, DN100/80** Wickelfalzrohr Reduzierstück; Verzinkt; DN100/DN80						
	St	**€ brutto**	**21**	**27**	**30**	**36**	**43**
	KG 431	€ netto	18	22	25	30	36
30	**Drosselklappe, DN100** Drosselklappe; Stahl, verzinkt; DN100; rund						
	St	**€ brutto**	**62**	**70**	**87**	**98**	**107**
	KG 431	€ netto	52	59	73	82	90
31	**Drosselklappe, 200x200mm** Drosselklappe; Stahl, verzinkt; 200x200mm; eckig						
	St	**€ brutto**	**73**	**83**	**103**	**116**	**127**
	KG 431	€ netto	62	69	87	97	107
32	**Lüftungsgerät mit WRG, Bypass, Feuerstättenfunktion** Lüftungsgerät mit Wärmerückgewinnung; Volumen 300m³/h, BxHxT 750x750x469mm						
	St	**€ brutto**	**3.632**	**4.093**	**5.116**	**5.730**	**6.292**
	KG 431	€ netto	3.052	3.439	4.299	4.815	5.288
33	**Außenwanddurchlass, DN110** Außenwandluftdurchlass; Teleskoprohr; DN110, Rohr 305-535mm						
	St	**€ brutto**	**147**	**157**	**205**	**253**	**276**
	KG 431	€ netto	124	132	172	213	232
34	**Außenwanddurchlass, DN160** Außenwandluftdurchlass; Teleskoprohr; DN160, Rohr 305-535mm						
	St	**€ brutto**	**340**	**365**	**460**	**504**	**522**
	KG 431	€ netto	286	307	387	423	439
35	**Lüftungsgerät für Abluft** Lüftungsgerät; LxBxT 242x242x100mm; Wände/Decke						
	St	**€ brutto**	**321**	**340**	**349**	**372**	**396**
	KG 431	€ netto	270	286	293	312	333
36	**KWL-Lüftungsgerät, in Außenwand, bis 100m³/h mit WRG** Lüftungsgerät mit Wärmerückgewinnung; Luftvolumenstrom bis 100m³/h, Wärmerückgewinnungsgrad mind. 85%; Außenwandmontage hängend, inkl. Befestigungsmaterial						
	St	**€ brutto**	**2.738**	**2.902**	**3.225**	**3.676**	**3.752**
	KG 431	€ netto	2.301	2.439	2.710	3.089	3.153
37	**KWL-Lüftungsgerät, Wohngebäude, bis 200m³/h mit WRG** Lüftungsgerät mit Wärmerückgewinnung; Luftvolumenstrom bis 200m³/h, Wärmerückgewinnung mind. 85%; wandhängend/deckenhängend/stehend; Innenmontage; inkl. 4 Schalldämpfer						
	St	**€ brutto**	**5.648**	**6.367**	**7.074**	**8.065**	**8.137**
	KG 431	€ netto	4.747	5.350	5.945	6.777	6.838

LB 375							Preise €
Nr.	Kurztext / Stichworte Einheit / Kostengruppe		►	▷	brutto ø netto ø	◁	◄
38	**KWL-Lüftungsgerät, Wohngebäude, bis 350m³/h mit WRG** Lüftungsgerät mit Wärmerückgewinnung; Luftvolumenstrom bis 350m³/h, Wärmerückgewinnung mind. 85%; wandhängend/deckenhängend/stehend; Innenmontage; inkl. 4 Schalldämpfer						
	St	**€ brutto**	**6.389**	**6.894**	**7.660**	**8.733**	**8.764**
	KG 431	€ netto	5.369	5.793	6.437	7.338	7.364
39	**KWL-Lüftungsgerät, Wohngebäude, bis 500m³/h mit WRG** Lüftungsgerät mit Wärmerückgewinnung; Luftvolumenstrom bis 500m³/h, Wärmerückgewinnung mind. 85%; wandhängend/deckenhängend/stehend; Innenmontage; inkl. 4 Schalldämpfer						
	St	**€ brutto**	**8.137**	**9.107**	**10.118**	**11.535**	**11.644**
	KG 431	€ netto	6.838	7.653	8.503	9.693	9.784
40	**VRF-Außengerät, Heizen/Kühlen, 10kW** Klima-Außengerät; mit Wärmetauscher, Ventilator, Wärmedämmung, Abscheider; Gehäuse aus verzinktem Stahl; inkl. Verdrahtung und Bedieneinheit						
	St	**€ brutto**	**3.776**	**4.391**	**6.826**	**10.713**	**10.982**
	KG 434	€ netto	3.173	3.690	5.737	9.003	9.228
41	**VRF-Außengerät, Heizen/Kühlen, 15kW** Klima-Außengerät; mit Wärmetauscher, Ventilator, Wärmedämmung, Abscheider; Gehäuse aus verzinktem Stahl; inkl. Verdrahtung und Bedieneinheit						
	St	**€ brutto**	**8.755**	**9.475**	**13.133**	**17.009**	**17.185**
	KG 434	€ netto	7.357	7.962	11.036	14.293	14.441
42	**VRF-Außengerät, Heizen/Kühlen, 20kW** Klima-Außengerät; mit Wärmetauscher, Ventilator, Wärmedämmung, Abscheider; Gehäuse aus verzinktem Stahl; inkl. Verdrahtung und Bedieneinheit						
	St	**€ brutto**	**12.021**	**12.294**	**16.665**	**20.119**	**20.474**
	KG 434	€ netto	10.102	10.331	14.004	16.907	17.205
43	**VRF-Innenwandgerät, Heizen/Kühlen, 2,5kW** Klima-Innengerät; mit Wärmetauscher, Ventilator, Leitlamellen, Kondensatwanne; Gehäuse aus verzinktem Stahl; inkl. Verdrahtung und Bedieneinheit						
	St	**€ brutto**	**1.384**	**1.405**	**2.241**	**2.459**	**2.626**
	KG 434	€ netto	1.163	1.181	1.883	2.066	2.206

Kosten: Stand 3.Quartal 2025, Bundesdurchschnitt

LB 375 **Preise €**

Nr.	**Kurztext** / Stichworte **Einheit** / Kostengruppe		►	▷	**brutto ø** netto ø	◁	◄
44	**VRF-Innenwandgerät, Heizen/Kühlen, 3,5kW** Klima-Innengerät; mit Wärmetauscher, Ventilator, Leitlamellen, Kondensatwanne; Gehäuse aus verzinktem Stahl; inkl. Verdrahtung und Bedieneinheit						
	St	**€ brutto**	**1.537**	**1.581**	**2.280**	**2.810**	**3.080**
	KG 434	€ netto	1.291	1.328	1.916	2.361	2.589
45	**VRF-Innenwandgerät, Heizen/Kühlen, 5,0kW** Klima-Innengerät; mit Wärmetauscher, Ventilator, Leitlamellen, Kondensatwanne; Gehäuse aus verzinktem Stahl; inkl. Verdrahtung und Bedieneinheit						
	St	**€ brutto**	**1.906**	**1.978**	**2.901**	**3.455**	**3.497**
	KG 434	€ netto	1.602	1.662	2.438	2.903	2.939
46	**VRF-Verteilereinheit, Innengerät** Klima-Verteilereinheit; Multi-Split-Einheit; Innenbereich						
	St	**€ brutto**	**1.191**	**1.243**	**1.935**	**2.397**	**2.496**
	KG 434	€ netto	1.001	1.045	1.626	2.015	2.097
47	**Zubehörmontage, VRF-Anlage** Montage Zubehör Klima; mit Rohrleitungen; mit Rohrleitungsdämmung						
	psch	**€ brutto**	**1.853**	**2.087**	**2.458**	**3.279**	**3.420**
	KG 434	€ netto	1.557	1.754	2.065	2.755	2.874
48	**Inbetriebnahme, VRF-Anlage** Inbetriebnahme Kälteanlage						
	psch	**€ brutto**	**411**	**499**	**699**	**991**	**1.575**
	KG 434	€ netto	345	419	587	832	1.324
49	**Stundensatz, Monteur/-in Lüftung/Kälte** Stundensatz für Monteur/-in Lüftung/Kälte; Verrechnungssatz für die Arbeitskraft inkl. aller Aufwendungen; Nachweis und Anmeldung gem. VOB/B						
	h	**€ brutto**	**74**	**87**	**93**	**106**	**125**
		€ netto	62	73	79	89	105
50	**Stundensatz, Helfer/-in Lüftung/Kälte** Stundensatz für Helfer/-in Lüftung/Kälte; Verrechnungssatz für die Arbeitskraft inkl. aller Aufwendungen; Nachweis und Anmeldung gem. VOB/B						
	h	**€ brutto**	**61**	**69**	**73**	**75**	**80**
		€ netto	51	58	61	63	67

D

Freianlagen

Titel des Leistungsbereichs	LB-Nr.
Landschaftsbauarbeiten	303
Landschaftsbauarbeiten - Pflanzen	304
Straßen, Wege, Plätze	380

LB 303 **Preise €**

Nr.	Kurztext / Stichworte Einheit / Kostengruppe		▶	▷	brutto ø netto ø	◁	◀
1	**Baugelände abräumen** Baugelände abräumen; Sträucher, Bäume StD bis 15cm, Beton						
	m²	**€ brutto**	**9,4**	**10,6**	**11,1**	**11,5**	**12,9**
	KG 214	€ netto	7,9	8,9	9,3	9,7	10,8
2	**Baugelände abräumen, entsorgen** Baugelände abräumen; Steine, Schutt, Unrat; entsorgen						
	t	**€ brutto**	**224**	**272**	**282**	**296**	**393**
	KG 594	€ netto	188	229	237	249	330
3	**Bauzaun aufstellen** Bauzaun, Schutzzaun; Baustahlgewebe; Höhe 2,00m; aufstellen, vorhalten, beseitigen						
	m	**€ brutto**	**12**	**16**	**18**	**20**	**27**
	KG 591	€ netto	10	13	15	17	23
4	**Baum herausnehmen, einschlagen** Baum herausnehmen; mit Ballen; StU bis 20cm, Kronenbreite bis 20cm; transportieren, bis Wiedereinpflanzung einschlagen						
	St	**€ brutto**	**160**	**209**	**210**	**230**	**270**
	KG 573	€ netto	134	176	176	193	227
5	**Strauch herausnehmen, einschlagen, 50-100cm** Strauch herausnehmen; mit Ballen; Größe über 50-100cm; transportieren, bis Wiedereinpflanzung einschlagen						
	St	**€ brutto**	**19**	**25**	**26**	**29**	**33**
	KG 573	€ netto	16	21	22	24	28
6	**Strauch herausnehmen, einschlagen, 100-150cm** Strauch herausnehmen; mit Ballen; Größe 100-150cm; transportieren, bis Wiedereinpflanzung einschlagen						
	St	**€ brutto**	**42**	**52**	**57**	**60**	**73**
	KG 573	€ netto	35	44	48	51	61
7	**Maschendrahtzaun, bis 1,5m, abbrechen, entsorgen** Maschendrahtzaun, Demontage; Höhe bis 1,5m; abfahren, entsorgen; inkl. Stahlpfosten, Deponiegebühren						
	m	**€ brutto**	**8,4**	**10,3**	**10,6**	**11,9**	**14,8**
	KG 594	€ netto	7,1	8,7	8,9	10,0	12,4
8	**Maschendrahtzaun, bis 2,5m, abbrechen, entsorgen** Maschendrahtzaun, abbrechen; Höhe bis 2,5m; abfahren, entsorgen; inkl. Stahlpfosten, Deponiegebühren						
	m	**€ brutto**	**12**	**13**	**14**	**19**	**24**
	KG 594	€ netto	9,8	11,2	11,9	15,7	19,9

Kosten: Stand 3.Quartal 2025, Bundesdurchschnitt

LB 303						**Preise €**
Nr.	**Kurztext** / Stichworte			**brutto ø**		
	Einheit / Kostengruppe	►	▷	netto ø	◁	◄
9	**Metallzaun abbrechen, entsorgen** Metallzaun abbrechen; abfahren, entsorgen; inkl. Stahlpfosten, Deponiegebühren					
	m **€ brutto**	**13**	**19**	**23**	**24**	**28**
	KG 594 € netto	11	16	20	20	24
10	**Stahlgitterzaun, 1,5 abbrechen, entsorgen** Stahlgitterzaun, abbrechen; Höhe bis 1,5m; abfahren, entsorgen; inkl. Stahlpfosten, Deponiegebühren					
	m **€ brutto**	**19**	**29**	**31**	**36**	**47**
	KG 594 € netto	16	24	26	30	39
11	**Holzzaun abbrechen, entsorgen** Holzzaun abbrechen; Höhe bis 1,2m; abfahren, entsorgen					
	m **€ brutto**	**13**	**16**	**17**	**18**	**21**
	KG 594 € netto	11	13	14	15	18
12	**Rutsche ausbauen, entsorgen** Kinderrutsche ausbauen, entsorgen; Blech/Kunststoff; Höhe bis 2,0m; inkl. Leiter, Stützen, Verankerungen, Fundamente ausbauen, entsorgen					
	St **€ brutto**	**226**	**301**	**314**	**373**	**389**
	KG 594 € netto	190	253	264	314	327
13	**Klettergerüst ausbauen, entsorgen** Klettergerüst gerade ausbauen; Stahlrohr; Höhe bis 2,0m; laden, abfahren, entsorgen; inkl. Verankerungen, Fundamente					
	St **€ brutto**	**123**	**158**	**166**	**205**	**208**
	KG 594 € netto	103	133	140	172	175
14	**Schaukel ausbauen, entsorgen** Schaukel ausbauen; Stahl/Holz; Höhe bis 2,50m; laden, abfahren, entsorgen; inkl. Verankerungen, Fundamente					
	St **€ brutto**	**75**	**145**	**196**	**211**	**249**
	KG 594 € netto	63	122	165	178	210
15	**Sandkasten abbauen** Sandkasten; inkl. Einfassung, Sand, Abdeckung, abbauen, entsorgen					
	m³ **€ brutto**	**70**	**82**	**89**	**99**	**110**
	KG 594 € netto	59	69	75	83	93
16	**Baumschutz, Brettermantel, bis 50cm** Baumschutz; Brettermantel inkl. Polsterung; Stammdurchmesser bis 50cm, Höhe 2,0m; Schutz gegen mechanische Schäden					
	St **€ brutto**	**77**	**84**	**88**	**91**	**101**
	KG 211 € netto	65	71	74	77	85

LB 303							Preise €
Nr.	**Kurztext** / Stichworte **Einheit** / Kostengruppe	►	▷	**brutto ø** netto ø		◁	◄
17	**Baumschutz, Brettermantel, über 50 bis 100cm** Baumschutz; Brettermantel inkl. Polsterung; StD bis 100cm, Höhe 2,0m; Schutz gegen mechanische Schäden						
	St **€ brutto**	**101**	**132**	**143**	**160**	**214**	
	KG 211 € netto	85	111	121	134	180	
18	**Wurzelbereichsschutz, Baum** Wurzelschutz, Baum, befristeter Belastung; Bohlen, Sand 0/2; Dicke 25cm, Bohlen 40mm; Sand mit Vlies abdecken, Auflage fest verbundene Bohlen						
	m² **€ brutto**	**–**	**83**	**87**	**108**	**–**	
	KG 397 € netto	–	70	73	91	–	
19	**Dränleitung DN100, ausbauen, entsorgen** Dränleitung entsorgen; PVC-U; DN100, Tiefe bis 1,50m; ohne Aushubarbeiten						
	m **€ brutto**	**13**	**15**	**20**	**24**	**26**	
	KG 594 € netto	11	12	16	20	21	
20	**Dränleitung DN100, ausbauen, seitlich lagern** Dränleitung; PVC-U; DN100, Tiefe bis 1,50m; ausbauen, säubern, lagern; ohne Aushubarbeiten						
	m **€ brutto**	**–**	**15**	**18**	**20**	**–**	
	KG 594 € netto	–	13	15	17	–	
21	**Baum fällen, StD bis 15cm, entsorgen** Baum fällen, Wurzelstock roden; StD bis 15cm; Räumgut entsorgen						
	St **€ brutto**	**76**	**100**	**111**	**121**	**144**	
	KG 214 € netto	64	84	93	102	121	
22	**Baum fällen, StD bis 30cm, entsorgen** Baum fällen, Wurzelstock roden; StD bis 30cm; Räumgut entsorgen						
	St **€ brutto**	**169**	**215**	**234**	**260**	**308**	
	KG 214 € netto	142	181	196	218	259	
23	**Baum fällen, StD bis 50cm, entsorgen** Baum fällen, Wurzelstock roden; StD bis 50cm; Räumgut entsorgen						
	St **€ brutto**	**171**	**226**	**248**	**295**	**387**	
	KG 214 € netto	144	190	209	248	325	
24	**Baum fällen StD über 50 bis 100cm entsorgen** Baum fällen, Wurzelstock roden; StD über 50 bis 100cm; Räumgut entsorgen						
	St **€ brutto**	**246**	**340**	**379**	**469**	**623**	
	KG 214 € netto	207	286	318	394	523	

Kosten: Stand 3.Quartal 2025, Bundesdurchschnitt

LB 303 **Preise €**

Nr.	Kurztext / Stichworte Einheit / Kostengruppe		▶	▷	brutto ø netto ø	◁	◀
25	**Baugelände roden** Baugelände roden; Büsche, Hecken, Bäume; StD bis 10cm; Räumgut abfahren						
	m²	**€ brutto**	**15**	**19**	**19**	**20**	**23**
	KG 214	€ netto	13	16	16	17	20
26	**Baum roden, Durchmesser 25-35cm, entsorgen** Baum roden, Wurzelstock fräsen; StD 25-35cm; Räumgut abfahren						
	St	**€ brutto**	**190**	**250**	**261**	**316**	**331**
	KG 214	€ netto	160	210	219	265	278
27	**Gerodete Fläche planieren** Gerodete Fläche planieren; Stubbenlöcher Tiefe bis 0,50m; inkl. Stubbenlöcher verfüllen						
	m²	**€ brutto**	**3,6**	**4,7**	**4,9**	**5,8**	**6,6**
	KG 397	€ netto	3,0	4,0	4,1	4,9	5,6
28	**Grasnarbe abschälen** Grasnarbe abtragen; Dicke bis 5cm; abschälen, entsorgen						
	m²	**€ brutto**	**3,1**	**4,3**	**4,8**	**5,6**	**7,3**
	KG 214	€ netto	2,6	3,6	4,0	4,7	6,1
29	**Aufwuchs entfernen** Aufwuchs mähen; Gräser, Kräuter; Höhe bis 0,70m; laden, entsorgen						
	m²	**€ brutto**	**2,5**	**4,6**	**4,7**	**5,5**	**7,6**
	KG 214	€ netto	2,1	3,9	3,9	4,6	6,4
30	**Oberboden abtragen, entsorgen** Oberboden abtragen; inkl. Vegetationsdecke, laden, entsorgen						
	m³	**€ brutto**	**30**	**34**	**36**	**37**	**39**
	KG 511	€ netto	25	28	30	31	33
31	**Oberboden lösen, lagern** Oberboden abtragen; seitlich in Mieten lagern; inkl. Vegetationsschicht						
	m³	**€ brutto**	**14**	**19**	**21**	**24**	**31**
	KG 511	€ netto	12	16	18	20	26
32	**Oberboden liefern, einbauen, bis 30cm** Oberboden liefern; steinfrei; Dicke bis 30cm; profilgerecht einbauen						
	m³	**€ brutto**	**48**	**52**	**54**	**59**	**67**
	KG 571	€ netto	40	44	46	49	56
33	**Oberboden auftragen, lagernd** Oberboden auftragen; Lagermaterial; laden, fördern, einbauen; Förderweg bis 500m						
	m³	**€ brutto**	**12**	**18**	**20**	**22**	**25**
	KG 571	€ netto	10	15	17	18	21

LB 303							Preise €
Nr.	**Kurztext** / Stichworte **Einheit** / Kostengruppe		►	▷	**brutto ø** netto ø	◁	◄
34	**Füllboden liefern, einbauen** Füllboden liefern; unbelastet; einbauen, inkl. Grobplanie, Gefällemodellierung; für Erdwälle						
	m³	**€ brutto**	**29**	**36**	**43**	**45**	**48**
	KG 311	€ netto	24	30	36	38	41
35	**Fundamentaushub, bis 1,25m, lagern, GK1** Einzel- und Streifenfundamentaushub, GK1; Tiefe bis 1,25m; maschinell lösen, fördern, für Wiedereinbau lagern, Sohle durch Handschachtung planieren						
	m³	**€ brutto**	**44**	**54**	**60**	**65**	**78**
	KG 322	€ netto	37	45	50	54	66
36	**Fundamentaushub, bis 1,25m, entsorgen, GK1** Einzel- und Streifenfundamentaushub, GK1; Tiefe bis 1,25m; maschinell lösen, fördern, laden, entsorgen						
	m³	**€ brutto**	**46**	**53**	**58**	**72**	**84**
	KG 322	€ netto	39	45	49	61	71
37	**Feinplanum, Rasenfläche** Feinplanum herstellen, Rasenfläche; Abweichung +/-3cm; Fremdkörper, Pflanzenteile, Unkraut abräumen; anfallende Stoffe entsorgen						
	m²	**€ brutto**	**1,9**	**3,1**	**3,5**	**4,1**	**5,6**
	KG 574	€ netto	1,6	2,6	2,9	3,5	4,7
38	**Rasenansaat** Rasenansaat; Gebrauchsrasen; 25g/m²; aufbringen, zwei Arbeitsgänge						
	m²	**€ brutto**	**1,4**	**1,9**	**2,1**	**2,9**	**4,4**
	KG 574	€ netto	1,1	1,6	1,8	2,4	3,7
39	**Fertigrasen liefern, einbauen** Fertigrasen als Rollrasen; RSM-Mischung; liefern, verlegen						
	m²	**€ brutto**	**14**	**18**	**19**	**22**	**28**
	KG 574	€ netto	12	15	16	18	23
40	**Rasenfläche ausbessern** Rasenfläche ausbessern, Fehlstellen; 30g/m²; Untergrund lockern, Rasenansaat neu						
	m²	**€ brutto**	**38**	**53**	**55**	**66**	**70**
	KG 595	€ netto	32	44	46	55	59
41	**Rasenfläche düngen** Rasenfläche düngen; Vorratsdünger; 5g/m²						
	m²	**€ brutto**	**1,1**	**1,6**	**2,0**	**2,1**	**3,1**
	KG 574	€ netto	0,9	1,4	1,6	1,8	2,6

Kosten: Stand 3.Quartal 2025, Bundesdurchschnitt

LB 303						Preise €
Nr.	**Kurztext** / Stichworte **Einheit** / Kostengruppe	►	▷	**brutto ø** netto ø	◁	◄
42	**Fertigstellungspflege, Rasenflächen** Fertigstellungspflege Rasenfläche; mähen ab Rasenhöhe von 6-10cm, Schnittgut entsorgen					
	m² € brutto	**3,0**	**3,7**	**3,9**	**4,2**	**4,8**
	KG 574 € netto	2,5	3,1	3,3	3,6	4,0
43	**Feinplanum, Pflanzfläche** Feinplanum herstellen, Pflanzfläche; Abweichung +/-3cm; Fremdkörper, Pflanzenteile, Unkraut abräumen; anfallende Stoffe entsorgen					
	m² € brutto	**1,6**	**2,5**	**2,9**	**3,5**	**4,4**
	KG 573 € netto	1,4	2,1	2,5	2,9	3,7
44	**Pflanzgrube für Kleingehölz 20x20x20** Pflanzgrube ausheben; Kleingehölze; 20x20x20cm; Aushub lagern, Sohle lockern, verdrängter Boden Gießrand herstellen/seitlich einbauen					
	St € brutto	**6,9**	**7,4**	**7,7**	**9,3**	**9,7**
	KG 571 € netto	5,8	6,2	6,4	7,8	8,1
45	**Pflanzgrube ausheben, bis 80x80x80** Pflanzgrube ausheben; Solitärbaum; 80x80x80cm; Aushub lagern, Sohle lockern, Gießrand anlegen					
	St € brutto	**31**	**43**	**45**	**52**	**69**
	KG 571 € netto	26	36	37	44	58
46	**Pflanzgrube ausheben, bis 100x100x80** Pflanzgrube ausheben; Solitärbaum; 1,00x1,00x80cm; Aushub lagern, Sohle lockern, Gießrand anlegen					
	St € brutto	**35**	**48**	**54**	**61**	**78**
	KG 571 € netto	30	40	45	51	65
47	**Pflanzgrube ausheben, bis 150x150x80** Pflanzgrube ausheben; Solitärbaum; 150x150x80cm; Aushub lagern, Sohle lockern, Gießrand anlegen					
	St € brutto	**48**	**78**	**90**	**105**	**146**
	KG 571 € netto	40	65	76	88	123
48	**Pflanzgrube ausheben, bis 200x200x100** Pflanzgrube ausheben; Solitärbaum; 200x200x100cm; Aushub lagern, Sohle lockern, Gießrand anlegen					
	St € brutto	**81**	**101**	**113**	**123**	**155**
	KG 571 € netto	68	85	95	103	130
49	**Pflanzgrube verfüllen, Pflanzsubstrat** Pflanzgrube verfüllen; Pflanzsubstrat; Dicke bis 50cm					
	St € brutto	**56**	**69**	**77**	**87**	**99**
	KG 573 € netto	47	58	65	73	83

LB 303						Preise €
Nr.	Kurztext / Stichworte Einheit / Kostengruppe ►		▷	brutto ø netto ø	◁	◄
50	**Pflanzgrube verfüllen, Baumsubstrat** Pflanzgrube verfüllen; Humus-Basis 0/16; Dicke 30m					
	St	**€ brutto**	**73**	**90**	**93**	**100**	**112**
	KG 573	€ netto	62	76	78	84	94
51	**Vegetationsflächen lockern, fräsen** Vegetationstragschicht lockern, Fräsen; Tiefe 15cm; Fremdkörper, Pflanzenteile, Unkraut abräumen					
	m²	**€ brutto**	**0,9**	**1,6**	**1,9**	**2,3**	**3,4**
	KG 571	€ netto	0,7	1,3	1,6	2,0	2,9
52	**Bodenverbesserung, Rindenhumus** Bodenverbesserung; Rindenhumus; Dicke 5cm; aufbringen, einarbeiten; Vegetationsfläche					
	m²	**€ brutto**	**2,7**	**3,4**	**3,7**	**4,1**	**5,0**
	KG 571	€ netto	2,3	2,9	3,1	3,5	4,2
53	**Hochstamm/Solitär, liefern/pflanzen, StU bis 12cm** Hochstamm/Solitär pflanzen; mDb; StU bis 12cm; Pflanzgrube ausheben, wiederverfüllen, wässern; inkl. Baumscheibe					
	St	**€ brutto**	**99**	**115**	**124**	**138**	**189**
	KG 573	€ netto	83	97	104	116	159
54	**Hochstamm/Solitär, liefern/pflanzen, StU 12-16cm** Hochstamm/Solitär pflanzen; mDb; StU 12-16cm; Pflanzgrube ausheben, wiederverfüllen, wässern; inkl. Baumscheibe					
	St	**€ brutto**	**149**	**187**	**221**	**275**	**367**
	KG 573	€ netto	125	157	185	231	308
55	**Fertigstellungspflege, Baum** Fertigstellungspflege Bäume; Pflanzfläche lockern, unerwünschten Aufwuchs entfernen, Unrat ablesen, tote Triebe entfernen, Wunden behandeln; 5 Arbeitsgänge pro Jahr					
	St	**€ brutto**	**63**	**86**	**93**	**106**	**129**
	KG 573	€ netto	53	72	78	89	109
56	**Strauch einschlagen** Strauch liefern; auf der Baustelle bis zur Verwendung einschlagen					
	St	**€ brutto**	**3,9**	**5,6**	**5,8**	**6,8**	**8,6**
	KG 573	€ netto	3,3	4,7	4,9	5,7	7,2
57	**Hochstamm einschlagen** Hochstamm liefern; auf der Baustelle bis zur Verwendung einschlagen					
	St	**€ brutto**	**18**	**21**	**22**	**26**	**27**
	KG 573	€ netto	15	18	18	22	23

Kosten: Stand 3.Quartal 2025, Bundesdurchschnitt

LB 303						Preise €
Nr.	**Kurztext** / Stichworte **Einheit** / Kostengruppe	►	▷	**brutto ø** netto ø	◁	◄
58	**Heckenpflanzen nach Einschlag pflanzen** Heckenpflanze entnehmen; in vorbereiteten pflanzgraben pflanzen, mit lagerndem Boden verfüllen, anwässern					
	St € brutto	**6,0**	**7,3**	**8,0**	**8,7**	**10,8**
	KG 573 € netto	5,0	6,1	6,7	7,3	9,1
59	**Strauchpflanzen nach Einschlag pflanzen** Strauchpflanzen, entnehmen; in vorbereiteten Pflanzgrube pflanzen, mit lagerndem Boden verfüllen, anwässern					
	St € brutto	**4,2**	**8,6**	**9,0**	**11,0**	**13,4**
	KG 573 € netto	3,5	7,2	7,5	9,3	11,2
60	**Solitär/Hochstamm nach Einschlag pflanzen** Solitär/Hochstamm entnehmen; in vorbereiteten Pflanzgrube pflanzen, mit lagerndem Boden verfüllen, anwässern					
	St € brutto	**29**	**37**	**39**	**43**	**50**
	KG 573 € netto	25	31	33	36	42
61	**Bodendecker und Stauden nach Einschlag pflanzen** Bodendecker, Stauden entnehmen; in vorbereiteten Pflanzgrube pflanzen, lagerndem Boden verfüllen, anwässern					
	m² € brutto	**6,0**	**6,7**	**7,1**	**8,3**	**8,8**
	KG 573 € netto	5,1	5,7	6,0	7,0	7,4
62	**Fertigstellungspflege, Sträucher** Entwicklungspflege Sträucher; zwei Vegetationsperioden mit 5 Pflegegänge je Vegetationsperiode					
	St € brutto	**62**	**72**	**77**	**77**	**99**
	KG 573 € netto	52	60	65	65	84
63	**Pflanzflächen wässern, Wasser liefern** Unterhaltspflege Pflanzfläche wässern; je Arbeitsgang 25l/m²; Wasser liefern					
	m² € brutto	**2,3**	**3,6**	**4,1**	**5,1**	**6,8**
	KG 573 € netto	1,9	3,0	3,4	4,3	5,7
64	**Pflanzenverankerung, zwei Baumpfähle** Pflanzenverankerung Pfahl-Zweibock; Baumpfähle senkrecht, unbehandelt, geschält, Kokosstrick; Länge 300cm					
	St € brutto	**52**	**68**	**74**	**84**	**106**
	KG 573 € netto	44	57	62	70	89
65	**Pflanzenverankerung, Pfahl-Dreibock** Pflanzenverankerung Pfahl-Dreibock; Baumpfähle senkrecht, unbehandelt, geschält, Kokosstrick; Länge 300cm					
	St € brutto	**74**	**100**	**112**	**135**	**182**
	KG 573 € netto	62	84	94	113	153

LB 303 — **Preise €**

Nr.	Kurztext / Stichworte Einheit / Kostengruppe	►	▷	brutto ø netto ø	◁	◄
66	**Bewässerungssack Neupflanzungen, 60l** Bewässerungssack; nach Neupflanzung um Stamm legen, mit Wasser befüllen					
	St **€ brutto**	**16**	**22**	**23**	**27**	**28**
	KG 573 € netto	13	18	19	23	23
67	**Baumbelüftungs- und Entwässerungs-Set** Baumbelüftungs-/Entwässerungs-Set; Dränrohr, PVC-U, flexibel; DN80; Rohr ringförmig um den Wurzelballen verlegen					
	St **€ brutto**	**7,1**	**9,2**	**9,8**	**11,2**	**11,8**
	KG 573 € netto	6,0	7,7	8,3	9,4	9,9
68	**Abdeckelement für Baumbelüftungs- und Entwässerungs-Set** Abdeckelement Baumbelüfungs-und Entwässerungs-Set; Aluminiumguss; DN80; verschließbar					
	St **€ brutto**	**50**	**67**	**74**	**83**	**89**
	KG 573 € netto	42	56	62	70	75
69	**Zaun, Viereck-Drahtgeflecht, 0,80m** Viereck-Drahtgeflecht; kunststoffummantelt, Rundrohrpfosten; Höhe 0,80m; inkl. Erd-/Fundamentarbeiten, Verspannarbeiten					
	m **€ brutto**	**31**	**42**	**47**	**51**	**59**
	KG 541 € netto	26	35	39	43	49
70	**Zaun, Viereck-Drahtgeflecht, 1,25m** Viereck-Drahtgeflecht; kunststoffummantelt, Metallpfosten; Höhe 1,25m; inkl. Erd-/Fundamentarbeiten, Verspannarbeiten					
	m **€ brutto**	**57**	**62**	**66**	**69**	**80**
	KG 541 € netto	48	52	55	58	67
71	**Zaun, Viereck-Drahtgeflecht, 1,80m** Viereck-Drahtgeflecht; kunststoffummantelt, Metallpfosten; Höhe 1,80m; inkl. Erd-/Fundamentarbeiten, Verspannarbeiten					
	m **€ brutto**	**66**	**85**	**89**	**100**	**119**
	KG 541 € netto	56	72	74	84	100
72	**Zaun, Viereck-Drahtgeflecht, 2,00m** Viereck-Drahtgeflecht; kunststoffummantelt, Metallpfosten; Höhe 2,00m; inkl. Erd-/Fundamentarbeiten, Verspannarbeiten					
	m **€ brutto**	**71**	**112**	**122**	**133**	**158**
	KG 541 € netto	60	94	102	112	133
73	**Stabgitterzaun, 0,80m** Stabgitterzaun; Stahlgittermatten, Doppelstab, verzinkt; Höhe 0,80m, MW 50x200mm, Dicke 8mm					
	m **€ brutto**	**71**	**84**	**107**	**122**	**137**
	KG 541 € netto	60	70	90	103	115

LB 303 — **Preise €**

Nr.	Kurztext / Stichworte Einheit / Kostengruppe		▶	▷	brutto ø netto ø	◁	◀
74	**Stabgitterzaun, 1,40m** Stabgitterzaun; Stahlgittermatten, Doppelstab, verzinkt; Höhe 1,40m, MW 50x200mm, Dicke 8mm						
	m	**€ brutto**	**97**	**115**	**131**	**158**	**168**
	KG 541	€ netto	81	97	110	132	141
75	**Stabgitterzaun, 1,80m** Stabgitterzaun; Stahlgittermatten, Doppelstab, verzinkt; Höhe 1,80m, MW 50x200mm, Dicke 8mm						
	m	**€ brutto**	**111**	**131**	**145**	**159**	**180**
	KG 541	€ netto	93	110	122	134	151
76	**Holzzaun, Senkrechtzaun, 1,0m** Holzzaun, Senkrecht Lattung; Höhe 1,00m; inkl. Erd-/Fundamentarbeiten						
	m	**€ brutto**	**216**	**286**	**296**	**323**	**393**
	KG 541	€ netto	181	240	249	272	330
77	**Holzzaun, Staketenzaun** Holzzaun, Staketenzaun; Höhe 1,0m; inkl. Erd-/Fundamentarbeiten						
	m	**€ brutto**	**91**	**115**	**125**	**145**	**183**
	KG 541	€ netto	76	97	105	122	154
78	**Holzzauntüre, Senkrechtzaun** Holzzauntüre, Senkrechtzaun; 100x100cm; einflüglig; inkl. Kastenschloss und Beschläge						
	St	**€ brutto**	**314**	**438**	**518**	**577**	**679**
	KG 541	€ netto	264	368	435	485	571
79	**Drehflügeltor, einflüglig, lichte Weite 1,1m, H 1,2m** Drehflügeltor, Stabgitterzaun; Stahl, verzinkt, Pulver beschichtet; Breite 1,10m Höhe 1,20m; einflüglig, beidseitig fest; inkl. Drückergarnitur, Betonfundamente						
	St	**€ brutto**	**1.261**	**1.587**	**1.651**	**1.693**	**1.901**
	KG 541	€ netto	1.060	1.334	1.387	1.423	1.598
80	**Drehflügeltor, zweiflüglig, lichte Weite 2,5m, H 1,2m** Drehflügeltor, Stabgitterzaun; Stahl, verzinkt, Pulver beschichtet; Breite 2,50m Höhe 1,20m; zweiflüglig, beidseitig fest; inkl. Drückergarnitur, Betonfundamente						
	St	**€ brutto**	**2.730**	**3.437**	**3.480**	**3.540**	**4.024**
	KG 541	€ netto	2.294	2.888	2.924	2.975	3.382
81	**Zaunpfosten, Stahlrohr** Zaunpfosten; Stahlrohr, verzinkt; Höhe 2,00m, Durchmesser 40mm; inkl. Fundamentarbeiten						
	St	**€ brutto**	**54**	**80**	**94**	**108**	**131**
	KG 541	€ netto	45	67	79	91	110

LB 303							Preise €
Nr.	Kurztext / Stichworte Einheit / Kostengruppe		▶	▷	brutto ø netto ø	◁	◀
82	**Poller, Beton** Poller; Beton; 40x40cm, Höhe 0,9-1,0m; inkl. Erd-und Fundamentarbeiten						
	St	**€ brutto**	**642**	**666**	**682**	**704**	**733**
	KG 541	€ netto	540	560	573	591	616
83	**Poller, Stahl, beschichtet** Poller; Stahl, verzinkt, beschichtet; Höhe 0,9-1,0m; herausnehmbar; inkl. Erd- und Fundamentarbeiten						
	St	**€ brutto**	**424**	**537**	**572**	**631**	**755**
	KG 561	€ netto	356	451	481	530	635
84	**Spielgerät, Einfachschaukel** Spielgerät Einfachschaukel; Gummisitz, Edelstahlkette; einbauen; Fundamente bauseits						
	St	**€ brutto**	**2.602**	**3.784**	**4.265**	**4.847**	**6.052**
	KG 562	€ netto	2.186	3.180	3.584	4.073	5.086
85	**Spielgerät, Federwipptier** Spielgerät Federwipptier; einbauen						
	St	**€ brutto**	**1.662**	**1.921**	**2.057**	**2.203**	**2.486**
	KG 562	€ netto	1.397	1.614	1.728	1.851	2.089
86	**Fassadenrinne, DN100** Entwässerungsrinne, Flachrinne, Klasse A15; Gitterrost, verzinkt; DN100, Länge 100cm, Tiefe 15cm; Flachrinne						
	m	**€ brutto**	**197**	**235**	**251**	**271**	**321**
	KG 551	€ netto	165	197	211	228	270
87	**Entwässerungsrinne, Polymerbeton** Entwässerungsrinne; Polymerbeton; mit Eigengefälle und Gitterrostabdeckung						
	St	**€ brutto**	**386**	**479**	**518**	**567**	**708**
	KG 551	€ netto	325	403	436	477	595
88	**Entwässerungsrinne, Kl. A, Beton/Gussabdeckung** Entwässerungsrinne, Klasse A; Beton, Gussabdeckung; in C8/10 versetzen; mit Eigengefälle						
	m	**€ brutto**	**107**	**152**	**168**	**193**	**229**
	KG 551	€ netto	90	128	141	162	193
89	**Entwässerungsrinne, Kl. B, Beton/Gussabdeckung** Entwässerungsrinne, Klasse B; Beton, Gussabdeckung; in C8/10 versetzen; mit Eigengefälle						
	m	**€ brutto**	**149**	**179**	**186**	**226**	**284**
	KG 551	€ netto	125	151	156	190	239

Kosten: Stand 3.Quartal 2025, Bundesdurchschnitt

LB 303 | **Preise €**

Nr.	Kurztext / Stichworte Einheit / Kostengruppe		►	▷	brutto ø netto ø	◁	◄
90	**Entwässerungsrinne, Klasse A, DN100** Entwässerungsrinne, rollstuhlbefahrbar, Klasse A; DN100; für Niederschlagswasser, in Beton C12/15 versetzen; Hauszugänge						
	m	**€ brutto**	**192**	**244**	**259**	**301**	**319**
	KG 551	€ netto	161	205	218	253	268
91	**Abdeckung, Entwässerungsrinne, Guss, Bodenindikator** Abdeckung, Entwässerungsrinne mit Bodenindikator; Guss; DN200; schraublos arretiert, als taktiler Leitstreifen/Aufmerksamkeitsfeld; öffentl. Raum						
	St	**€ brutto**	**150**	**177**	**194**	**205**	**228**
	KG 551	€ netto	126	149	163	173	192
92	**Ablaufkasten, Klasse A, DN100** Ablaufkasten Entwässerungsrinne, Klasse A; Nenngröße DN100; Fußgänger, Radverkehr, in Beton C12/15 versetzen inkl. Anschluss an KG-Rohr						
	St	**€ brutto**	**347**	**423**	**445**	**530**	**561**
	KG 551	€ netto	292	355	374	445	471
93	**Dachfläche reinigen** Dachfläche reinigen; grober Verschmutzung; Schutt aufnehmen, entsorgen						
	m²	**€ brutto**	**1,6**	**2,3**	**2,6**	**3,1**	**3,8**
	KG 363	€ netto	1,3	1,9	2,2	2,6	3,2
94	**Durchwurzelungsschutzschicht, PVC-P 0,8mm** Durchwurzelungsschutzschicht; PVC-P bitumenverträglich; Dicke 0,8mm; lose verlegen						
	m²	**€ brutto**	**24**	**30**	**32**	**39**	**48**
	KG 363	€ netto	20	25	27	33	41
95	**Dachbegrünung, Trenn, -Schutz u. -Speichervlies, 500** Schutzlage Dachabdichtung; Chemiefaser; 500g/m²; vor mechanischer Beanspruchung/Wasserpeicherung						
	m²	**€ brutto**	**4,2**	**6,8**	**8,1**	**8,9**	**11,0**
	KG 363	€ netto	3,5	5,7	6,8	7,5	9,2
96	**Dränageelement, PE-Platte, 40mm, Dachbegrünung** Dränelement, extensive Dachbegrünung; PE-Kunststoff, Blähton; Plattendicke 40mm; einbauen, verfüllen						
	m²	**€ brutto**	**23**	**26**	**26**	**27**	**29**
	KG 363	€ netto	20	22	22	23	24

LB 303							Preise €
Nr.	Kurztext / Stichworte Einheit / Kostengruppe		▶	▷ brutto ø netto ø		◁	◀
97	**Retentionselement, Dachbegrünung, 40mm** Retentionselement, extensive Dachbegrünung; Höhe: 40mm; Gründach; abflussverzögernde Wasserspeicherfunktion						
	m²	**€ brutto**	**16**	**20**	**22**	**23**	**28**
	KG 363	€ netto	14	17	19	20	24
98	**Retentionselement, Dachbegrünung, 60mm** Retentionselement, extensive Dachbegrünung; Höhe: 60mm; Gründach; abflussverzögernde Wasserspeicherfunktion						
	m²	**€ brutto**	**25**	**30**	**31**	**32**	**36**
	KG 363	€ netto	21	25	26	27	30
99	**Filtermatte, Dachbegrünung** Filtermatte, Dachbegrünung; 100% PP-Endlosfaser GRK 2; 105g/m²; mechanisch befestigen; zwischen Dränschicht und Substrat						
	m²	**€ brutto**	**2,3**	**2,9**	**3,3**	**3,8**	**4,8**
	KG 363	€ netto	1,9	2,4	2,8	3,2	4,0
100	**Kontrollschacht, extensive Dachbegrünung, Höhe bis 20cm** Kontrollschacht, extensive Dachbegrünung; Kunststoff; Höhe bis 20cm, Durchmesser 30cm; Dachablauf, inkl. Bodenplatte, Deckel						
	St	**€ brutto**	**107**	**126**	**134**	**167**	**216**
	KG 363	€ netto	90	106	113	140	182
101	**Sicherheitsstreifen, Kies, Dachbegrünung** Sicherheitsstreifen, Dachbegrünung; Rundkies 16/32, gewaschen; Dicke 5cm, Breite 20-30cm; einbauen; Aufkantungen, Abschlüsse, Durchdringungen						
	m²	**€ brutto**	**17**	**26**	**28**	**36**	**48**
	KG 363	€ netto	14	22	23	30	41
102	**Kiesfangleiste, L-Profil, Dachbegrünung** Kiesfangleiste; Aluminium, gelocht; Dicke bis 2mm; vierfach gekantet; Dachneigung bis 5°						
	m	**€ brutto**	**26**	**30**	**32**	**36**	**44**
	KG 363	€ netto	22	26	27	30	37
103	**Einschichtsubstrat, extensive Dachbegrünung** Drän- und Vegetationstragschicht, extensive Dachbegrünung; Einschichtsubstrat, strukturstabilisiert; Dicke 8cm; lose einbauen						
	m²	**€ brutto**	**25**	**30**	**33**	**36**	**42**
	KG 363	€ netto	21	25	27	30	35
104	**Mehrschichtsubstrat, extensive Dachbegrünung** Drän- und Vegetationstragschicht, extensive Dachbegrünung; Mehrschichtsubstrat, strukturstabil; Dicke 8cm; lose einbauen						
	m²	**€ brutto**	**33**	**37**	**38**	**41**	**46**
	KG 363	€ netto	28	31	32	34	38

LB 303 **Preise €**

Nr.	Kurztext / Stichworte Einheit / Kostengruppe		►	▷	brutto ø netto ø	◁	◄
105	**Trockenansaat, extensive Dachbegrünung, Saatgutmischung** Ansaat, extensive Dachbegrünung; Sedum-Sprossen in Sorten; Saatgut 50-80 g/m²; inkl. Düngung, wässern						
	m²	**€ brutto**	**3,7**	**4,8**	**5,0**	**5,0**	**6,1**
	KG 363	€ netto	3,1	4,1	4,2	4,2	5,1
106	**Rankhilfe, Fassadenbegrünung, Edelstahlseil** Rankhilfe; Edelstahl; Höhe 2-4m; Untergrund Mauerwerk/Beton						
	St	**€ brutto**	**370**	**401**	**410**	**433**	**464**
	KG 335	€ netto	311	337	345	364	390
107	**Stundensatz, Facharbeiter/-in** Stundenlohnarbeiten für Vorarbeiter/-in, Facharbeiter/-in und Gleichgestellte; Landschaftsbauarbeiten						
	h	**€ brutto**	**85**	**96**	**101**	**103**	**111**
		€ netto	72	81	85	87	93
108	**Stundensatz, Helfer/-in** Stundenlohnarbeiten für Werker/-in, Helfer/-in und Gleichgestellte; Landschaftsbauarbeiten						
	h	**€ brutto**	**64**	**73**	**78**	**86**	**99**
		€ netto	53	61	65	72	83

LB 304 **Preise €**

Nr.	Kurztext / Stichworte Einheit / Kostengruppe		►	▷	brutto ø netto ø	◁	◄
1	**Heckenpflanze, Carpinus betulus** Carpinus betulus-Hainbuche; Heckenpflanze; Str 2xv mB, Höhe 100-150cm; liefern, einpflanzen						
	St	**€ brutto**	**18**	**21**	**22**	**24**	**28**
	KG 573	€ netto	15	17	19	20	23
2	**Heckenpflanze, Buxus sempervirens** Buxus sempervirens-Buchsbaum; Heckenpflanze; Str 2xv mB/Co, Höhe 20-25cm; liefern, einpflanzen						
	St	**€ brutto**	**9,2**	**11,8**	**12,1**	**12,8**	**16,9**
	KG 573	€ netto	7,7	9,9	10,2	10,8	14,2
3	**Heckenpflanze, Ligustrum vulgare** Ligustrum vulgare-Liguster; Heckenpflanze; Str 2xv 5-7 Tr, Höhe 20-25cm; liefern, einpflanzen						
	St	**€ brutto**	**6,2**	**8,2**	**9,1**	**11,3**	**14,9**
	KG 573	€ netto	5,2	6,9	7,6	9,5	12,5
4	**Heckenpflanze, Prunus laurocerasus** Prunus laurocerasus-Kirschlorbeer; Heckenpflanze; Str 2xv 5-7 Tr, Höhe 80-100cm; liefern, einpflanzen						
	St	**€ brutto**	**50**	**61**	**65**	**77**	**93**
	KG 573	€ netto	42	51	54	64	78
5	**Solitär, Carpinus betulus Fastigiata** Carpinus betulus-Säulen-Hainbuche; Solitär; H 3xv mDb, StU 10-12cm; liefern, einpflanzen						
	St	**€ brutto**	**170**	**251**	**264**	**269**	**324**
	KG 573	€ netto	143	211	222	226	272
6	**Solitär, Aesculus carnea, StU bis 20cm** Aesculus carnea-Rotblühende-Rosskastanie; Solitär; H 4xv mDb, StU 18-20cm; liefern, einpflanzen						
	St	**€ brutto**	**214**	**475**	**598**	**641**	**840**
	KG 573	€ netto	180	399	502	538	706
7	**Solitär, Acer platanoides** Acer platanoides-Spitz-Ahorn; Solitär; H 3xv mDb, StU 18-20cm; liefern, einpflanzen						
	St	**€ brutto**	**417**	**547**	**589**	**651**	**799**
	KG 573	€ netto	350	460	495	547	671
8	**Solitär, Acer campestre** Acer campestre-Feld-Ahorn; Solitär; H 3xv mDb, StU 18-20cm; liefern, einpflanzen						
	St	**€ brutto**	**372**	**479**	**535**	**572**	**730**
	KG 573	€ netto	313	403	450	481	613

LB 304 **Preise €**

Nr.	Kurztext / Stichworte Einheit / Kostengruppe		►	▷	brutto ø netto ø	◁	◄
9	**Solitär, Prunus avium** Prunus avium-Vogelkirsche; Solitär; H 4xv mDb, StU 20-22cm; liefern, einpflanzen						
	St	**€ brutto**	**369**	**436**	**476**	**511**	**584**
	KG 573	€ netto	310	366	400	429	491
10	**Solitär, Tilia cordata** Tilia cordata-Winterlinde; Solitär; H 4xv mDb, StU 25-30cm, Höhe 400-500cm; liefern, einpflanzen						
	St	**€ brutto**	**480**	**582**	**625**	**682**	**767**
	KG 573	€ netto	403	489	525	573	645
11	**Solitär, Pinus sylvetris** Pinus sylvestris-Wald-Kiefer; Solitär; H 4xv mDb, StU 18-20cm, Höhe 100-150cm; liefern, einpflanzen						
	St	**€ brutto**	**476**	**701**	**860**	**916**	**1.049**
	KG 573	€ netto	400	589	723	770	882
12	**Solitär, Betula pendula** Betula pendula-Hänge-Birke; Solitär; H 3xv, StU 16-18cm; liefern, einpflanzen						
	St	**€ brutto**	**396**	**458**	**492**	**525**	**584**
	KG 573	€ netto	333	385	414	442	490
13	**Solitär, Carpinus betulus** Carpinus betulus-Hainbuche; Solitär; H 3xv, StU 16-18cm; liefern, einpflanzen						
	St	**€ brutto**	**408**	**451**	**483**	**545**	**621**
	KG 573	€ netto	343	379	406	458	522
14	**Solitär, Fraxinus excelsior** Fraxinus excelsior-Gemeine Esche; Hst. 3xv, mDb; StU 16-18cm; liefern, einpflanzen						
	St	**€ brutto**	**332**	**397**	**432**	**455**	**526**
	KG 573	€ netto	279	333	363	383	442
15	**Solitär, Sorbus aucuparia** Sorbus aucuparia-Eberesche; Solitär; H 3xv mDb, StU 16-18cm; liefern, einpflanzen						
	St	**€ brutto**	**257**	**364**	**416**	**495**	**650**
	KG 573	€ netto	216	306	349	416	546
16	**Solitär, Corylus colurna** Corylus colurna-Baumhasel; Solitär; H 3xv mDb, StU 16-18cm; liefern, einpflanzen						
	St	**€ brutto**	**303**	**401**	**466**	**488**	**597**
	KG 573	€ netto	254	337	392	410	502

LB 304 **Preise €**

Nr.	Kurztext / Stichworte Einheit / Kostengruppe ►		▷	brutto ø netto ø	◁	◄
17	**Solitär, Aesculus carnea** Aesculus carnea-Scharlach - Blühende Rosskastanie; Solitär; H 3xv mDb, StU 16-18cm; liefern, einpflanzen					
	St	**€ brutto**	**526**	**624**	**695**	**732**	**830**
	KG 573	€ netto	442	524	584	615	698
18	**Obstgehölz, Malus** Malus-Apfelbaum; Obstgehölz; H 3xv mDb, StU 16-18cm; liefern, einpflanzen					
	St	**€ brutto**	**244**	**362**	**399**	**473**	**648**
	KG 573	€ netto	205	305	335	398	544
19	**Obstgehölz, Malus Evereste** Malus Evereste-Zier-Apfel; Obstgehölz; H 3xv mDb, StU 16-18cm; liefern, einpflanzen					
	St	**€ brutto**	**325**	**430**	**441**	**482**	**567**
	KG 573	€ netto	273	362	371	405	476
20	**Straßenbaum, stadtklimaresistent, Acer platanoides** Acer platanoides "Allershausen"-Spitz-Ahorn; Solitär; H 3xv mDb, StU 16-18cm; liefern, einpflanzen; stadtklimaresistent, insektenfreundlich					
	St	**€ brutto**	**–**	**676**	**735**	**801**	**–**
	KG 573	€ netto	–	568	617	673	–
21	**Straßenbaum, stadtklimaresistent, Acer platanoides "Columnare"** Acer platanoides "Columnare"-Spitz-Ahorn; Solitär; H 3xv mDb, StU 16-18cm; liefern, einpflanzen; stadtklimaresistent, insektenfreundlich					
	St	**€ brutto**	**471**	**621**	**682**	**737**	**832**
	KG 573	€ netto	396	522	573	619	699
22	**Straßenbaum, stadtklimaresistent, Prunus x schmittii** Prunus x schmittii-Zierkirsche; Solitär; H 3xv mDb, StU 16-18cm; liefern, einpflanzen; stadtklimaresistent, insektenfreundlich					
	St	**€ brutto**	**–**	**498**	**575**	**644**	**–**
	KG 573	€ netto	–	419	483	541	–
23	**Straßenbaum, stadtklimaresistent, Tilia x europaea** Tilia x europaea-Kaiserlinde; Solitär; H 3xv mDb, StU 16-18cm; liefern, einpflanzen; stadtklimaresistent, insektenfreundlichh					
	St	**€ brutto**	**–**	**703**	**764**	**886**	**–**
	KG 573	€ netto	–	591	642	745	–
24	**Straßenbaum, stadtklimaresistent, Malus sylvestris** Malus sylvestris-Holzapfel; Solitär; H 3xv mDb, StU 16-18cm; liefern, einpflanzen; stadtklimaresistent, insektenfreundlich					
	St	**€ brutto**	**–**	**429**	**457**	**525**	**–**
	KG 573	€ netto	–	361	384	441	–

LB 304 **Preise €**

Nr.	Kurztext / Stichworte Einheit / Kostengruppe		▶	▷	brutto ø netto ø	◁	◀
25	**Straßenbaum, stadtklimaresistent, Cornus mas** Cornus mas-Kornelkirsche; Solitär; H 3xv mDb, StU 10-12cm; liefern, einpflanzen; stadtklimaresistent, insektenfreundlich						
	St	**€ brutto**	**331**	**446**	**479**	**547**	**575**
	KG 573	€ netto	278	375	403	459	484
26	**Straßenbaum, stadtklimaresistent, Tilia cordata "Greenspire"** Tilia cordata "Greenspire"-Stadtlinde; Solitär; H 3xv mDb, StU 16-18cm; liefern, einpflanzen; stadtklimaresistent, insektenfreundlich						
	St	**€ brutto**	**–**	**628**	**683**	**779**	**–**
	KG 573	€ netto	–	528	574	654	–
27	**Straßenbaum, stadtklimaresistent, Robinia pseudoacacia "Nyirsegi"** Robinia pseudoacacia "Nyirsegi"-Robinie; Solitär; H 3xv mDb, StU 16-18cm; liefern, einpflanzen; stadtklimaresistent, insektenfreundlich						
	St	**€ brutto**	**432**	**584**	**635**	**705**	**775**
	KG 573	€ netto	363	491	534	592	651
28	**Anlagenbaum, stadtklimaresistent, Prunus avium** Prunus avium-Vogelkirsche; Solitär; H 3xv mDb, StU 16-18cm; liefern, einpflanzen; stadtklimaresistent, insektenfreundlich						
	St	**€ brutto**	**398**	**538**	**585**	**643**	**690**
	KG 573	€ netto	334	452	491	541	580
29	**Anlagenbaum, stadtklimaresistent, Prunus cerasus** Prunus cerasus-Sauerkirsche; Solitär; H 3xv mDb, StU 14-16cm; liefern, einpflanzen; stadtklimaresistent, insektenfreundlich						
	St	**€ brutto**	**–**	**409**	**445**	**480**	**–**
	KG 573	€ netto	–	344	374	404	–
30	**Anlagenbaum, stadtklimaresistent, Salix caprea** Salix caprea-Sal-Weide; Solitär; H 3xv mDb, StU 16-18cm; liefern, einpflanzen; stadtklimaresistent, insektenfreundlich						
	St	**€ brutto**	**–**	**513**	**552**	**623**	**–**
	KG 573	€ netto	–	431	464	524	–
31	**Anlagenbaum, stadtklimaresistent, Salix alba** Salix alba-Silberweide; Solitär; H 3xv mDb, StU 16-18cm; liefern, einpflanzen; stadtklimaresistent, insektenfreundlich						
	St	**€ brutto**	**–**	**503**	**541**	**589**	**–**
	KG 573	€ netto	–	422	454	495	–
32	**Obstgehölz, Malus Eleyi** Malus Eleyi-Zier-Apfel; Obstgehölz; H 3xv mDb, StU 16-18cm; liefern, einpflanzen						
	St	**€ brutto**	**73**	**98**	**101**	**112**	**138**
	KG 573	€ netto	61	82	85	94	116

LB 304 **Preise €**

Nr.	Kurztext / Stichworte Einheit / Kostengruppe ►		▷	brutto ø netto ø	◁	◄
33	**Obstgehölz, Straßenbaum Pyrus calleryana Chanticleer** Pyrus Calleryana-Stadtbirne; Obstgehölz; H 3xv mDb, StU 16-18cm; liefern, einpflanzen					
	St	**€ brutto**	**406**	**526**	**588**	**599**	**806**
	KG 573	€ netto	341	442	494	503	677
34	**Obstgehölz, Prunus serrulata** Prunus serrulata-Japanische Blütenkirsche; Obstgehölz; H 3xv mDb, StU 12-14cm; liefern, einpflanzen					
	St	**€ brutto**	**382**	**461**	**499**	**510**	**550**
	KG 573	€ netto	321	387	420	428	462
35	**Weidentunnel, Salix alba** Salix alba-Silber-Weide; zweijährig, biegsam; Länge 3,00m; liefern, einpflanzen; für Weidentunnel					
	St	**€ brutto**	**4,7**	**8,2**	**9,1**	**10,6**	**12,9**
	KG 573	€ netto	4,0	6,9	7,6	8,9	10,9
36	**Strauch, Salix purpurea** Salix purpurea-Purpur-Weide; Str 4 Tr oB, Höhe 100-150cm; liefern, einpflanzen					
	St	**€ brutto**	**3,0**	**4,5**	**5,4**	**7,5**	**10,2**
	KG 573	€ netto	2,5	3,8	4,6	6,3	8,6
37	**Strauch, Amelanchier lamarckii** Amelanchier lamarckii-Kupfer-Felsenbirne; Str 3xv 3-5 Tr mb; Höhe 100-150cm; liefern, einpflanzen; in herzustellender Pflanzgrube pflanzen					
	St	**€ brutto**	**48**	**64**	**70**	**74**	**90**
	KG 573	€ netto	40	54	59	62	76
38	**Strauch, Amelanchier laevis** Amelanchier laevis-Hängende Felsenbirne; Str 3xv mDb; Höhe 125-150cm; liefern, einpflanzen					
	St	**€ brutto**	**129**	**150**	**156**	**165**	**180**
	KG 573	€ netto	108	126	131	139	151
39	**Strauch, Corylus avellana** Corylus avellana-Gewöhnliche Haselnuss; Str 3xv mB, Höhe 125-150cm; liefern, einpflanzen					
	St	**€ brutto**	**32**	**37**	**41**	**46**	**55**
	KG 573	€ netto	27	31	34	39	46
40	**Strauch, Rhododendron in Sorten** Rhododendron; Str Co, Höhe 40-50cm; liefern, einpflanzen					
	St	**€ brutto**	**66**	**76**	**78**	**83**	**92**
	KG 573	€ netto	55	63	66	69	78

Kosten: Stand 3.Quartal 2025, Bundesdurchschnitt

LB 304							Preise €
Nr.	**Kurztext** / Stichworte **Einheit** / Kostengruppe		▶	▷	**brutto ø** netto ø	◁	◀
41	**Strauch, Hydrangea** Hydrangea-Hortensie in Sorten; Str 3l Co, Höhe 40-60cm; liefern, einpflanzen						
	St	**€ brutto**	**21**	**26**	**27**	**30**	**40**
	KG 573	€ netto	18	22	23	25	33
42	**Strauch, Syringa vulgaris** Syringa vulgaris-Gemeiner Flieder; Str 3xv mB, Höhe 125-150cm; liefern, einpflanzen						
	St	**€ brutto**	**51**	**79**	**89**	**102**	**139**
	KG 573	€ netto	43	66	75	86	117
43	**Strauch, Cornus mas** Cornus mas-Kornelkirsche; Str 3xv mB; Höhe 150-175; liefern, einpflanzen						
	St	**€ brutto**	**51**	**62**	**64**	**77**	**98**
	KG 573	€ netto	43	52	54	65	82
44	**Strauch, Taxus baccata** Taxus baccata-Europäische Eibe; Heckenpflanze; Str 5xv mDb, Höhe 80-100cm; liefern, einpflanzen						
	St	**€ brutto**	**90**	**130**	**153**	**176**	**251**
	KG 573	€ netto	75	109	129	147	211
45	**Strauch, Taxus media** Taxus media-Heckeneibe; Str 5xv mDb; Höhe 80-100cm; liefern, einpflanzen						
	St	**€ brutto**	**85**	**108**	**116**	**127**	**150**
	KG 573	€ netto	71	91	98	107	126
46	**Strauch, Berberis** Berberis-Berberitze in Sorten; Str 2xv mB, Höhe 40-50cm; liefern, einpflanzen						
	St	**€ brutto**	**24**	**28**	**30**	**31**	**34**
	KG 573	€ netto	20	24	25	26	28
47	**Strauch, Cotoneaster dammeri** Cotoneaster-Zwergmispel; Str 2xv Co 2l; Höhe 40-60cm; liefern, einpflanzen						
	St	**€ brutto**	**2,5**	**4,0**	**4,6**	**6,1**	**8,5**
	KG 573	€ netto	2,1	3,4	3,9	5,1	7,2
48	**Strauchpflanze, Crataegus monogyna** Crataegus monogyna-Rotdorn; Str 3xv mDb; StU 20-25cm; liefern, einpflanzen						
	St	**€ brutto**	**42**	**56**	**65**	**75**	**103**
	KG 573	€ netto	36	47	54	63	86

LB 304 | **Preise €**

Nr.	Kurztext / Stichworte Einheit / Kostengruppe		►	▷	brutto ø netto ø	◁	◄
49	**Strauch, Lonicera nitida** Lonicera nitida-Immergrüne Heckenkirsche; Str 2xv mTb, Höhe 40-60cm; liefern, einpflanzen						
	St	**€ brutto**	**2,2**	**3,5**	**4,2**	**5,3**	**8,3**
	KG 573	€ netto	1,8	2,9	3,5	4,5	7,0
50	**Strauch, Lonicera xylosteum** Lonicera xylosteum-Rote Heckenkirsche; Str 2xv 5 Tr oB, Höhe 100-150cm; liefern, einpflanzen						
	St	**€ brutto**	**2,7**	**7,2**	**7,8**	**10,3**	**14,8**
	KG 573	€ netto	2,3	6,1	6,5	8,6	12,4
51	**Staude, Ziergräser in Sorten** Ziergras pflanzen; Staude; Topfballen; liefern, einpflanzen						
	St	**€ brutto**	**2,6**	**3,6**	**4,0**	**4,5**	**5,8**
	KG 573	€ netto	2,2	3,0	3,4	3,8	4,9
52	**Staude, Miscanthus sinensis** Miscanthus sinensis-Feinhalm-Chinaschilf; Staude; Topfballen; liefern, einpflanzen						
	St	**€ brutto**	**5,7**	**6,7**	**7,3**	**7,8**	**8,5**
	KG 573	€ netto	4,8	5,7	6,2	6,5	7,1
53	**Strauch, Rosa canina** Rosa canina-Heckenrose; Str 1xv 3-4 Tr oB, Höhe 60-100cm; liefern, einpflanzen						
	St	**€ brutto**	**3,8**	**6,2**	**7,3**	**9,8**	**12,8**
	KG 573	€ netto	3,2	5,2	6,1	8,2	10,7
54	**Strauch, Wilde Rosen in Sorten** Wilde Rosen in Sorten; Str 1xv 3-4 Tr oB, Höhe 40-60cm; liefern, einpflanzen						
	St	**€ brutto**	**5,1**	**6,2**	**6,6**	**6,6**	**8,1**
	KG 573	€ netto	4,3	5,2	5,5	5,6	6,8
55	**Staude, Vinca minor** Vinca minor-Kleinblättriges Immergrün; Staude; 2xv 6-10 Tr mB; liefern, einpflanzen						
	St	**€ brutto**	**2,4**	**2,9**	**3,0**	**3,0**	**4,0**
	KG 573	€ netto	2,0	2,4	2,5	2,6	3,3
56	**Staude, Alchemilla mollis** Alchemilla mollis-Frauenmantel; Staude; Topfballen; liefern, einpflanzen						
	St	**€ brutto**	**2,7**	**3,1**	**3,3**	**3,7**	**4,3**
	KG 573	€ netto	2,2	2,6	2,8	3,1	3,6

Kosten: Stand 3.Quartal 2025, Bundesdurchschnitt

LB 304						**Preise €**
Nr.	**Kurztext** / Stichworte			**brutto ø**		
	Einheit / Kostengruppe	►	▷	netto ø	◁	◄
57	**Staude, Geranium macororrhizum**					
	Geranium macororrhizum-Balkan Storchschnabel; Staude; Topfballen; liefern, einpflanzen					
	St **€ brutto**	**2,3**	**2,9**	**3,0**	**3,3**	**3,9**
	KG 573 € netto	1,9	2,4	2,5	2,8	3,3
58	**Staude, Geranium sanguineum**					
	Geranium sanguineum-Weißer Blut-Storchenschnabel; Staude; Topfballen; liefern, einpflanzen					
	St **€ brutto**	**2,1**	**3,0**	**3,1**	**3,2**	**3,8**
	KG 573 € netto	1,7	2,5	2,6	2,7	3,2
59	**Staude, Geranium x magnificum**					
	Geranium x magnificum-Pracht-Storchenschnabel; Staude; Topfballen; liefern, einpflanzen					
	St **€ brutto**	**2,8**	**3,9**	**4,5**	**4,7**	**5,5**
	KG 573 € netto	2,4	3,3	3,8	4,0	4,7

LB 380 **Preise €**

Nr.	Kurztext / Stichworte Einheit / Kostengruppe		▶	▷	brutto ø netto ø	◁	◀
1	**Betonpflasterdecke ausbauen, fördern, abfahren** Abbruch Plattenbelag; Beton; 50x50x5cm, Bettung bis 10cm; laden, abfahren, entsorgen						
	m²	**€ brutto**	**9,5**	**13,0**	**13,9**	**15,5**	**18,7**
	KG 594	€ netto	8,0	10,9	11,7	13,0	15,7
2	**Betonpflasterdecke aufnehmen, lagern** Pflasterdecke aufnehmen; Beton; Dicke 8cm; zur Wiederverwendung lagern; Förderweg bis 50m						
	m²	**€ brutto**	**7,0**	**11,0**	**12,6**	**13,4**	**17,2**
	KG 594	€ netto	5,9	9,2	10,6	11,3	14,5
3	**Natursteinkleinpflaster, aufnehmen, lagern** Natursteinpflaster, aufnehmen; für Wiedereinbau seitlich lagern						
	m²	**€ brutto**	**15**	**16**	**17**	**18**	**20**
	KG 594	€ netto	12	14	14	15	16
4	**Gehwegplatten ausbauen, lagern** Gehwegplatten ausbauen, Sandbett; Betonwerkstein; Format 50x50cm, Dicke 8cm; Platten aufnehmen, reinigen, für Wiedereinbau seitlich lagern						
	m²	**€ brutto**	**7,4**	**10,6**	**11,6**	**14,9**	**19,9**
	KG 594	€ netto	6,2	8,9	9,7	12,5	16,7
5	**Betonbordstein aufnehmen, entsorgen** Bordstein aufnehmen; Beton, Betonfundament; 15x30cm, Fundament bis 30cm; Stoffe laden, abfahren, entsorgen						
	m	**€ brutto**	**15**	**17**	**18**	**21**	**28**
	KG 594	€ netto	12	14	16	18	23
6	**Bordstein, Naturstein, ausbauen, lagern** Bordstein ausbauen; Naturstein; 15x30cm; beidseitiger Rückenstütze inkl. Bettung aufnehmen, laden, abfahren, entsorgen						
	m	**€ brutto**	**9,5**	**10,9**	**11,8**	**12,9**	**14,7**
	KG 594	€ netto	7,9	9,2	9,9	10,9	12,3
7	**Rasengittersteine ausbauen und entsorgen** Rasengittersteine abbrechen; ausbauen, laden, abfahren, entsorgen						
	m²	**€ brutto**	**12**	**16**	**18**	**20**	**23**
	KG 594	€ netto	10	13	15	17	20
8	**Ziegelpflaster aufnehmen, entsorgen** Ziegelpflaster abbrechen; ausbauen, laden, abfahren, entsorgen						
	m²	**€ brutto**	**21**	**28**	**30**	**31**	**37**
	KG 594	€ netto	18	23	25	26	31

LB 380 **Preise €**

Nr.	Kurztext / Stichworte Einheit / Kostengruppe		►	▷	brutto ø netto ø	◁	◄
9	**Asphaltbelag aufbrechen, entsorgen** Asphaltbelag aufbrechen; unbelastet, inkl. Unterbau; Tiefe bis 15cm, Breite 70-100cm; Stoffe lade, abfahren entsorgen						
	m²	**€ brutto**	**26**	**33**	**35**	**39**	**47**
	KG 594	€ netto	22	28	30	33	39
10	**Abbruch Mauerwerk, Ziegel** Abbruch Mauerwerk; Ziegel, Bauschutt unbelastet; sortenrein lagern						
	m³	**€ brutto**	**82**	**131**	**144**	**158**	**188**
	KG 594	€ netto	69	110	121	133	158
11	**Bruchsteinmauerwerk abbrechen** Bruchsteinmauerwerk abbrechen; Dicke bis 80cm; Stoffe lade, abfahren entsorgen						
	m³	**€ brutto**	**–**	**232**	**286**	**346**	**–**
	KG 594	€ netto	–	195	241	291	–
12	**Abbruch, unbewehrte Betonteile** Abbruch Mauerwerk; Beton, Bauschutt, unbelastet; sortenrein lagern						
	m³	**€ brutto**	**90**	**123**	**137**	**150**	**177**
	KG 594	€ netto	76	103	115	126	149
13	**Befestigte Flächen aufnehmen, lagern** Pflasterbelag, Sandbett aufnehmen; Naturstein/Betonwerkstein; Dicke 8cm; reinigen, zur Wiederverwendung stapeln; Förderweg bis 50m						
	m²	**€ brutto**	**11**	**15**	**16**	**18**	**20**
	KG 594	€ netto	9,1	12,2	13,7	14,7	17,1
14	**Treppen/Bordsteine/Kantensteine aufnehmen, entsorgen** Fertigteile aufnehmen; Betontreppen, Betonstein; sortenrein laden, entsorgen						
	m	**€ brutto**	**11**	**15**	**18**	**18**	**23**
	KG 594	€ netto	9,4	13,0	15,4	15,5	19,1
15	**Außentreppenstufen abbrechen, Beton** Außentreppenstufen abbrechen; Beton, inkl. Unterbau; Breite 2,00m; Geräteeinsatz möglich						
	St	**€ brutto**	**239**	**289**	**328**	**371**	**407**
	KG 594	€ netto	201	243	276	312	342
16	**Terrassenbelag, Holz, abbauen, entsorgen** Terrassenbelag abbauen; Hartholz; laden, abfahren, entsorgen						
	m²	**€ brutto**	**–**	**15**	**24**	**33**	**–**
	KG 594	€ netto	–	13	20	28	–

LB 380							Preise €
Nr.	**Kurztext** / Stichworte **Einheit** / Kostengruppe		►	▷	**brutto ø** netto ø	◁	◄
17	**Entwässerungsrinne, ausbauen, entsorgen** Entwässerungsrinne, inkl. Bettung, ausbauen, entsorgen; DN100, Bettungsdicke 10cm						
	m	**€ brutto**	**11**	**16**	**16**	**21**	**26**
	KG 594	€ netto	9,3	13,4	13,8	17,7	21,7
18	**Mastleuchte abbrechen, entsorgen** Mastleuchte; Stahl; Höhe bis 5,0m; inkl. Fundament und alle Bestandteile abbrechen, entsorgen						
	St	**€ brutto**	**–**	**195**	**337**	**458**	**–**
	KG 594	€ netto	–	164	284	385	–
19	**Tragschicht, Schotter aufnehmen, entsorgen** Tragschicht; Schotter; Dicke bis 40cm; zwischengelagert, laden, abfahren entsorgen						
	m³	**€ brutto**	**34**	**42**	**45**	**48**	**53**
	KG 594	€ netto	28	35	38	40	44
20	**Tragschicht, Schotter aufnehmen, lagern** Tragschicht aufbrechen; Schotter 0/56; Dicke bis 30cm; Material säubern, lagern						
	m²	**€ brutto**	**3,7**	**5,1**	**6,0**	**6,4**	**8,5**
	KG 594	€ netto	3,1	4,3	5,1	5,4	7,2
21	**Untergrund verdichten, Wegeflächen** Untergrund verdichten; DPr100%, Abweichung +/-3cm; Wegeflächen						
	m²	**€ brutto**	**1,6**	**2,1**	**2,4**	**3,1**	**4,6**
	KG 530	€ netto	1,3	1,8	2,0	2,6	3,8
22	**Untergrund verdichten, Fundamente** Untergrund verdichten, Fundamente; Abweichung +/-2cm; verdichten, DPr 97%; inkl. Planum						
	m²	**€ brutto**	**1,9**	**2,2**	**2,2**	**2,3**	**2,4**
	KG 530	€ netto	1,6	1,8	1,9	1,9	2,0
23	**Planum herstellen** Planum herstellen, befestigter Fläche; Auf-und Abtrag bis 5cm; Abweichung Sollhöhe +/-2cm, überschüssigen Boden entsorgen						
	m²	**€ brutto**	**1,4**	**1,9**	**2,3**	**3,1**	**4,7**
	KG 530	€ netto	1,2	1,6	1,9	2,6	4,0
24	**Frostschutzschicht, Schotter 0/32, bis 30cm** Frostschutzschicht; Schotter 0/32; Dicke bis 30cm; einbauen, verdichten						
	m²	**€ brutto**	**17**	**23**	**26**	**30**	**39**
	KG 530	€ netto	14	19	22	25	33

Kosten: Stand 3.Quartal 2025, Bundesdurchschnitt

LB 380							**Preise €**
Nr.	**Kurztext** / Stichworte				**brutto ø**		
	Einheit / Kostengruppe		▶	▷	netto ø	◁	◀
25	**Frostschutzschicht, Schotter 0/45, bis 30cm**						
	Frostschutzschicht; Schotter 0/45; Dicke bis 30cm; einbauen, verdichten						
	m²	**€ brutto**	**19**	**24**	**28**	**33**	**42**
	KG 530	€ netto	16	21	23	27	35
26	**Frostschutzschicht, RCL 0/56, bis 30cm**						
	Frostschutzschicht; Recyclingmaterial 0/56; Dicke bis 30cm; einbauen, verdichten; Fahr- und Parkstreifen						
	m²	**€ brutto**	**19**	**21**	**22**	**25**	**28**
	KG 530	€ netto	16	18	19	21	24
27	**Frostschutzschicht, Kies 0/16, bis 30cm**						
	Frostschutzschicht; Kies 0/16; Dicke bis 30cm; einbauen, verdichten						
	m²	**€ brutto**	**14**	**16**	**17**	**19**	**21**
	KG 530	€ netto	12	14	14	16	18
28	**Frostschutzschicht, Kies 0/32, bis 30cm**						
	Frostschutzschicht; Kies 0/32; Dicke bis 30cm; einbauen, verdichten						
	m²	**€ brutto**	**21**	**23**	**25**	**27**	**30**
	KG 530	€ netto	17	20	21	22	25
29	**Frostschutzschicht, Kies 0/45, bis 30cm**						
	Frostschutzschicht; Kies 0/45; Dicke bis 30cm; einbauen, verdichten						
	m²	**€ brutto**	**17**	**20**	**22**	**23**	**26**
	KG 530	€ netto	15	17	18	20	22
30	**Tragschicht, Schotter 0/16, bis 30cm**						
	Tragschicht; Schotter 0/16, frostbeständig; Dicke bis 30cm, Abweichung +/-1,5cm; einbauen, verdichten						
	m²	**€ brutto**	**12**	**14**	**15**	**18**	**21**
	KG 530	€ netto	10	12	13	15	18
31	**Tragschicht, Schotter 0/32, bis 30cm**						
	Tragschicht; Schotter 0/32, frostbeständig; Dicke bis 30cm, Abweichung +/-1,5cm; einbauen, verdichten						
	m²	**€ brutto**	**15**	**19**	**20**	**22**	**26**
	KG 530	€ netto	12	16	17	19	22
32	**Tragschicht, Schotter 0/45, bis 30cm**						
	Tragschicht; Schotter 0/45, frostbeständig; Dicke bis 30cm, Abweichung +/-1,5cm; einbauen, verdichten						
	m²	**€ brutto**	**19**	**22**	**23**	**27**	**35**
	KG 530	€ netto	16	18	20	23	29
33	**Tragschicht, Kies 0/16, bis 30cm**						
	Tragschicht; Kies 0/16, frostbeständig; Dicke bis 30cm, Abweichung +/-2,0cm; einbauen, verdichten						
	m²	**€ brutto**	**16**	**18**	**18**	**19**	**21**
	KG 530	€ netto	13	15	15	16	18

LB 380						Preise €
Nr.	**Kurztext** / Stichworte **Einheit** / Kostengruppe	▶	▷	**brutto ø** netto ø	◁	◀
34	**Tragschicht, Kies 0/32, bis 30cm** Tragschicht; Kies 0/32, frostbeständig; Dicke bis 30cm, Abweichung +/-2,0cm; einbauen, verdichten					
	m² **€ brutto**	**16**	**18**	**20**	**24**	**30**
	KG 530 € netto	13	15	17	20	25
35	**Tragschicht, Kies 0/45, bis 30cm** Tragschicht; Kies 0/45, frostbeständig; Dicke bis 30cm, Abweichung +/-2,0cm; einbauen, verdichten					
	m² **€ brutto**	**20**	**24**	**27**	**28**	**34**
	KG 530 € netto	17	21	23	24	28
36	**Asphalttragschicht, 10cm** Asphalttragschicht; Mischgut AC 32, 50/70 TL Bitumen; Dicke 10cm; einbauen, verdichten					
	m² **€ brutto**	**26**	**30**	**33**	**35**	**41**
	KG 530 € netto	22	25	27	30	34
37	**Rasentragschicht 0/32** Tragschicht Schotterrasen; Kies 0/32, Richtlinie für Schotterrasen FLL; statisch gewalzt, Ebenflächigkeit +/-2cm					
	m² **€ brutto**	**14**	**17**	**19**	**20**	**24**
	KG 530 € netto	12	15	16	17	20
38	**Rasentragschicht 0/45** Tragschicht Schotterrasen; Kies 0/45, Richtlinie für Schotterrasen FLL; statisch gewalzt, Ebenflächigkeit +/-2cm					
	m² **€ brutto**	**17**	**25**	**30**	**33**	**40**
	KG 530 € netto	14	21	25	28	34
39	**Rasenpflaster aus Beton** Rasenpflaster; Beton-Rasenfugenstein; in Splitt verlegen, verfüllen; inkl. Schneidearbeiten					
	m² **€ brutto**	**64**	**71**	**75**	**80**	**90**
	KG 534 € netto	54	59	63	67	76
40	**Frostschutzschicht, Schotter 0/16, bis 30cm** Frostschutzschicht; Schotter 0/16; Dicke bis 30cm einbauen, verdichten					
	m² **€ brutto**	**17**	**21**	**22**	**24**	**30**
	KG 530 € netto	14	17	19	20	25
41	**Betonplattenbelag, 40x40** Plattenbelag; Beton, Sand 0/2; 40x40cm; verlegen mit 20mm breiten Rasenfugen; inkl. Unterbau und verfugen					
	m² **€ brutto**	**70**	**85**	**91**	**96**	**106**
	KG 530 € netto	59	72	77	81	89

Kosten: Stand 3.Quartal 2025, Bundesdurchschnitt

LB 380							**Preise €**
Nr.	**Kurztext** / Stichworte				**brutto ø**		
	Einheit / Kostengruppe		►	▷	netto ø	◁	◄
42	**Betonplattenbelag, großformatig**						
	Plattenbelag; Beton, Brechsand-Splitt-Gemisch 0/5mm; Dicke bis 8cm; verlegen, abrütteln; ohne Lieferung						
	m²	**€ brutto**	**85**	**101**	**108**	**135**	**165**
	KG 530	€ netto	71	85	90	114	139
43	**Balkonbelag, Betonwerkstein**						
	Plattenbelag; Betonwerkstein; ungebunden, im Splittbett mit Kreuzfuge verlegen; Balkon						
	m²	**€ brutto**	**114**	**143**	**160**	**181**	**215**
	KG 353	€ netto	95	120	134	152	180
44	**Pflasterdecke, Betonpflaster**						
	Pflasterdecke; Beton, Sandbettung 0/4; verlegen, abrütteln; ohne Lieferung						
	m²	**€ brutto**	**53**	**57**	**62**	**64**	**68**
	KG 530	€ netto	44	48	52	54	57
45	**Pflasterdecke, Granit, 8x8**						
	Pflasterdecke; Granit; 8x8x8cm; im Mörtelbett verlegen; Wegefläche						
	m²	**€ brutto**	**116**	**138**	**148**	**155**	**172**
	KG 531	€ netto	97	116	125	131	144
46	**Pflasterdecke, Granit 9x9**						
	Pflasterdecke; Granit; 9x9x9cm; im Mörtelbett verlegen; Wegefläche						
	m²	**€ brutto**	**159**	**175**	**183**	**198**	**219**
	KG 531	€ netto	134	147	154	166	184
47	**Pflasterdecke, Granit 10x10**						
	Pflasterdecke; Granit; 10x10x10cm; im Mörtelbett verlegen; Wegefläche						
	m²	**€ brutto**	**173**	**175**	**190**	**204**	**231**
	KG 531	€ netto	145	147	160	172	194
48	**Pflasterdecke, Granit, 11x11**						
	Pflasterdecke; Granit; 11x11x11cm; im Mörtelbett verlegen; Wegefläche						
	m²	**€ brutto**	**190**	**204**	**206**	**219**	**239**
	KG 531	€ netto	160	171	173	184	201
49	**Plattenbelag, Granit, 60x60**						
	Plattenbelag, Naturstein; Granit; 60x60cm, Dicke 5cm; barrierefrei, ungebunden in Brechsand-Splitt-Gemische 0/2, Bettungsdicke 3-5cm						
	m²	**€ brutto**	**103**	**122**	**132**	**142**	**165**
	KG 533	€ netto	87	102	111	119	139

LB 380							Preise €
Nr.	**Kurztext** / Stichworte **Einheit** / Kostengruppe ►		▷		**brutto ø** netto ø	◁	◄
50	**Plattenbelag, Basalt, 60x60** Plattenbelag, Naturstein; Basalt; 60x60cm, Dicke 5cm; barrierefrei, ungebunden in Brechsand-Splitt-Gemische 0/2, Bettungsdicke 3-5cm						
	m²	**€ brutto**	**194**	**262**	**290**	**327**	**357**
	KG 533	€ netto	163	220	244	275	300
51	**Plattenbelag, Travertin, 60x60** Plattenbelag, Naturstein; Travertin; 60x60cm, Dicke 5cm; barrierefrei, ungebunden in Brechsand-Splitt-Gemische 0/2, Bettungsdicke 3-5cm						
	m²	**€ brutto**	**164**	**208**	**212**	**216**	**274**
	KG 533	€ netto	138	175	178	182	230
52	**Plattenbelag, Sandstein, 60x60** Plattenbelag, Naturstein; Sandstein; 60x60cm, Dicke 5cm; barrierefrei, ungebunden in Brechsand-Splitt-Gemische 0/2, Bettungsdicke 3-5cm						
	m²	**€ brutto**	**173**	**195**	**208**	**218**	**237**
	KG 533	€ netto	146	164	175	183	199
53	**Versickerungsfähiges Pflaster, Beton, 15x15** Versickerungsfähiges Pflaster; Beton; 15x15x8cm; Halbsteinverband inkl. Splittbettung, einsanden						
	m²	**€ brutto**	**45**	**60**	**63**	**74**	**80**
	KG 530	€ netto	38	51	53	62	67
54	**Versickerungsfähiges Pflaster, Beton, 30x15** Versickerungsfähiges Pflaster; Beton; 30x15x8cm; Halbsteinverband inkl. Splittbettung, einsanden						
	m²	**€ brutto**	**50**	**62**	**67**	**76**	**87**
	KG 530	€ netto	42	52	56	64	73
55	**Versickerungsfähiges Pflaster, Doppel-T-Verbundstein, 20x16,5cm** Versickerungsfähiges Pflaster; Beton, Doppel-T-Verbundstein; 20x16,5cm, Dicke 8cm; Halbsteinverband inkl. Splittbettung, einsanden						
	m²	**€ brutto**	**32**	**42**	**45**	**51**	**55**
	KG 532	€ netto	27	35	38	43	46
56	**Pflasterzeile, Großformat, einzeilig** Pflasterstreifen; Naturstein gebraucht, Basalt-Bruchsand 0/3; einzeilig, in C12/15 setzen; Wegeeinfassung						
	m	**€ brutto**	**41**	**46**	**47**	**48**	**53**
	KG 530	€ netto	34	39	39	40	45

Kosten: Stand 3.Quartal 2025, Bundesdurchschnitt

LB 380 **Preise €**

Nr.	Kurztext / Stichworte Einheit / Kostengruppe		►	▷	brutto ø netto ø	◁	◄
57	**Pflasterzeile, Granit, einzeilig, 15x17x17** Pflasterstreifen; Granitgroßsteine; 15x17x17cm; im Verband, einzeilig, gebunden verlegen; Wegeeinfassung						
	m	**€ brutto**	**51**	**61**	**65**	**76**	**100**
	KG 530	€ netto	43	51	55	64	84
58	**Pflasterzeile, Granit, dreizeilig** Pflasterzeile; Granit; 15x17x17cm, dreizeilig; im Mörtelbett verlegen						
	m	**€ brutto**	**58**	**78**	**89**	**113**	**146**
	KG 531	€ netto	49	66	75	95	123
59	**Bordstein, Beton, 12x15x25, L=100cm** Bordstein; Beton; 12x15x25, Länge 100cm; als Hochbord, in C12/15 setzen						
	m	**€ brutto**	**47**	**51**	**52**	**56**	**62**
	KG 530	€ netto	39	43	44	47	52
60	**Bordstein, Beton, 12x15x30, L=100cm** Bordstein; Beton; 12x15x30, Länge 100cm; als Hochbord, in C12/15 setzen						
	m	**€ brutto**	**54**	**62**	**65**	**69**	**79**
	KG 530	€ netto	46	52	55	58	66
61	**Bordstein, Beton, 8x25, L=100cm** Bordstein; Beton; 8x25cm, Länge 100cm; als Tiefbord, in C12/15 setzen						
	m	**€ brutto**	**35**	**40**	**44**	**48**	**53**
	KG 530	€ netto	30	34	37	40	44
62	**Bordstein, Beton, 10x25cm, L=100cm** Bordstein; Beton; 10x25, Länge 100cm; als Tiefbord in C12/15 setzen						
	m	**€ brutto**	**38**	**40**	**42**	**42**	**47**
	KG 530	€ netto	32	34	35	36	39
63	**Bordstein, Granit** Bordstein; Granit, spaltrau, frostbeständig F1; Breite 14-15cm; in C12/15 setzen						
	m	**€ brutto**	**61**	**82**	**95**	**108**	**138**
	KG 530	€ netto	51	69	80	91	116
64	**Blockstufe, Beton, 100x35x15** Blockstufe; Betonfertigteil, sandgestrahlt, Kanten gefast; 15x35x100cm; in C20/25 setzen; inkl. Nebenarbeiten						
	St	**€ brutto**	**220**	**260**	**290**	**301**	**333**
	KG 544	€ netto	185	219	243	253	279

LB 380							Preise €
Nr.	Kurztext / Stichworte Einheit / Kostengruppe ►		▷	brutto ø netto ø		◁	◄
65	**Pflastersteine schneiden, Beton** Pflastersteine schneiden; Beton; mit Diamanttrennscheibe; Schnittgut entsorgen						
	m	**€ brutto**	**22**	**26**	**28**	**34**	**43**
	KG 530	€ netto	19	22	24	29	36
66	**Plattenbelag schneiden, Beton** Plattenbelag schneiden; Beton; Abweichung max. 0,5cm; Nassschneidegerät						
	m	**€ brutto**	**23**	**26**	**27**	**31**	**38**
	KG 530	€ netto	19	22	23	26	32
67	**Lastplattendruckversuch** Lastplattendruckversuch; inkl. erf. Nebenarbeiten, Hilfsmittel						
	St	**€ brutto**	**268**	**349**	**358**	**394**	**457**
	KG 533	€ netto	225	293	301	331	384
68	**Wassergebundene Decke** Wassergebundene Decke herstellen; Kies-Sand C/3; Gefälle max. 3%, Dicke 2cm; verdichten; eingebaute Tragschicht						
	m²	**€ brutto**	**19**	**23**	**25**	**25**	**30**
	KG 530	€ netto	16	20	21	21	25
69	**Schotterrasen herstellen** Schotterrasen herstellen; Schotter-Humus-Gemisch; abwalzen, einsanden						
	m²	**€ brutto**	**18**	**24**	**26**	**32**	**42**
	KG 574	€ netto	15	20	22	27	35
70	**Winkelstützmauerelement, Beton, Höhe 55cm** Winkelstützmauerelement, Beton; Stahlbetonfertigteil, C30/37; Höhe 55cm; Sichtfläche glatt, Kanten gefast, Betonbettung C12/15						
	m	**€ brutto**	**157**	**195**	**211**	**247**	**311**
	KG 543	€ netto	132	164	177	208	261
71	**Winkelstützmauerelement, Beton, Höhe 105cm** Winkelstützmauerelement, Beton; Stahlbetonfertigteil, C30/37; Höhe 105cm; Sichtfläche glatt, Kanten gefast, Betonbettung C12/15						
	m	**€ brutto**	**303**	**353**	**365**	**375**	**433**
	KG 543	€ netto	254	296	306	315	364
72	**Winkelstützmauerelement, Beton, Höhe 155cm** Winkelstützmauerelement, Beton; Stahlbetonfertigteil, C30/37; Höhe 155cm; Sichtfläche glatt, Kanten gefast, Betonbettung C12/15						
	m	**€ brutto**	**409**	**483**	**529**	**587**	**684**
	KG 543	€ netto	344	406	445	493	575

Kosten: Stand 3.Quartal 2025, Bundesdurchschnitt

LB 380							**Preise €**
Nr.	**Kurztext** / Stichworte				**brutto ø**		
	Einheit / Kostengruppe		►	▷	netto ø	◁	◄
73	**Rippenplatten, 30x30x8, Rippenabstand 50x6, o. Fase, weiß** Bodenindikator, Rippenplatte; Beton, weiß, ohne Fase; 30x30x8cm; als taktiles Leitsystem an Überquerungsstellen, Halbsteinverband; Außenbereich						
	m²	**€ brutto**	**–**	**193**	**201**	**251**	**–**
	KG 531	€ netto	–	162	169	211	–
74	**Rippenplatten, 30x30x8, Rippenabstand 50x7, mit Fase, anthrazit** Rippenplatte; Beton, anthrazit, mit Fase; 30x30x8cm; als taktiles Leitsystem an Überquerungsstellen, Halbsteinverband; Außenbereich						
	m²	**€ brutto**	**157**	**207**	**230**	**276**	**286**
	KG 531	€ netto	132	174	194	232	240
75	**Rippenplatten, 30x30x8, Rippenabstand 40x7, mit Fase, weiß** Rippenplatte; Beton, weiß, mit Fase; 30x30x8cm; als taktiles Leitsystem an Überquerungsstellen, Halbsteinverband; Außenbereich						
	m²	**€ brutto**	**158**	**186**	**206**	**212**	**255**
	KG 531	€ netto	133	156	173	178	214
76	**Rippenplatten, 30x30x8, Rippenabstand 50x6, o. Fase, anthrazit** Rippenplatte; Beton, anthrazit, ohne Fase; 30x30x8cm; als taktiles Leitsystem an Überquerungsstellen, Halbsteinverband; Außenbereich						
	m²	**€ brutto**	**–**	**207**	**218**	**270**	**–**
	KG 531	€ netto	–	174	183	227	–
77	**Rippenplatte, 20x10x8, Rippenabstand 40x2, mit Fase, weiß** Rippenplatte; Beton, weiß, mit Fase; 20x10x8cm; als taktiles Leitsystem an Überquerungsstellen, Halbsteinverband; Außenbereich						
	m	**€ brutto**	**–**	**165**	**172**	**201**	**–**
	KG 531	€ netto	–	139	144	169	–
78	**Noppenplatten, 30x30x8, 32 Noppen, mit Fase, Kegel, anthrazit** Noppenplatte; Beton, anthrazit, mit Fase; 30x30x8cm, 32 Kegelnoppen; als taktiles Leitsystem an Überquerungsstellen, Halbsteinverband; Außenbereich						
	m²	**€ brutto**	**–**	**198**	**206**	**256**	**–**
	KG 531	€ netto	–	166	173	215	–
79	**Noppenplatten, 30x30x8, 32 Noppen, mit Fase, Kegel, weiß** Noppenplatte; Beton, weiß, mit Fase; 30x30x8cm, 32 Kegelnoppen; als taktiles Leitsystem an Überquerungsstellen, Halbsteinverband; Außenbereich						
	m²	**€ brutto**	**142**	**193**	**205**	**236**	**249**
	KG 531	€ netto	119	162	173	199	209

LB 380						Preise €
Nr.	**Kurztext** / Stichworte **Einheit** / Kostengruppe	►	▷	**brutto ø** netto ø	◁	◄
80	**Noppenplatten, 30x30x8, 32 Noppen, mit Fase, Kugel, weiß** Noppenplatte; Beton, weiß, mit Fase; 30x30x8cm, 32 Kugelnoppen; als taktiles Leitsystem an Überquerungsstellen, Halbsteinverband; Außenbereich					
	m² € brutto	**145**	**197**	**207**	**261**	**269**
	KG 531 € netto	122	165	174	219	226
81	**Noppenplatten, 30x30x8, 32 Noppen, mit Fase, Kugel, anthrazit** Noppenplatte; Beton, anthrazit, mit Fase; 30x30x8cm, 32 Kugelnoppen; als taktiles Leitsystem an Überquerungsstellen, Halbsteinverband; Außenbereich					
	m² € brutto	**–**	**198**	**211**	**257**	**–**
	KG 531 € netto	–	167	177	216	–
82	**Leitstreifen Rippenplatte, einreihig** Leitstreifen, Rippenplatte; Pflasterstein, taktil erfassbarer Oberfläche; als taktiles Leitsystem, einreihig verlegen					
	m € brutto	**463**	**539**	**545**	**590**	**655**
	KG 531 € netto	389	453	458	496	551
83	**Aufmerksamkeitsfeld, 90x90cm, Noppenplatte** Aufmerksamkeitsfeld, Noppenplatte; Beton, mit/ohne Fase; Feldgröße 90x90cm					
	m² € brutto	**168**	**194**	**206**	**228**	**254**
	KG 531 € netto	141	163	173	191	213
84	**Einstiegsfeld, 90x90cm, Noppenplatte** Einstiegsfeld, Noppenplatte; Beton mit/ohne Fase; Feldgröße 90x90cm; zur Anzeige Bus-/Bahneinstiegen					
	m² € brutto	**178**	**231**	**254**	**309**	**322**
	KG 531 € netto	149	194	213	260	271
85	**Rollstuhl-Überfahrtstein, 18x22, L=100cm** Bordstein, Rollstuhl-Überfahrtstein; Beton, weiß, mit Fase; 18x22x100cm; in Beton C20/25 versetzen					
	m € brutto	**120**	**162**	**180**	**194**	**209**
	KG 530 € netto	101	136	151	163	175
86	**Tastbordstein, Beton, 25x20, L=50cm** Bordstein, Taststein; Beton, weiß; 25x30x50cm; zur Anpassung an Straßenabläufe, in Beton C20/25 versetzen					
	m € brutto	**103**	**140**	**147**	**170**	**179**
	KG 530 € netto	86	117	123	143	151

Kosten: Stand 3.Quartal 2025, Bundesdurchschnitt

LB 380 **Preise €**

Nr.	Kurztext / Stichworte Einheit / Kostengruppe		▶	▷	brutto ø netto ø	◁	◀
87	**Rollbordstein, Beton, 25x20, L=100cm** Bordstein, Rollbordstein; Beton, weiß; 25x20x100cm; Absenkung von 3 auf 0cm, in Beton C20/25 versetzen						
	m	**€ brutto**	**–**	**145**	**151**	**183**	**–**
	KG 530	€ netto	–	122	127	153	–
88	**Übergangsbordstein, Beton, dreiteilig, 12x18x30, L=100cm** Bordstein, Übergangsbordstein; Beton, weiß; 12x18x30cm, Länge 100cm; als dreiteiliger Übergang zwischen Nullabsenkung und Hochbord						
	m	**€ brutto**	**–**	**197**	**211**	**241**	**–**
	KG 530	€ netto	–	165	178	203	–
89	**Übergangsbordstein, Beton, dreiteilig, 18x22, L=100cm** Bordstein, Übergangsbordstein; Beton, weiß; 18x22cm, Länge 100cm; als dreiteiliger Übergang zwischen Nullabsenkung und Hochbord						
	m	**€ brutto**	**123**	**172**	**178**	**217**	**224**
	KG 530	€ netto	103	145	149	182	188
90	**L-Stufe, Kontraststreifen Beton,15x38, L=120cm** L-Stufe; Betonfertigteil, Kontraststreifen Beton; Stufe 15x38x120cm, Streifen 5x5/8x5cmcm; in Beton C20/25 versetzen; bauseitigem Fundament						
	m	**€ brutto**	**176**	**238**	**251**	**301**	**313**
	KG 544	€ netto	148	200	211	253	263
91	**L-Stufe, Kontraststreifen PVC,15x38, L=120cm** L-Stufe; Betonfertigteil, Kontraststreifen PVC; Stufe 15x38x120cm, Streifen 4,4x2,2cm; in Beton C20/25 versetzen; bauseitigem Fundament						
	m	**€ brutto**	**153**	**193**	**215**	**251**	**267**
	KG 544	€ netto	128	163	181	211	224
92	**Legestufe, Kontraststreifen PVC, 8x40x120** Legestufe; Betonfertigteil, Kontraststreifen PVC; Stufe 8x40x120cm, Streifen 4,3x2,2cm; in Beton C20/25 versetzen; bauseitigem Fundament						
	m	**€ brutto**	**167**	**217**	**226**	**260**	**285**
	KG 544	€ netto	141	182	190	219	239
93	**Legestufe, Kontraststreifen Beton, 8x40x120** Legestufe; Betonfertigteil, Kontraststreifen Beton; Stufe 8x40x120cm, Streifen 5x5/8x5cm; in Beton C20/25 versetzen; bauseitigem Fundament						
	m	**€ brutto**	**185**	**248**	**261**	**303**	**324**
	KG 544	€ netto	156	208	219	255	272

LB 380 **Preise €**

Nr.	Kurztext / Stichworte Einheit / Kostengruppe	▶	▷	brutto ø netto ø	◁	◀
94	**Winkelstufe, Kontraststreifen PVC, 20x36x120** Winkelstufe; Betonfertigteil, Kontraststreifen PVC; Stufe 20x36x120cm, Streifen 4,3x2,2cm; in Beton C20/25 versetzen; bauseitigem Fundament					
	m **€ brutto**	**39**	**47**	**50**	**58**	**62**
	KG 544 € netto	33	40	42	49	52
95	**Winkelstufe, Kontraststreifen Beton, 20x36x120** Winkelstufe; Betonfertigteil, Kontraststreifen Beton; Stufe 20x36x120cm, Streifen 5x578x5cm; in Beton C20/25 versetzen; bauseitigem Fundament					
	m **€ brutto**	**189**	**243**	**256**	**299**	**320**
	KG 544 € netto	159	204	215	251	269
96	**Blockstufe, Kontraststreifen PVC, 20x40x120** Blockstufe, Kontraststreifen; Betonfertigteil, Kontraststreifen PVC; Stufe 20x40x120cm, Kontraststreifen 4,3x2,2cm; in Beton C20/25 versetzen; bauseitigem Fundament					
	m **€ brutto**	**–**	**235**	**245**	**286**	**–**
	KG 544 € netto	–	197	206	241	–
97	**Blockstufe, Kontraststreifen Beton, 20x40x120** Blockstufe, Kontraststreifen; Betonfertigteil, Kontraststreifen Beton; Stufe 20x40x120cm, Kontraststreifen 5x5/8x5cm; in Beton C20/25 versetzen; bauseitigem Fundament					
	m **€ brutto**	**262**	**274**	**278**	**296**	**320**
	KG 544 € netto	220	230	234	248	269
98	**Taktiles Bodenleitsystem Fräsen, 7 Rillen** Bodenindikator Fräsen; Asphalt/Beton; 7 Rillen, Tiefe 5mm, Abstand 2,5cm, Breite 3,2; geradlinig/Bögen Radius bis 15m					
	m **€ brutto**	**–**	**165**	**183**	**216**	**–**
	KG 531 € netto	–	139	154	182	–
99	**Rampenstufen, Betonfertigteil** Rampenstufe, Betonfertigteil; mit Frostbeständigen Kleber versetzen					
	St **€ brutto**	**77**	**107**	**115**	**133**	**139**
	KG 544 € netto	65	90	97	112	116
100	**Taktiles Bodenleitsystem Fräsen, 1 Rille** Bodenindikator Fräsen; Asphalt/Beton; 1 Rille, Breite 3,2cm; vor Treppen, Podeste					
	m **€ brutto**	**–**	**60**	**64**	**75**	**–**
	KG 531 € netto	–	51	54	63	–

Kosten: Stand 3.Quartal 2025, Bundesdurchschnitt

LB 380 **Preise €**

Nr.	Kurztext / Stichworte Einheit / Kostengruppe		►	▷	brutto ø netto ø	◁	◄
101	**Fräsen eines Aufmerksamkeitsfeldes** Aufmerksamkeitsfeld Fräsen; Asphalt/Beton; Rasterfeld 7x7 Rillen, Feldgröße 37x37cm; als taktiles Leitsystem; Querungen, Abzweigungen						
	St	**€ brutto**	**126**	**166**	**182**	**208**	**215**
	KG 531	€ netto	106	139	153	175	181
102	**Richtungsänderung fräsen** Richtungsänderung fräsen; Asphalt/Beton; über 90°/kleiner 90°						
	St	**€ brutto**	**–**	**238**	**250**	**295**	**–**
	KG 531	€ netto	–	200	210	248	–
103	**Maschinenumstellung** Maschinenumstellung; auf Podeste oder schwer zugänglichen Stellen						
	St	**€ brutto**	**38**	**49**	**58**	**67**	**69**
	KG 531	€ netto	32	41	49	57	58
104	**Überfahrrampe Balkon-/Terrassentüren Höhe bis 125mm** Überfahrrampe; Aluminium, rutschsicher; höhenverstellbar 70-125mm, Tragkraft min. 300kg; zweiteilig Innen- und Außenrampe; Balkon-/Terrassentür						
	St	**€ brutto**	**865**	**1.191**	**1.253**	**1.442**	**1.479**
	KG 339	€ netto	727	1.001	1.053	1.211	1.243
105	**Weg-/Beetbegrenzung, Aluminium, gerade** Weg-/Beetabgrenzung, gerades Profil; Aluminium; Höhe 100mm						
	m	**€ brutto**	**46**	**60**	**70**	**73**	**91**
	KG 530	€ netto	38	50	59	62	77
106	**Weg-/Beetbegrenzung, Aluminium, Bogen** Weg-/Beetabgrenzung, Bogenprofil; Aluminium; Höhe 100mm						
	m	**€ brutto**	**111**	**143**	**150**	**170**	**186**
	KG 530	€ netto	93	120	126	143	156
107	**Weg-/Beetbegrenzung, Aluminium, Stoßverbinder** Weg-/Beetabgrenzung, Stoßverbinder; Aluminium; Höhe 90mm, Länge 100mm						
	St	**€ brutto**	**95**	**122**	**129**	**147**	**157**
	KG 530	€ netto	80	103	108	123	132
108	**Weg-/Beetbegrenzung, Aluminium, Eckverbinder, Außenecke 90°** Weg-/Beetabgrenzung, Eckverbinder, Außeneck 90°; Aluminium; Höhe 90mm, Schenkellänge 75mm						
	St	**€ brutto**	**61**	**66**	**69**	**73**	**81**
	KG 530	€ netto	51	55	58	61	68

LB 380							Preise €
Nr.	Kurztext / Stichworte Einheit / Kostengruppe		►	▷	brutto ø netto ø	◁	◄
109	**Weg-/Beetbegrenzung, Aluminium, Erdnagel** Weg-/Beetbegrenzung, Erdnagel; Aluminium; Länge 300mm; mit Lochstanzung						
	St	**€ brutto**	**28**	**36**	**38**	**44**	**48**
	KG 530	€ netto	24	30	32	37	40
110	**Gabionen, 50x50x50** Gabionen; Baustahldraht, Gestein frostbeständig; Drahtkorb 50x50x50cm, Stärke 3,5mm, MW 10x10mm; händisch befüllen						
	St	**€ brutto**	**131**	**173**	**184**	**212**	**223**
	KG 543	€ netto	110	145	155	178	187
111	**Gabionen, 100x50x50** Gabionen; Baustahldraht, Gestein frostbeständig; Drahtkorb 100x50x50cm, Stärke 3,5mm, MW 10x10mm; händisch befüllen						
	St	**€ brutto**	**–**	**243**	**261**	**303**	**–**
	KG 543	€ netto	–	204	219	254	–
112	**Gabionen, 150x100x50** Gabionen; Baustahldraht, Gestein frostbeständig; Drahtkorb 150x100x50cm, Stärke 3,5mm, MW 10x10cm; händisch befüllen						
	St	**€ brutto**	**219**	**312**	**322**	**386**	**396**
	KG 543	€ netto	184	262	270	324	332
113	**Gabionen, 100x100x100** Gabionen; Baustahldraht, Gestein frostbeständig; Drahtkorb 100x100x100cm, Stärke 3,5mm, MW 10x10mm; händisch befüllen						
	St	**€ brutto**	**423**	**568**	**604**	**695**	**725**
	KG 543	€ netto	355	477	508	584	609
114	**Gabionen, 200x50x50** Gabionen; Baustahldraht, Gestein frostbeständig; Drahtkorb 200x50x50cm, Stärke 3,5mm, MW 10x10cm; händisch befüllen						
	St	**€ brutto**	**304**	**420**	**447**	**528**	**541**
	KG 543	€ netto	255	353	376	443	455
115	**Gabionen, 200x100x50** Gabionen; Baustahldraht, Gestein frostbeständig; Drahtkorb 200x100x50m, Stärke 3,5mm, MW 10x10cm; händisch befüllen						
	St	**€ brutto**	**–**	**584**	**615**	**701**	**–**
	KG 543	€ netto	–	491	517	589	–
116	**Gabionen, 300x50x50** Gabionen; Baustahldraht, Gestein frostbeständig; Drahtkorb 300x50x50cm, Stärke 3,5mm, MW 10x10cm; händisch befüllen						
	St	**€ brutto**	**371**	**526**	**554**	**621**	**648**
	KG 543	€ netto	312	442	466	521	545

Kosten: Stand 3.Quartal 2025, Bundesdurchschnitt

LB 380						**Preise €**
Nr.	**Kurztext** / Stichworte			**brutto ø**		
	Einheit / Kostengruppe	▶	▷	netto ø	◁	◀
117	**Trockenmauer als freistehende Mauer-Granitblöcke-Findlinge** Trockenmauer, freistehend; Granitblöcke; Steindurchmesser bis 60cm, Mauerdicke über 50cm; Sichtflächen unbearbeitet					
	m **€ brutto**	**278**	**382**	**403**	**455**	**479**
	KG 543 € netto	233	321	338	382	403
118	**Trockenmauer als Stützwand - Bruchsteinmauerwerk** Trockenmauer, Stützwand; Naturstein; Steinhöhe 2-20cm, Mauerhöhe 2,50m, Dicke über 50cm; Sichtflächen unbearbeitet					
	m **€ brutto**	**407**	**461**	**485**	**558**	**582**
	KG 543 € netto	342	387	407	469	489
119	**Natursteinmauerwerk als Außenwand** Natursteinmauerwerk; Mauermörtel M 10; Dicke mind. 50cm, Höhe bis 2,00m; als Außenwand, einseitig sichtbar, spaltrau, fugen glätten					
	m **€ brutto**	**244**	**285**	**291**	**314**	**359**
	KG 543 € netto	205	239	245	264	302
120	**Naturwerksteinmauerwerk als Zyklopenmauerwerk** Naturwerksteinmauerwerk; Mauermörtel M 10; Dicke mind. 30cm, Höhe bis 2,00m; als Außenwand, einseitig sichtbar, spaltrau, fugen glätten					
	m³ **€ brutto**	**447**	**635**	**744**	**744**	**1.177**
	KG 543 € netto	376	534	625	625	989
121	**Speicherelement, Flachtank Niederschlagswasser, 600 Liter** Speicherelement, Flachtank; Glasfaserverstärktes Polypropylen; 600l					
	St **€ brutto**	**887**	**1.090**	**1.198**	**1.282**	**1.366**
	KG 542 € netto	745	916	1.007	1.077	1.148
122	**Speicherelement, Rigole, Niederschlagswasser, 420 Liter** Speicherelement, Rigole; Polypropylen PP; 420l; befahrbar SLW 60					
	St **€ brutto**	**548**	**741**	**805**	**878**	**990**
	KG 552 € netto	460	623	677	738	832
123	**Speicherelement, Sickertunnel, Niederschlagswasser, 300 Liter** Speicherelement, Sickertunnel; Polypropylen PP; 300l; befahrbar SLW 60					
	St **€ brutto**	**379**	**485**	**533**	**576**	**635**
	KG 552 € netto	318	408	448	484	533
124	**Speicherelement, Box Niederschlagswasser, 400 Liter** Speicherelement, Box; HPDE; 400l; befahrbar SLW 60					
	St **€ brutto**	**–**	**1.088**	**1.170**	**1.276**	**–**
	KG 552 € netto	–	915	983	1.072	–

E

Abbruch / Instandsetzung

LB 381						Preise €
Nr.	**Kurztext** / Stichworte			**brutto ø**		
	Einheit / Kostengruppe	►	▷	netto ø	◁	◄
1	**Trockenstrahlen, Betonfläche, unbeschichtet** Trockenstrahlen, Betonoberfläche, beschichtet; feste Strahlmittel; Entfernen loser und mürber Teile; inkl. Nachreinigen					
	m² **€ brutto**	**20**	**21**	**22**	**24**	**25**
	KG 395 € netto	17	18	19	20	21
2	**Trockenstrahlen, Betonfläche, beschichtet** Trockenstrahlen, Betonoberfläche, beschichtet; feste Strahlmittel; Entfernen von Beschichtungen; inkl. Nachreinigen					
	m² **€ brutto**	**30**	**32**	**34**	**36**	**39**
	KG 395 € netto	26	27	28	30	33
3	**Feuchtestrahlen, Betonfläche, unbeschichtet** Strahlen, Betonoberfläche, unbeschichtet; feste Strahlmittel und Wasser; Entfernen loser und mürber Teile; inkl. Nachreinigen					
	m² **€ brutto**	**26**	**28**	**29**	**31**	**33**
	KG 395 € netto	22	23	24	26	28
4	**Feuchtestrahlen, Beton beschichtet** Strahlen, Betonoberfläche; feste Strahlmittel und Wasser; Entfernen von Beschichtungen; inkl. Nachreinigen					
	m² **€ brutto**	**37**	**39**	**41**	**44**	**47**
	KG 395 € netto	31	33	34	37	40
5	**HDWS, Betonflächen, bis Bewehrung** Hochdruckwasserstrahlen, Betonoberfläche; Abtragen bis zur Bewehrungslage; inkl. Nachreinigen					
	m² **€ brutto**	**46**	**49**	**52**	**56**	**60**
	KG 395 € netto	38	41	44	47	50
6	**HDWS, Betonflächen, hinter Bewehrung** Hochdruckwasserstrahlen, Betonoberfläche; Abtragen bis hinter die Bewehrungslage; inkl. Nachreinigen					
	m² **€ brutto**	**77**	**81**	**85**	**91**	**98**
	KG 395 € netto	65	68	72	77	83
7	**Kugelstrahlen, Betonflächen, Boden** Kugelstrahlen, Betonoberfläche; Boden; inkl. Nachreinigen					
	m² **€ brutto**	**24**	**26**	**27**	**30**	**32**
	KG 395 € netto	20	22	23	25	27
8	**Betonausbruch, 10x3cm** Betonausbruch; BxT 10x3cm; bis hinter Bewehrung ausstemmen; inkl. Bauschutt entsorgen					
	m **€ brutto**	**27**	**29**	**31**	**33**	**35**
	KG 395 € netto	23	24	26	28	30

Kosten: Stand 3.Quartal 2025, Bundesdurchschnitt

LB 381 **Preise €**

Nr.	Kurztext / Stichworte				brutto ø		
	Einheit / Kostengruppe		►	▷	netto ø	◁	◄
9	**Betonausbruch, 20x5cm**						
	Betonausbruch; BxT 10x5cm; bis hinter Bewehrung ausstemmen; inkl. Bauschutt entsorgen						
	m	**€ brutto**	**44**	**48**	**51**	**54**	**58**
	KG 395	€ netto	37	40	42	45	49
10	**Betonausbruch, Mehrtiefe 1cm**						
	Betonausbruch; pro 1cm Mehrtiefe; inkl. Bauschutt entsorgen						
	m	**€ brutto**	**5,4**	**5,8**	**6,2**	**6,7**	**7,1**
	KG 395	€ netto	4,6	4,9	5,2	5,6	6,0
11	**Stemmarbeiten, Kanten, 15x15cm**						
	Stemmarbeiten, Kanten; Beton; Schenkellänge 15x15cm; inkl. Bauschutt entsorgen						
	m	**€ brutto**	**33**	**36**	**38**	**41**	**44**
	KG 395	€ netto	28	30	32	34	37
12	**Stemmarbeiten, Kanten, 5cm Mehrlänge**						
	Stemmarbeiten, Kanten; Beton; pro 5cm Mehrlänge; inkl. Bauschutt entsorgen						
	m	**€ brutto**	**7,8**	**8,5**	**9,0**	**9,7**	**10,4**
	KG 395	€ netto	6,6	7,1	7,6	8,2	8,7
13	**Betonausbruch, bis 0,10m²**						
	Betonausbruch, punktuell; bis Bewehrung ausstemmen; Größe 0,10m², Tiefe bis 3cm; markierte Stellen; inkl. Bauschutt entsorgen						
	St	**€ brutto**	**45**	**48**	**50**	**54**	**57**
	KG 395	€ netto	38	40	42	46	48
14	**Betonausbruch, bis 0,25m²**						
	Betonausbruch, punktuell; bis Bewehrung ausstemmen; Größe 0,25m², Tiefe bis 3cm; markierte Stellen; inkl. Bauschutt entsorgen						
	St	**€ brutto**	**70**	**74**	**77**	**84**	**86**
	KG 395	€ netto	58	62	65	71	72
15	**Betonausbruch, bis 0,50m²**						
	Betonausbruch, punktuell; bis hinter Bewehrung ausstemmen; Tiefe bis 5cm, Größe von 0,01-0,50m²; inkl. Bauschutt entsorgen						
	St	**€ brutto**	**101**	**111**	**117**	**125**	**134**
	KG 395	€ netto	85	93	98	105	113
16	**Betonausbruch, bis 3cm**						
	Betonausbruch, flächig; bis Bewehrung ausstemmen; Tiefe bis 3cm; inkl. Bauschutt entsorgen						
	m²	**€ brutto**	**119**	**130**	**137**	**147**	**158**
	KG 395	€ netto	100	110	115	123	133

LB 381 **Preise €**

Nr.	Kurztext / Stichworte Einheit / Kostengruppe		▶	▷	brutto ø netto ø	◁	◀
17	**Betonausbruch, bis 5cm** Betonausbruch, flächig; bis hinter Bewehrung ausstemmen; Tiefe bis 5cm; inkl. Bauschutt entsorgen						
	m²	**€ brutto**	**172**	**186**	**195**	**211**	**227**
	KG 395	€ netto	144	156	164	177	190
18	**Betonausbruch, Mehrtiefe** Betonausbruch, flächig; Mehrtiefe 1cm; inkl. Bauschutt entsorgen						
	m²	**€ brutto**	**24**	**28**	**29**	**31**	**35**
	KG 395	€ netto	20	23	24	26	29
19	**Bewehrung abtrennen, bis 16mm** Bewehrung, freigelegt; bis 16mm; abtrennen; inkl. Bauschutt entsorgen						
	St	**€ brutto**	**8,3**	**8,8**	**9,4**	**10,1**	**11,2**
	KG 395	€ netto	6,9	7,4	7,9	8,5	9,4
20	**Bewehrung abtrennen, über 16mm** Bewehrung, freigelegt; über 16mm; abtrennen; inkl. Bauschutt entsorgen						
	St	**€ brutto**	**11**	**12**	**12**	**13**	**15**
	KG 395	€ netto	8,9	9,9	10,3	11,0	12,3
21	**Bewehrung befestigen, Dübel** Bewehrung, lose; befestigen mit Dübeln, bzw. Haken						
	St	**€ brutto**	**7,2**	**7,9**	**8,3**	**8,8**	**9,9**
	KG 395	€ netto	6,1	6,6	7,0	7,4	8,3
22	**Bewehrung strahlen, bis 1,00m** Bewehrung, freigelegt, linienförmig strahlen; Strahlmittel, fest; Längen bis 1,00m; inkl. Nachreinigen						
	St	**€ brutto**	**9,3**	**9,8**	**10,3**	**11,0**	**12,3**
	KG 395	€ netto	7,8	8,2	8,6	9,2	10,4
23	**Bewehrung strahlen, über 1,00m** Bewehrung, freigelegt, linienförmig strahlen; Strahlmittel, fest; Längen bis 1,00m; inkl. Nachreinigen						
	St	**€ brutto**	**7,5**	**7,9**	**8,3**	**8,9**	**10,0**
	KG 395	€ netto	6,3	6,6	7,0	7,5	8,4
24	**Korrosionsschutz, mineralisch** Korrosionsschutz; Zementschlämme, kunststoffmodifiziert; Schichtdicke größer 1.000µm; Bewehrungsstahl, entrostet, Sa 2 1/2						
	m	**€ brutto**	**14**	**15**	**15**	**17**	**19**
	KG 395	€ netto	12	12	13	14	16
25	**Korrosionsschutz, Epoxidharz** Korrosionsschutz, Epoxidharz; reaktionshärtendes System; 1. Schichtdicke größer 200µm; Bewehrungsstahl, entrostet, Sa 2 1/2						
	m	**€ brutto**	**18**	**19**	**20**	**22**	**24**
	KG 395	€ netto	15	16	17	18	20

Kosten: Stand 3.Quartal 2025, Bundesdurchschnitt

LB 381						**Preise €**
Nr.	**Kurztext** / Stichworte **Einheit** / Kostengruppe			**brutto ø** netto ø		
		►	▷	ø	◁	◄
26	**Schutzbeschichtung, SPCC** Schutzbeschichtung des Korrosionsschutzes; für Spritzmörtelauftrag; auf Bewehrung					
	m **€ brutto**	**20**	**22**	**23**	**25**	**28**
	KG 395 € netto	17	19	20	21	23
27	**Reprofilierung, PCC/RM, bis 0,10m²** Reprofilierung Fehlstellen, örtlich; PCC/RM-Instandsetzungsmörtel; Größe bis 0,10m², Tiefe bis 3cm					
	St **€ brutto**	**37**	**38**	**40**	**44**	**47**
	KG 395 € netto	31	32	34	37	39
28	**Reprofilierung, PCC/RM, bis 0,25m²** Reprofilierung Fehlstellen, örtlich; PCC/RM-Instandsetzungsmörtel; Größe bis 0,25m², Tiefe bis 3cm					
	St **€ brutto**	**59**	**63**	**66**	**70**	**76**
	KG 395 € netto	50	53	55	59	64
29	**Reprofilierung, PCC/RM, bis 0,50m²** Reprofilierung Fehlstellen, örtlich; PCC/RM-Instandsetzungsmörtel; Größe bis 0,50m², Tiefe bis 5cm					
	St **€ brutto**	**129**	**136**	**143**	**155**	**166**
	KG 395 € netto	108	114	120	130	140
30	**Reprofilierung, PCC/RM, bis 3cm, linear** Reprofilierung Fehlstellen, linear; PCC/RM-Instandsetzungsmörtel; Tiefe bis 3cm, Länge bis 10cm					
	m **€ brutto**	**31**	**32**	**35**	**37**	**42**
	KG 395 € netto	26	27	29	31	35
31	**Reprofilierung, PCC/RM, bis 5cm, linear** Reprofilierung Fehlstellen, linear; PCC/RM-Instandsetzungsmörtel; Tiefe bis 5cm, Länge bis 20cm					
	m **€ brutto**	**53**	**56**	**59**	**64**	**69**
	KG 395 € netto	45	47	50	54	58
32	**Reprofilierung, PCC/RM, Mehrtiefe, linear** Reprofilierung Fehlstellen, linear; PCC/RM-Instandsetzungsmörtel; pro cm Mehrtiefe					
	m **€ brutto**	**18**	**19**	**20**	**22**	**26**
	KG 395 € netto	15	16	17	18	22
33	**Reprofilierung, PCC/RM, flächig bis 3cm** Reprofilierung Fehlstellen, flächig; PCC/RM-Instandsetzungsmörtel; Tiefe bis 3cm					
	m² **€ brutto**	**146**	**154**	**162**	**173**	**186**
	KG 395 € netto	122	129	136	146	156

LB 381						Preise €
Nr.	Kurztext / Stichworte Einheit / Kostengruppe	►	▷	brutto ø netto ø	◁	◄
34	**Reprofilierung, PCC/RM, flächig bis 5cm** Reprofilierung Fehlstellen, flächig; PCC/RM-Instandsetzungsmörtel; Tiefe bis 5cm					
	m² € brutto	**280**	**296**	**308**	**333**	**354**
	KG 395 € netto	236	249	259	280	298
35	**Reprofilierung, PCC/RM, Mehrtiefe, flächig** Reprofilierung Fehlstellen, flächig; PCC/RM-Instandsetzungsmörtel; pro cm Mehrtiefe					
	m² € brutto	**65**	**69**	**73**	**78**	**87**
	KG 395 € netto	55	58	61	65	73
36	**Reprofilierung, Kante, 15x15cm, PCC/RM** Reprofilierung, Kanten; PCC/RM-Instandsetzungsmörtel; Länge 15x15cm					
	m € brutto	**67**	**71**	**74**	**79**	**85**
	KG 395 € netto	56	59	62	67	72
37	**Schalung, Kanten** Schalung, Kanten; SPCC-Spritzmörtel; einseitige Schalung					
	m € brutto	**18**	**19**	**21**	**22**	**25**
	KG 395 € netto	15	16	17	18	21
38	**Spritzmörtel, SPCC, 5cm** Reprofilierung, flächig; SPCC-Spritzmörtel; Tiefe bis 5cm; Betongüte min. C20/25					
	m² € brutto	**186**	**196**	**204**	**221**	**235**
	KG 395 € netto	156	165	172	186	198
39	**Spritzmörtel, SPCC, 7cm** Reprofilierung, flächig; SPCC-Spritzmörtel; Tiefe bis 7cm; Betongüte min. C20/25					
	m² € brutto	**278**	**294**	**309**	**331**	**355**
	KG 395 € netto	234	247	260	278	299
40	**Spritzmörtel, SPCC, Mehrtiefe** Reprofilierung, flächig; SPCC-Spritzmörtel; pro cm Mehrtiefe					
	m² € brutto	**67**	**71**	**74**	**80**	**89**
	KG 395 € netto	56	59	63	67	75
41	**Tropfkante, Dreikantleisten** Kantenschalung; Dreikantleisten; Herstellung von Kanten					
	m € brutto	**24**	**26**	**28**	**30**	**33**
	KG 395 € netto	20	22	23	25	28
42	**Tropfkante, Profil** Tropfkante; Profil; Herstellung von Kanten					
	m € brutto	**13**	**16**	**18**	**20**	**25**
	KG 395 € netto	11	14	15	17	21

LB 381 **Preise €**

Nr.	Kurztext / Stichworte		brutto ø				
	Einheit / Kostengruppe		►	▷	netto ø	◁	◄
43	**Füllbeschichtung, Schlämme**						
	Füllbeschichtung; Zementschlämme, kunststoffmodifiziert; Füllen von Poren und Lunkern; in zwei Arbeitsgängen						
	m²	**€ brutto**	**31**	**33**	**35**	**37**	**40**
	KG 395	€ netto	26	28	29	31	34
44	**Feinspachtelung, 2mm, vollflächig**						
	Feinspachtelung, vollflächig; Zementschlämme, kunststoffmodifiziert; Dicke 2mm; Füllen von Fehlstellen						
	m²	**€ brutto**	**32**	**34**	**36**	**39**	**43**
	KG 395	€ netto	27	29	30	32	36
45	**Feinspachtelung, 3mm, vollflächig**						
	Feinspachtelung, vollflächig; Zementschlämme, kunststoffmodifiziert; Dicke 3mm						
	m²	**€ brutto**	**39**	**41**	**43**	**46**	**52**
	KG 395	€ netto	33	34	36	39	43
46	**Feinspachtelung, Mehrstärke, vollflächig**						
	Feinspachtelung, vollflächig; pro cm Mehrstärke						
	m²	**€ brutto**	**7,1**	**7,3**	**7,9**	**8,4**	**9,8**
	KG 395	€ netto	5,9	6,1	6,6	7,1	8,3
47	**Grundierung, Betonfläche**						
	Grundierung; Betonfläche; Reduzierung der Saugfähigkeit, Verfestigung des Untergrundes; unpigmentiert						
	m²	**€ brutto**	**8,6**	**9,9**	**10,6**	**11,4**	**12,8**
	KG 395	€ netto	7,2	8,4	8,9	9,6	10,8
48	**Hydrophobierung OS 1**						
	Hydrophobierung OS 1; Silan-/Siloxanbasis; unpigmentiert						
	m²	**€ brutto**	**18**	**19**	**20**	**21**	**23**
	KG 395	€ netto	15	16	16	18	20
49	**Beschichtung OS 2**						
	Beschichtung OS 2; Silan-/Siloxanbasis; Mindestschichtdicke 130µm						
	m²	**€ brutto**	**32**	**34**	**36**	**39**	**41**
	KG 395	€ netto	27	29	30	32	35
50	**Beschichtung OS 4**						
	Beschichtung OS 4; erhöhte Dichtheit; Mindestschichtdicke 130µm						
	m²	**€ brutto**	**26**	**28**	**29**	**31**	**34**
	KG 395	€ netto	22	23	25	26	28
51	**Beschichtung OS 5a**						
	Beschichtung OS 5a; Polymerdispersion; Mindestschichtdicke: 370µm						
	m²	**€ brutto**	**36**	**38**	**40**	**43**	**46**
	KG 395	€ netto	30	32	34	36	39

LB 381						Preise €
Nr.	**Kurztext** / Stichworte **Einheit** / Kostengruppe	►	▷	**brutto ø** netto ø	◁	◄
52	**Beschichtung OS 5b** Beschichtung OS 5b; Polymer-/Zementgemisch; Mindestschichtdicke: 2.250µm					
	m2 € brutto	**48**	**51**	**54**	**58**	**62**
	KG 395 € netto	41	43	45	48	52
53	**Beschichtung OS 8** Beschichtung OS 8; Reaktionsharzbasis; Mindestschichtdicke: 1.750µm					
	m2 € brutto	**104**	**111**	**117**	**126**	**135**
	KG 395 € netto	87	93	98	106	114
54	**Beschichtung OS 11a** Beschichtung OS 11a; Reaktionsharzbasis mit Quarzsand; Mindestschichtdicke: 3.300µm					
	m2 € brutto	**191**	**202**	**212**	**227**	**244**
	KG 395 € netto	160	169	178	191	205
55	**Beschichtung OS 11b** Beschichtung OS 11b; Reaktionsharzbasis mit Quarzsand; Mindestschichtdicke: 4.750µm					
	m2 € brutto	**153**	**160**	**172**	**184**	**198**
	KG 395 € netto	129	134	144	155	166
56	**Spachtelung, Rautiefe über 1mm** Spachtelung, Betonfläche; Reaktionsharzmörtel; Tiefe über 1mm					
	m2 € brutto	**26**	**27**	**28**	**31**	**33**
	KG 395 € netto	22	23	24	26	27
57	**Kratzspachtelung, Rautiefe über 5mm** Kratzspachtelung, Betonfläche; Reaktionsharzmörtel; Vertiefungen über 5mm					
	m2 € brutto	**35**	**37**	**39**	**42**	**47**
	KG 395 € netto	30	31	33	35	40
58	**Beschichtung abstreuen, Quarzsand** Beschichtung abstreuen; Quarzsand					
	m2 € brutto	**5,4**	**5,9**	**6,2**	**6,6**	**7,4**
	KG 395 € netto	4,5	4,9	5,2	5,6	6,2
59	**Deckversiegelung, OS** Deckversiegelung OS; Oberflächenschutzsystem					
	m2 € brutto	**14**	**14**	**15**	**16**	**18**
	KG 395 € netto	11	12	13	14	15
60	**Deckversiegelung, mit Abstreuung, OS** Deckversiegelung OS; Oberflächenschutzsystem mit Quarzsand					
	m2 € brutto	**17**	**18**	**19**	**20**	**23**
	KG 395 € netto	14	15	16	17	19

LB 382 **Preise €**

Nr.	Kurztext / Stichworte Einheit / Kostengruppe	►	▷	brutto ø netto ø	◁	◄
1	**Bekleidung entfernen/entsorgen** Wand -/Deckenbekleidung entfernen; Verdacht, Echter Hausschwamm, Nassfäulepilze; Bauschutt einpacken, entsorgen					
	m² € brutto	**–**	**28**	**34**	**46**	**–**
	KG 394 € netto	–	23	29	39	–
2	**Dielenbelag aufnehmen/entsorgen** Dielenbelag, Unterkonstruktion entfernen; Befall, Echter Hausschwamm; sortengerecht einpacken, entsorgen					
	m² € brutto	**–**	**26**	**32**	**43**	**–**
	KG 394 € netto	–	22	27	36	–
3	**Schüttung, Stakung/Einschub, entfernen/entsorgen** Schüttung, Stakung/Einschub, entfernen; Befall, Echter Hausschwamm/Nassfäule; sortengerecht einpacken, entsorgen					
	m² € brutto	**–**	**52**	**63**	**83**	**–**
	KG 394 € netto	–	44	53	70	–
4	**Leichte Trennwände entfernen/entsorgen** Trennwände, Unterkonstruktion, entsorgen; Befall, Echter Hausschwamm/Pilze; sortengerecht einpacken, entsorgen					
	m² € brutto	**–**	**36**	**45**	**59**	**–**
	KG 394 € netto	–	30	38	50	–
5	**Wandputz entfernen/entsorgen** Wandputz entsorgen; Befall, Echten Hausschwamm/Pilzen; inkl. Fugenmaterial; Bauschutt entsorgen					
	m² € brutto	**–**	**21**	**26**	**33**	**–**
	KG 394 € netto	–	18	22	28	–
6	**Deckenputz entfernen/entsorgen** Deckenputz, Putzträger, entfernen; Holzbalkendecke; inkl. Fugenmaterial; Bauschutt entsorgen					
	m² € brutto	**–**	**40**	**49**	**64**	**–**
	KG 394 € netto	–	33	41	54	–
7	**Holzbauteile ausbauen/entsorgen** Holzbauteile entsorgen; bei Befall; ausbauen, einpacken, entsorgen					
	St € brutto	**–**	**61**	**79**	**103**	**–**
	KG 394 € netto	–	52	66	87	–
8	**Abdeckung, staubdicht** Abdeckung, staubdicht; Folie; für Bauteile, Gegenstände; herstellen, vorhalten, entfernen					
	m² € brutto	**–**	**14**	**18**	**25**	**–**
	KG 393 € netto	–	12	15	21	–

Kosten: Stand 3.Quartal 2025, Bundesdurchschnitt

LB 382 **Preise €**

Nr.	Kurztext / Stichworte Einheit / Kostengruppe		▶	▷	brutto ø netto ø	◁	◀
9	**Schutzwand, staubdicht** Staubschutzwand; Folie inkl. Unterkonstruktion; aufbauen, vorhalten, entsorgen						
	m²	**€ brutto**	**–**	**26**	**33**	**43**	**–**
	KG 393	€ netto	–	22	27	36	–
10	**Folientür, staubdicht** Folientür., staubdicht; einbauen, vorhalten und beseitigen						
	St	**€ brutto**	**–**	**46**	**57**	**77**	**–**
	KG 393	€ netto	–	38	48	65	–
11	**Bauteiloberfläche absaugen** Böden, Decken absaugen; Industriestaubsauger (Mikrofilter); Bauschutt entsorgen						
	m²	**€ brutto**	**–**	**6,4**	**8,0**	**11,1**	**–**
	KG 395	€ netto	–	5,4	6,7	9,3	–
12	**Myzelentfernung, entsorgen** Myzel-/Fruchtkörper entfernen/entsorgen; auf Mauerwerksflächen						
	m²	**€ brutto**	**–**	**15**	**18**	**24**	**–**
	KG 395	€ netto	–	12	15	21	–
13	**Mauerwerksflächen abflammen** Mauerwerksflächen abflammen; anfallenden Bauschutt aufnehmen, entsorgen; inkl. Brandwache						
	m²	**€ brutto**	**–**	**20**	**25**	**34**	**–**
	KG 395	€ netto	–	17	21	28	–
14	**Bohrlochtränkung, Mauerwerk** Bohrlochtränkung Mauerwerk; Echter Hausschwamm; mit Schwamm-sperrmittel						
	m³	**€ brutto**	**–**	**297**	**362**	**482**	**–**
	KG 395	€ netto	–	250	304	405	–
15	**Druckinjektion, Mauerwerk** Bohrlochdrucktränkung Mauerwerk; Echter Hausschwamm; mit Schwammsperrmittel						
	m³	**€ brutto**	**–**	**219**	**267**	**355**	**–**
	KG 395	€ netto	–	184	224	298	–
16	**Oberflächenbehandlung, Fluten** Oberflächenbehandlung, Boden-/Wandflächen; chemisches Schutz-mittel; Flutvefahren						
	m²	**€ brutto**	**–**	**26**	**33**	**44**	**–**
	KG 395	€ netto	–	22	27	37	–

LB 382 **Preise €**

Nr.	Kurztext / Stichworte Einheit / Kostengruppe		►	▷	brutto ø netto ø	◁	◄
17	**Wirkstoffsperre, Balkenkopflager** Druckinjektion Balkenlager; Echter Hausschwamm; Schwammsperrmittel; Mauerwerksfläche						
	St	**€ brutto**	**–**	**28**	**36**	**48**	**–**
	KG 395	€ netto	–	24	30	40	–
18	**Bohrlöcher verschließen, Zulage** Bohrlöcher schließen; mit Mörtelsuspension						
	St	**€ brutto**	**–**	**5,3**	**7,1**	**10,0**	**–**
	KG 395	€ netto	–	4,5	6,0	8,4	–
19	**Holzbauteile instandsetzen** Instandsetzung, Holzbauteile; Auswechslung; mit Abstützung; Bauschutt entsorgen						
	m^3	**€ brutto**	**–**	**2.993**	**3.441**	**4.507**	**–**
	KG 395	€ netto	–	2.515	2.891	3.788	–
20	**Mauerwerksabbruch, Hausschwamm** Deckenbalken, Dachfußbereich freilegen; Mauerwerk; bei Echtem Hausschwamm; Bauschutt entsorgen						
	m^2	**€ brutto**	**–**	**292**	**365**	**474**	**–**
	KG 395	€ netto	–	245	307	399	–
21	**Mauersteine liefern** Mauersteine liefern						
	m^3	**€ brutto**	**–**	**598**	**695**	**911**	**–**
	KG 395	€ netto	–	503	584	766	–
22	**Balkenkopfauflager herstellen** Balkenkopflager herstellen; trockene Vermauerung; Lochziegel						
	St	**€ brutto**	**–**	**57**	**71**	**96**	**–**
	KG 395	€ netto	–	48	60	81	–
23	**Injektion, Balkenkopf** Druckinjektion; Balkenkopf; Niederdruck-Injektionsverfahren; Holzschutzmittel; inkl. Risse schließen						
	St	**€ brutto**	**–**	**28**	**35**	**47**	**–**
	KG 395	€ netto	–	24	29	39	–
24	**Hölzer injizieren** Druckinjektionsverfahren; Althölzer; Holzschutzmittel						
	m	**€ brutto**	**–**	**31**	**38**	**52**	**–**
	KG 395	€ netto	–	26	32	44	–
25	**Beläge/Bekleidungen entfernen/entsorgen** Beläge/Bekleidung aufnehmen/untersuchen; Material entsorgen						
	m^2	**€ brutto**	**–**	**30**	**38**	**50**	**–**
	KG 394	€ netto	–	26	32	42	–

LB 382							Preise €
Nr.	**Kurztext** / Stichworte **Einheit** / Kostengruppe		▶	▷	**brutto ø** netto ø	◁	◀
26	**Schüttungen entfernen/entsorgen** Schüttung entfernen; Deckenbalken freilegen; Schutt entsorgen						
	m²	**€ brutto**	**–**	**26**	**33**	**44**	**–**
	KG 394	€ netto	–	22	28	37	–
27	**Beschichtungen entfernen** Beschichtung entfernen; mechanisches Abstoßen; inkl. Entsorgung						
	m²	**€ brutto**	**–**	**26**	**33**	**44**	**–**
	KG 394	€ netto	–	22	28	37	–
28	**Beschichtungen entfernen, lose** Beschichtung entfernen; losen anhaftend; inkl. Entsorgung						
	m²	**€ brutto**	**–**	**13**	**17**	**23**	**–**
	KG 394	€ netto	–	11	14	19	–
29	**Dach öffnen, schließen** Dach öffnen; für Holzschutz-/Instandsetzungsarbeiten; Dachziegel seitlich lagern; inkl. 10% Neumaterial eindecken						
	m²	**€ brutto**	**–**	**91**	**114**	**148**	**–**
	KG 395	€ netto	–	76	96	124	–
30	**Abdeckungen, Boden, Insektenbekämpfung** Bodenflächen abdecken; Folie, saugend; herstellen, abbauen						
	m²	**€ brutto**	**–**	**12**	**15**	**20**	**–**
	KG 393	€ netto	–	9,8	12,3	16,6	–
31	**Raumtrennung, gedämmt** Raumtrennung, bei Bekämpfungsmaßnahmen; Unterkonstruktion mit Planen/Folien, Dämmung						
	m²	**€ brutto**	**–**	**35**	**44**	**59**	**–**
	KG 395	€ netto	–	30	37	50	–
32	**Splintholz entfernen** Splintholz entfernen/entsorgen; vermulmt; Fräsen, Schälen, Beilen/Stämmen; inkl. Sicherungsmaßnahmen						
	m	**€ brutto**	**–**	**28**	**35**	**46**	**–**
	KG 395	€ netto	–	24	29	39	–
33	**Holzoberfläche reinigen** Holzoberfläche reinigen; Absaugen mit Industriestaubsauger; Staubsaugerrückstände entsorgen, Sondermüll						
	m²	**€ brutto**	**–**	**8,4**	**10,2**	**13,7**	**–**
	KG 395	€ netto	–	7,0	8,6	11,5	–
34	**Schutzabdeckung, staubdicht/saugend** Schutzabdeckung; staubdicht, saugend; herstellen, entfernen, entsorgen						
	m²	**€ brutto**	**–**	**8,6**	**10,5**	**14,1**	**–**
	KG 393	€ netto	–	7,2	8,8	11,9	–

LB 382 **Preise €**

Nr.	Kurztext / Stichworte Einheit / Kostengruppe	►	▷	brutto ø netto ø	◁	◄
35	**Holzschutzbehandlung, Insekten** Holzoberflächen behandeln; Holzschutzmittel; vorbeugende Wirkung Insekten					
	m² € brutto	**–**	**14**	**17**	**23**	**–**
	KG 395 € netto	–	12	15	20	–
36	**Holzschutz, bekämpfend, Mehrmenge 25%** Mehrpreis, Holzschutz; Mehrmenge 25%; bekämpfend, vorbeugend; bei festhaftendem, entferntem Kalkanstrich					
	m² € brutto	**–**	**7,2**	**8,8**	**12,1**	**–**
	KG 395 € netto	–	6,1	7,4	10,2	–
37	**Holzschutzbehandlung, Insekten/Pilze** Holzoberflächen behandeln; Holzschutzmittel, Insekten-/Pilzbefall; mit vorbeugender Wirkung					
	m² € brutto	**–**	**14**	**17**	**23**	**–**
	KG 395 € netto	–	12	15	20	–
38	**Holzschutz-Bohrlochtränkung, Insekten** Holzschutz-Bohrlochtränkung; Holzschutzmittel, insektenbekämpfend (Ib); mit vorbeugender Wirkung; mit Hartholzdübel verschließen					
	m € brutto	**–**	**29**	**35**	**48**	**–**
	KG 395 € netto	–	25	30	40	–
39	**Holzschutz-Bohrlochtränkung, Insekten/Pilze** Holzschutz-Bohrlochtränkung; Holzschutzmittel, Insekten-/Pilzbefall; mit vorbeugender Wirkung; mit Hartholzdübel verschließen					
	m € brutto	**–**	**30**	**37**	**49**	**–**
	KG 395 € netto	–	25	31	41	–
40	**Holzschutz-Bohrlochdrucktränkung, Insekten** Holzschutz-Bohrlochdrucktränkung; Holzschutzmittel, insektenbekämpfend (Ib); mit vorbeugender Wirkung; mit Hartholzdübel verschließen					
	m € brutto	**–**	**27**	**33**	**45**	**–**
	KG 395 € netto	–	23	28	37	–
41	**Holzschutz-Bohrlochdrucktränkung, Insekten/Pilze** Holzschutz-Bohrlochdrucktränkung; Holzschutzmittel, Insekten-/Pilzbefall; mit vorbeugender Wirkung; mit Hartholzdübel verschließen					
	m € brutto	**–**	**35**	**43**	**57**	**–**
	KG 395 € netto	–	29	36	48	–
42	**Emissionsschutz, Bauteiloberflächen** Emissionsschutz, Holzbauteile; Beschichtungssystem					
	m² € brutto	**–**	**19**	**23**	**32**	**–**
	KG 395 € netto	–	16	20	27	–

Kosten: Stand 3.Quartal 2025, Bundesdurchschnitt

LB 382							**Preise €**
Nr.	**Kurztext** / Stichworte **Einheit** / Kostengruppe		►	▷	**brutto ø** netto ø	◁	◄
43	**Schnittflächen behandeln, Hölzer** Holzschnittflächen behandeln; Holzschutzmittel; Imprägnieren						
	St	**€ brutto**	**–**	**11**	**13**	**18**	**–**
	KG 395	€ netto	–	9,2	11,2	15,1	–
44	**Niederdruckinjektage, Holzteile, bis 16cm** Niederdruckinjektageverfahren, Holzteile; Holzschutzmittel, Ib + Iv + p; Bohrlochtiefe bis 16cm; verschließen mit Hartholzdübeln						
	St	**€ brutto**	**–**	**24**	**29**	**38**	**–**
	KG 395	€ netto	–	20	25	32	–
45	**Niederdruckinjektage, Holzteile, 16-25cm** Niederdruckinjektageverfahren, Holzteile; Holzschutzmittel, Ib + Iv + p; Bohrlochtiefe bis 25cm; inkl. Bohrlöcher verschließen mit Hartholzdübeln						
	St	**€ brutto**	**–**	**26**	**32**	**42**	**–**
	KG 395	€ netto	–	22	27	35	–
46	**Niederdruckinjektage, Holzteile, über 25cm** Niederdruckinjektageverfahren, Holzteile; Holzschutzmittel, Ib + Iv + p; Bohrlochtiefe über 25cm; inkl. Bohrlöcher verschließen mit Hartholzdübeln						
	St	**€ brutto**	**–**	**32**	**38**	**50**	**–**
	KG 395	€ netto	–	27	32	42	–
47	**Raumöffnung schließen, Heißluftverfahren** Raumöffnungen schließen; für Heißluftverfahren; Schächte, Auslässe, Kanäle; inkl. Beseitigung						
	m²	**€ brutto**	**–**	**30**	**37**	**47**	**–**
	KG 395	€ netto	–	25	31	40	–
48	**Abströmöffnung, Heißluftverfahren** Abströmöffnungen herstellen; für Heißluftverfahren						
	St	**€ brutto**	**–**	**46**	**57**	**73**	**–**
	KG 395	€ netto	–	39	48	61	–
49	**Hitzeschutz, Insektenbekämpfung** Hitzeschutz; Heißluftverfahren; Insektenbekämpfung; nicht entfernbare Bauteile abdecken, dämmen						
	m²	**€ brutto**	**–**	**25**	**31**	**40**	**–**
	KG 395	€ netto	–	21	26	34	–
50	**Einhausung, Heißluftverfahren** Einhausung; Heißluftverfahren; Balkone, Außenfachwerk, Dachvorsprünge						
	m²	**€ brutto**	**–**	**45**	**55**	**71**	**–**
	KG 395	€ netto	–	38	46	60	–

LB 382							Preise €
Nr.	Kurztext / Stichworte Einheit / Kostengruppe		►	▷	brutto ø netto ø	◁	◄
51	**Insektenbekämpfung, Heißluft** Insektenbekämpfung; Heißluftverfahren; max. Einblastemperatur 120°; Temperaturmessung inkl. Messprotokoll, Raumskizze; inkl. Wärmluftzufuhr, Probelauf						
	m³	**€ brutto**	**–**	**38**	**46**	**60**	**–**
	KG 395	€ netto	–	32	38	50	–
52	**Verlängerung, Heizphase, Mehraufwand** Heizphase verlängern; Heißluftverfahren; reduzierte Behandlungstemperatur						
	m³	**€ brutto**	**–**	**13**	**16**	**21**	**–**
	KG 395	€ netto	–	11	13	18	–
53	**Temperaturkontrolle, Beheizung** Temperaturkontrolle, Beheizung; Messintervall elektronisch alle 10Min., mit Alkoholthermometer alle 60 Min.						
	St	**€ brutto**	**–**	**22**	**27**	**35**	**–**
	KG 395	€ netto	–	18	22	29	–
54	**Dokumentation, Heißluftverfahren** Dokumentation, Heißluftverfahren; in Schrift und Bild; inkl. Temperaturerfassung						
	St	**€ brutto**	**–**	**801**	**977**	**1.270**	**–**
	KG 749	€ netto	–	673	821	1.067	–
55	**Vorbeugung chemischer Holzschutz** chemischer Holzschutz; Holzschutzmittel, Insektenbefall; mit vorbeugender Wirkung; durch Bohrlochtränkung/Bohrlochdrucktränkung nach Angaben des Gutachters						
	m	**€ brutto**	**–**	**29**	**36**	**48**	**–**
	KG 395	€ netto	–	24	30	40	–
56	**Instandsetzung, Holzbauteile** Instandsetzung Holzbauteile, konstruktiv; Teil-/Totalauswechslung; zimmermannsmäßig; Schutt entsorgen						
	m³	**€ brutto**	**–**	**2.768**	**3.376**	**4.389**	**–**
	KG 395	€ netto	–	2.326	2.837	3.688	–
57	**Begasung, erstickend wirkende Gase** Insektenbekämpfung , Begasung, erstickend; eingehauster Bereich; mit modifizierter Atmosphären						
	m³	**€ brutto**	**–**	**42**	**51**	**69**	**–**
	KG 395	€ netto	–	35	43	58	–

Kosten: Stand 3.Quartal 2025, Bundesdurchschnitt

LB 382 **Preise €**

Nr.	Kurztext / Stichworte Einheit / Kostengruppe		►	▷	brutto ø netto ø	◁	◄
58	**RH-Beton-Ersatz, einseitige Anbindung** Holzersatz, Balkenkopf; RH-Beton mit GF-UP-Stäben; querschnittsgleich, einseitige Anbindung; inkl. Bohr-und Schalungsarbeiten						
	St	**€ brutto**	**–**	**44**	**53**	**72**	**–**
	KG 395	€ netto	–	37	45	60	–
59	**RH-Beton-Ersatz, auflagernaher Bereich** Holzersatz, Balkenkopf; RH-Beton mit GF-UP-Stäben; partiell, im auflagernahen Bereich; inkl. Bohr-und Schalungsarbeiten						
	St	**€ brutto**	**–**	**1.099**	**1.324**	**1.734**	**–**
	KG 395	€ netto	–	923	1.112	1.457	–
60	**RH-Beton-Wiederherstellung, Querschnitt** Querschnittserhöhung; RH-Beton; partiell geschädigte Holzbauteile/-querschnitte; inkl. Bohr-und Schalungsarbeiten						
	dm^3	**€ brutto**	**–**	**68**	**82**	**111**	**–**
	KG 395	€ netto	–	57	69	93	–
61	**RH-Beton-Ersatz, beidseitige Anbindung** Holzersatz, Holzkonstruktion, statisch wirksam; RH-Beton; querschnittsgleich, beidseitige Anbindung						
	dm^3	**€ brutto**	**–**	**75**	**92**	**124**	**–**
	KG 395	€ netto	–	63	77	104	–
62	**Ersatzholz, einseitig** Ersatzholz; mit GF-UP-Stäben; querschnittsgleich, einseitig						
	St	**€ brutto**	**–**	**1.611**	**1.918**	**2.379**	**–**
	KG 395	€ netto	–	1.354	1.612	1.999	–
63	**Ersatzholz, beidseitige Anbindung** Ersatzholz; mit GF-UP-Stäben; querschnittsgleich, beidseitig						
	St	**€ brutto**	**–**	**1.945**	**2.288**	**2.746**	**–**
	KG 395	€ netto	–	1.634	1.923	2.307	–
64	**Ersatzholz, Bauteile, vertikal, Fachwerk** Ersatzholz, Fachwerk vertikal; mit GF-UP-Stäben, Querverdübelung						
	St	**€ brutto**	**–**	**1.148**	**1.351**	**1.702**	**–**
	KG 395	€ netto	–	965	1.135	1.430	–
65	**Holzverbindungen herstellen** Holzverbindungen herstellen; Verblattungen, Verkämmungen, Versätze, Zapfen						
	St	**€ brutto**	**–**	**38**	**47**	**63**	**–**
	KG 395	€ netto	–	32	39	53	–

LB 382 **Preise €**

Nr.	Kurztext / Stichworte Einheit / Kostengruppe	►	▷	brutto ø netto ø	◁	◄
66	**RH-Beton-Querschnittserhöhung** Querschnittserhöhung, statisch wirksam; RH-Beton; Holzbauteile/-querschnitte					
	dm³ € brutto	**–**	**47**	**57**	**75**	**–**
	KG 395 € netto	–	40	48	63	–
67	**Instandsetzung, Holzbauteile, BETA-Verfahren** Anschluss Holzbauteile instandsetzen, statisch gefährdet; BETA-Verfahren; zimmermannsmäßige Teil-/Totalauswechslung von Hölzer, Einbau neuer imprägnierter Hölzer; inkl. Abstützungs-/Sicherungsarbeiten					
	m³ € brutto	**–**	**2.176**	**2.560**	**3.200**	**–**
	KG 395 € netto	–	1.829	2.151	2.689	–
68	**Ersatzhölzer, unbehandelt** Ersatzhölzer unbehandelt; herrichten, einbauen; im Bedarfsfall chemischer Holzschutz aufbringen					
	m³ € brutto	**–**	**17**	**21**	**29**	**–**
	KG 395 € netto	–	15	18	24	–
69	**Stundensatz, Facharbeiter/-in** Stundenlohnarbeiten für Vorarbeiter/-in, Facharbeiter/-in und Gleichgestellte; bekämpfender Holzschutz					
	h € brutto	**–**	**72**	**84**	**105**	**–**
	€ netto	–	60	71	88	–
70	**Stundensatz, Helfer/-in** Stundenlohnarbeiten für Werker/-in, Helfer/-in und Gleichgestellte; bekämpfender Holzschutz					
	h € brutto	**–**	**65**	**77**	**96**	**–**
	€ netto	–	55	64	80	–

LB 384 **Preise €**

Nr.	Kurztext / Stichworte Einheit / Kostengruppe ►		▷	brutto ø netto ø	◁	◄
1	**Fundament abbrechen, Stahlbeton** Fundament abbrechen; Stahlbeton; teilweise Handarbeit, Bauschutt entsorgen; mit Geräteeinsatz im Freien; Abfallschlüssel 170101					
	m³	**€ brutto**	**128**	**193**	**257**	**311**	**362**
	KG 394	€ netto	108	162	216	261	304
2	**Bodenplatte abbrechen, Beton** Bodenplatte abbrechen; Beton, unbewehrt; Bauschutt entsorgen; mit Geräteeinsatz im Freien; Abfallschlüssel 170101					
	m³	**€ brutto**	**143**	**203**	**271**	**325**	**375**
	KG 394	€ netto	121	170	227	273	315
3	**Bodenplatte abbrechen, Stahlbeton** Bodenplatte abbrechen; Stahlbeton; Bauschutt entsorgen; mit Geräteeinsatz im Freien; Abfallschlüssel 170101					
	m³	**€ brutto**	**190**	**293**	**366**	**439**	**473**
	KG 394	€ netto	160	246	307	369	398
4	**Kelleraußenwände abbrechen, Beton** Kelleraußenwand abbrechen; Beton, unbewehrt; verschiedene Dicken; Bauschutt entsorgen; mit Geräteeinsatz im Freien					
	m³	**€ brutto**	**299**	**360**	**409**	**462**	**507**
	KG 394	€ netto	251	303	344	388	426
5	**Kelleraußenwände abbrechen, Stahlbeton** Kelleraußenwand abbrechen; Stahlbeton; verschiedene Dicken; Bauschutt entsorgen; mit Geräteeinsatz im Freien					
	m³	**€ brutto**	**319**	**385**	**438**	**494**	**543**
	KG 394	€ netto	268	324	368	415	456
6	**Außenwände abbrechen, Stahlbeton** Außenwand abbrechen; Stahlbeton; verschiedene Dicken; Bauschutt entsorgen; mit Geräteeinsatz im Freien					
	m³	**€ brutto**	**312**	**377**	**434**	**486**	**533**
	KG 394	€ netto	262	317	364	408	448
7	**Außenmauerwerk abbrechen, Ziegel 36,5cm** Außenwand abbrechen; Ziegelmauerwerk, beidseitig verputzt; Dicke 36,5cm; Bauschutt entsorgen; mit Geräteeinsatz im Freien					
	m³	**€ brutto**	**199**	**237**	**276**	**323**	**405**
	KG 394	€ netto	167	200	232	271	341
8	**Verblendmauerwerk, abbrechen** Verblendmauerwerk abbrechen; Mauerwerkssteine; Bauschutt entsorgen; mit Geräteeinsatz im Freien; Abfallschlüssel 170107					
	m²	**€ brutto**	**59**	**68**	**85**	**102**	**112**
	KG 394	€ netto	50	57	71	85	94

Kosten: Stand 3.Quartal 2025, Bundesdurchschnitt

LB 384							Preise €
Nr.	**Kurztext** / Stichworte				**brutto ø**		
	Einheit / Kostengruppe		►	▷	netto ø	◁	◄
9	**Ziegelpflaster abbrechen, Gemische** Ziegelpflaster abbrechen; Bauschutt entsorgen; mit Geräteeinsatz im Freien; Abfallschlüssel 170107						
	m²	**€ brutto**	**21**	**24**	**30**	**36**	**40**
	KG 594	€ netto	18	20	26	31	34
10	**Innenwand abbrechen, Gipsbauplatten, 10cm** Innenwand abbrechen; Gipsdielen; Dicke 10cm; Bauschutt entsorgen						
	m²	**€ brutto**	**42**	**48**	**59**	**72**	**79**
	KG 394	€ netto	35	40	50	60	66
11	**Innenwand abbrechen, Porenbeton, 17,5cm** Innenwand abbrechen; Porenbeton; Dicke bis 17,5cm; Bauschutt entsorgen						
	m²	**€ brutto**	**25**	**50**	**62**	**75**	**95**
	KG 394	€ netto	21	42	52	63	80
12	**Innenwand abbrechen, Mauerwerk 11,5cm** Innenwand abbrechen; Mauerwerk, verputzt; Dicke 11,5cm; Bauschutt entsorgen						
	m²	**€ brutto**	**28**	**40**	**51**	**61**	**77**
	KG 394	€ netto	23	34	42	51	65
13	**Innenwand abbrechen, Mauerwerk 24cm** Innenwand abbrechen; Mauerwerk, verputzt; Dicke bis 24cm; Bauschutt entsorgen						
	m²	**€ brutto**	**30**	**55**	**68**	**82**	**94**
	KG 394	€ netto	25	46	58	69	79
14	**Innenwand abbrechen, Stahlbeton bis 15cm** Innenwand abbrechen; Stahlbeton, nichttragend; Dicke bis 15cm; Bauschutt entsorgen						
	m³	**€ brutto**	**275**	**333**	**382**	**428**	**470**
	KG 394	€ netto	231	280	321	360	395
15	**Innenwand abbrechen, Stahlbeton bis 25cm** Innenwand abbrechen; Stahlbeton, tragend; Dicke bis 25cm; Bauschutt entsorgen						
	m³	**€ brutto**	**305**	**368**	**423**	**474**	**520**
	KG 394	€ netto	256	309	356	398	437
16	**Decke abbrechen, Ziegelhohlkörper, 21cm** Decke abbrechen; Ziegelhohlkörper, Aufbeton; Dicke 21cm; Bauschutt entsorgen						
	m²	**€ brutto**	**53**	**61**	**76**	**92**	**103**
	KG 394	€ netto	44	51	64	77	86

LB 384 **Preise €**

Nr.	Kurztext / Stichworte Einheit / Kostengruppe ►		▷	brutto ø netto ø	◁	◄
17	**Decke abbrechen, Stb-Hohldielen, 15cm** Decke abbrechen; Stb-Hohldielen inkl. Aufbeton; Dicke 15cm; Bauschutt entsorgen					
	m² € brutto	**68**	**79**	**87**	**100**	**116**
	KG 394 € netto	57	66	73	84	98
18	**Stahlbetonstützen, außen, abbrechen** Stahlbetonstützen abbrechen; verschiedene Querschnitte; Bauschutt entsorgen; mit Geräteeinsatz im Freien					
	m³ € brutto	**425**	**519**	**583**	**664**	**722**
	KG 394 € netto	357	436	490	558	607
19	**Geschossdecke abbrechen, Stahlbeton 25cm** Geschossdecke abbrechen; Stahlbeton; Dicke bis 25cm; Bauschutt entsorgen					
	m³ € brutto	**318**	**396**	**455**	**523**	**591**
	KG 394 € netto	268	333	382	440	497
20	**Geschossdecke abbrechen, Hohldielen 25cm** Geschossdecke abbrechen; Stahlbeton-Hohldielen; Dicke bis 25cm; Bauschutt entsorgen					
	m² € brutto	**56**	**70**	**80**	**90**	**108**
	KG 394 € netto	47	59	67	75	91
21	**Stahlbetontreppe abbrechen, bis 1,50m** Stahlbetontreppe abbrechen; Stahlbeton, eingeschossig; Stufen 14St, Stg 27/18cm, Breite bis 1,50m; Bauschutt entsorgen					
	St € brutto	**823**	**995**	**1.143**	**1.281**	**1.383**
	KG 394 € netto	692	836	961	1.076	1.163
22	**Natursteinbelag abbrechen, Mörtelbett** Plattenbelag im Mörtelbett, abbrechen; Naturwerkstein; Dicke 6cm; Bauschutt entsorgen					
	m² € brutto	**16**	**23**	**29**	**35**	**59**
	KG 394 € netto	14	20	24	29	50
23	**Natursteinbekleidung abbrechen, außen** Fassadenbekleidung abbrechen; Natursteinplatten; Dicke bis 50mm; Bauschutt entsorgen					
	m² € brutto	**49**	**58**	**70**	**85**	**93**
	KG 394 € netto	41	49	59	71	78
24	**Fensterbank abbrechen, Naturstein, außen** Fensterbank abbrechen; Naturwerkstein; Dicke 3cm, Breite bis 30cm; Bauschutt entsorgen; außen; inkl. Auflagerfläche neu vorbereiten					
	m € brutto	**21**	**27**	**29**	**36**	**38**
	KG 394 € netto	18	23	25	30	32

LB 384 **Preise €**

Nr.	Kurztext / Stichworte				brutto ø		
	Einheit / Kostengruppe		►	▷	netto ø	◁	◄
25	**Fensterbank abbrechen, Naturstein, innen**						
	Fensterbank abbrechen; Naturwerkstein; Bauschutt entsorgen; innen; inkl. Auflagerfläche neu vorbereiten, Abfallschlüssel 170107						
	St	**€ brutto**	**18**	**22**	**27**	**31**	**62**
	KG 394	€ netto	16	19	23	26	52
26	**Betonwerksteinplattenbelag aufnehmen**						
	Plattenbelag in Sand/-Splittbett ausbauen; Betonwerkstein; bis 50x50x5cm; Bauschutt entsorgen						
	m²	**€ brutto**	**20**	**24**	**29**	**35**	**37**
	KG 394	€ netto	17	20	24	30	31
27	**Fensterbank abbrechen, Betonwerkstein, innen**						
	Fensterbank abbrechen; Betonwerkstein; Bauschutt entsorgen; innen; Abfallschlüssel 170107						
	m	**€ brutto**	**20**	**25**	**30**	**36**	**38**
	KG 394	€ netto	17	21	25	31	32
28	**Betonwerksteinbelag abbrechen**						
	Bodenplatten mit Mörtelbett abbrechen; Betonwerkstein; Dicke bis 12cm; Untergrund reinigen, Bauschutt entsorgen; inkl. Estrich						
	m²	**€ brutto**	**15**	**25**	**30**	**36**	**38**
	KG 394	€ netto	12	21	26	30	32
29	**Gehwegplatten abbrechen, Betonwerkstein**						
	Gehwegplatten ausbauen; Betonwerkstein; Bauschutt entsorgen; inkl. Unterbau, Einfassung entsorgen, Abfallschlüssel 170201						
	m²	**€ brutto**	**13**	**17**	**19**	**24**	**34**
	KG 394	€ netto	11	14	16	20	28
30	**Innenwandbekleidung entfernen, Holz**						
	Wandbekleidung entfernen; Holz; Bauschutt entsorgen; inkl. Befestigung, Abfallschlüssel 170201						
	m²	**€ brutto**	**10**	**13**	**17**	**20**	**33**
	KG 394	€ netto	8,7	11,3	14,1	17,2	28,0
31	**Deckenbekleidung entfernen, Holz**						
	Deckenbekleidung entfernen; Holz; Bauschutt entsorgen; inkl. Unterkonstruktion, Abfallschlüssel 170201						
	m²	**€ brutto**	**18**	**25**	**31**	**37**	**50**
	KG 394	€ netto	15	21	26	31	42
32	**Außenwandbekleidung entfernen, Holz,**						
	Wandbekleidung entfernen; Holz; Bauschutt entsorgen; außen; inkl. Unterkonstruktion, Abfallschlüssel 170201						
	m²	**€ brutto**	**19**	**23**	**28**	**33**	**37**
	KG 394	€ netto	16	20	23	28	31

LB 384 **Preise €**

Nr.	Kurztext / Stichworte Einheit / Kostengruppe ►	▷	brutto ø netto ø	◁	◄
33	**Wanddämmung entfernen, MW** Wanddämmung entfernen; Mineralwolle; Bauschutt entsorgen; außen; Abfallschlüssel 170604				
	m² € brutto **7,2**	**11,4**	**14,2**	**17,1**	**20,8**
	KG 394 € netto 6,0	9,6	11,9	14,3	17,4
34	**Dachdämmung entfernen, KMF** Zwischensparrendämmung entfernen; Mineralwolle: Dicke bis 100mm; Bauschutt entsorgen				
	m² € brutto **6,9**	**11,6**	**14,5**	**17,4**	**24,1**
	KG 394 € netto 5,8	9,8	12,2	14,7	20,3
35	**Lattentrennwand abbrechen** Lattentrennwand abbrechen; Holz; Bauschutt entsorgen; Keller, Speicher; Abfallschlüssel 170201				
	m² € brutto **10**	**17**	**22**	**26**	**39**
	KG 394 € netto 8,5	14,5	18,1	21,8	33,1
36	**Holzständerwand abbrechen** Holzständerwand abbrechen; Bauschutt entsorgen; ohne Beplankung, Abfallschlüssel 170201				
	m² € brutto **24**	**27**	**34**	**40**	**46**
	KG 394 € netto 20	23	28	34	39
37	**Holztreppe abbrechen** Holztreppe abbrechen; Höhe bis 3,00m, Breite bis 1,20m; Bauschutt entsorgen; inkl. Geländer und Handlauf				
	St € brutto **175**	**229**	**287**	**344**	**564**
	KG 394 € netto 147	193	241	289	474
38	**Holzleiter abbrechen** Holzleiter entfernen; Bauschutt entsorgen; Dachraum; Abfallschlüssel 170201				
	St € brutto **12**	**15**	**18**	**22**	**26**
	KG 394 € netto 10	12	15	19	22
39	**Holzhandlauf entfernen** Holzhandlauf entfernen; Bauschutt entsorgen; inkl. Halterung und Befestigung, Abfallschlüssel 170201				
	m € brutto **11**	**12**	**15**	**19**	**22**
	KG 394 € netto 8,8	10,4	13,0	16,3	18,2
40	**Holzfußboden entfernen, Bodenbretter** Fußbodenbretter entfernen; Holz; Bauschutt entsorgen; inkl. Sockelleiste, Abfallschlüssel 170201				
	m² € brutto **9,9**	**13,1**	**16,3**	**19,6**	**34,3**
	KG 394 € netto 8,3	11,0	13,7	16,5	28,8

Kosten: Stand 3.Quartal 2025, Bundesdurchschnitt

LB 384 **Preise €**

Nr.	Kurztext / Stichworte Einheit / Kostengruppe		▶	▷	brutto ø netto ø	◁	◀
41	**Holzfußboden entfernen, Bretter/Lagerhölzer** Fußbodenbretter auf Lagerhölzern entfernen; Holz; Bauschutt entsorgen; inkl. Sockelleiste, Abfallschlüssel 170201						
	m²	**€ brutto**	**12**	**16**	**19**	**23**	**39**
	KG 394	€ netto	10	13	16	20	33
42	**Spanplattenboden abbrechen** Spanplattenboden abbrechen; Dicke bis 25mm; Bauschutt entsorgen; inkl. Untergrund reinigen						
	m²	**€ brutto**	**17**	**25**	**32**	**38**	**52**
	KG 394	€ netto	14	21	26	32	44
43	**Schüttung entfernen, Lagerhölzer** Schüttung entfernen; Höhe bis 7cm; Bauschutt entsorgen; zwischen Lagerhölzern						
	m²	**€ brutto**	**12**	**14**	**17**	**21**	**34**
	KG 394	€ netto	10	12	15	18	28
44	**Schüttung entfernen, Holzbalkendecke** Schüttung entfernen; Höhe bis 15cm; Bauschutt entsorgen; aus Holzbalkendecke						
	m²	**€ brutto**	**13**	**25**	**31**	**37**	**46**
	KG 394	€ netto	11	21	26	31	39
45	**Fehlboden entfernen, Holz** Fehlboden entfernen; Bauschutt entsorgen; Abfallschlüssel 170201						
	m²	**€ brutto**	**11**	**16**	**20**	**25**	**36**
	KG 394	€ netto	9,5	13,7	17,2	20,6	30,4
46	**Deckenbalken abbrechen, Holz** Deckenbalken abbrechen; Bauschutt entsorgen; inkl. Abstützmaßnahmen, Abfallschlüssel 170201						
	m	**€ brutto**	**9,8**	**14,8**	**18,5**	**22,2**	**32,3**
	KG 394	€ netto	8,2	12,4	15,5	18,6	27,1
47	**Holzbalkendecke abbrechen** Holzbalkendecke komplett ausbauen; Bauschutt entsorgen; inkl. Sicherungsmaßnahmen						
	m²	**€ brutto**	**50**	**92**	**115**	**138**	**151**
	KG 394	€ netto	42	77	97	116	127
48	**Dachstuhlhölzer abbrechen** Dachstuhlhölzer ausbauen; Bauschutt entsorgen; inkl. Sicherungsmaßnahmen						
	m	**€ brutto**	**12**	**20**	**25**	**30**	**40**
	KG 394	€ netto	10,0	17,0	21,2	25,5	33,5

LB 384 **Preise €**

Nr.	Kurztext / Stichworte Einheit / Kostengruppe		►	▷	brutto ø netto ø	◁	◄
49	**Bodenabdichtung entfernen, Bitumen, einlagig** Bodenabdichtung einlagig, entfernen; Bitumenbahn; Rückstände reinigen, Bauschutt entsorgen; Abfallschlüssel 170302						
	m²	**€ brutto**	**26**	**29**	**35**	**42**	**45**
	KG 394	€ netto	22	24	29	36	38
50	**Bodenabdichtung entfernen, Bitumen, zweilagig** Bodenabdichtung zweilagig, entfernen; Bitumenbahn; Rückstände reinigen, Bauschutt entsorgen; Abfallschlüssel 170302						
	m²	**€ brutto**	**30**	**33**	**40**	**48**	**53**
	KG 394	€ netto	25	28	34	41	44
51	**Bitumenbeschichtung entfernen, Wand** Bitumenbeschichtung entfernen; Mauerwerk; Rückstände reinigen, Bauschutt entsorgen; Kelleraußenwand; Abfallschlüssel 170302						
	m²	**€ brutto**	**16**	**22**	**28**	**33**	**39**
	KG 394	€ netto	13	19	23	28	33
52	**Bitumenbahnen entfernen, Wand** Wandabdichtung entfernen; Bitumenbahn; Rückstände reinigen, Bauschutt entsorgen; Kelleraußenmauerwerk; Abfallschlüssel 170302						
	m²	**€ brutto**	**27**	**34**	**42**	**49**	**55**
	KG 394	€ netto	23	28	36	41	46
53	**Schutzbahn entfernen, Wand** Schutzbahn entfernen; Kunststoff-Eckschutzschiene; Wandfläche, erdberührt; Abfallschlüssel 170904						
	m²	**€ brutto**	**20**	**22**	**26**	**31**	**33**
	KG 394	€ netto	16	18	22	26	28
54	**Dachdeckung entfernen** Dachdeckung entfernen; Ziegel, Betonstein; Bauschutt entsorgen; Abfallschlüssel 170101						
	m²	**€ brutto**	**12**	**15**	**18**	**21**	**25**
	KG 394	€ netto	10	13	15	18	21
55	**Faserzement-Wellplattendeckung entfernen** Faserzement-Wellplattendeckung abbrechen; nicht asbesthaltig; Bauschutt entsorgen; Abfallschlüssel 170101						
	m²	**€ brutto**	**11**	**14**	**15**	**19**	**29**
	KG 394	€ netto	9,0	11,7	13,0	15,6	24,4
56	**Formziegel entfernen, gemörtelt** First- und Grateindeckung entfernen; Formziegel eingemörtelt; Bauschutt entsorgen; Abfallschlüssel 170102						
	m	**€ brutto**	**4,6**	**8,9**	**11,2**	**13,4**	**22,0**
	KG 394	€ netto	3,9	7,5	9,4	11,3	18,5

Kosten: Stand 3.Quartal 2025, Bundesdurchschnitt

LB 384 **Preise €**

Nr.	Kurztext / Stichworte Einheit / Kostengruppe		►	▷	brutto ø netto ø	◁	◄
57	**Dachlattung entfernen** Dachlattung entfernen; Lattenweite: 320-340mm; Bauschutt entsorgen						
	m²	**€ brutto**	**2,5**	**4,0**	**4,8**	**5,7**	**6,1**
	KG 394	€ netto	2,1	3,4	4,0	4,8	5,1
58	**Bitumendachbahn entfernen, einlagig** Bitumendachbahn entfernen; einlagig auf Holzschalung, Bauschutt entsorgen; Abfallschlüssel 170302						
	m²	**€ brutto**	**6,5**	**12,1**	**15,2**	**18,2**	**29,5**
	KG 394	€ netto	5,5	10,2	12,7	15,3	24,8
59	**Bitumendachbahn entfernen, zweilagig** Bitumenbahn entfernen; zweilagig auf Holzschalung, Bauschutt entsorgen; Abfallschlüssel 170302						
	m²	**€ brutto**	**6,9**	**16,3**	**20,4**	**24,4**	**32,4**
	KG 394	€ netto	5,8	13,7	17,1	20,5	27,2
60	**Dachschalung entfernen** Dachschalung entfernen; Altholzkategorie A IV; Bauschutt entsorgen						
	m²	**€ brutto**	**13**	**20**	**25**	**30**	**42**
	KG 394	€ netto	11	17	21	25	35
61	**Ortgangbrett entfernen** Ortgangbrett entfernen; Altholzkategorie A IV; Bauschutt entsorgen						
	m²	**€ brutto**	**6,5**	**11,3**	**14,1**	**17,0**	**20,4**
	KG 394	€ netto	5,5	9,5	11,9	14,2	17,1
62	**Blechteile entfernen** Blechteile entfernen; Bauschutt entsorgen; Dachdeckung						
	m	**€ brutto**	**1,9**	**4,8**	**6,0**	**7,2**	**12,2**
	KG 394	€ netto	1,6	4,0	5,0	6,0	10,2
63	**Blitzableiter entfernen** Blitzableiter entfernen; Bauschutt entsorgen; inkl. Befestigung						
	m	**€ brutto**	**–**	**1,9**	**2,4**	**2,8**	**–**
	KG 394	€ netto	–	1,6	2,0	2,4	–
64	**Entlüftungsrohr entfernen** Ent- oder Belüftungsrohr entfernen; Bauschutt entsorgen; Dachdeckung						
	St	**€ brutto**	**2,7**	**11,6**	**14,6**	**17,5**	**35,3**
	KG 394	€ netto	2,3	9,8	12,2	14,7	29,7
65	**Laufrost entfernen** Laufrost entfernen; Bauschutt entsorgen; Dach; inkl. Stützen						
	m	**€ brutto**	**3,2**	**7,1**	**8,9**	**10,6**	**15,6**
	KG 394	€ netto	2,7	6,0	7,5	8,9	13,1

LB 384 **Preise €**

Nr.	Kurztext / Stichworte Einheit / Kostengruppe	►	▷	brutto ø netto ø	◁	◄
66	**Dachfenster ausbauen** Dachfenster entfernen; Blech; Bauschutt entsorgen; inkl. Blechrahmen und Flügel					
	St € brutto	**45**	**89**	**111**	**133**	**149**
	KG 394 € netto	38	74	93	112	125
67	**Dachluke entfernen** Dachluke entfernen; Bauschutt entsorgen					
	St € brutto	**23**	**31**	**38**	**46**	**65**
	KG 394 € netto	19	26	32	39	55
68	**Unterspannbahn entfernen** Unterspannbahn entfernen; Bauschutt entsorgen; Abfallschlüssel 170302					
	m^2 € brutto	**2,9**	**6,6**	**8,2**	**9,1**	**9,9**
	KG 394 € netto	2,5	5,5	6,9	7,6	8,3
69	**Dachrinne vorgehängt, entfernen** Dachrinne, vorgehängt, demontieren; Blech; Bauschutt entsorgen; inkl. Rinnenhaken					
	m € brutto	**2,8**	**5,1**	**6,4**	**7,9**	**10,7**
	KG 394 € netto	2,4	4,3	5,4	6,6	9,0
70	**Kastenrinne entfernen** Kastenrinne, innenliegend, demontieren; Blech; Bauschutt entsorgen; inkl. Rinnenhaken					
	m € brutto	**4,6**	**7,0**	**8,9**	**11,0**	**14,3**
	KG 394 € netto	3,9	5,9	7,5	9,2	12,0
71	**Schneefanggitter entfernen** Schneefanggitter entfernen; Bauschutt entsorgen; inkl. Befestigung					
	m € brutto	**4,1**	**6,2**	**7,3**	**8,9**	**15,4**
	KG 394 € netto	3,4	5,2	6,1	7,5	12,9
72	**Fallrohr entfernen** Fallrohr entfernen; Blech; Bauschutt entsorgen; inkl. Befestigung und Verbindung zur Dachrinne					
	m € brutto	**2,3**	**4,7**	**6,0**	**7,4**	**10,2**
	KG 394 € netto	2,0	4,0	5,0	6,2	8,6
73	**Standrohr entfernen** Standrohr abbrechen; Gusseisen; DN100; Bauschutt entsorgen					
	St € brutto	**5,9**	**13,5**	**17,0**	**21,0**	**38,5**
	KG 394 € netto	4,9	11,3	14,3	17,6	32,3
74	**Traufblech entfernen** Traufblech entfernen; Breite bis 500mm; Bauschutt entsorgen					
	m € brutto	**2,9**	**3,5**	**4,4**	**5,4**	**10,7**
	KG 394 € netto	2,5	2,9	3,7	4,6	9,0

LB 384							Preise €
Nr.	**Kurztext** / Stichworte				**brutto ø**		
	Einheit / Kostengruppe		▶	▷	netto ø	◁	◀
75	**Winkelkehle entfernen**						
	Windkehle entfernen; Blech; Bauschutt entsorgen						
	m	**€ brutto**	**3,3**	**5,3**	**6,7**	**8,3**	**12,2**
	KG 394	€ netto	2,8	4,5	5,7	7,0	10,2
76	**Verwahrung entfernen**						
	Verwahrung entfernen; Bauschutt entsorgen						
	m	**€ brutto**	**4,4**	**6,8**	**8,6**	**10,6**	**16,6**
	KG 394	€ netto	3,7	5,7	7,3	8,9	14,0
77	**Ortgangverblechung entfernen**						
	Ortgangverblechung entfernen; Bauschutt entsorgen; inkl. Windleiste, Blechabdeckung						
	m	**€ brutto**	**3,8**	**6,3**	**8,0**	**9,8**	**16,4**
	KG 394	€ netto	3,2	5,3	6,7	8,3	13,8
78	**Wandanschlussprofile entfernen**						
	Wandanschlussprofil entfernen; Bauschutt entsorgen; inkl. Befestigungsmittel						
	m	**€ brutto**	**6,7**	**12,5**	**15,8**	**19,4**	**24,6**
	KG 394	€ netto	5,7	10,5	13,3	16,3	20,7
79	**Fensterblech entfernen**						
	Fensterblech entfernen; Bauschutt entsorgen; inkl. Befestigungsmittel						
	m	**€ brutto**	**3,6**	**5,8**	**7,4**	**9,1**	**14,3**
	KG 394	€ netto	3,0	4,9	6,2	7,6	12,0
80	**Blechabdeckung entfernen**						
	Blechabdeckung entfernen; Breite bis 600mm; Bauschutt entsorgen						
	m	**€ brutto**	**4,0**	**8,4**	**10,6**	**13,1**	**18,7**
	KG 394	€ netto	3,4	7,0	8,9	11,0	15,7
81	**Schornsteinverblechung entfernen**						
	Schornsteinverblechung entfernen; Bauschutt entsorgen						
	m²	**€ brutto**	**17**	**26**	**33**	**40**	**58**
	KG 394	€ netto	14	22	27	34	49
82	**Gaubenverblechung entfernen**						
	Gaubenverblechung entfernen; Bauschutt entsorgen; inkl. Anschlüsse						
	m²	**€ brutto**	**8,8**	**15,6**	**19,8**	**24,3**	**38,7**
	KG 394	€ netto	7,4	13,1	16,6	20,4	32,5
83	**Blech-Dachdeckung entfernen**						
	Dacheindeckung entfernen; Metallblech; Bauschutt entsorgen; auf Holzschalung						
	m²	**€ brutto**	**13**	**21**	**27**	**33**	**48**
	KG 394	€ netto	11	18	23	28	40

LB 384 **Preise €**

Nr.	Kurztext / Stichworte		brutto ø				
	Einheit / Kostengruppe	►	▷	netto ø		◁	◄
84	**Blechbekleidung entfernen** Blechbekleidung entfernen; Bauschutt entsorgen; Außenwand						
	m²	**€ brutto**	**18**	**24**	**30**	**37**	**54**
	KG 394	€ netto	15	20	25	31	45
85	**Außenputz abschlagen, Mauerwerk** Außenputz zweilagig, abschlagen; Dicke bis 30mm; reinigen, Bauschutt entsorgen; Wand						
	m²	**€ brutto**	**12**	**19**	**22**	**26**	**37**
	KG 394	€ netto	9,9	16,0	18,2	21,9	30,7
86	**Sockelputz abschlagen** Sockelputz abschlagen; Dicke bis 30mm; reinigen, Bauschutt entsorgen						
	m²	**€ brutto**	**12**	**17**	**19**	**22**	**32**
	KG 394	€ netto	9,9	14,1	16,0	18,5	26,5
87	**Deckenputz abschlagen** Deckenputz abschlagen; Dicke bis 30mm; Bauschutt entsorgen						
	m²	**€ brutto**	**15**	**24**	**27**	**32**	**39**
	KG 394	€ netto	13	20	23	27	33
88	**Bodenfliesen entfernen, Mörtelbett** Bodenbelag, Fliesen entfernen, Mörtelbett; Dicke bis 5cm; Bauschutt entsorgen						
	m²	**€ brutto**	**15**	**22**	**28**	**34**	**46**
	KG 394	€ netto	13	19	24	28	38
89	**Wandfliesen entfernen, Dickbett** Wandbelag Fliesen entfernen, Dickbett; Dicke bis 4cm; Bauschutt entsorgen						
	m²	**€ brutto**	**12**	**21**	**26**	**31**	**40**
	KG 394	€ netto	10	17	22	26	33
90	**Verbundestrich abbrechen, bis 50mm** Verbundestrich abbrechen; Zementestrich; Dicke bis 50mm; Bauschutt entsorgen						
	m²	**€ brutto**	**17**	**23**	**28**	**35**	**44**
	KG 394	€ netto	14	19	24	30	37
91	**Verbundestrich abbrechen, bis 70mm** Verbundestrich abbrechen; Zementestrich; Dicke bis 70mm; Bauschutt entsorgen						
	m²	**€ brutto**	**23**	**31**	**39**	**49**	**61**
	KG 394	€ netto	20	26	33	41	51

LB 384						**Preise €**
Nr.	**Kurztext** / Stichworte			**brutto ø**		
	Einheit / Kostengruppe	▶	▷	netto ø	◁	◀
92	**Estrich, schwimmend, abbrechen** Estrich schwimmend abbrechen; Estrichdicke 40mm, Dammdicke 30mm; Bauschutt entsorgen; inkl. Dämmung, Trennschicht					
	m² € brutto	**19**	**29**	**36**	**43**	**53**
	KG 394 € netto	16	24	30	36	45
93	**Kellerfenster ausbauen, Holz, 0,5m²** Kellerfenster ausbauen; Holz; Größe bis 0,5m²; Bauschutt entsorgen					
	St € brutto	**20**	**29**	**37**	**44**	**88**
	KG 394 € netto	17	25	31	37	74
94	**Fenster ausbauen, Holz, bis 1,5m²** Fenster ausbauen; Holz; Größe bis 1,5m²; Bauschutt entsorgen; inkl. Flügel und Fensterrahmen					
	St € brutto	**36**	**66**	**82**	**98**	**154**
	KG 394 € netto	30	55	69	83	129
95	**Fenster ausbauen, Holz, bis 2,5m²** Fenster ausbauen; Holz; Größe bis 2,5m²; Bauschutt entsorgen; inkl. Flügel und Rahmen					
	St € brutto	**40**	**83**	**104**	**124**	**206**
	KG 394 € netto	34	70	87	105	173
96	**Fenstertür ausbauen, Holz, bis 3,5m²** Fenster ausbauen; Holz; Größe bis 3,5m²; Bauschutt entsorgen; inkl. Flügel und Rahmen					
	St € brutto	**48**	**105**	**131**	**158**	**248**
	KG 394 € netto	41	88	110	133	209
97	**Fenster ausbauen, Kunststoff, bis 1,5m²** Fenster ausbauen; Kunststoff; Größe bis 1,5m²; Bauschutt entsorgen; inkl. Flügel, Rahmen und Innen- und Außenfensterbank					
	St € brutto	**32**	**52**	**65**	**78**	**101**
	KG 394 € netto	27	44	55	66	85
98	**Fenster ausbauen, Kunststoff, bis 2,5m²** Fenster ausbauen; Kunststoff; Größe bis 2,5m²; Bauschutt entsorgen; inkl. Flügel, Rahmen und Innen- und Außenfensterbank					
	St € brutto	**40**	**71**	**89**	**107**	**126**
	KG 394 € netto	34	60	75	90	106
99	**Fenstertür ausbauen, Kunststoff, bis 3,5m²** Fenstertür ausbauen; Kunststoff; Größe bis 3,5m²; Bauschutt entsorgen; inkl. Flügel und Rahmen					
	St € brutto	**71**	**117**	**146**	**175**	**248**
	KG 394 € netto	60	98	123	147	209

LB 384						Preise €
Nr.	Kurztext / Stichworte Einheit / Kostengruppe ►		▷	brutto ø netto ø	◁	◄
100	**Hauseingangstür ausbauen, bis 4,0m²** Hauseingangstür ausbauen; Holz; Größe bis 4m²; Bauschutt entsorgen; inkl. Türblatt und Rahmen					
	St	**€ brutto**	**88**	**161**	**201**	**242**	**265**
	KG 394	€ netto	74	135	169	203	223
101	**Kelleraußentür ausbauen, bis 2,5m²** Kelleraußentür ausbauen; Größe bis 2,5m²; Bauschutt entsorgen; inkl. Türblatt und Rahmen					
	St	**€ brutto**	**–**	**66**	**82**	**99**	**–**
	KG 394	€ netto	–	55	69	83	–
102	**Innentür, Holz, einflüglig, entfernen** Innentür, einflüglig, ausbauen; Holz; Größe bis 2,00m²; Bauschutt entsorgen; inkl. Türfutter					
	St	**€ brutto**	**38**	**56**	**70**	**84**	**99**
	KG 394	€ netto	32	47	59	71	83
103	**Wandbekleidung, Holz, entfernen** Wandbekleidung entfernen; Holzwerkstoff; Bauschutt entsorgen					
	m²	**€ brutto**	**14**	**17**	**20**	**25**	**46**
	KG 394	€ netto	12	15	17	21	39
104	**Deckenbekleidung, Holz, entfernen** Deckenbekleidung entfernen; Holzbretter; Bauschutt entsorgen; inkl. Sparschalung					
	m²	**€ brutto**	**21**	**23**	**27**	**36**	**81**
	KG 394	€ netto	17	19	23	30	68
105	**Fensterbank ausbauen, Holz, bis 1,5m** Fensterbank ausbauen; Holz; Länge bis 1,5m, Breite bis 25cm, Dicke bis 4cm; Bauschutt entsorgen					
	St	**€ brutto**	**13**	**21**	**27**	**32**	**47**
	KG 394	€ netto	11	18	22	27	39
106	**Fensterbank ausbauen, Holz, bis 2,5m** Fensterbank ausbauen; Holz; Länge bis 2,5m, Breite bis 25cm, Dicke bis 4cm; Bauschutt entsorgen					
	St	**€ brutto**	**24**	**34**	**43**	**51**	**69**
	KG 394	€ netto	20	29	36	43	58
107	**Laibungsbekleidung, Holz, entfernen** Laibungsbekleidung innen ausbauen; Holz; Bauschutt entsorgen; inkl. Befestigungsholz					
	m	**€ brutto**	**–**	**17**	**22**	**26**	**–**
	KG 394	€ netto	–	15	18	22	–

Kosten: Stand 3.Quartal 2025, Bundesdurchschnitt

LB 384 **Preise €**

Nr.	Kurztext / Stichworte Einheit / Kostengruppe		►	▷	brutto ø netto ø	◁	◄
108	**Montagewand abbrechen, GK** Montagewand abbrechen; Metallständer, beidseitig mit GK-Platten beplankt; Bauschutt entsorgen						
	m²	**€ brutto**	**18**	**25**	**33**	**39**	**51**
	KG 394	€ netto	15	21	28	33	43
109	**Deckenbekleidung abbrechen, GK** Deckenbekleidung abbrechen; Gipskartonplatten, einlagig; Bekleidungsdicke 12,5mm; Bauschutt entsorgen; inkl. Unterkonstruktion						
	m²	**€ brutto**	**15**	**25**	**31**	**37**	**43**
	KG 394	€ netto	13	21	26	31	36
110	**Unterdecke abbrechen, GK** Unterdecke, abgehängt abbrechen; Gipskartonplatten auf Metallprofilen; Bauschutt entsorgen						
	m²	**€ brutto**	**13**	**20**	**25**	**30**	**38**
	KG 394	€ netto	11	17	21	25	32
111	**Verkofferung abbrechen, GK** Verkofferung von Rohrleitungen abbrechen; Bauschutt entsorgen; inkl. Unterkonstruktion						
	m²	**€ brutto**	**19**	**27**	**35**	**42**	**48**
	KG 394	€ netto	16	22	29	35	41
112	**Stundensatz, Facharbeiter/-in** Stundenlohnarbeiten für Vorarbeiter/-in, Facharbeiter/-in und Gleichgestellte; Abbrucharbeiten						
	h	**€ brutto**	**63**	**79**	**86**	**92**	**110**
		€ netto	53	66	72	77	93
113	**Stundensatz, Helfer/-in** Stundenlohnarbeiten für Werker/-in, Helfer/-in und Gleichgestellte; Abbrucharbeiten						
	h	**€ brutto**	**55**	**69**	**76**	**82**	**100**
		€ netto	47	58	64	69	84

LB 386						Preise €
Nr.	**Kurztext** / Stichworte **Einheit** / Kostengruppe		►	▷ **brutto ø** netto ø	◁	◄
1	**Außenputz abschlagen, lose haftend** Außenputz abschlagen; lose haftend; bis 3cm; Mauerwerk; inkl. Flächen nachreinigen und Bauschutt entsorgen					
	m²	**€ brutto**	**19**	**23**	**25**	**30**	**33**
	KG 395	€ netto	16	19	21	25	28
2	**Außenputz abschlagen, fest haftend** Außenputz abschlagen; fest haftend; bis 3cm; Mauerwerk; inkl. Flächen nachreinigen und Bauschutt entsorgen					
	m²	**€ brutto**	**26**	**30**	**37**	**44**	**48**
	KG 395	€ netto	22	25	31	37	40
3	**Beschichtungen entfernen, lose haftend** Beschichtungen entfernen; Kelleraußenwand; inkl. Bauschutt entsorgen					
	m²	**€ brutto**	**16**	**17**	**17**	**21**	**22**
	KG 395	€ netto	13	14	15	17	19
4	**Beschichtungen entfernen, fest haftend** Beschichtungen entfernen; Kelleraußenwand; inkl. Bauschutt entsorgen					
	m²	**€ brutto**	**20**	**21**	**22**	**27**	**28**
	KG 395	€ netto	17	18	19	22	24
5	**Wandflächen reinigen, absaugen** Wandflächen reinigen; absaugen; mit Stahlbesen					
	m²	**€ brutto**	**1,4**	**1,5**	**1,9**	**2,3**	**2,5**
	KG 395	€ netto	1,2	1,3	1,6	1,9	2,1
6	**Trockenstrahlen, Flächenreinigung** Flächenreinigung, Mauerwerk; Trockenstrahlen, festes Strahlmittel; Entfernen loser und haftungsmindernder Bestandteile; inkl. Strahlgut und Bauschutt entsorgen					
	m²	**€ brutto**	**20**	**21**	**22**	**26**	**29**
	KG 395	€ netto	17	18	18	22	24
7	**Trockenstrahlen, Flächen beschichtet** Flächenreinigung, Mauerwerk; Trockenstrahlen, festes Strahlmittel; Entfernen von Beschichtung; inkl. Strahlgut und Bauschutt entsorgen					
	m²	**€ brutto**	**31**	**33**	**36**	**43**	**46**
	KG 395	€ netto	26	28	30	36	39
8	**Feuchtnebel-Strahlen, Flächenreinigung** Flächenreinigung, Mauerwerk; Feuchtnebel-Strahlen; Entfernen der losen und haftungsmindernden Bestandteilen; inkl. Bauschutt entsorgen					
	m²	**€ brutto**	**20**	**25**	**28**	**33**	**36**
	KG 395	€ netto	17	21	23	28	30

LB 386							Preise €
Nr.	**Kurztext** / Stichworte				**brutto ø**		
	Einheit / Kostengruppe		►	▷	netto ø	◁	◄
9	**Flächenreinigung, Schlagbohrhammer**						
	Flächenreinigung, Mauerwerk; Druckluftnadelhammer; Entfernen der losen und unreinen Bestandteilen; inkl. Bauschutt entsorgen						
	m²	**€ brutto**	**24**	**26**	**29**	**34**	**37**
	KG 395	€ netto	20	22	24	29	31
10	**Untergrund aufrauen, Druckluftnadelhammer**						
	Untergrund aufrauen, Mauerwerk; Druckluftnadelhammer; inkl. reinigen						
	m²	**€ brutto**	**13**	**14**	**15**	**19**	**20**
	KG 395	€ netto	11	12	13	16	17
11	**Horizontalsperre, Stahlbleche, bis 13cm**						
	Horizontalabdichtung, Stahlbleche; Edelstahl; Mauerdicke bis 13cm; eintreiben in Lagerfuge; Mauerwerk; inkl. Fugen schließen						
	m	**€ brutto**	**116**	**124**	**130**	**139**	**150**
	KG 395	€ netto	97	104	110	117	126
12	**Horizontalsperre, Stahlbleche, bis 25cm**						
	Horizontalabdichtung, Stahlbleche; Edelstahl; Mauerdicke bis 25cm; eintreiben in Lagerfuge; Mauerwerk; inkl. Fugen schließen						
	m	**€ brutto**	**156**	**167**	**175**	**188**	**202**
	KG 395	€ netto	131	140	147	158	169
13	**Horizontalsperre, Stahlbleche, bis 38cm**						
	Horizontalabdichtung, Stahlbleche; Edelstahl; Mauerdicke bis 38cm; eintreiben in Lagerfuge; Mauerwerk; inkl. Fugen schließen						
	m	**€ brutto**	**204**	**218**	**230**	**246**	**264**
	KG 395	€ netto	172	183	193	207	222
14	**Horizontalsperre, Stahlbleche, bis 50cm**						
	Horizontalabdichtung, Stahlbleche; Edelstahl; Mauerdicke bis 50cm; eintreiben in Lagerfuge; Mauerwerk; inkl. Fugen schließen						
	m	**€ brutto**	**264**	**279**	**294**	**317**	**341**
	KG 395	€ netto	222	234	247	266	286
15	**Horizontalsperre, Stahlbleche, bis 70cm**						
	Horizontalabdichtung, Stahlbleche; Edelstahl; Mauerdicke bis 70cm; eintreiben in Lagerfuge; Mauerwerk; inkl. Fugen schließen						
	m	**€ brutto**	**349**	**372**	**392**	**419**	**450**
	KG 395	€ netto	293	313	329	352	379
16	**Horizontalsperre, Stahlbleche, bis 100cm**						
	Horizontalabdichtung, Stahlbleche; Edelstahl; Mauerdicke bis 100cm; eintreiben in Lagerfuge; Mauerwerk; inkl. Fugen schließen						
	m	**€ brutto**	**480**	**513**	**540**	**577**	**621**
	KG 395	€ netto	404	431	453	485	521

LB 386 **Preise €**

Nr.	Kurztext / Stichworte Einheit / Kostengruppe		►	▷	brutto ø netto ø	◁	◄
17	**Horizontalsperre, Sägen, weich, bis 13cm** Horizontalabdichtung, Sägeverfahren; Platten/Bahnen; Mauerdicke bis 13cm; sägen und mit Quellmörtel auspressen; Ziegelmauerwerk, weich; inkl. Fugen schließen						
	m	**€ brutto**	**113**	**121**	**127**	**136**	**146**
	KG 395	€ netto	95	101	107	114	123
18	**Horizontalsperre, Sägen, weich, bis 25cm** Horizontalabdichtung, Sägeverfahren; Platten/Bahnen; Mauerdicke bis 25cm; sägen und mit Quellmörtel auspressen; Ziegelmauerwerk, weich; inkl. Fugen schließen						
	m	**€ brutto**	**136**	**145**	**153**	**163**	**176**
	KG 395	€ netto	114	122	128	137	148
19	**Horizontalsperre, Sägen, weich, bis 38cm** Horizontalabdichtung, Sägeverfahren; Platten/Bahnen; Mauerdicke bis 38cm; sägen und mit Quellmörtel auspressen; Ziegelmauerwerk, weich; inkl. Fugen schließen						
	m	**€ brutto**	**149**	**159**	**167**	**179**	**193**
	KG 395	€ netto	125	134	141	151	162
20	**Horizontalsperre, Sägen, weich, bis 50cm** Horizontalabdichtung, Sägeverfahren; Platten/Bahnen; Mauerdicke bis 50cm; sägen und mit Quellmörtel auspressen; Ziegelmauerwerk, weich; inkl. Fugen schließen						
	m	**€ brutto**	**186**	**198**	**209**	**223**	**240**
	KG 395	€ netto	156	167	175	188	202
21	**Horizontalsperre, Sägen, weich, bis 70cm** Horizontalabdichtung, Sägeverfahren; Platten/Bahnen; Mauerdicke bis 70cm; sägen und mit Quellmörtel auspressen; Ziegelmauerwerk, weich; inkl. Fugen schließen						
	m	**€ brutto**	**240**	**250**	**269**	**288**	**307**
	KG 395	€ netto	201	210	226	242	258
22	**Horizontalsperre, Sägen, weich, bis 100cm** Horizontalabdichtung, Sägeverfahren; Platten/Bahnen; Mauerdicke bis 100cm; sägen und mit Quellmörtel auspressen; Ziegelmauerwerk, weich; inkl. Fugen schließen						
	m	**€ brutto**	**351**	**375**	**395**	**423**	**454**
	KG 395	€ netto	295	315	332	355	382

Kosten: Stand 3.Quartal 2025, Bundesdurchschnitt

LB 386 **Preise €**

Nr.	Kurztext / Stichworte			brutto ø		
	Einheit / Kostengruppe	►	▷	netto ø	◁	◄
23	**Horizontalsperre, Sägen, mittel, bis 13cm** Horizontalabdichtung, Sägeverfahren; Platten/Bahnen; Mauerdicke bis 13cm; sägen und mit Quellmörtel auspressen; Sandstein, mittel; inkl. Fugen schließen					
	m **€ brutto**	**138**	**148**	**156**	**166**	**179**
	KG 395 € netto	116	124	131	140	150
24	**Horizontalsperre, Sägen, mittel, bis 25cm** Horizontalabdichtung, Sägeverfahren; Platten/Bahnen; Mauerdicke bis 25cm; sägen und mit Quellmörtel auspressen; Sandstein, mittel; inkl. Fugen schließen					
	m **€ brutto**	**171**	**183**	**193**	**206**	**221**
	KG 395 € netto	144	154	162	173	186
25	**Horizontalsperre, Sägen, mittel, bis 38cm** Horizontalabdichtung, Sägeverfahren; Platten/Bahnen; Mauerdicke bis 38cm; sägen und mit Quellmörtel auspressen; Sandstein, mittel; inkl. Fugen schließen					
	m **€ brutto**	**184**	**197**	**207**	**221**	**238**
	KG 395 € netto	155	165	174	186	200
26	**Horizontalsperre, Sägen, mittel, bis 50cm** Horizontalabdichtung, Sägeverfahren; Platten/Bahnen; Mauerdicke bis 50cm; sägen und mit Quellmörtel auspressen; Sandstein, mittel; inkl. Fugen schließen					
	m **€ brutto**	**256**	**270**	**287**	**307**	**330**
	KG 395 € netto	215	227	241	258	277
27	**Horizontalsperre, Sägen, mittel, bis 70cm** Horizontalabdichtung, Sägeverfahren; Platten/Bahnen; Mauerdicke bis 70cm; sägen und mit Quellmörtel auspressen; Sandstein, mittel; inkl. Fugen schließen					
	m **€ brutto**	**321**	**343**	**361**	**386**	**415**
	KG 395 € netto	270	288	303	324	349
28	**Horizontalsperre, Sägen, mittel, bis 100cm** Horizontalabdichtung, Sägeverfahren; Platten/Bahnen; Mauerdicke bis 100cm; sägen und mit Quellmörtel auspressen; Sandstein, mittel; inkl. Fugen schließen					
	m **€ brutto**	**442**	**472**	**497**	**532**	**572**
	KG 395 € netto	372	397	418	447	480

LB 386 **Preise €**

Nr.	Kurztext / Stichworte Einheit / Kostengruppe ►	▷	brutto ø netto ø	◁	◄
29	**Horizontalsperre, Sägen, hart, bis 13cm** Horizontalabdichtung, Sägeverfahren; Platten/Bahnen; Mauerdicke bis 13cm; sägen und mit Quellmörtel auspressen; Basalt-Kalk, hart; inkl. Fugen schließen				
	m **€ brutto** KG 395 € netto	**176** 148	**187** 157	**197** 166	**211** 177	**227** 191
30	**Horizontalsperre, Sägen, hart, bis 25cm** Horizontalabdichtung, Sägeverfahren; Platten/Bahnen; Mauerdicke bis 25cm; sägen und mit Quellmörtel auspressen; Basalt-Kalk, hart; inkl. Fugen schließen				
	m **€ brutto** KG 395 € netto	**206** 173	**220** 185	**231** 194	**248** 208	**266** 224
31	**Horizontalsperre, Sägen, hart, bis 38cm** Horizontalabdichtung, Sägeverfahren; Platten/Bahnen; Mauerdicke bis 38cm; sägen und mit Quellmörtel auspressen; Basalt-Kalk, hart; inkl. Fugen schließen				
	m **€ brutto** KG 395 € netto	**284** 238	**303** 254	**319** 268	**341** 287	**366** 308
32	**Horizontalsperre, Sägen, hart, bis 50cm** Horizontalabdichtung, Sägeverfahren; Platten/Bahnen; Mauerdicke bis 50cm; sägen und mit Quellmörtel auspressen; Basalt-Kalk, hart; inkl. Fugen schließen				
	m **€ brutto** KG 395 € netto	**421** 354	**450** 378	**473** 398	**507** 426	**544** 458
33	**Horizontalsperre, Sägen, hart, bis 70cm** Horizontalabdichtung, Sägeverfahren; Platten/Bahnen; Mauerdicke bis 70cm; sägen und mit Quellmörtel auspressen; Basalt-Kalk, hart; inkl. Fugen schließen				
	m **€ brutto** KG 395 € netto	**560** 471	**591** 497	**629** 529	**673** 566	**723** 608
34	**Horizontalsperre, Sägen, hart, bis 100cm** Horizontalabdichtung, Sägeverfahren; Platten/Bahnen; Mauerdicke bis 100cm; sägen und mit Quellmörtel auspressen; Basalt-Kalk, hart; inkl. Fugen schließen				
	m **€ brutto** KG 395 € netto	**582** 489	**621** 522	**654** 550	**700** 588	**746** 627

Kosten: Stand 3.Quartal 2025, Bundesdurchschnitt

LB 386 **Preise €**

Nr.	Kurztext / Stichworte Einheit / Kostengruppe		►	▷	brutto ø netto ø	◁	◄
35	**Horizontalsperre, Injektion, bis 25cm** Horizontalabdichtung, Injektion; Abdichtungsmittel; Mauerdicke bis 25cm; Niederdruckverfahren, Bohrlöcher; inkl. Verschließen der Bohrlöcher						
	m	**€ brutto**	**127**	**143**	**159**	**170**	**183**
	KG 395	€ netto	107	120	134	143	154
36	**Horizontalsperre, Injektion, bis 38cm** Horizontalabdichtung, Injektion; Abdichtungsmittel; Mauerdicke bis 38cm; Niederdruckverfahren, Bohrlöcher; inkl. Verschließen der Bohrlöcher						
	m	**€ brutto**	**160**	**180**	**201**	**215**	**231**
	KG 395	€ netto	135	152	169	180	194
37	**Horizontalsperre, Injektion, bis 50cm** Horizontalabdichtung, Injektion; Abdichtungsmittel; Mauerdicke bis 50cm; Niederdruckverfahren, Bohrlöcher; inkl. Verschließen der Bohrlöcher						
	m	**€ brutto**	**198**	**223**	**248**	**265**	**285**
	KG 395	€ netto	167	187	208	223	240
38	**Horizontalsperre, Injektion, bis 70cm** Horizontalabdichtung, Injektion; Abdichtungsmittel; Mauerdicke bis 70cm; Niederdruckverfahren, Bohrlöcher; inkl. Verschließen der Bohrlöcher						
	m	**€ brutto**	**241**	**271**	**301**	**323**	**347**
	KG 395	€ netto	203	228	253	271	291
39	**Horizontalsperre, Injektion, bis 100cm** Horizontalabdichtung, Injektion; Abdichtungsmittel; Mauerdicke bis 100cm; Niederdruckverfahren, Bohrlöcher; inkl. Verschließen der Bohrlöcher						
	m	**€ brutto**	**329**	**370**	**411**	**440**	**473**
	KG 395	€ netto	277	311	346	370	398
40	**Horizontalsperre, Tränkung, bis 13cm** Horizontalabdichtung, Tränkung; Abdichtungsmittel; Mauerdicke bis 13cm; Bohrlochtränkung; inkl. Verschließen der Bohrlöcher						
	m	**€ brutto**	**130**	**136**	**151**	**161**	**174**
	KG 395	€ netto	109	114	127	136	146
41	**Horizontalsperre, Tränkung, bis 25cm** Horizontalabdichtung, Bohrlochtränkung; Abdichtungsmittel; Mauerdicke bis 25cm; Bohrlochtränkung; inkl. Verschließen der Bohrlöcher						
	m	**€ brutto**	**162**	**175**	**192**	**206**	**221**
	KG 395	€ netto	136	147	162	173	186

LB 386 **Preise €**

Nr.	Kurztext / Stichworte Einheit / Kostengruppe	▶	▷	brutto ø netto ø	◁	◀
42	**Horizontalsperre, Tränkung, bis 38cm** Horizontalabdichtung, Bohrlochtränkung; Abdichtungsmittel; Mauerdicke bis 38cm; Bohrlochtränkung; inkl. Verschließen der Bohrlöcher					
	m € brutto	**177**	**199**	**221**	**236**	**254**
	KG 395 € netto	149	167	186	199	214
43	**Horizontalsperre, Tränkung, bis 50cm** Horizontalabdichtung, Bohrlochtränkung; Abdichtungsmittel; Mauerdicke bis 50cm; Bohrlochtränkung; inkl. Verschließen der Bohrlöcher					
	m € brutto	**226**	**236**	**263**	**281**	**302**
	KG 395 € netto	190	199	221	236	254
44	**Horizontalsperre, Tränkung, bis 70cm** Horizontalabdichtung, Bohrlochtränkung; Abdichtungsmittel; Mauerdicke bis 70cm; Bohrlochtränkung; inkl. Verschließen der Bohrlöcher					
	m € brutto	**284**	**304**	**338**	**361**	**388**
	KG 395 € netto	238	255	284	304	326
45	**Horizontalsperre, Tränkung, bis 100cm** Horizontalabdichtung, Bohrlochtränkung; Abdichtungsmittel; Mauerdicke bis 100cm; Bohrlochtränkung; inkl. Verschließen der Bohrlöcher					
	m € brutto	**375**	**402**	**447**	**478**	**514**
	KG 395 € netto	315	338	375	402	432
46	**Vertikalsperre, Querwand, Injektion** Vertikalabdichtung, Injektion; Abdichtungsmittel; Mauerdicke 24-40cm; senkrechte Bohrlochreihen; Querwand, innen; inkl. Verschließen der Bohrlöcher					
	m € brutto	**121**	**141**	**161**	**185**	**201**
	KG 395 € netto	101	119	135	155	169
47	**Vertikalsperre, Querwand, Tränkung** Vertikalabdichtung, Tränkung; Abdichtungsmittel; Mauerdicke 24-40cm; senkrechte Bohrlochreihen; Querwand, innen; inkl. Verschließen der Bohrlöcher					
	m € brutto	**113**	**133**	**151**	**173**	**188**
	KG 395 € netto	95	111	127	146	158
48	**Mauerwerksaustausch, Querwand** Mauerwerksaustausch , Querwand, nicht aussteifend; Dichtungsbahn; Mauerdicke 24cm; Mauertrennung; zwischen Innen- und Außenwand					
	m € brutto	**160**	**171**	**184**	**196**	**211**
	KG 395 € netto	134	143	154	165	177

Kosten: Stand 3.Quartal 2025, Bundesdurchschnitt

LB 386 **Preise €**

Nr.	Kurztext / Stichworte Einheit / Kostengruppe		►	▷	brutto ø netto ø	◁	◄
49	**Innenputz abschlagen, Mauerwerk** Innenputz abschlagen; salzgeschädigtes Mauerwerk; bis min. 80cm über Schadenszone; inkl. regelmäßig Bauschutt entsorgen						
	m²	**€ brutto**	**19**	**21**	**22**	**26**	**28**
	KG 395	€ netto	16	17	18	22	24
50	**Bodenflächen abdecken, Folie** Bodenflächen abdecken; Baufolie						
	m²	**€ brutto**	**4,1**	**4,4**	**4,8**	**5,8**	**6,3**
	KG 395	€ netto	3,4	3,7	4,1	4,9	5,3
51	**Bodenflächen abdecken, OSB, folienkaschierten Vlies** Bodenflächen abdecken; OSB, folienkaschierten Vlies						
	m²	**€ brutto**	**21**	**22**	**23**	**28**	**35**
	KG 395	€ netto	18	19	20	24	29
52	**Mauerwerk vorbereiten** Mauerwerk, feuchte- und salzgeschädigt; abbürsten, mit Stahlbesen; inkl. Bauschutt entsorgen						
	m²	**€ brutto**	**4,3**	**4,6**	**5,1**	**6,1**	**6,6**
	KG 395	€ netto	3,6	3,8	4,3	5,1	5,6
53	**Mauerwerksfugen auskratzen** Mauerwerksfuge, mürbe und lose; auskratzen; inkl. Bauschutt entsorgen						
	m²	**€ brutto**	**24**	**26**	**27**	**32**	**35**
	KG 395	€ netto	20	21	23	27	29
54	**Spritzbewurf, Sanierputz, netzförmig** Spritzbewurf, Sanierputz; CS IV; netzförmig; halbdeckend, netzförmig für Sanierputz						
	m²	**€ brutto**	**17**	**18**	**20**	**24**	**26**
	KG 395	€ netto	14	15	17	20	22
55	**Spritzbewurf, Sanierputz volldeckend** Spritzbewurf, Sanierputz; CS IV; netzförmig; halbdeckend, netzförmig für Sanierputz						
	m²	**€ brutto**	**32**	**37**	**41**	**49**	**52**
	KG 395	€ netto	27	31	34	41	44
56	**Spritzbewurf, Laibungen** Spritzbewurf, Laibung; CS IV; Tiefe bis 25cm						
	m	**€ brutto**	**9,2**	**9,8**	**11,0**	**13,2**	**14,1**
	KG 395	€ netto	7,7	8,2	9,2	11,1	11,9
57	**Ausgleichsputz, Porengrundputz** Porengrundputz, Sanierputz; CS II; Schichtdicke mind. 1mm; Unebenheiten ausgleichen, Oberfläche aufrauen für Sanierputz						
	m²	**€ brutto**	**49**	**52**	**58**	**69**	**74**
	KG 395	€ netto	41	44	49	58	62

LB 386 **Preise €**

Nr.	Kurztext / Stichworte Einheit / Kostengruppe		►	▷	brutto ø netto ø	◁	◄
58	**Porengrundputz, Laibungen** Porengrundputz, Laibung; CS II; Tiefe bis 25cm						
	m	**€ brutto**	**19**	**21**	**23**	**28**	**30**
	KG 395	€ netto	16	17	19	23	25
59	**Sanierputz, geringe Salzbelastung** Sanierputz; CS II; Schichtdicke mind. 20mm; auf Spritzbewurf; Mauerwerk mit geringer Salzbelastung						
	m²	**€ brutto**	**67**	**71**	**79**	**95**	**103**
	KG 395	€ netto	56	60	67	80	87
60	**Sanierputz, hohe Salzbelastung** Sanierputz; CS II; Schichtdicke mind. 15mm; auf Porenputzgrund; Mauerwerk mit hoher Salzbelastung						
	m²	**€ brutto**	**96**	**100**	**106**	**126**	**137**
	KG 395	€ netto	81	84	89	106	115
61	**Sanierputz, Laibungen** Sanierputz, Laibung; CS II; Schichtdicke mind. 25mm; auf Laibungen bis 25cm; Mauerwerk mit hoher Salzbelastung						
	m	**€ brutto**	**44**	**47**	**53**	**63**	**68**
	KG 395	€ netto	37	40	44	53	57

LB 387 **Preise €**

Nr.	Kurztext / Stichworte Einheit / Kostengruppe		▶	▷	brutto ø netto ø	◁	◀
1	**Entsorgung, 170101 Beton** Abfallentsorgung; Beton, nicht gefährlich, nicht schadstoffbelastet; Schutt lagernd, laden, abfahren, entsorgen; Entsorgungsgebühr übernimmt AN, Abfallschlüssel 170101						
	t	**€ brutto**	**23**	**36**	**42**	**51**	**67**
	KG 394	€ netto	19	30	35	43	56
2	**Entsorgung, 170102 Ziegel** Abfallentsorgung; Ziegel, nicht gefährlich, nicht schadstoffbelastet; Schutt lagernd, laden, abfahren, entsorgen; Entsorgungsgebühr übernimmt AN, Abfallschlüssel 170102						
	t	**€ brutto**	**14**	**20**	**24**	**31**	**39**
	KG 394	€ netto	12	17	20	26	33
3	**Entsorgung, 170107 Gemische** Abfallentsorgung; Gemische, Beton, Ziegel, Fliesen, Keramik nicht gefährlich, nicht schadstoffbelastet; Schutt lagernd, laden, abfahren, entsorgen; Entsorgungsgebühr übernimmt AN, Abfallschlüssel 170107						
	t	**€ brutto**	**27**	**41**	**45**	**67**	**97**
	KG 394	€ netto	23	34	38	56	81
4	**Entsorgung, 170407 Metall, gemischt, nicht gefährlich** Abfallentsorgung; Metall, gemischt, nicht gefährlich, nicht schadstoffbelastet; Schutt lagernd, laden, abfahren, entsorgen; Entsorgungsgebühr übernimmt AN, Abfallschlüssel 170407						
	t	**€ brutto**	**44**	**72**	**82**	**103**	**137**
	KG 394	€ netto	37	61	69	86	115
5	**Entsorgung, 170504 Boden/Steine, nicht gefährlich** Bodenmaterial; Lagermaterial; Abfallschlüssel 170504; laden, abfahren, entsorgen; inkl. Deponiegebühr						
	t	**€ brutto**	**18**	**31**	**38**	**39**	**46**
	KG 394	€ netto	16	26	32	33	38
6	**Entsorgung, 170302 Bitumengemisch, nicht gefährlich** Bodenmaterial; Lagermaterial; Abfallschlüssel 170302; laden, abfahren, entsorgen; inkl. Deponiegebühr						
	t	**€ brutto**	**26**	**47**	**57**	**62**	**107**
	KG 394	€ netto	22	39	48	52	90
7	**Entsorgung, 170802, Gipsbaustoffe** Abfallentsorgung; Gipsbaustoffe, nicht gefährlich, schadstoffbelastet durch Sulfat; Schutt lagernd, laden, abfahren, entsorgen; Entsorgungsgebühr übernimmt AN, Abfallschlüssel 170802						
	t	**€ brutto**	**–**	**195**	**286**	**421**	**–**
	KG 394	€ netto	–	164	240	354	–

Kosten: Stand 3.Quartal 2025, Bundesdurchschnitt

LB 387 **Preise €**

Nr.	Kurztext / Stichworte Einheit / Kostengruppe		▶	▷	brutto ø netto ø	◁	◀
8	**Entsorgung, 170603, KMF** Abfallentsorgung; Mineralfaserdämmung, künstliche Mineralfaser, gefährlich, schadstoffbelastet; Material lagernd, laden, abfahren, entsorgen; Entsorgungsgebühr übernimmt AN						
	t	**€ brutto**	**–**	**268**	**335**	**463**	**–**
	KG 394	€ netto	–	225	282	389	–
9	**Entsorgung, 170605, Asbestzement** Abfallentsorgung; Asbestfaserzementplatten, gefährlich, schadstoffbelastet; lagernd, staubdicht verpackt, laden, abfahren, entsorgen; Entsorgungsgebühr übernimmt AN, Abfallschlüssel 170605						
	t	**€ brutto**	**164**	**254**	**269**	**290**	**358**
	KG 394	€ netto	138	213	226	244	300
10	**Entsorgung, Altholz AI** Abfallentsorgung; Bau-/Abbruchabfall Holz, nicht gefährlich, nicht schadstoffbelastet; Schutt lagernd, laden, abfahren, entsorgen; Entsorgungsgebühr übernimmt AN, Abfallschlüssel 170201						
	t	**€ brutto**	**–**	**59**	**71**	**91**	**–**
	KG 394	€ netto	–	49	60	77	–
11	**Entsorgung, Altholz A II** Abfallentsorgung; Bau-/Abbruchabfall Holz, nicht gefährlich, nicht schadstoffbelastet; Schutt lagernd, laden, abfahren, entsorgen; Entsorgungsgebühr übernimmt AN, Abfallschlüssel 170201						
	t	**€ brutto**	**39**	**69**	**87**	**98**	**126**
	KG 394	€ netto	33	58	73	83	106
12	**Entsorgung, 170904 Bau-/Abbruchabfälle, gemischt** Abfallentsorgung; gemischte Bau-und Abbruchabfälle, nicht gefährlich, nicht schadstoffbelastet; Schutt lagernd, laden, abfahren, entsorgen; Entsorgungsgebühr übernimmt AN, Abfallschlüssel 170904						
	t	**€ brutto**	**183**	**362**	**426**	**516**	**700**
	KG 394	€ netto	154	304	358	434	589
13	**Deponierung, 170101 Beton** Deponiegebühren; Beton, nicht gefährlich, nicht schadstoffbelastet; Gebühren werden gegen Nachweis übernommen, Abfallschlüssel 170101						
	t	**€ brutto**	**23**	**29**	**33**	**36**	**40**
	KG 394	€ netto	19	24	28	30	34

LB 387 **Preise €**

Nr.	Kurztext / Stichworte Einheit / Kostengruppe		►	▷	brutto ø netto ø	◁	◄
14	**Deponierung, 170102 Ziegel** Deponiegebühren; Beton, nicht gefährlich, nicht schadstoffbelastet; Gebühren werden gegen Nachweis übernommen, Abfallschlüssel 170102						
	t	**€ brutto**	**13**	**18**	**21**	**24**	**38**
	KG 394	€ netto	11	15	18	20	32
15	**Deponierung, 170107 Gemische** Deponiegebühren; Gemische, Beton, Ziegel, Fliesen, Keramik nicht gefährlich, nicht schadstoffbelastet; Gebühren werden gegen Nachweis übernommen, Abfallschlüssel 1701017						
	t	**€ brutto**	**38**	**43**	**49**	**56**	**68**
	KG 394	€ netto	32	37	41	47	57

F

Barrierefreies Bauen

Positionsverweise Barrierefreies Bauen

Kurztext **Seite**

I

L

N

O

P

R

G
Brandschutz

Positionsverweise Brandschutz

Kurztext **Seite**

H

Innenräume

Positionsverweise Innenräume

Kurztext **Seite**

A

B

D

G

H

Anhang

Regionalfaktoren

Diese Faktoren geben Aufschluss darüber, inwieweit die Baukosten in einer bestimmten Region Deutschlands teurer oder günstiger liegen als im Bundesdurchschnitt. Sie können dazu verwendet werden, die BKI Baukosten an das besondere Baupreisniveau einer Region anzupassen.
Hinweis: Alle Angaben wurden durch Untersuchungen des BKI weitgehend verifiziert. Dennoch können Abweichungen zu den angegebenen Werten entstehen. In Grenznähe zu einem Land-/Stadtkreis mit anderen Baupreisfaktoren sollte dessen Baupreisniveau mit berücksichtigt werden, da die Übergänge zwischen den Land-/Stadtkreisen fließend sind. Die Besonderheiten des Einzelfalls können ebenfalls zu Abweichungen führen.
Für die größeren Inseln Deutschlands wurden separate Regionalfaktoren ermittelt. Dazu wurde der zugehörige Landkreis in Festland und Inseln unterteilt. Alle Inseln eines Landkreises erhalten durch dieses Verfahren den gleichen Regionalfaktor. Der Regionalfaktor des Festlandes erhält keine Inseln mehr und ist daher gegenüber früheren Ausgaben verringert.

Regionalfaktoren Deutschland

	Landkreis / Stadtkreis	Regionalfaktor
A	Aachen, Städteregion	0,926
	Ahrweiler	0,982
	Aichach-Friedberg	1,077
	Alb-Donau-Kreis	1,015
	Altenburger Land	0,852
	Altenkirchen (Westerwald)	0,985
	Altmarkkreis Salzwedel	0,833
	Altötting	0,973
	Alzey-Worms	0,983
	Amberg, Stadt	1,100
	Amberg-Sulzbach	1,023
	Ammerland	0,794
	Amrum, Insel	1,288
	Anhalt-Bitterfeld	0,815
	Ansbach	1,032
	Ansbach, Stadt	1,068
	Aschaffenburg	1,124
	Aschaffenburg, Stadt	1,093
	Augsburg	1,098
	Augsburg, Stadt	1,265
	Aurich, Festlandanteil	0,735
	Aurich, Inselanteil	1,199
B	Bad Dürkheim	0,983
	Bad Kissingen	1,045

	Bad Kreuznach	0,963
	Bad Tölz-Wolfratshausen	1,216
	Baden-Baden, Stadtkreis	1,063
	Baltrum, Insel	1,199
	Bamberg	1,048
	Bamberg, Stadt	1,160
	Barnim	0,879
	Bautzen	0,894
	Bayreuth	1,077
	Bayreuth, Stadt	1,042
	Berchtesgadener Land	1,131
	Bergstraße	1,008
	Berlin, Stadt	1,141
	Bernkastel-Wittlich	1,022
	Biberach	1,020
	Bielefeld, Stadt	0,870
	Birkenfeld	1,033
	Bochum, Stadt	0,912
	Bodenseekreis	0,990
	Bonn, Stadt	0,920
	Borken	0,901
	Borkum, Insel	1,100
	Bottrop, Stadt	0,794
	Brandenburg an der Havel, Stadt	0,969
	Braunschweig, Stadt	0,726
	Breisgau-Hochschwarzwald	1,117
	Bremen, Stadt	0,921
	Bremerhaven, Stadt	0,946
	Burgenlandkreis	0,930
	Böblingen	1,083
	Börde	0,877
C	Calw	1,032
	Celle	0,834
	Cham	0,887
	Chemnitz, Stadt	0,878
	Cloppenburg	0,784
	Coburg	1,016
	Coburg, Stadt	1,155
	Cochem-Zell	1,065
	Coesfeld	0,943
	Cottbus, Stadt	1,030
	Cuxhaven	0,758
D	Dachau	1,228
	Dahme-Spreewald	0,925

	Darmstadt, Stadt	1,066
	Darmstadt-Dieburg	1,017
	Deggendorf	0,978
	Delmenhorst, Stadt	0,774
	Dessau-Roßlau, Stadt	0,860
	Diepholz	0,791
	Dillingen a.d. Donau	1,054
	Dingolfing-Landau	0,942
	Dithmarschen	1,033
	Donau-Ries	0,993
	Donnersbergkreis	0,919
	Dortmund, Stadt	0,757
	Dresden, Stadt	0,911
	Duisburg, Stadt	0,949
	Düren	0,950
	Düsseldorf, Stadt	0,983
E	Ebersberg	1,361
	Eichsfeld	0,906
	Eichstätt	1,065
	Eifelkreis Bitburg-Prüm	0,961
	Elbe-Elster	0,842
	Emden, Stadt	0,703
	Emmendingen	1,146
	Emsland	0,794
	Ennepe-Ruhr-Kreis	0,875
	Enzkreis	1,003
	Erding	1,118
	Erfurt, Stadt	0,926
	Erlangen, Stadt	1,101
	Erlangen-Höchstadt	1,026
	Erzgebirgskreis	0,918
	Essen, Stadt	0,839
	Esslingen	1,035
	Euskirchen	0,859
F	Fehmarn, Insel	1,164
	Flensburg, Stadt	0,808
	Forchheim	1,126
	Frankenthal (Pfalz), Stadt	0,888
	Frankfurt (Oder), Stadt	0,871
	Frankfurt am Main, Stadt	1,019
	Freiburg im Breisgau, Stadtkreis	1,120
	Freising	1,105
	Freudenstadt	1,033
	Freyung-Grafenau	0,980

	Friesland, Festlandanteil	0,775
	Friesland, Inselanteil	1,442
	Fulda	1,039
	Föhr, Insel	1,288
	Fürstenfeldbruck	1,216
	Fürth	0,993
	Fürth, Stadt	1,076
G	Garmisch-Partenkirchen	1,268
	Gelsenkirchen, Stadt	0,891
	Gera, Stadt	0,906
	Germersheim	1,002
	Gießen	1,010
	Gifhorn	0,848
	Goslar	0,752
	Gotha	0,876
	Grafschaft Bentheim	0,792
	Greiz	0,925
	Groß-Gerau	1,058
	Göppingen	0,998
	Görlitz	0,893
	Göttingen	0,856
	Günzburg	1,054
	Gütersloh	0,872
H	Hagen, Stadt	0,884
	Halle (Saale), Stadt	0,709
	Hamburg, Freie und Hansestadt	1,106
	Hameln-Pyrmont	0,829
	Hamm, Stadt	0,866
	Hannover, Region	0,904
	Harburg	0,904
	Harz	0,819
	Havelland	0,999
	Haßberge	1,131
	Heidekreis	0,862
	Heidelberg, Stadtkreis	1,119
	Heidenheim	1,032
	Heilbronn	1,023
	Heilbronn, Stadtkreis	1,011
	Heinsberg	0,920
	Helgoland, Insel	1,410
	Helmstedt	0,834
	Herford	0,871
	Herne, Stadt	0,922
	Hersfeld-Rotenburg	0,985

	Herzogtum Lauenburg	0,975
	Hiddensee, Insel	1,126
	Hildburghausen	0,882
	Hildesheim	0,794
	Hochsauerlandkreis	0,895
	Hochtaunuskreis	1,063
	Hof	1,152
	Hof, Stadt	1,123
	Hohenlohekreis	1,034
	Holzminden	0,766
	Höxter	0,867
I	Ilm-Kreis	0,860
	Ingolstadt, Stadt	1,093
J	Jena, Stadt	1,088
	Jerichower Land	0,813
	Juist, Insel	1,199
K	Kaiserslautern	0,970
	Kaiserslautern, Stadt	0,977
	Karlsruhe	0,953
	Karlsruhe, Stadtkreis	1,098
	Kassel	1,019
	Kassel, Stadt	0,933
	Kaufbeuren	1,160
	Kelheim	0,982
	Kempten (Allgäu)	1,140
	Kiel, Stadt	1,209
	Kitzingen	1,077
	Kleve	0,915
	Koblenz, Stadt	0,938
	Konstanz	1,025
	Krefeld, Stadt	0,836
	Kronach	1,108
	Kulmbach	1,130
	Kusel	0,956
	Kyffhäuserkreis	0,891
	Köln, Stadt	0,936
L	Lahn-Dill-Kreis	1,014
	Landau in der Pfalz, Stadt	1,000
	Landsberg am Lech	1,130
	Landshut	0,967
	Landshut, Stadt	1,039

	Langeoog, Insel	1,052
	Leer, Festlandanteil	0,743
	Leer, Inselanteil	1,100
	Leipzig	0,941
	Leipzig, Stadt	0,859
	Leverkusen, Stadt	0,805
	Lichtenfels	1,006
	Limburg-Weilburg	0,980
	Lindau (Bodensee)	1,071
	Lippe	0,903
	Ludwigsburg	1,037
	Ludwigshafen am Rhein, Stadt	1,033
	Ludwigslust-Parchim	0,911
	Lörrach	0,992
	Lübeck, Hansestadt	0,921
	Lüchow-Dannenberg	0,850
	Lüneburg	0,851
M	Magdeburg, Stadt	0,851
	Main-Kinzig-Kreis	0,996
	Main-Spessart	1,104
	Main-Tauber-Kreis	1,027
	Main-Taunus-Kreis	1,005
	Mainz, Stadt	0,938
	Mainz-Bingen	1,032
	Mannheim, Stadtkreis	1,049
	Mansfeld-Südharz	0,882
	Marburg-Biedenkopf	1,031
	Mayen-Koblenz	0,972
	Mecklenburgische Seenplatte	0,879
	Meißen	0,891
	Memmingen	1,016
	Merzig-Wadern	0,951
	Mettmann	0,869
	Miesbach	1,306
	Miltenberg	1,180
	Minden-Lübbecke	0,848
	Mittelsachsen	0,902
	Märkisch-Oderland	0,890
	Märkischer Kreis	0,873
	Mönchengladbach, Stadt	0,895
	Mühldorf a.Inn	1,047
	Mülheim an der Ruhr, Stadt	0,905
	München	1,340
	München, Stadt	1,546
	Münster, Stadt	0,863

N	Neckar-Odenwald-Kreis	1,074
	Neu-Ulm	1,059
	Neuburg-Schrobenhausen	1,064
	Neumarkt i.d.OPf.	0,944
	Neumünster, Stadt	0,906
	Neunkirchen	0,975
	Neustadt a.d.Aisch-Bad Windsheim	1,037
	Neustadt a.d.Waldnaab	1,047
	Neustadt an der Weinstraße, Stadt	0,915
	Neuwied	0,949
	Nienburg (Weser)	0,740
	Norderney, Insel	1,199
	Nordfriesland, Festlandanteil	1,163
	Nordfriesland, Inselanteil	1,288
	Nordhausen	0,820
	Nordsachsen	0,893
	Nordwest-Mecklenburg, Inselanteil	1,224
	Nordwestmecklenburg, Festlandanteil	0,947
	Northeim	0,874
	Nürnberg, Stadt	1,037
	Nürnberger Land	1,165
O	Oberallgäu	1,107
	Oberbergischer Kreis	0,898
	Oberhausen, Stadt	0,852
	Oberhavel	1,024
	Oberspreewald-Lausitz	0,889
	Odenwaldkreis	0,995
	Oder-Spree	0,968
	Offenbach	0,958
	Offenbach am Main, Stadt	0,970
	Oldenburg	0,853
	Oldenburg (Oldb), Stadt	0,815
	Olpe	0,968
	Ortenaukreis	1,024
	Osnabrück	0,828
	Osnabrück, Stadt	0,760
	Ostalbkreis	1,075
	Ostallgäu	1,051
	Osterholz	0,833
	Ostholstein, Festlandanteil	0,957
	Ostholstein, Inselanteil	1,164
	Ostprignitz-Ruppin	0,939

P	Paderborn	0,888
	Passau	0,971
	Passau, Stadt	1,007
	Peine	0,815
	Pellworm, Insel	1,288
	Pfaffenhofen a.d.Ilm	1,082
	Pforzheim, Stadtkreis	0,976
	Pinneberg, Festlandanteil	0,973
	Pinneberg, Inselanteil	1,410
	Pirmasens, Stadt	0,961
	Plön	1,027
	Poel, Insel	1,224
	Potsdam, Stadt	1,007
	Potsdam-Mittelmark	0,973
	Prignitz	0,803
R	Rastatt	1,024
	Ravensburg	0,960
	Recklinghausen	0,889
	Regen	0,901
	Regensburg	1,044
	Regensburg, Stadt	1,063
	Rems-Murr-Kreis	1,057
	Remscheid, Stadt	0,860
	Rendsburg-Eckernförde	0,922
	Reutlingen	0,984
	Rhein-Erft-Kreis	0,914
	Rhein-Hunsrück-Kreis	1,023
	Rhein-Kreis Neuss	0,924
	Rhein-Lahn-Kreis	1,005
	Rhein-Neckar-Kreis	1,062
	Rhein-Pfalz-Kreis	0,988
	Rhein-Sieg-Kreis	0,927
	Rheingau-Taunus-Kreis	1,010
	Rheinisch-Bergischer Kreis	0,896
	Rhön-Grabfeld	1,133
	Rosenheim	1,207
	Rosenheim, Stadt	1,252
	Rostock	0,941
	Rostock, Stadt	1,001
	Rotenburg (Wümme)	0,744
	Roth	1,073
	Rottal-Inn	0,960
	Rottweil	0,991
	Rügen, Insel	1,126

S

Saale-Holzland-Kreis	0,821
Saale-Orla-Kreis	0,940
Saalekreis	0,874
Saalfeld-Rudolstadt	0,918
Saarbrücken, Regionalverband	0,923
Saarlouis	0,944
Saarpfalz-Kreis	0,945
Salzgitter, Stadt	0,770
Salzlandkreis	0,841
Schaumburg	0,799
Schleswig-Flensburg	0,901
Schmalkalden-Meiningen	0,966
Schwabach, Stadt	1,061
Schwalm-Eder-Kreis	0,962
Schwandorf	0,993
Schwarzwald-Baar-Kreis	0,903
Schweinfurt	1,069
Schweinfurt, Stadt	1,042
Schwerin, Stadt	1,119
Schwäbisch Hall	0,928
Segeberg	0,940
Siegen-Wittgenstein	0,934
Sigmaringen	0,976
Soest	0,847
Solingen, Stadt	0,878
Sonneberg	0,877
Speyer, Stadt	1,049
Spiekeroog, Insel	1,052
Spree-Neiße	0,744
St. Wendel	0,944
Stade	0,808
Starnberg	1,361
Steinburg	0,952
Steinfurt	0,885
Stendal	0,728
Stormarn	0,921
Straubing, Stadt	1,223
Straubing-Bogen	1,051
Stuttgart, Stadtkreis	1,114
Suhl, Stadt	0,880
Sylt, Insel	1,288
Sächsische Schweiz-Osterzgebirge	0,951
Sömmerda	0,875
Südliche Weinstraße	1,041
Südwestpfalz	0,954

T Teltow-Fläming 0,961
Tirschenreuth 1,059
Traunstein 1,133
Trier, Stadt 1,066
Trier-Saarburg 1,063
Tuttlingen 1,061
Tübingen 1,029

U Uckermark 0,895
Uelzen 0,844
Ulm, Stadtkreis 1,120
Unna 0,898
Unstrut-Hainich-Kreis 0,805
Unterallgäu 0,980
Usedom, Insel 1,060

V Vechta 0,855
Verden 0,761
Viersen 0,918
Vogelsbergkreis 0,949
Vogtlandkreis 0,948
Vorpommern-Greifswald, Festlandanteil 0,981
Vorpommern-Greifswald, Inselanteil 1,060
Vorpommern-Rügen, Festlandanteil 0,972
Vorpommern-Rügen, Inselanteil 1,126
Vulkaneifel 0,975

W Waldeck-Frankenberg 0,950
Waldshut 1,049
Wangerooge, Insel 1,442
Warendorf 0,890
Wartburgkreis 0,958
Weiden i.d.OPf., Stadt 1,003
Weilheim-Schongau 1,156
Weimar, Stadt 1,187
Weimarer Land 0,902
Weißenburg-Gunzenhausen 1,007
Werra-Meißner-Kreis 0,956
Wesel 0,904
Wesermarsch 0,808
Westerwaldkreis 0,994
Wetteraukreis 0,971
Wiesbaden, Stadt 0,985
Wilhelmshaven, Stadt 0,858
Wittenberg 0,758
Wittmund, Festlandanteil 0,804

Wittmund, Inselanteil	1,052
Wolfenbüttel	0,821
Wolfsburg, Stadt	0,817
Worms, Stadt	1,019
Wunsiedel i.Fichtelgebirge	1,125
Wuppertal, Stadt	0,832
Würzburg	1,095
Würzburg, Stadt	1,158

Z

Zingst, Insel	1,126
Zollernalbkreis	1,000
Zweibrücken, Stadt	1,055
Zwickau	0,918

Regionalfaktoren Österreich

Bundesland	Korrekturfaktor
Burgenland	1,115
Kärnten	1,103
Niederösterreich	1,028
Oberösterreich	1,104
Salzburg	1,104
Steiermark	1,097
Tirol	1,019
Vorarlberg	1,069
Wien	1,095

Regionalfaktoren für den Europa-Raum

Land	Korrekturfaktor
Albanien	0,345
Belgien	0,616
Bosnien und Herzegowina	0,317
Bulgarien	0,446
Dänemark	0,833
Deutschland	1,000
Estland	0,518
Finnland	0,826

Frankreich	0,783
Griechenland	0,477
Irland	0,664
Island	0,785
Italien	0,562
Kroatien	0,368
Lettland	0,544
Litauen	0,500
Luxemburg	0,859
Malta	0,584
Mazedonien	0,359
Montenegro	0,356
Niederlande	0,823
Norwegen	0,838
Österreich	1,081
Polen	0,466
Portugal	0,440
Rumänien	0,385
Schweden	0,937
Schweiz	1,042
Serbien	0,371
Slowakei	0,500
Slowenien	0,473
Spanien	0,540
Tschechien	0,507
Türkei	0,357
Ungarn	0,462
Zypern	0,491